第2版

仕組み・動作が見てわかる

図　解　入　門

TCP/IP

An Illustrated Introduction to TCP/IP

The Comprehensive Visual Guide to Understanding
Computer Networks

みやたひろし
Miyata Hiroshi

SB Creative

JN209511

■ 本書に関するお問い合わせ

この度は小社書籍をご購入いただき誠にありがとうございます。小社では本書の内容に関するご質問を受け付けております。本書を読み進めていただきます中でご不明な箇所がございましたらお問い合わせください。なお、ご質問の前に小社 Web サイトで「正誤表」をご確認ください。最新の正誤情報を下記の Web ページに掲載しております。

https://isbn2.sbcr.jp/27058/

上記ページの「サポート情報」にある「正誤情報」のリンクをクリックしてください。なお、正誤情報がない場合、リンクは用意されていません。

■ ご質問送付先

ご質問については下記のいずれかの方法をご利用ください。

Web ページより

上記のサポートページ内にある「お問い合わせ」をクリックしていただき、ページ内の「書籍の内容について」をクリックすると、メールフォームが開きます。要綱に従ってご質問をご記入の上、送信してください。

郵送

郵送の場合は下記までお願いいたします。

〒 105-0001
東京都港区虎ノ門 2-2-1
SB クリエイティブ　読者サポート係

■本書内に記載されている会社名、商品名、製品名などは一般に各社の登録商標または商標です。本書中では®、™マークは明記しておりません。

■本書の出版にあたっては正確な記述に努めましたが、本書の内容に基づく運用結果について、著者およびSBクリエイティブ株式会社は一切の責任を負いかねますのでご了承ください。

©2025 MIYATA Hiroshi　本書の内容は著作権法上の保護を受けています。著作権者・出版権者の文書による許諾を得ずに、本書の一部または全部を無断で複写・複製・転載することは禁じられております。

　本書は、ネットワーク技術の基礎知識を図解で説明する本です。初版がご好評をいただき、このたび第2版を刊行することとなりました。もともと初版は、構築現場や運用現場の駆け出しエンジニアの方々に読まれることを意識して執筆したものでしたが、筆者の予想を超えて、大学や高専などでの教科書としても採用され、教育現場でも幅広くご活用いただきました。本当にありがとうございます！

　第2版では、教育現場でのご活用にも応えるべく、内容を工夫しました。基礎知識の解説では、単に技術だけを語るのではなく、その背景にある時代の流れを加え、内容に深みを持たせています。また、文章にはできる限り身近な言葉を使い、親しみやすさにも心を配りました。もちろん初版と同様、筆者の経験や知見を織り交ぜ、実際の現場でも役立つ実践的な内容に仕上げています。さらに、解説の構成や図の配置を見直し、用語にルビを振ることで読みやすさの向上にも努めました。この一冊で、ネットワーク技術を基礎から、深く体系的に理解していただけることと思います。

　さて、「ネットワーク」と聞いて、皆さんは何を思い浮かべますか？　「インターネット」や「Wi-Fi」、「ルーター」や「5G」といった言葉は、今や日常生活の中で当たり前に使われる存在です。その一方で、これからネットワークを学ぼうとする方々にとっては、なんとなく知っている気はするものの、どこか得体が知れず、とっつきにくい存在に感じるかもしれません。たしかに、ネットワークはプログラムのコードのように目に見えるものではないので、そう感じるのも無理はないでしょう。

　では、この「見えない」世界をどのように理解していけばよいのでしょうか？　そのために筆者が実践してきた方法のひとつが「図先（ずせん）」です。音楽の楽曲制作には、歌詞から作り始める「詞先」やメロディーから作り始める「曲先」という手法があるそうです。それになぞらえて、図を描くことから始める「図先」です。たとえば、ネットワークを設計するときもネットワーク図を描くことから始めますし、トラブルシューティングをするときもデータフロー図を描くことから始めます。この「図先」の手法は一見遠回りに見えるかもしれませんが、筆者にとって「見えない」世界を少しずつ形にし、全体像を把握するための助けとなっています。

　本書でも、図を通じてネットワークの「見えない」部分を「見える」形にすることを重視しています。ネットワークを学ぶ初心者にとって、図解は単なる視覚的な補助ではなく、理解を深めるための「もうひとつの言語」です。複雑に絡み合った技術や見えないはずのデータの流れが、図によって一目でわかる瞬間、「なるほど」と思えることがあるでしょう。

そんな瞬間を積み重ねることで、ネットワークに対する理解が進み、得体の知れなかったものが少しずつ自分の中に落とし込まれていくはずです。本書がそのような体験の一助になることを願っています。

本書のコンセプト

本書は、以下のようなコンセプトで執筆しています。

知識の裾野を拡げる

ネットワークは、数限りない技術がいろいろなところで交差しあいながら、ひとつの世界を作り上げています。互いに独立した点と点の技術が知識を通じて線になったとき、一気に視界が広がり、エンジニアとしての幅も広がります。本書は、幅広い知識を身に付けられるよう、いろいろなネットワーク技術を満遍なく、かつ体系的に説明します。

現場で使う技術を掘り下げる

ネットワークには数限りない技術が存在していますが、実際に使用されている技術はそこまで多いわけではありません。しかし、構築現場ではその限られた技術について、深い知識を求められます。本書は、構築現場に耐え得る深い知識を身に付けられるよう、実際に使用されることが多い定番技術・定番機能については、特に掘り下げて説明します。

図で説明する

ネットワークは、アプリケーションのように、容易に動作を見て取ることができません。したがって、いろいろな技術をどれだけ図として具現化できるかが、理解における重要なポイントになります。本書は、可能なかぎり、ネットワークの動作を見て取ることができるように、図をふんだんに用意しました。本文だけで理解しようとせず、図もあわせて確認し、理解の助けとしてください。

本書の対象読者

本書は、以下のような読者を対象としています。

駆け出しインフラエンジニア / ネットワークエンジニア

ありとあらゆるデータがネットワークを流れるようになった今、縁の下の力持ち的に安定的なサービスを供給し続けるインフラエンジニアやネットワークエンジニアが果たす役割は、より一層重要性を増しています。本書は、駆け出しインフラ / ネットワークエンジニアが一人前にネットワークを構築・運用できるようになるためのネットワーク基礎知識を幅広く、かつ体系的に説明していきます。

■ **ネットワークが気になるアプリケーションエンジニア**

　ほぼすべてのアプリケーションデータがネットワークを流れるようになった今、アプリケーションエンジニアにとっても、ネットワークは無縁のものとは言えなくなりました。本書は「ネットワークがなんとなく気になる。でも、難しい気が…」と、なかなか新しい領域にはじめの一歩を踏み出せないアプリケーションエンジニアの知識の入り口となるように、アプリケーションレベルの情報も多く取り上げています。

■ **抽象化しがちなクラウドエンジニア**

　ラックマウントサーバーやネットワーク機器、LAN ケーブルや LAN ポートなど、これまで目に見えていた物理的な要素がクラウドに吸収された今、クラウドエンジニアとサーバーをつなぐものはネットワーク以外にありません。本書は、目に見て取ることができず、クラウドにおいて抽象化されがちなネットワーク技術を可能なかぎり図として具現化し、クラウドエンジニアにも身近なものとします。

■ 本書の流れと位置づけ

　本書は全 6 章で構成されています。

　第 1 章はホップ・ステップ・ジャンプの「ホップ」に当たる章で、ネットワークの歴史や機能、種類など、背景となる知識を浅く広く説明します。第 2 章から第 6 章それぞれに進むための土台になります。

　第 2 章から第 6 章は「ステップ」に当たる章で、各種技術を掘り下げて説明します。説明する技術によって、長かったり、短かったりすると思いますが、これは意図したものです。現場でよく使用する定番技術ほど、より深く掘り下げて説明するため、それに比例してページ数が長くなります。読んでいて「なんだか長いな…」と感じたら、それはそれだけ現場で必要になる技術だと思ってください。

　さて、最後に「ジャンプ」ですが、本書にはジャンプの章はありません。第 2 章から第 6 章までをしっかりと理解できたら、どこへでもジャンプできるはずです。技術のさらなる習得、経験を積んで、エンジニアとして大きく羽ばたいてください。

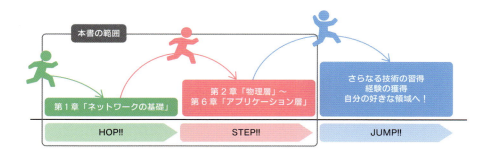

■ 謝辞

　本書はたくさんの方々のご協力のもとに作成されました。13 年もの間、困ったときに正しい道筋を示してくれる SB クリエイティブの友保健太さんには感謝の言葉が尽きません。常に知識をアップデートする貴重な機会を与えてくれて、本当にありがとうございます。困ったらパケットを眺め、迷ったら RFC を読み漁った毎日は、これからの私を支える財産になるはずです。

　また、お忙しい中、持ち前の懐の深さでいろいろなことを冷静かつシンプルに説明してくれる堂脇隆弘さん、最近は一緒にトラブルシューティングすることが少なくなったけれど技術的に最後の砦であり続けてくれる松田宏之さん、最後の読み合わせに連日連夜根気強く付き合ってくれた成定宏之さん、鋼のメンタルでどんなプロジェクトも丁寧にまとめあげてくれる Rie さんには、本当にお世話になりました。エンジニアとして、そして人として尊敬できる皆さんのおかげで、この本はさらに磨かれました。本当にありがとうございました。

　最後に、寝食を忘れて没頭した執筆生活をなんだかんだ言いながら支えてくれた妻へ。いつも本当にありがとう。執筆が終わったら、またみんなで温泉旅行にでも行きましょう。そして、少しずつ IT に興味を持ち始めている壮真へ。もし君がいつかこの本で勉強する日がきたら、俺は泣いてしまうかもしれないなぁ…。そして、家では甘えん坊な絢音へ。気遣いできる子なだけに、その分保育園でいっぱいがんばっているのでしょう。ただ、そろそろグー以外も覚えよう。「グリコ」だけじゃ、なかなか家にたどり着きません…。

2024 年 12 月　みやた ひろし

CONTENTS

はじめに ………………………………………………………………… iii

chapter 1　ネットワークの基礎　001

1-1　ネットワークの成り立ち　003

- **1.1.1** **1950年代 —— 人がデータを運ぶ** ………………………… 003
- **1.1.2** **1960年代 —— 回線交換方式でデータを運ぶ** ………… 004
- **1.1.3** **1970年代 —— コンピューター間でデータをやりとりする** … 005
- **1.1.4** **1980年代 —— データ通信環境を整える** …………… 007
- **1.1.5** **1990年代 —— インターネットが普及する** …………… 008
- **1.1.6** **2000年代 —— インターネット技術が進化する** ………… 010
- **1.1.7** **2010年代 —— モバイルインターネットと**
  クラウドサービスが普及する ……………… 011

1-2　通信するときの約束事がプロトコル　013

- **NOTE**　プロトコルを守らないと ………………………………… 014
- **1.2.1** **プロトコルで決まっていること** …………………… 015
  - ■ 物理的な仕様 …………………………………………… 015
  - ■ 送信相手の特定 ………………………………………… 015
  - ■ パケットの転送 ………………………………………… 016
  - ■ 信頼性の確立 …………………………………………… 016
  - ■ セキュリティの確保 …………………………………… 017
- **1.2.2** **プロトコルは階層で整理する** ……………………… 018
- **1.2.3** **ふたつの階層モデル** ………………………………… 019
  - ■ TCP/IP参照モデル …………………………………… 019
  - ■ OSI参照モデル ………………………………………… 020

NOTE	OSI 参照モデルを覚えるコツ	021
	■ 本書で用いる階層構造モデル	022
	■ PDU	022
NOTE	パケット	023

1.2.4 標準化団体がプロトコルを決める 023
- ■ IEEE 023
- ■ IETF 024

1.2.5 各階層が連携して動作する仕組み 025
- ■ カプセル化と非カプセル化 025
- ■ コネクション型とコネクションレス型 027
- ■ 定番プロトコル 028

1-3 ネットワークを構成する機器 029

1.3.1 物理層で動作する機器 029
- ■ NIC 030
- ■ リピーター 030
- ■ リピーターハブ 031

| NOTE | パケットキャプチャに便利なミラーポート | 032 |
- ■ メディアコンバーター 032
- ■ アクセスポイント 033

1.3.2 データリンク層で動作する機器 034
- ■ ブリッジ 034
- ■ L2 スイッチ 034

1.3.3 ネットワーク層で動作する機器 036
- ■ ルーター 036
- ■ L3 スイッチ 037

1.3.4 トランスポート層で動作する機器 038
- ■ ファイアウォール 038

1.3.5 アプリケーション層で動作する機器 039
- ■ 次世代ファイアウォール 039
- ■ WAF 040
- ■ 負荷分散装置（L7 スイッチ） 041

viii

● CONTENTS ●

| 1.3.6 | つなげてみると | 042 |

1-4 ネットワーク機器のカタチ　043

| 1.4.1 | 物理アプライアンス | 043 |
| 1.4.2 | 仮想アプライアンス | 043 |

1-5 ネットワークのカタチ　045

1.5.1	LAN	045
1.5.2	WAN	047
■ インターネット	047
■ 閉域 VPN 網	048
1.5.3	DMZ	049

1-6 新しいネットワークのカタチ　050

| 1.6.1 | SDN | 050 |
| 1.6.2 | CDN | 052 |

chapter
2

物理層　055

2-1 イーサネット（IEEE 802.3）　057

2.1.1	いろいろなイーサネットのプロトコル	057
2.1.2	ツイストペアケーブル	059
■ シールドで分類	059
■ コネクタのピンアサインで分類	061
■ カテゴリーで分類	064
NOTE	100m 制限に注意	065

ix

| 2.1.3 | 光ファイバーケーブル | 065 |

- ケーブルで分類 …………… 066
- コネクタで分類 …………… 069

| 2.1.4 | ふたつの通信方式 | 071 |

- 半二重通信 …………… 071
- 全二重通信 …………… 072
- オートネゴシエーション …………… 072

2 - 2　Wi-Fi（IEEE 802.11）　　075

| 2.2.1 | いろいろな Wi-Fi プロトコル | 075 |

| 2.2.2 | 周波数帯域 | 076 |

- 2.4GHz 帯 …………… 076
- 5GHz 帯 …………… 078
- 6GHz 帯 …………… 079

| NOTE | アクセスポイントの配置 …………… 080 |

| 2.2.2 | 変調方式 | 081 |

| 2.2.3 | 物理層の高速化技術 | 082 |

- ショートガードインターバル …………… 082
- チャネルボンディング …………… 083
- MIMO …………… 084

| 2.2.5 | その他の無線プロトコル | 085 |

- Bluetooth …………… 086
- Zigbee …………… 086

chapter 3　データリンク層　　089

3 - 1　イーサネット（IEEE 802.3）　　091

| 3.1.1 | イーサネットのフレームフォーマット | 091 |

| NOTE | フォーマット図について …………… 092 |

● CONTENTS ●

| 3.1.2 | **MAC アドレス** | **095** |

■ 通信の種類ごとの MAC アドレスの違い ･･････････ 097

| 3.1.3 | **L2 スイッチ** | **100** |

■ L2 スイッチング ･･････････････････････････････ 100

■ VLAN ･･･ 103

■ PoE ･･･ 105

3 – 2　Wi-Fi（IEEE 802.11）　　　　　　　　　107

NOTE　初心者の方へ ･･･････････････････････････････ 107

| 3.2.1 | **Wi-Fi のフレームフォーマット** ･･･････････ | **107** |

| 3.2.2 | **Wi-Fi の通信方式** ･･･････････････････････ | **114** |

| 3.2.3 | **データリンク層の高速化技術** ･･･････････ | **117** |

| 3.2.4 | **Wi-Fi 端末がつながるまで** ･･･････････････ | **121** |

■ アソシエーションフェーズ ･･･････････････････････ 122

■ 認証フェーズ ･･･････････････････････････････････ 125

■ 共有鍵生成フェーズ ･････････････････････････････ 128

■ 暗号化通信フェーズ ･････････････････････････････ 128

| 3.2.5 | **Wi-Fi のカタチ** ･･････････････････････････ | **131** |

■ 分散管理型 ･････････････････････････････････････ 131

■ 集中管理型 ･････････････････････････････････････ 132

■ クラウド管理型 ･････････････････････････････････ 132

| 3.2.6 | **Wi-Fi に関するいろいろな機能** ･･････････ | **133** |

■ ゲストネットワーク ･････････････････････････････ 133

■ MAC アドレスフィルタリング ･･･････････････････ 134

■ Web 認証 ･･････････････････････････････････････ 134

■ バンドステアリング ･････････････････････････････ 135

3 – 3　ARP　　　　　　　　　　　　　　　　　136

| 3.3.1 | **ARP のフレームフォーマット** ･･･････････ | **137** |

| 3.3.2 | **ARP によるアドレス解決の流れ** ･･････････ | **138** |

■ 具体的なアドレス解決の例 ･･･････････････････････ 139

xi

| NOTE | ARP テーブルを見てみよう | 141 |

3.3.3 ARP のキャッシュ機能 142

3.3.4 GARP を利用した機能 144
- IPv4 アドレスの重複検知 144
- 隣接機器のテーブル更新 144

3-4 その他の L2 プロトコル 146

3.4.1 PPP 146
- PAP 148
- CHAP 148

3.4.2 PPPoE 150
| NOTE | ○○ over △△ 150

3.4.3 IPoE 151

3.4.4 PPTP 151
| NOTE | PPTP の利用動向 152

3.4.5 L2TP 152
- L2TP over IPsec 153

chapter 4 ネットワーク層 155

4-1 IPv4 157

4.1.1 IPv4 のパケットフォーマット 157
| NOTE | MAC アドレスと IP アドレスのふたつが必要な理由 162

4.1.2 IPv4 アドレスとサブネットマスク 163
- サブネットマスクはネットワークとホストの分かれ目 163
- 10 進数表記と CIDR 表記 164

4.1.3 いろいろな IPv4 アドレス 165

xii

● CONTENTS ●

■ 使用用途による分類 165
■ 使用場所による分類 167
■ 除外アドレス 169

4-2 IPv6   172

4.2.1 IPv6 のパケットフォーマット 172
■ IP ヘッダーの長さ 173
■ フィールド数の削減 173

4.2.2 IPv6 アドレスとプレフィックス 175
■ サブネットプレフィックスとインターフェース ID ... 177
■ IPv6 アドレスの推奨表記 177
NOTE IPv6 アドレスとの付き合い方 180

4.2.3 いろいろな IPv6 アドレス 181
■ ユニキャストアドレス 181
■ マルチキャストアドレス 184
■ エニーキャストアドレス 185

4-3 IP ルーティング   187

4.3.1 ルーティングとは 187
■ ルーターが IP パケットをルーティングする様子 187
NOTE 家庭の LAN 環境のデフォルトゲートウェイ 189

4.3.2 ルーティングテーブル 191
■ 静的ルーティング（スタティックルーティング） 192
■ 動的ルーティング（ダイナミックルーティング） 193

4.3.3 ルーティングプロトコル 196
■ IGP のポイントは「ルーティングアルゴリズム」と
「メトリック」 197
■ IGP は「RIP」「OSPF」「EIGRP」の 3 つ 197
■ EGP は「BGP」一択 201

4.3.4 再配送 204

xiii

| 4.3.5 | ルーティングテーブルのルール | 205 |

- より細かいルートが優先（ロンゲストマッチ） ……… 205
- ルート集約でルートをまとめる ……………………… 206
- 宛先ネットワークがまったく同じだったら AD 値で勝負！ … 207

| 4.3.6 | VRF | 208 |

| 4.3.7 | ポリシーベースルーティング | 209 |

4-4 IP アドレスの割り当て方法　　211

| 4.4.1 | 静的割り当て | 211 |

| 4.4.2 | 動的割り当て | 212 |

- IPv4 アドレスの動的割り当て ……………………… 213
- IPv6 アドレスの動的割り当て ……………………… 213

NOTE IPv6 の動的割り当ての現状 ……………………… 215

| 4.4.3 | DHCP リレーエージェント | 216 |

4-5 NAT　　217

| 4.5.1 | 静的 NAT | 217 |

| 4.5.2 | NAPT | 218 |

| 4.5.3 | CGNAT | 219 |

NOTE ここからの解説について ……………………………… 219

- ポート番号割り当て機能 …………………………… 220
- EIM/EIF 機能（フルコーン NAT） ………………… 222
- ヘアピン NAT ………………………………………… 223
- コネクションリミット ……………………………… 223

| 4.5.4 | NAT トラバーサル（NAT 越え） | 224 |

- ポートフォワーディング …………………………… 224
- UPnP …………………………………………………… 225
- STUN …………………………………………………… 225
- TURN …………………………………………………… 226

4 – 6 IPv4 と IPv6 の共存技術　227

4.6.1 デュアルスタック ……………………………… 227

4.6.2 DNS64/NAT64 …………………………………… 228

4.6.3 トンネリング …………………………………… 229

4 – 7 ICMPv4　232

4.7.1 ICMPv4 のパケットフォーマット ……………… 232

4.7.2 代表的な ICMPv4 の動作 ……………………… 234
- Echo Request/Reply ……………………………… 234
- Destination Unreachable ………………………… 235
- Time-to-live exceeded …………………………… 235

4 – 8 ICMPv6　238

4.8.1 ICMPv6 のパケットフォーマット ……………… 238

4.8.2 代表的な ICMPv6 の動作 ……………………… 240
- IPv6 アドレスの重複検知 ………………………… 240
- ネットワーク情報の提供 ………………………… 241
- アドレス解決 ……………………………………… 243

4 – 9 IPsec　245

4.9.1 拠点間 VPN とリモートアクセス VPN ………… 245
- 拠点間 IPsec VPN ………………………………… 245
- リモートアクセス IPsec VPN …………………… 246

4.9.2 IPsec プロトコルが持っている機能 …………… 246
- IKE ………………………………………………… 246
- ESP/AH …………………………………………… 251
- NAT トラバーサル ……………………………… 253

chapter 5 トランスポート層　255

5-1　UDP　257

5.1.1　UDP のパケットフォーマット ………………… 257

5.1.2　ポート番号 ………………………………………… 258
- 3 種類のポート番号 ………………………………………… 259
- IP アドレスとポート番号を組み合わせた表記方法 ………… 261

5.1.3　ファイアウォールの動作（UDP 編） …………… 261
- フィルターテーブル ………………………………………… 262
- コネクションテーブル ……………………………………… 263
- ステートフルインスペクションの動作 …………………… 263

5-2　TCP　269

5.2.1　TCP のパケットフォーマット ………………… 269

5.2.2　TCP における状態遷移 ………………………… 277
- 接続開始フェーズ …………………………………………… 277
- 接続確立フェーズ …………………………………………… 279
- 接続終了フェーズ …………………………………………… 284

5.2.3　いろいろなオプション機能 …………………… 288

5.2.4　ファイアウォールの動作（TCP 編） …………… 289

● CONTENTS ●

chapter 6 アプリケーション層 297

6-1 HTTP 299

6.1.1 HTTP のバージョン 299
- HTTP/0.9 299
- HTTP/1.0 300
- HTTP/1.1 302
- HTTP/2 305
- HTTP/3 307

6.1.2 HTTP のメッセージフォーマット 310

6.1.3 HTTP/1.1 のメッセージフォーマット 310
- リクエストメッセージのフォーマット 310
- レスポンスメッセージのフォーマット 313

6.1.4 HTTP/2 のメッセージフォーマット 315
- リクエストメッセージのフォーマット 316
- レスポンスメッセージのフォーマット 317
- HTTP/2 の接続パターン 317

6.1.5 いろいろな HTTP ヘッダー 319
- 一般的なヘッダー 320
- コンテンツに関するヘッダー 324
- キャッシュに関するヘッダー 328
- 通信制御に関するヘッダー 332
- 認証・認可に関するヘッダー 334

6.1.6 負荷分散装置の動作 336
- 宛先 NAT 336
- ヘルスチェック 340

NOTE ヘルスチェックにどれを選ぶか 341
- 負荷分散方式 341

NOTE 負荷分散方式にどれを選ぶか 342
- オプション機能 343

xvii

6-2 SSL/TLS　　346

6.2.1　SSL で使用している技術　　347
- SSL で防ぐことができる脅威　　347
- SSL を支える技術　　349
- SSL で使用する技術のまとめ　　356

6.2.2　SSL のバージョン　　356
- SSL 2.0　　357
- SSL 3.0　　357
- TLS 1.0　　358
- TLS 1.1　　358
- TLS 1.2　　358
- TLS 1.3　　358

6.2.3　SSL のレコードフォーマット　　359
- コンテンツタイプ　　359
- プロトコルバージョン　　362
- SSL ペイロード長　　362

6.2.4　SSL の接続から切断までの流れ　　362
- 事前準備フェーズ　　363
- SSL ハンドシェイクフェーズ　　367
- メッセージ認証・交換フェーズ　　372
- クローズフェーズ　　373

6.2.5　SSL に関するいろいろな機能　　374
- SSL オフロード　　374
- クライアント認証　　375

6-3 DNS　　376

6.3.1　ドメイン名　　377

6.3.2　名前解決　　378
- hosts ファイル　　379
- DNS キャッシュ　　379
- DNS サーバー　　380
- NOTE　DNS サーバー　　382

● CONTENTS ●

- ■ ゾーンファイルとリソースレコード ・・・・・・・・・・・・・・・ 382
- ■ DNS サーバーの冗長化 ・・・・・・・・・・・・・・・・・・・・・・・・ 383

6.3.3 DNS のメッセージフォーマット ・・・・・・・・・・・・・・・・ 385

6.3.4 DNS を利用した機能 ・・・・・・・・・・・・・・・・・・・・・・・・・・ 385
- ■ DNS ラウンドロビン ・・・・・・・・・・・・・・・・・・・・・・・・・・・ 386
- ■ 広域負荷分散 ・・・・・・・・・・・・・・・・・・・・・・・・・・・・・・・・・・ 386
- ■ CDN ・・ 387

6 - 4 メール系プロトコル ・・・・・・・・・・・・・・・・・・・・・・・ 389

6.4.1 メール送信プロトコル ・・・・・・・・・・・・・・・・・・・・・・・・ 389
- ■ SMTP ・・・・・・・・・・・・・・・・・・・・・・・・・・・・・・・・・・・・・・ 389
- **NOTE** 現在は SMTP 認証が利用されている ・・・・・・・・・・・ 391

6.4.2 メール受信プロトコル ・・・・・・・・・・・・・・・・・・・・・・・・ 392
- ■ POP3 ・・・・・・・・・・・・・・・・・・・・・・・・・・・・・・・・・・・・・・ 392
- ■ IMAP4 ・・・・・・・・・・・・・・・・・・・・・・・・・・・・・・・・・・・・・ 393

6.4.3 Web メール ・・・・・・・・・・・・・・・・・・・・・・・・・・・・・・・・ 395

6 - 5 管理アクセスプロトコル ・・・・・・・・・・・・・・・・・・・ 396

6.5.1 Telnet ・・・・・・・・・・・・・・・・・・・・・・・・・・・・・・・・・・・・・・ 397
- ■ Telnet を使用したトラブルシューティング ・・・・・・・・・ 398

6.5.2 SSH ・・ 399
- ■ ファイル転送 ・・・・・・・・・・・・・・・・・・・・・・・・・・・・・・・・ 401
- ■ ポートフォワーディング ・・・・・・・・・・・・・・・・・・・・・・・ 402

6 - 6 運用管理プロトコル ・・・・・・・・・・・・・・・・・・・・・・・ 405

6.6.1 NTP ・・ 405
- ■ NTP の階層構造 ・・・・・・・・・・・・・・・・・・・・・・・・・・・・・ 405

6.6.2 SNMP ・・・・・・・・・・・・・・・・・・・・・・・・・・・・・・・・・・・・・・ 406
- ■ SNMP のバージョン ・・・・・・・・・・・・・・・・・・・・・・・・・・ 406
- ■ SNMP マネージャーと SNMP エージェント ・・・・・・・・・ 407

xix

■ 3つの動作 ··· 408

| 6.6.3 | **Syslog** ··· **410**
■ Facility ··· 410
■ Severity ·· 411

| 6.6.4 | **隣接機器発見プロトコル** ································· **412**

6-7 冗長化プロトコル 413

| 6.7.1 | **物理層の冗長化技術** ····································· **413**
■ リンクアグリゲーション（リンクの冗長化）················· 413
■ チーミング（NIC の冗長化）································· 416
■ バーチャルシャーシ（筐体の冗長化）······················· 418

| 6.7.2 | **データリンク層の冗長化技術** ················· **419**
■ ループ防止プロトコル ··· 420
| NOTE | ループの原因のほとんどは配線ミス ········ 422

| 6.7.3 | **ネットワーク層の冗長化技術** ················· **422**
■ トラッキング ·· 424
■ ファイアウォールの冗長化技術 ······························· 426
■ 負荷分散装置の冗長化技術 ···································· 428

6-8 ALG プロトコル 430

| 6.8.1 | **FTP** ·· **430**

| 6.8.2 | **TFTP** ·· **432**

| 6.8.3 | **SIP** ·· **433**

索引 ··· **435**

ネットワークの基礎

本章では、これからネットワークを学んでいくうえで必要な基礎知識や、現代におけるネットワークのあり方について説明します。ネットワークは、一見複雑で、難しそうに感じられがちですが、技術の土台がしっかりしている分、進化の速度がゆっくりで、いつ学習し始めたとしても、絶対に遅いということはありません。まずは、ネットワークの基礎を知り、知識の土台を固めましょう。

　スマホで何かを検索したり、YouTubeで動画を見たりするとき、「インターネットってどんな仕組みで動いているんだろう」と不思議に感じたことはありませんか。本書を手に取ってくれた読者の方々は、少なくとも一度は感じたことがあるのではないでしょうか。
　インターネットは、世界中のコンピューターを網目状につなぎ合わせた情報網です。この情報網のことを「コンピューターネットワーク（以下、ネットワーク）」といいます。検索結果も人気YouTuberの動画も、すべて「0」と「1」のデジタルデータとなって、インターネットという大きなネットワークを光の速度で駆け巡り、あなたのもとに届いています。
　ネットワークはもともとテキストデータをやりとりするだけのシンプルなものでした。しかし、時代とともに、その枠組みを大きく超えて、写真や動画、音楽や個人情報など、ありとあらゆる情報を伝達するための手段として、日常生活に欠かせないものになっています。

chapter 1-1 ネットワークの成り立ち

　現在のコンピューターネットワーク（以下、ネットワーク）を構成する技術は、もともと1960年代にアメリカで研究・開発され、いろいろなカタチに進化しながら、世界中に浸透していきました。ここでは、ネットワークやコンピューター、そしてそれを取り巻く環境がどのように進化し、どのような系譜をたどって現在に至っているかをざっくり説明します。

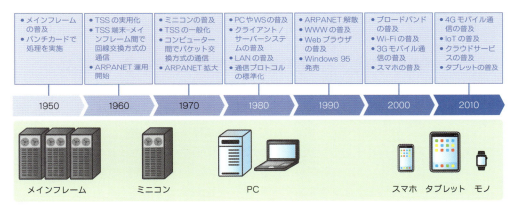

図1.1.1 ● ネットワークの成り立ち

1.1.1　1950年代 ── 人がデータを運ぶ

　1950年代は、それまで軍事目的で使用されていたコンピューターが科学技術や事務処理など、いろいろな用途に使われ始めた時代です。このころのコンピューターは「**メインフレーム**」とも呼ばれ、それひとつで大きな部屋を占有してしまうほど巨大で、とても高価なものでした。また、適切な設置環境（温度や湿度、設置スペースなど）を維持する必要があるため、専用の施設で管理されており、複雑な操作に対応できる熟練の技術スタッフによって運用されていました。

　ユーザーがコンピューターを使用するときは、データの内容がパンチ（穴あけ）された厚手の紙（パンチカード）を施設のスタッフに預けます。スタッフはパンチカードにパンチされたデータを1枚ずつカードリーダーに入力（投入）し、処理結果がプリンターに出力（印刷）されたら、ユーザーに手渡しします。このころはパンチカードを持ち込んだり、処理結果の紙を持って帰ってきたりと、データのやりとりを行う、いわゆるネットワークの役割を人が担っていました。

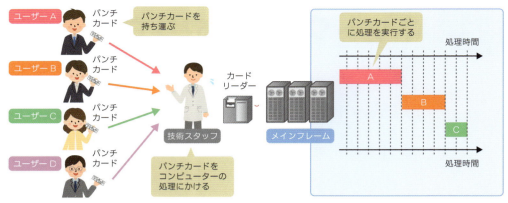

図1.1.2 ● 人がデータを運ぶ

1.1.2　1960年代 ── 回線交換方式でデータを運ぶ

　1960年代になると、コンピューターに「**TSS**（Time Sharing System）」という技術が実用化され始めます。TSSはコンピューターの処理能力をごく短い時間に分割して、複数の接続端末に割り当てることによって、複数の処理を同時に実行しているかのように見せる技術です。それまでのコンピューターは、1枚ずつパンチカードを処理する必要があったため、自分のパンチカードが処理されるまでひたすら順番待ちをする必要がありました。TSSによって、1台のコンピューターを複数のユーザーで共有できるようになり、順番待ちをする必要がなくなりました。

　遠隔地にいるユーザーがTSSのコンピューターを使用するときは、はじめに「**TSS端末（ダム端末）**」と呼ばれるキーボードとプリンターが一体化した専用端末からコンピューターに電話をかけます[*1]。電話がつながると、回線交換機で構成されている回線交換網の中に、TSS端末とコンピューターの2台だけで構成される1対1のネットワークが作られ[*2]、キーボードで入力したデータが流れます。データがコンピューターで処理されると、同じネットワークを通って処理結果が流れ、TSS端末のプリンターに出力（印刷）されます。このネットワークは、電話を切るまで2台だけで占有され、それ以外の端末が接続しようとしても、話し中になって接続できません。また、電話を切ると消滅します。このような通信方式のことを「**回線交換方式**」といいます。

[*1]：近隣地にいるユーザーは、コンピューターにRS-232Cという通信規格で直接シリアル接続されているTSS端末を使用します。
[*2]：コンピューターには複数の電話回線が引き込まれており、1対1のネットワークが複数作られます。

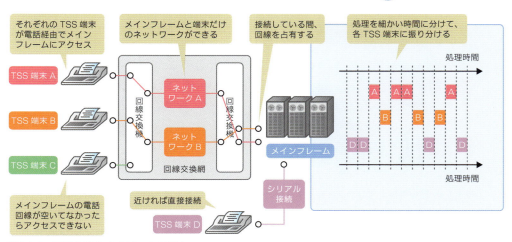

図1.1.3 ● 回線交換方式でデータを運ぶ

　1960年代後半になると、インターネットの起源といわれている「**ARPANET**(アーパネット)」がアメリカで産声を上げます。といっても、このころはそんなに大げさなものではなく、まだアメリカ国内の4拠点にあるコンピューターをつなげるだけの、小さく、実験的なネットワークに過ぎませんでした。

1.1.3　1970年代 ── コンピューター間でデータをやりとりする

　1970年代になると、半導体技術の進歩により、コンピューターの性能向上や価格低下が進み、冷蔵庫ほどのサイズに小型化された「**ミニコンピューター（ミニコン）**」が広く普及します。これにより、それまで大学や研究機関、大企業だけでしか導入されていなかったコンピューターが中小企業や部署単位にも広まります。そして、それとともにコンピューター間でデータをやりとりしたいというニーズが高まります。

　前項で説明したとおり、それまで遠隔地とのデータのやりとりには、回線交換方式が使用されていました。回線交換方式は、基本的な仕組みが電話と同じで、技術的にシンプルなので、TSS端末とコンピューターで1対1に小さなデータをやりとりするくらいであれば、特に問題はありませんでした。しかし、接続を終了するまで回線を占有してしまうため、多数のコンピューターが同時に通信するとなると、多くの電話回線が必要になり、通信コストが増大します。また、接続するコンピューターが増えるたびに、すべての拠点に新しい回線を引かなければならず、効率的ではありません。たとえば、100台のコンピューターが同時に通信する場合、各拠点に99本の電話回線が必要になりますし、101台目のコンピューターが増えるときには、すべての拠点にもう1本電話回線を増設する必要があります。さすがにこれは現実的とは言えないでしょう。

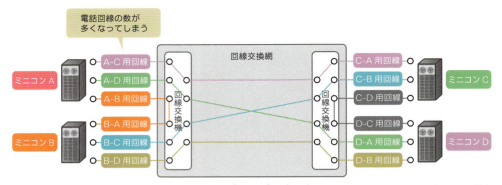

図1.1.4 ● 回線交換方式はコンピューター間の通信には向かない（4拠点を接続する場合、1拠点当たり3回線必要）

　このような課題を解決すべく、新たに生まれた通信方式が「**パケット交換方式**」です。パケット交換方式は、データを丸ごとそのままやりとりするのではなく、「**パケット**」と呼ばれる小さい単位に小分けにしてやりとりする通信方式です。パケットとは英語で「小包」という意味です。送信元のコンピューターは、データを分割した後に「**ヘッダー**」という情報をくっつけて、パケット交換機で構成されたパケット交換網に流します。ヘッダーには送信元や宛先のコンピューターの情報だったり、元データの何番目に当たるパケットなのかだったり、郵便小包の荷札に当たるような情報が含まれています。その情報をもとに、パケット交換機は宛先のコンピューターにパケットを転送し、宛先のコンピューターは元のデータに復元します。パケット交換方式は、1本の回線でたくさんのコンピューターとやりとりできますし、接続するコンピューターが増えても回線を増設する必要はありません。回線交換方式よりも、はるかに経済的で効率的です。インターネットをはじめとする現在のコンピューターネットワークは、大きなパケット交換網になっていて、パケット交換方式でデータをやりとりしています。皆さんが見ているYouTube動画もX（旧Twitter）の投稿も、元はどこかにあるコンピューターがインターネットというパケット交換網に流したパケットです。あなたのPCが元のデータに戻して、初めて見られるようになります。

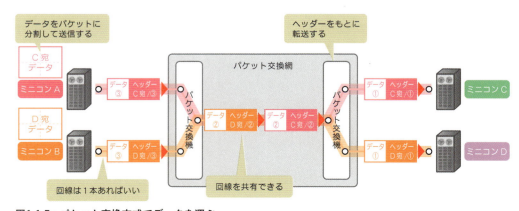

図1.1.5 ● パケット交換方式でデータを運ぶ

さて、このパケット交換方式を初めて採用したネットワークが、前項の最後に少しだけ触れた ARPANET です。このころの ARPANET は、「IMP（Interface Message Processor）」という名前のパケット交換機を使用して、各地のメインフレームやミニコンをつなぎ、パケットをやりとりしていました。ARPANET は 1969 年に運用を開始し、1970 年代にはアメリカの大学や研究機関を中心に拡大を続ける一方で、イギリスやノルウェーをつなぐ国際的なネットワークに成長しました。

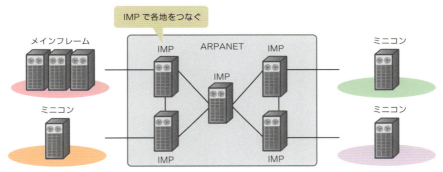

図1.1.6 ● 初期のARPANETはIMPで各地を接続する

1.1.4 1980 年代 —— データ通信環境を整える

1980 年代になると、家庭や個人で使用する「パーソナルコンピューター（パソコン、PC）」や、CAD（コンピューター支援設計）や科学技術計算などの専門分野で使用する高性能な「ワークステーション（WS）」が本格的に普及し始めました。先述のとおり、それまでメインフレームやミニコンを操作するときは、入出力機能と通信機能しか持っていない TSS 端末を使用していました。しかし、パソコンやワークステーションの普及によって、個々のコンピューターでデータの処理ができるようになり、集中管理型の TSS から分散管理型の「**クライアント / サーバーシステム**」へと移行しました。クライアント / サーバーシステムはコンピューターの役割を「**クライアント**」と「**サーバー**」に分け、クライアントのリクエスト（要求）に対し、サーバーがレスポンス（応答）する方式です。この方式への移行により、組織内（大学、研究機関、企業など）のコンピューターを効率的に接続できる「**LAN**（Local Area Network）」が各地で導入されるようになります。

同時期の ARPANET には、さらに世界中の大学や研究機関の LAN が接続されるようになり、世界を股にかけた大きなネットワークに成長しました。また、その過程でパケット交換方式だけでなく、いろいろなデータをやりとりするために必要な規約や手順（通信プロトコル）を導入し、いろいろなメーカーのいろいろな OS のコンピューターが互いに接続できるように、通信環境が整備されました。本書の題名にも含まれている「**TCP/IP**」もそのうちのひとつです。TCP/IP は、1983 年に ARPANET の通信プロトコルとして導入され、進化を重ねながら、今もなお現役で使用されています。また、それとともに IMP（パケッ

ト交換機）は IP に最適化された「**ルーター**」という名前の機器に置き換えられていきました。皆さんも家電量販店やショッピングサイトなどで「Wi-Fi ルーター」という言葉を目にしたことがありませんか？ Wi-Fi ルーターも元をたどれば、この「ルーター」にたどり着きます。TCP/IP をはじめとして、ARPANET で培われたいろいろな技術は、その後のインターネットの発展に大きく寄与し、現代デジタルコミュニケーションの礎を築きました。

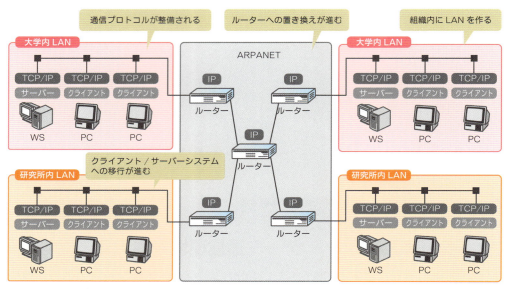

図1.1.7 ● LANの導入と通信環境の整備

1.1.5 1990年代 —— インターネットが普及する

　1990 年代になり、ARPANET がその役割を終えると、いよいよインターネットの普及が始まります。その普及を加速させた技術が「**WWW**（World Wide Web）」、いわゆる「Web」です。WWW は、インターネット上に存在する無数のデータを相互につなげる仕組みのことです。Web 技術が確立したことによって、テキストや画像、動画など、さまざまなデータが Web サーバーにある Web サイトにリンクされ、Web ブラウザからクリックひとつで目的の情報にアクセスできるようになりました。インターネットをしていたら、誰もが一度は耳にしたことがあるであろう「URL」や「HTTP」も、WWW の一部としてこの時期に生まれました。

　さて、今となっては日常生活になくてはならないものになっている Web ですが、最初のころはとても使いづらく、大学や研究機関などでしか使用されていませんでした。しかし、そのような状況は、1993 年にリリースされた「NCSA Mosaic」という Web ブラウザの登場によって一変します。NCSA Mosaic は、画像やテキストを同時に表示できるグラフィカルなユーザーインターフェースを持っているだけでなく、一般ユーザーでも直観的に操作できるように設計されていました。Mosaic の成功を受けて、「Netscape

1-1 ネットワークの成り立ち

Navigator」や「Internet Explorer」といった Web ブラウザが登場し、インターネットの普及は加速度的に進みました。Yahoo!(1994年〜)や Amazon(1995年〜)、楽天市場(1997年〜)や Google(1998年〜)など、今をときめく巨大プラットフォームがサービスを開始したのもちょうどこの時期です。

WWW、そしてインターネットの普及をさらに後押ししたのがパソコン(PC)の性能と使い勝手の向上でしょう。この時期、PC の処理速度やメモリ容量が飛躍的に向上し、大きなデータを速く処理できるようになりました。それにより、WWW で画像や音声、動画などのマルチメディアコンテンツを利用できるようになりました。また、1995年にマイクロソフト社からリリースされた Windows 95 は、使いやすいユーザーインターフェースとプラグアンドプレイ機能[※1]を提供し、一般ユーザーの PC に対するハードルを一気に下げました。これにより、家庭やオフィスに PC が爆発的に普及し、結果としてインターネットの普及が進みました。Windows 95 の登場は、誰もが日常的に PC を利用し、インターネットにアクセスするきっかけとなり、WWW の利用をさらに加速させました。

※1：キーボードやマウスなどの周辺機器を接続するだけで、すぐに使えるようになる機能のこと。

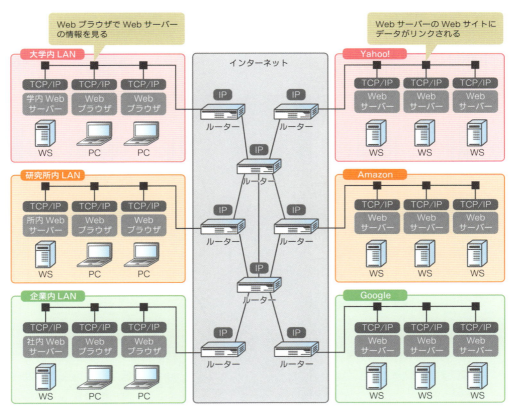

図1.1.8 ● インターネットが普及する

1.1.6 2000年代 —— インターネット技術が進化する

2000年代になると、全世界の人々がインターネットに接続するようになり、インターネット技術が大きく進化します。中でもポイントになった技術といえば、「**ブロードバンド**」「**ワイヤレス**」「**セキュリティ**」の3つでしょう。この3つの技術の進化により、いつでもどこでも安心してインターネットに接続できるようになりました。それぞれ説明しましょう。

ブロードバンドは、ADSL（非対称デジタル加入者線）や光ファイバーを使用した、常時インターネット接続サービスのことです。このサービスが一般家庭やオフィスに広まったことにより、高速、かつ安定的なインターネット接続環境が整い、インターネットが単なる情報収集ツールの枠組みを大きく飛び越えて、音楽や動画のストリーミング、オンラインゲームやSNSなど、多彩なエンターテイメントツール、そしてマルチメディアツールへと進化しました。みんな大好きYouTube（2005年〜）やX（旧Twitter、2006年〜）がサービスを開始したのもこの時期です。

時を同じくして、今では当たり前になったWi-Fiやモバイル通信など、ワイヤレス技術が普及し始めます。それまで、インターネット接続といえば、有線（ケーブル）で接続するのが当たり前で、家庭やオフィスでLANケーブルのある机に移動したり、LANケーブ

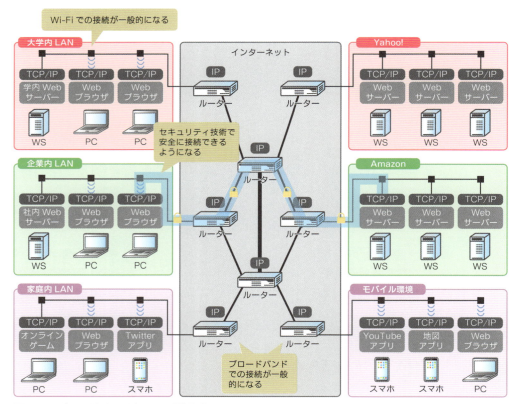

図1.1.9 ● ブロードバンドやWi-Fiが普及する

ルを持ち歩いて空いている LAN ポートを探し回ったりするなんてことがよくありました。この時期に Wi-Fi ルーターが一般化したり、通信キャリアの 3G サービスが開始されたりしたことによって、ケーブルにとらわれることなく、ワイヤレスで、かつ快適にインターネットに接続できるようになりました。また、それに伴って、スマートフォンやノート PC を含むモバイルデバイスでのインターネットアクセスも増えてきました。初代 iPhone（2007 年）が登場したのもこの時期です。

　ブロードバンド技術やワイヤレス技術の普及によって、誰でもいつでもどこでもインターネットに接続できるようになると、ただ接続するだけでなく、安全に接続するためのセキュリティ技術の普及が急速に進みます。もちろんそれまでも個人情報を扱う Web サイトでは、セキュリティを担保する技術が使用されており、安全にデータをやりとりできていました。しかし、インターネットの利用が日常的なものとなり、よりたくさんのデータがオンラインでやりとりされるようになると、個人情報を扱う Web サイトだけでなく、多くの Web サイトでセキュリティ技術が利用されるようになりました。これにより、ユーザーは安心してインターネットを利用できるようになりました。

1.1.7　2010 年代 ── モバイルインターネットとクラウドサービスが普及する

　2010 年代になると、スマートフォンやタブレットがまたたく間に普及し、インターネットに接続する端末の主役が PC からモバイルデバイスにシフトしました。この変化と、Wi-Fi やモバイル通信の高速化・安定化によって、老若男女問わずたくさんの人々がいつでもどこでも気軽にインターネットにアクセスできるようになり、インターネットは日常生活になくてはならないものになりました。同じころ、「**IoT**（Internet of Things、モノのインターネット）」の技術が実用化され、モバイルデバイスや PC だけでなく、自動販売機や時計、車や家電など、日常生活に存在しているありとあらゆるデバイス（モノ）がインターネットに接続されるようになりました。これにより、遠隔地からリアルタイムでデバイスの状況を確認したり操作したりできるようになり、利便性が飛躍的に向上しました。また、デバイスから日々収集される膨大なデータ（ビッグデータ）をインターネット上にあるサーバーに蓄積し、解析することによって、たとえば自動販売機の商品需要を予測したり、時計で健康状態を監視したり、ビジネス戦略や日常生活に幅広く役立てられるようになりました。

　また、AWS（Amazon Web Services）や Microsoft Azure、Google Cloud といったクラウドサービスが急速に普及したのもこの時期です。クラウドサービスを使用すると、インターネットの中に自分だけのコンピューター（インスタンス）を作ったり、データを保存したりできるようになり、物理的なハードウェアを用意する必要がなくなりました。さらに、インターネットに接続さえできていれば、世界中のどこからでもそのコンピューターやデータにアクセスできるようになったため、気軽にリモートワークできるようになったり、グローバルな対応ができるようになったり、働き方にもいろいろな変革が生まれました。

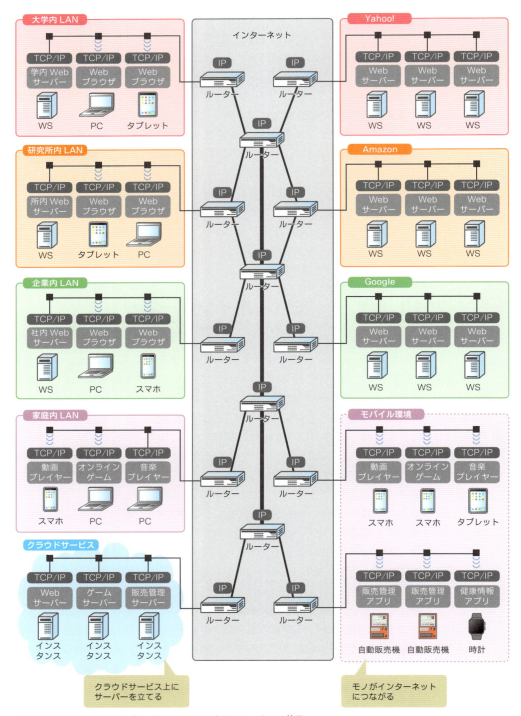

図1.1.10 ● モバイルインターネットとクラウドサービスの普及

1-2 通信するときの約束事がプロトコル

　データをパケットに小分けしてネットワークに流すパケット交換方式は、ARPANET時代から現在に至るまで脈々と受け継がれている通信方式です。今この瞬間もネットワークには無数のパケットが流れていて、絶え間なくデータを運んでいます。

　さて、今さらりと「パケット」と書きましたが、みんなが好き勝手にパケットを作って、ネットワークに流していいかというと、そういうわけではありません。そもそもどのようなパケットを作ればいいかわからないですし、どのようにパケットを流せばいいかもわからないでしょう。そこで、ネットワークの世界には、どのようなパケットをどのように流せばいいかという約束事が存在しています。この約束事のことを「**プロトコル（通信プロトコル）**」といいます。「プロトコル」と聞くと、あまり耳馴染みがなくて、なんとなく難しい気がするかもしれませんが、人間同士で会話していても、言葉の意味や文法がわかっていないと、コミュニケーションを取ることができないですよね？　それと似たようなものです。

図1.2.1 ● 言葉の意味や文法がわからないとコミュニケーションが取れない

　ネットワークでは通信に必要な機能ごとに「プロトコル」という名の約束事がしっかりと整備されており、それが会話における共通言語のような役割を果たしています。それぞれのコンピューターがプロトコルに定められた約束事を守りながらパケットを作り、ネットワークに流しているおかげで、たとえPCのメーカーが違っていても、OSが違っていても、Wi-FiでもLANケーブルでも気にすることなく、同じようにパケットをやりとりできるようになっています。

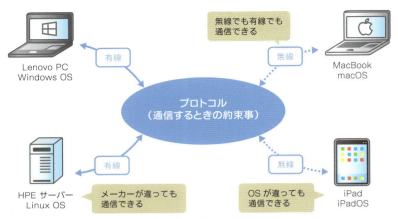

図1.2.2 ● プロトコルの約束事を守ることで通信が可能になる

　皆さんもWebサイトを見るとき、「https://www.google.com/」のように、URLを入力したことはありませんか。このうち、最初に入力する「https」がまさにこのプロトコルに当たります。HTTPSは「Hypertext Transfer Protocol Secure」の略で、WebサーバーとWebブラウザの間で、暗号化しながらパケットをやりとりするときに使用するプロトコルです。Webブラウザは、URLの最初に「https」という文字を付けることによって、「HTTPSで決められた約束事に基づいて、パケットを処理しますよー」と宣言しています。

図1.2.3 ● Webブラウザを使用してHTTPSで通信する

> **プロトコルを守らないと…**
>
> 　プロトコルはあくまで約束事なので、絶対に守らないといけないわけではありませんし、守らなくても特に罰金や罰則があるわけでもありません。では、守らないとどうなるかというと…… 通信ができなくなります。PCやサーバー、ネットワーク機器は、受け取ったパケットをプロトコルに沿って処理しようとしますが、沿っていなかったら異常パケットとして破棄したり、エラーを返したりします。

1.2.1 プロトコルで決まっていること

ネットワークには、たくさんのプロトコルがあって、それぞれがいろいろな役割を持って存在しています。プロトコルでどのようなことが決められているのか、ここでは代表的なものをいくつかピックアップして説明します。

■ 物理的な仕様

ケーブルの素材やコネクタの形状、そのピンアサイン（ピン配列）に至るまで、ネットワークにおいて、目に見えるものはすべてプロトコルで定義されています。また、Wi-Fi環境における電波の周波数帯域や、パケットをどのように電波に変換（変調[*1]）するかも、プロトコルで定義されています。PCのNIC（Network Interface Card）[*2]はプロトコルで定義されている内容に基づいて、ケーブルや電波などの伝送媒体にパケットを流します。

[*1]：デジタルデータを電波に乗せられるようにする技術のこと。
[*2]：LANカードや無線LANアダプタなど、ネットワークに接続するために必要なハードウェアのこと。

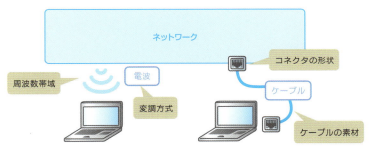

図1.2.4 ● 物理的な仕様

■ 送信相手の特定

名前や住所がわからなければ郵便小包を送れないのと同じように、どこの誰と通信したいのかがわからなければパケットを送り出しようがありません。そこで、ネットワークの世界でも、現実の世界と同じように住所を割り当てて、送信相手を区別しています。

図1.2.5 ● 送信相手の特定

たとえば、皆さんもよく利用しているであろう Google には、「www.google.com」という見慣れた文字の住所と、「172.217.175.4[*1]」という見慣れない数字の住所が割り当てられています。パケットを送信するときは、この情報をもとに送信相手を特定しています。

[*1]：Google はいくつかの住所を持っています。ここでは、そのうちひとつだけを記載しています。

■ パケットの転送

　送信相手を特定できたら、次にパケットを相手先まで送り届ける必要があります。先述のとおり、コンピューターはデータをパケットに細かく分割して、ネットワークに流します。そして、そのとき、本物の郵便小包と同じように、ヘッダーという荷札を付けます。ヘッダーには、送信元や宛先だけでなく、元のデータに復元するための通し番号やサーバー（サービス）の情報など、転送に必要な制御情報が含まれています。プロトコルでは、ヘッダーのどこからどこまでに（何ビット目から何ビット目までに）どんな情報を含み、どんな順序でやりとりするかが定義されています。パケット交換網を構成しているパケット交換機（ルーター）は、ヘッダーの情報に基づいて、バケツリレー的にパケットを転送していきます。

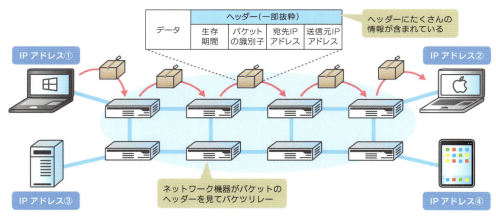

図1.2.6 ● パケットの転送

■ 信頼性の確立

　パケットは世界中に張り巡らされたネットワークに乗って、山を飛び、谷を越え、海を潜り、ありとあらゆるところを駆け巡ります。したがって、いつどこで、どんなときにパケットが壊れたり、なくなったりするかわかりません。プロトコルは、そんなことになっても大丈夫なように、エラーを通知したり、データを再送したりする仕組みを提供しています。また、有限なネットワークリソース[*1]がパケットでいっぱいになって、溢れてしま

わないための仕組みも提供しています。MVNO（Mobile Virtual Network Operator）[2]のスマホを使用している人は、昼休みや通勤時間帯にWebサイトが見づらくなったりした経験がありませんか。これは、限られたネットワーク帯域をみんなでうまく共有できるように、ネットワークで制御されているためです。

[1]：ネットワークリソースとは、ネットワークに接続している機器が共有する資源のことです。具体的にはネットワークの帯域（1秒あたりに流せるデータ量）や、ネットワーク機器のCPU、メモリなどを表します。
[2]：携帯電話会社（NTTドコモ社、KDDI社、ソフトバンク社、楽天モバイル社）から、基地局などの通信設備を借りて、携帯電話サービスを提供している事業者のこと。いわゆる格安スマホや格安SIMを提供している会社はMVNOです。

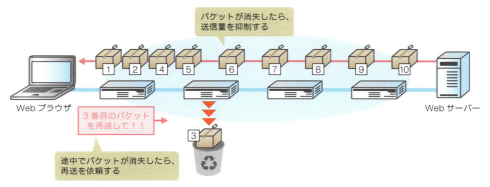

図1.2.7 ● 信頼性の確保

■ セキュリティの確保

最近は、名前や住所、生年月日や口座番号など、重要な情報をインターネット経由でやりとりすることが多くなりました。インターネットは誰もがつながることができる公共のネットワークです。いつ何時、どこで誰が情報を見ようとしているかわかりません。壁に耳あり障子に目ありです。プロトコルは、重要な情報を安心してやりとりできるように、正しい通信相手であるか認証し、通信を暗号化する仕組みを提供しています。たとえば、オンラインショップで何かを購入したいとき、まずはユーザー名とパスワードを入力して、ログインするでしょう。このとき、Webブラウザは接続先のサーバーが正しい通信相手であることをしっかりと確認した後、ユーザー名とパスワードを暗号化して送信します。

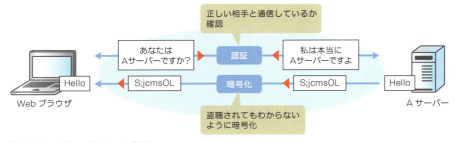

図1.2.8 ● セキュリティの確保

1.2.2 プロトコルは階層で整理する

　プロトコルで定義されているいろいろな通信機能は、その役割に応じて階層構造になっています。データを送信するコンピューターは、階層ごとに用意されたプロトコルに沿って、上の階層から順にデータを処理していき、パケットをネットワークに流します。そのパケットを受け取ったコンピューターは、下の階層から順に送信元コンピューターと同じ階層のプロトコルで処理していき、元のデータに復元します。

　たとえば、Web ブラウザ[*1] から Web サーバー[*2] にファイルをアップロードする場合、Web ブラウザはファイルデータを上の階層から下の階層に向かって順に処理していき、パケットをネットワークに流します。対して、Web サーバーは受け取ったパケットを下の階層から上の階層に向かって順に処理していき、ファイルデータを保存します。

*1：厳密に言うと「Web ブラウザが動作するコンピューター」です。ここでは読みやすさを考慮して、「Web ブラウザ」と簡略化して表現しています。
*2：厳密に言うと「Web サーバーが動作するコンピューター」です。ここでは読みやすさを考慮して、「Web サーバー」と簡略化して表現しています。

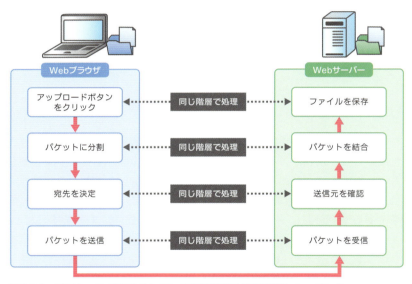

図1.2.9 ● プロトコルで定義されている通信機能は階層構造になっている

1.2.3 ふたつの階層モデル

　では、通信機能の階層は、どのような形で構成されているのでしょう。これを知るためには、まず、ネットワークの基本的な概念として、長きにわたって存在しているふたつの階層構造モデルについて、ざっくり知っておく必要があります。それが「**TCP/IP 参照モデル**」と「**OSI 参照モデル**」です。このふたつの階層モデルは、作った組織が違うだけで、通信に必要な機能を階層（レイヤー）的に分類し、処理を役割分担しているという点においては、同じようなことをしています。各階層は自分の処理が終わったら、次の階層にデータを引き渡し、その処理には一切関与しません。

　なぜこのように階層的に役割分担しているかというと、一言で「使いやすくするため」です。先述のとおり、ネットワークでデータをやりとりするためには、パケットを分割したり、ネットワークに流したり、いろいろな機能が必要になります。階層的に役割分担しておくと、どれかひとつの機能だけを改善したり、新しい機能を導入したりすることが容易になります。また、何か問題が起きたとき、段階的に問題を探ることができ、原因を特定しやすくなります。

■ TCP/IP 参照モデル

　TCP/IP 参照モデルは、1970 年代から 1980 年代前半にかけて、アメリカ国防総省の国防高等研究計画局（DARPA）で開発された階層構造モデルです。TCP/IP 参照モデルは、下から順に「**ネットワークインターフェース層**[*1]」「**インターネット層**」「**トランスポート層**」「**アプリケーション層**」の 4 階層で構成されています。

　ネットワークインターフェース層は、コンピューターとネットワークを伝送媒体（ケーブル・電波）で物理的に接続する機能や、同じネットワーク[*2]にいるコンピューターとパケットをやりとりする機能を提供します。インターネット層は、ネットワークとネットワークをつなぎ、異なるネットワーク[*3]にいるコンピューターとパケットをやりとりする機能を提供します。トランスポート層は、アプリケーションデータをパケットに分割する機能や、アプリケーション（サービス）を識別して通信を制御する機能を提供します。アプリケーション層は、Web サイトの表示やファイル転送など、ユーザーにアプリケーションの機能を提供します。

[*1]：ネットワークインターフェース層は「リンク層」とも呼ばれます。
[*2]：ここでの「ネットワーク」は、今のところ「LAN」に読み替えて問題ありません。
[*3]：ここでの「異なるネットワーク」は、今のところ「インターネット」に読み替えて問題ありません。

レイヤー	レイヤー名	代表的な機能
第 4 層	アプリケーション層	ユーザーに対して、アプリケーションを提供する
第 3 層	トランスポート層	パケットに分割し、アプリケーションを識別して通信を制御する
第 2 層	インターネット層	異なるネットワークにいるコンピューターとパケットをやりとりする
第 1 層	ネットワークインターフェース層	コンピューターとネットワークを物理的に接続し、同じネットワークにいるコンピューターとパケットをやりとりする

表1.2.1 ● TCP/IP参照モデル

たとえば、Wi-Fi 環境で Web ブラウザから Web サーバーにファイルをアップロードするときは、各コンピューターの各階層でざっくり次表のような処理が走ります。

レイヤー	レイヤー名	Web ブラウザの処理	Web サーバーの処理
第4層	アプリケーション層	① アップロードリクエストデータを生成する	④ ファイルを保存する
第3層	トランスポート層	② リクエストデータをパケットに分割し、データを渡す Web サーバーアプリケーションを指定する	③ パケットを結合して、Web サーバーアプリケーションに渡す
第2層	インターネット層	③ パケットを送信する Web サーバーを指定する	② 送信元のコンピューターを確認する
第1層	ネットワークインターフェース層	④ パケットを電波に変換して、送信する	① 電気信号を受信して、パケットに変換する

表1.2.2 • 実際の動作を当てはめてみると…

　TCP/IP 参照モデルは、OSI 参照モデルよりも歴史が古く、かつ実用性を重視した階層構造になっていることもあって、今やほとんどすべてのプロトコルは TCP/IP 参照モデルに対応する形で作られています。ちなみに、現代ネットワークで使用されている代表的なプロトコルを TCP/IP 参照モデルに対応付けると、次表のようになります。一部、上下関係があるものや、階層をまたぐものもあります。理由は後ほどじっくり説明するので、今のところは「こんなプロトコルもあるんだな」という程度に見ておいてください。

階層	階層名	プロトコル						
第4層	アプリケーション層	HTTP	DNS	FTP	HTTP FTP SSL/TLS	HTTP QUIC	DNS Syslog SNMP NTP	
第3層	トランスポート層	TCP				UDP		
第2層	インターネット層	IP		ICMP			ARP	
第1層	ネットワークインターフェース層	IEEE 802.3（イーサネット）		IEEE 802.11（Wi-Fi）				

表1.2.3 • いろいろなプロトコル

■ OSI 参照モデル

　OSI 参照モデルは、1984 年に国際標準化機構（ISO、International Organization for Standardization）が策定した階層構造モデルです。当時乱立していたベンダー独自の階層モデルを標準化するために、満を持して策定されました。OSI 参照モデルは、下から順に「**物理層（レイヤー 1、L1）**」「**データリンク層（レイヤー 2、L2）**」「**ネットワーク層（レイヤー3、L3）**」「**トランスポート層（レイヤー 4、L4）**」「**セッション層（レイヤー 5、L5）**」「**プレゼンテーション層（レイヤー 6、L6）**」「**アプリケーション層（レイヤー 7、L7）**」の 7 階層で構成されています。

物理層は、コンピューターとネットワークを伝送媒体（ケーブル・電波）で物理的に接続する機能を提供します。データリンク層は、同じネットワークにいるコンピューターとパケットをやりとりする機能を提供します。ネットワーク層は、ネットワークとネットワークをつなぎ、異なるネットワークにいるコンピューターとパケットをやりとりする機能を提供します。トランスポート層は、データをパケットに分割する機能や、アプリケーション（サービス）を識別して通信を制御する機能を提供します。セッション層は、ログインやログアウトなど、アプリケーションレベルにおける通信を管理する機能を提供します。プレゼンテーション層は、アプリケーションデータをネットワークに流せるように変換する機能を提供します。最後にアプリケーション層は、ユーザーに対して、アプリケーションの機能（Web サイトの表示やファイル転送など）を提供します。

レイヤー	レイヤー名	代表的な機能
第7層	アプリケーション層	ユーザーに対して、アプリケーションを提供する
第6層	プレゼンテーション層	アプリケーションデータを通信できる方式に変換する
第5層	セッション層	アプリケーションレベルで通信を制御する
第4層	トランスポート層	パケットに分割したり、アプリケーション（サービス）を識別して通信を制御する
第3層	ネットワーク層	異なるネットワークにいるコンピューターとパケットをやりとりする
第2層	データリンク層	同じネットワークにいるコンピューターとパケットをやりとりする
第1層	物理層	コンピューターとネットワークを物理的に接続する

表1.2.4 ● OSI参照モデル

国際的な標準化を目指して作られた OSI 参照モデルですが、通信機能を細かく分類しすぎた結果、難しく、かつ使い勝手が悪くなったため、今やこのモデルに純粋に対応しているプロトコルはありません。しかし、OSI 参照モデルは、TCP/IP 参照モデルが明示できていない機能も幅広く網羅しているため、通信機能を体系的に議論する際にはとても有効です。また、IT エンジニア同士の会話で、「L3（エルサン、エルスリー）」と言ったら、OSI 参照モデルのネットワーク層を表しますし、「L4（エルヨン、エルフォー）」と言ったら、OSI 参照モデルのトランスポート層を表します。IT エンジニアが知っておくべき重要な概念であることに間違いありません。

OSI 参照モデルを覚えるコツ

OSI 参照モデルは、7つも階層があるために覚えにくく、それがネットワーク初心者にとって高いハードルになっている感は否めません。筆者は暗記が苦手な体育会系タイプなので、各階層の頭文字を上から順に取って、「あ」「ぷ」「せ」「と」「ね」「で」「ぶ」と、何度も呪文のように唱えて、身体で覚え込みました。意味のない言葉なので、最初は唱えづらいかもしれませんが、ドラクエしかり、呪文なんてそんなものです。唱え続けると、いずれ馴染んできます。とりあえず、まずは身体で覚え込みましょう。

本書で用いる階層構造モデル

TCP/IP 参照モデルと OSI 参照モデルは、どちらも同じようなことをしているため、共通している部分が多く、ざっくりお互いの階層を紐づけることが可能です。まず、OSI 参照モデルの物理層とデータリンク層は、まとめて TCP/IP 参照モデルのネットワークインターフェース層に相当し、プロトコルとしてもまとめて定義されています。OSI 参照モデルのネットワーク層は、TCP/IP 参照モデルのインターネット層に相当します。トランスポート層はそのままトランスポート層に相当します。また、OSI 参照モデルのセッション層からアプリケーション層は、TCP/IP 参照モデルのアプリケーション層に相当し、プロトコルとしてもまとめて定義されています。

さて、本書は筆者の経験則に基づいて、このふたつのモデルの「いいとこどり」をした 5 階層のモデルを使用します。実際のところ、ほとんどの IT エンジニアは、トラブルシューティングするときには物理層とデータリンク層を分けて考えますし、ネットワークを設計するときにはセッション層からアプリケーション層をまとめて第 7 層（レイヤー 7、L7）として考えますので、この 5 階層モデルが現実のネットワークを説明するのに適しているからです。第 4 層から第 7 層にいきなりジャンプアップするので、やや違和感を感じるかもしれませんが、そういうものとして割り切ってください。

TCP/IP 参照モデル

階層	階層名
第 4 層	アプリケーション層
第 3 層	トランスポート層
第 2 層	インターネット層
第 1 層	ネットワークインターフェース層

OSI 参照モデル

階層	階層名
第 7 層	アプリケーション層
第 6 層	プレゼンテーション層
第 5 層	セッション層
第 4 層	トランスポート層
第 3 層	ネットワーク層
第 2 層	データリンク層
第 1 層	物理層

本書で使用するモデル

階層	階層名
第 7 層	アプリケーション層
第 4 層	トランスポート層
第 3 層	ネットワーク層
第 2 層	データリンク層
第 1 層	物理層

図1.2.10 • 本書で使用する階層構造モデル

PDU

ネットワークで処理されるデータは、ひとつの大きなかたまりのまま処理されるわけではありません。各階層で処理できるように、細かく分割されて処理されます。各階層で処理されるひとまとまりのデータ、つまりデータの単位のことを「**PDU**（Protocol Data Unit）」といいます。PDU は、制御情報を含む「**ヘッダー**」と、データそのものである「**ペイロード**」で構成されており、処理される階層によって、名称が異なります。

階層	階層の名称	PDUの名称
第7層	アプリケーション層	メッセージ
第4層	トランスポート層	セグメント（TCPの場合）、データグラム（UDPの場合）
第3層	ネットワーク層	パケット
第2層	データリンク層	フレーム
第1層	物理層	ビット

表1.2.5 ● PDUの名称

　ネットワークについて説明するときは、名称を使い分けることによって、話し手と聞き手がお互いに階層を意識しつつ話をすることができ、より認識の食い違いが生まれにくくできます。

　さらに区別したいときは、この名称の前にプロトコルの名称を付けてみてください。たとえば、データリンク層のイーサネットだったら「イーサネットフレーム」、ネットワーク層のIPだったら「IPパケット」といった具合です。

> **パケット**
>
> 　ネットワークのデータの呼び名の中で混乱しがちなのが「パケット」です。パケットの意味には、広義のパケットと狭義のパケットがあります。前者はネットワークを流れるデータそのものを表します。後者はネットワーク層におけるPDUのことを表します。ちなみに、ここまで本文中で使用してきた「パケット」は広義のパケットです。本書で狭義のパケットを表すときは、「IPパケット」と区別して表記します。

1.2.4 標準化団体がプロトコルを決める

　では、プロトコルは誰が作り、誰が決めているのでしょう。ネットワークには、たくさんのプロトコルがありますが、それらのほとんどは「IEEE」と「IETF」という、ふたつの団体によって標準化されています。ざっくり言うと、IEEEは比較的ハードウェアの処理に近いプロトコルを標準化しています。IETFは比較的ソフトウェアの処理に近いプロトコルを標準化しています。

■ IEEE

　IEEE（Institute of Electrical and Electronics Engineers）は、電気技術や通信工学などの分野を専門に研究する「電気電子技術学会」の略称です。IEEEはたくさんの分科会で構成されていて、ネットワークインターフェースやケーブルなど、比較的ハードウェア寄りのネットワーク技術の標準化[*1]は「**IEEE 802 委員会**[*2]」で研究、および議論されています。

　IEEE 802 委員会は、通信技術ごとに設立されているワーキンググループ（WG、作業部会）

と、その中にあって実際の研究や標準化の議論を行うタスクフォース（プロジェクトチーム）の2階層で構成されています。ワーキンググループは、IEEE 802の後ろにドットと数字を付けて、識別されています。また、タスクフォースは、ワーキンググループ名にさらに1桁、あるいは2桁の英数字を付けて識別されていて、最終的にはタスクフォースの名前がそのままプロトコル名となって、世に出ていきます。たとえば、Wi-Fiプロトコルのひとつ「IEEE 802.11ac」は、IEEE 802委員会の中で無線LANを扱うIEEE 802.11ワーキンググループの中にあるIEEE 802.11acタスクフォースで標準化されました。

*1：正確にはLAN（Local Area Network、構内ネットワーク）やMAN（Metropolitan Area Network、都市ネットワーク）などの標準化を推進する委員会です。
*2：802番目にできたという意味ではなく、1980年2月に発足したことから付けられた名称です。

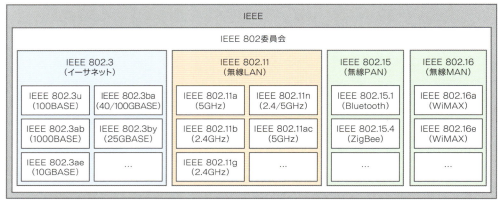

図1.2.11 ● 代表的なIEEEプロトコル

IETF

IETF（Internet Engineering Task Force）は、インターネットに関連する技術の標準化を推進する任意の組織です。HTTPやSSL/TLSなど、OSやアプリケーションで処理される、比較的ソフトウェア寄りのプロトコルのほとんどは、IETFが策定していると考えてよいでしょう。IETFで標準化された内容は「**RFC**（Request For Comments）」という形で文書化され、インターネットに公開されます[*1]。RFCには通し番号が付与され、更新があったら新しい番号が付与されます。たとえば、WebブラウザのChromeでウィキペディアのページを見るときに気づかぬうちに使用しているHTTP/2は、「RFC9113」で標準化されています。ChromeはRFC9113「HTTP/2」に準拠した形で動作し、ウィキペディアのWebサーバーと通信を行います。

*1：https://www.rfc-editor.org/

RFC	発行年	題名	対象プロトコル
768	1980	User Datagram Protocol	UDP
791	1981	INTERNET PROTOCOL	IP（IPv4）
792	1981	INTERNET CONTROL MESSAGE PROTOCOL	ICMP
826	1982	An Ethernet Address Resolution Protocol	ARP
1034	1987	DOMAIN NAMES - CONCEPTS AND FACILITIES	DNS
1035	1987	DOMAIN NAMES - IMPLEMENTATION AND SPECIFICATION	DNS
2131	1987	Dynamic Host Configuration Protocol	DHCP
4443	2006	Internet Control Message Protocol (ICMPv6) for the Internet Protocol Version 6 (IPv6) Specification	ICMPv6
4861	2007	Neighbor Discovery for IP version 6 (IPv6)	IPv6
4862	2007	IPv6 Stateless Address Autoconfiguration	IPv6
5246	2008	The Transport Layer Security (TLS) Protocol Version 1.2	TLS 1.2
8200	2017	Internet Protocol, Version 6 (IPv6) Specification	IPv6
8446	2018	The Transport Layer Security (TLS) Protocol Version 1.3	TLS 1.3
9110	2022	HTTP Semantics	HTTP
9111	2022	HTTP Caching	HTTP
9112	2022	HTTP/1.1	HTTP/1.1
9113	2022	HTTP/2	HTTP/2
9293	2022	Transmission Control Protocol (TCP)	TCP

表1.2.6 ● 代表的なRFCとプロトコル

さて、ふたつも標準化団体があると、なんだか混乱してしまいそうですが、それぞれがお互いの領域を侵食せず、参照するような形で標準化を進めるようになっているため、うまく共存できています。

1.2.5　各階層が連携して動作する仕組み

さて、ここまでは階層構造モデルにおけるそれぞれの階層の役割について、横軸に切って説明してきました。ここからは、実際に通信するときに、各階層がどのように縦軸に連携していくのか見ていきましょう。

■ カプセル化と非カプセル化

送信端末は、アプリケーション層から順に、それぞれの階層でペイロードにヘッダーをくっつけて、PDU にしてから、ひとつ下の階層に渡します。ヘッダーを付加する処理のことを「**カプセル化**」といいます[1]。ひとつ下の階層は、その PDU をペイロードとして認識し、その階層のヘッダーを新しく付加します。では、階層に沿って、処理を見ていきましょう。

[1]：データリンク層ではペイロードの後にトレーラー（Trailer）もくっつきます。トレーラーには FCS（Frame Check Sequence）という誤り検出情報が入ります。FCS の役割については、p.94 を参照してください。

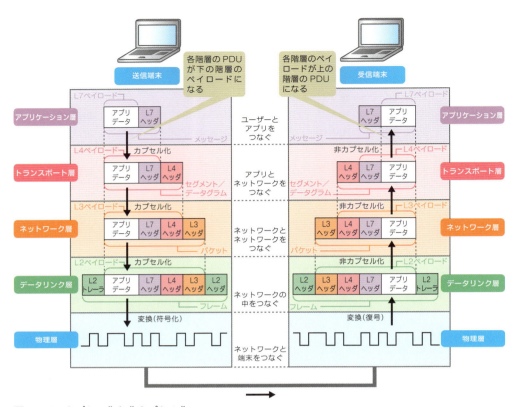

図1.2.12 ● カプセル化と非カプセル化

　アプリケーション層は、アプリケーションで入力されたデータをL7ペイロードと認識し、L7ヘッダーを付加し、メッセージにしてから、トランスポート層に渡します。トランスポート層は、受け取ったメッセージをL4ペイロードと認識し、L4ヘッダーを付加し、セグメント/データグラムにしてから、ネットワーク層に渡します。ネットワーク層は、受け取ったセグメント/データグラムをL3ペイロードと認識し、L3ヘッダーを付加し、パケットにしてから、データリンク層に渡します。データリンク層は、受け取ったパケットをL2ペイロードと認識し、L2ヘッダー/トレーラーを付加し、フレームにしてから、物理層に渡します。物理層は、受け取ったフレームをビットと認識し、伝送媒体（ケーブル・電波）に流します。

　対する受信端末は、物理層から順に、それぞれの階層でPDUからヘッダーを取り外して、ペイロードのみをひとつ上の階層に渡します。ヘッダーを取り外す処理のことを「**非カプセル化**」といいます。ひとつ上の階層はそのペイロードをPDUとして認識し、その階層のヘッダーを取り外します。では、階層に沿って、処理を見ていきましょう。

　物理層は、伝送媒体から受け取ったビットをデータリンク層に渡します。データリンク層は、受け取ったビットをフレームと認識し、L2ヘッダー/トレーラーを取り外して、L2ペイロードだけをネットワーク層に渡します。ネットワーク層は、受け取ったL2ペイロードをパケットと認識し、L3ヘッダーを取り外して、L3ペイロードだけをトランスポート

層に渡します。トランスポート層は、受け取ったL3ペイロードをセグメント/データグラムと認識し、L4ヘッダーを取り外して、L4ペイロードだけをアプリケーション層に渡します。アプリケーション層は、受け取ったL4ペイロードをメッセージと認識します。

■ コネクション型とコネクションレス型

　各階層のプロトコルは、「**コネクション型**」または「**コネクションレス型**」という異なる2種類のデータ転送サービスを上位層に提供します。「**コネクション**」とは、通信端末同士に確立される論理的な通信路[*1]のことです。

　コネクション型は、データを送信する前に、通信相手に対して「データ送ってもいいですか？」とお伺いを立てて、コネクションを確立し、データをやりとりした後に終了します。これは、電話をイメージするとわかりやすいかもしれません。電話番号をダイヤルして、相手が電話に応答し、話をした後に電話を切る、これと似た感じです。コネクション型はしっかりとした手順を踏むため、転送に若干時間がかかりますが、確実にデータを転送することができます[*2]。

[*1]：通信路というと難しく感じるかもしれませんが、データを送受信するための土管のようなものをイメージしてください。
[*2]：代表的なコネクション型のプロトコルが「TCP」(p.269)です。

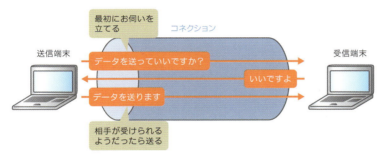

図1.2.13 ● コネクション型

　一方、コネクションレス型は、コネクションを確立したりはせずに、いきなりデータを送信します。相手の状況にかかわらず一方的に手紙を送ることができる、郵便配達をイメージするとわかりやすいかもしれません。送信したデータが必ずしも相手に届くとはかぎらないため、確実に転送できるとはいえませんが、手順を省略している分、転送にかかる時間を短縮することができます[*1]。

[*1]：代表的なコネクションレス型のプロトコルが「イーサネット」(p.91)、「IPv4」(p.157)、「UDP」(p.257)です。

図1.2.14 ● コネクションレス型

■ 定番プロトコル

ネットワークには、たくさんのプロトコルが存在していますが、実際のインターネット環境で使用されているプロトコル[*1]はごくわずかで、各階層に「ほぼこれを使用する」といえる定番プロトコルが存在しています。

下の階層から順に説明しましょう。まず、物理層とデータリンク層はプロトコルとしてはまとまっていて、有線環境であれば「**イーサネット**（IEEE 802.3）」、無線環境であれば「**Wi-Fi**（IEEE 802.11）」です。続いて、ネットワーク層は「**IP**」一択です。トランスポート層は「**TCP**」か「**UDP**」のどちらかで、通信に信頼性を求めたいときは TCP、リアルタイム性を求めたいときは UDP を使用します。最後に、アプリケーション層は「**HTTP**」「**HTTPS**[*2]」「**DNS**」の 3 択です。

実際に通信するときは、NIC やデバイスドライバ、OS、アプリケーションが各階層から使用するプロトコルを選んで、送信端末はカプセル化、受信端末は非カプセル化して、通信を行います。これらの処理はすべて自動で行われるため、ユーザーが意識することはありません。

*1：ここでは、帯域を消費しているプロトコルという意味で使用しています。
*2：HTTPS は HTTP を SSL/TLS や QUIC で暗号化したプロトコルです。図 1.2.15 では SSL/TLS、あるいは QUIC の上に HTTP を乗せることによって、HTTPS を表現しています。

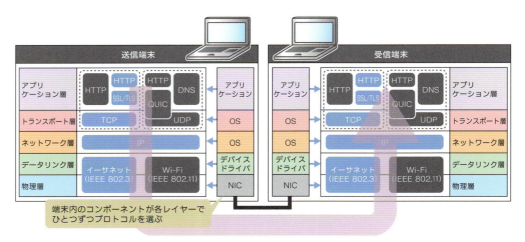

図1.2.15 ● 定番プロトコル

1-3 ネットワークを構成する機器

ネットワークは、いろいろなネットワーク機器が、いろいろなプロトコルに基づいたパケットを、いろいろな形で処理することによって成り立っています。

まず前提として、ネットワーク上に存在するすべてのネットワーク機器が、すべての階層のプロトコルの情報を見て処理できるわけではないことを理解しておきましょう。ネットワーク機器は、種類によって、処理できる範囲が異なります。ある階層で動作する機器は、それ以下の階層の基本的なプロトコルは処理できますが、その階層より上の階層のプロトコルは処理できません[*1]。たとえば、L2 スイッチであればレイヤー 2（第 2 層）までを処理することができます。L7 スイッチ（負荷分散装置）であればレイヤー 7（第 7 層）まで、すべての階層のプロトコルを処理できます。

解説のところどころに専門用語が出てきますが、今のところは「こんな用語があるんだな」という程度に思って、さらりと読み進めてください。それぞれ参照ページを載せておきますので、後ほどじっくり確認しましょう。

[*1]：製品によっては上の階層のプロトコルまで処理できるものもあるのですが、今のところはこのように考えておいてよいでしょう。

階層	階層名	NIC	リピーター	リピーターハブ	メディアコンバーター	アクセスポイント	ブリッジ	L2スイッチ	ルーター	L3スイッチ	ファイアウォール	次世代ファイアウォール	WAF	負荷分散装置
第7層	アプリケーション層											●	●	●
第4層	トランスポート層										●	●	●	●
第3層	ネットワーク層								●	●	●	●	●	●
第2層	データリンク層						●	●	●	●	●	●	●	●
第1層	物理層	●	●	●	●	●	●	●	●	●	●	●	●	●

表1.3.1 ● ネットワーク機器の処理範囲

1.3.1 物理層で動作する機器

物理層は、ケーブルやコネクタの形状、そのピンアサイン（ピン配列）など、物理的な仕様について、すべて定義されている階層です。物理層で動作する機器は、パケットを光信号や電気信号に変換したり[*1]、電波に変調したりする機能を持っています。

[*1]：光ファイバーケーブルに流すときには光信号に変換します。LAN ケーブルに流すときには電気信号に変換します。

◻ NIC

「**NIC**（Network Interface Card）」は、PCやサーバーなどのコンピューターをネットワークに接続するために必要なハードウェア（部品）のことです。もともと拡張スロットに接続するカードタイプのものが多かったので、「カード」という名称が残っていますが、USBポートと接続するUSBタイプや、マザーボードに組み込まれているオンボードタイプなども含めて、現在はネットワークに接続するためのハードウェアの総称として使用されています。人によって「ネットワークインターフェース」や「ネットワークアダプタ」と言ったりもしますが、機能としてはすべて同じです。PCやサーバー、スマホやタブレットなど、すべてのネットワーク端末は、アプリケーションとOSが処理したパケットを、NICを使用してLANケーブルや電波に流します。

図1.3.1 ● いろいろなNIC

◻ リピーター

LANケーブルを流れる電気信号は、伝送距離が長くなればなるほど減衰し、100m近くになると波形が壊れます。**「リピーター」** は、それをもう一度増幅し、波形を整えて、もう片方に転送します。そうすることによって、伝送距離を延ばし、より遠くへパケットを届けられるようにします。リピーターは、以前はネットワークを延伸するときの定番手法として、ところどころで見かけていました。しかし、最近は伝送距離が非常に長い、光信号を伝送する光ファイバーケーブルの普及もあって、あまり使われなくなってきています。

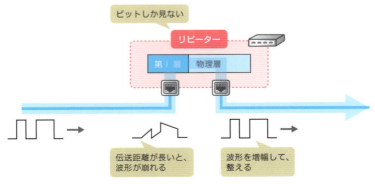

図1.3.2 ● リピーターで波形を整える

■ リピーターハブ

「**リピーターハブ**」は、受け取ったパケット（信号）のコピーをそのまま他のすべてのポートに転送する機器です。受け取ったパケットをみんなで共有する動作から「シェアードハブ」と呼ばれたり、単純すぎる動作から「バカハブ」と呼ばれたりしますが、機能としてはすべて同じです。リピーターハブは後述するL2スイッチに置き換えられ、見かける機会が少なくなりました。

唯一見かけることがあるとしたら、「**パケットキャプチャ**」をするときです。パケットキャプチャとは、ネットワークを流れるパケットを取得（キャプチャ）する作業のことです。ネットワークの構築現場や運用現場では、ネットワークが遅くなったり、通信が途絶えたりしたとき、どこでどのような問題が発生するかを特定するために、パケットキャプチャが必要になることがあります。そのような場合にリピーターハブを挟み込み、専用のソフトウェア[*1]をインストールした端末に、パケットのコピーを流し込みます。そして、そのパケットの中身や流れを解析（注意深く観察）して、パケットロスや遅延、プロトコル違反などが発生している部分を見極め、問題解決に役立てます。

[*1]：パケットキャプチャをするためのソフトウェアのことを「パケットキャプチャソフトウェア」といいます。代表的なものに「Wireshark」や「tcpdump」などがあります。

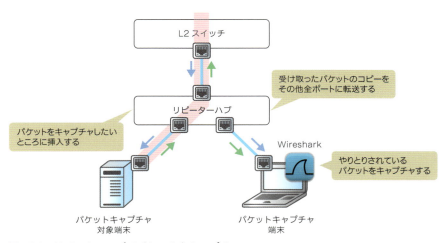

図1.3.3 ● リピーターハブでパケットをキャプチャ

NOTE パケットキャプチャに便利なミラーポート

もうひとつ、パケットキャプチャをするときに使用することが多い機能が「ミラーポート」です。人によっては「ポートミラーリング」と言ったり、「SPAN（Switched Port Analyzer）」と言ったり、いろいろですが、機能としてはすべて同じです。ミラーポートは、指定したポートでやりとりされているパケットを別のポートにコピーする、ネットワーク機器の一機能です。リピーターハブを使用するパケットキャプチャは、物理的にリピーターハブを挿入する必要があるため、サービスへの影響が避けられません。ミラーポートは、ネットワーク機器の設定変更ひとつでパケットキャプチャできるようになるため、サービスへの影響はありません。かつては高価な機器にしか付いていない機能でしたが、最近は安価な機器にもこの機能が付いており、こちらを使用してパケットキャプチャすることが多くなりました。

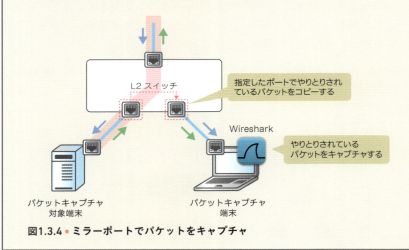

図1.3.4 ● ミラーポートでパケットをキャプチャ

■ メディアコンバーター

「メディアコンバーター」は、LANケーブル（p.59）によって伝送される電気信号と、光ファイバーケーブル（p.65）によって伝送される光信号を相互に変換する機器です。LANケーブルは、減衰しやすい電気信号を伝送しているため、仕様上100mまでしか延伸できません。それに対して、光ファイバーケーブルは、減衰しづらい光信号を伝送しているため、数十kmレベルで延伸可能です。そのため、100m以上先にある機器と接続するときには、光ファイバーケーブルを使用する必要があります。しかし、光ファイバーケーブルを接続できる機器は高価で、さらに専用の光トランシーバーモジュール（p.69）も必要になるため、簡単に導入できるというわけではありません。そのようなときに、接続する機器の間にメディアコンバーターを挟み込み、ネットワークを延伸します。

身近にあるメディアコンバーターといえば、インターネットの光回線を終端するONU（光

回線終端装置、Optical Network Unit）でしょう。ONU は、通信事業者から受け取った光信号を電気信号に変換して、Wi-Fi ルーターに渡しています[*1]。

*1：厳密にいうと、自分宛ての光信号を分離した後に変換しています。ここでは、広義のメディアコンバーターとして ONU を取り上げています。

図1.3.5 ● メディアコンバーターで延伸

■ アクセスポイント

「**アクセスポイント**」は、電波によって伝送される電波信号と、LAN ケーブルによって伝送される電気信号を相互に変調・復調する機器です。わかりやすく言うと、無線と有線の架け橋のようなものです。最近は日本の Wi-Fi 環境もかなり整備されてきました。Wi-Fi あるところには、必ずアクセスポイントありです。Wi-Fi に接続しているときは、アクセスポイントをいったん経由して、有線（イーサネット）のネットワークに入ります。身近にあるアクセスポイントといえば、家庭用の Wi-Fi ルーターでしょう。Wi-Fi ルーターはアクセスポイント機能を使用して、家の中に電波を飛ばしています[*1]。

*1：アクセスポイントは、フレームを転送するためにデータリンク層の処理をしたり、セキュリティを確保するためにアプリケーション層の処理をしたり、幅広い階層で処理を行います。本章は基礎ということで、話が複雑になりすぎないように、最も重要な役割である変調・復調に特化して説明しました。

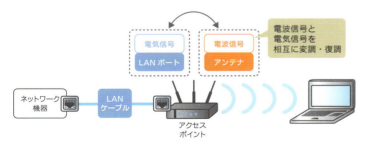

図1.3.6 ● アクセスポイントで電波を飛ばす

1.3.2 データリンク層で動作する機器

データリンク層は、同じネットワークにいる端末同士を接続できるようにする階層です。データリンク層で動作する機器は、フレームのヘッダーに含まれる「**MAC アドレス**」(p.95) の情報をもとにパケット転送を行います。MAC アドレスは、データリンク層における住所、つまり識別子です。

■ ブリッジ

「**ブリッジ**」は、その名のとおり、ポートとポートの「橋」のような役割を担っています。端末から受け取ったフレームの MAC アドレスを「**MAC アドレステーブル**」という表で管理し、転送処理を行います。この転送処理のことを「**ブリッジング**」といいます。ブリッジは、最近は後述する L2 スイッチに置き換えられ、単体機器として見ることはありません。

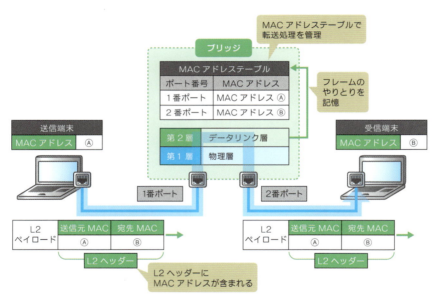

図1.3.7 • ブリッジ

■ L2 スイッチ

「**L2 スイッチ**」は、たくさんのポートを持っているブリッジです。「スイッチングハブ」や、単に「スイッチ」と言ったりもします。L2 スイッチの基本的な機能は、ブリッジと同じです。端末から受け取ったフレームの MAC アドレスを「**MAC アドレステーブル**」という名前の表で管理し、転送処理を行います。この転送処理のことを「**L2 スイッチング**」といいます。L2 スイッチは、ブリッジよりもたくさんの端末を接続できるため、汎用性が高く、世の中に存在する有線端末のほぼすべてが、L2 スイッチを介してネットワークにつながっていると考えてよいでしょう。

1-3 ネットワークを構成する機器

　家電量販店やオフィスのフロアなどで、たくさんポートが付いている機器を見かけたことがありませんか。あれが L2 スイッチです。また、家庭用の Wi-Fi ルーターの背面を見ると、「LAN ポート」という名前のポートがいくつか付いていませんか。あのポートには L2 スイッチの役割があります。L2 スイッチは、ネットワークにおいて、かなり大きな役割を担っています。p.100 からじっくり動作の詳細を説明しますので、楽しみにしていてください。

図1.3.8 ● Wi-Fiルーターの背面（写真提供：株式会社アイ・オー・データ機器）

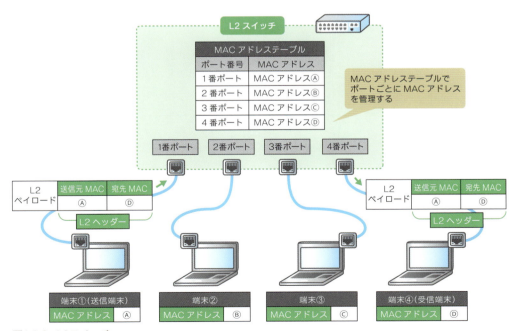

図1.3.9 ● L2スイッチ

1.3.3 ネットワーク層で動作する機器

ネットワーク層は、ネットワークとネットワーク[*1]をつなぐ階層です。ネットワーク層で動作する機器は、IP パケットのヘッダーに含まれる「**IP アドレス**」(p.163) の情報をもとにパケット転送を行います。IP アドレスは、ネットワーク層における住所、つまり識別子です。

[*1]：ここでの「ネットワーク」はインターネットのような広大なネットワークではなく、家庭で構築する小さなネットワークを表しています。

■ ルーター

「**ルーター**」は、端末から受け取った IP パケットの IP アドレスを見て、自分のネットワークを越えたところにいる端末へと届ける役割を担っています。インターネットで Web ページを見ているうちに、いつの間にか海外の Web ページに飛んでいたことがありませんか。インターネットは、たくさんのルーターが網目状にネットワークをつなぐことによって成り立っています。ルーターは、IP パケットをバケツリレーして、えっさほいさと目的地へと届けます。このバケツリレーのことを「**ルーティング**」といいます。

最も身近にあるルーターといえば、やはり家電量販店で並んでいる Wi-Fi ルーターでしょう。Wi-Fi ルーターは、「家庭内 LAN」という小さなネットワークと「インターネット」という大きなネットワークを接続しています。

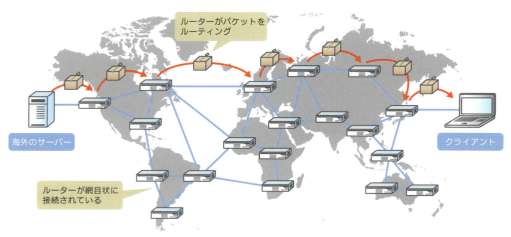

図1.3.10 ● ルーターがパケットをリレー

ルーターは「**ルーティングテーブル**」という名前の表をもとに、パケットの受け渡し先を管理しています。受け取った IP パケットの IP アドレスとルーティングテーブルの情報（ルート）を照合し、転送処理を行います。ルーティングの動作は奥深く、ネットワークにおいて、かなり大きな役割を担っています。p.187 からじっくり詳細を説明します。お楽しみに。

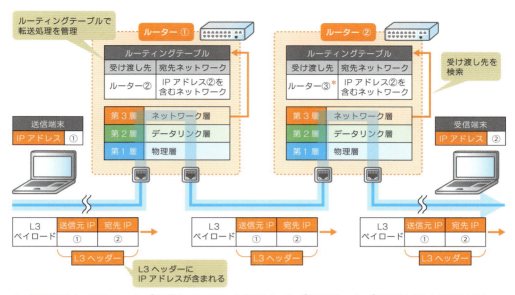

＊：紙面の都合上、図ではルーター③を省略しています。実際にはルーター②の先にルーター③があるものとして見てください。

図1.3.11 ● ルーティング

　ルーターはルーティングの他にも、ルートを動的に作成する「**ルーティングプロトコル**」や、IPアドレスを変換する「**NAT**（Network Address Translation）」、インターネット上に仮想的な専用線（トンネル）を作って拠点やユーザー端末を接続する「**IPsec VPN**（Virtual Private Network）」など、ネットワーク層に関するいろいろな機能を備えています。

機能	概要	参照ページ
ルーティングプロトコル	ルーター同士で情報を交換しあい、ルートを動的に作成するプロトコル。RIPv2やOSPF、BGPなどがある	p.196
NAT	IPアドレスを変換する機能。静的NATやNAPTなどがある	p.217
IPsec VPN	インターネット上に仮想的な専用線を作るプロトコル。拠点間を接続する「拠点間VPN」と、ユーザー端末を接続する「リモートアクセスVPN」の2種類がある	p.245
PPPoE	拠点間を1対1で接続する「PPP（Point-to-Point Protocol）」をイーサネットでカプセル化するプロトコル。NTT社のフレッツ網と接続するときに使用する	p.150
DHCP	端末のIPアドレスなどを動的に設定するためのプロトコル	p.212

表1.3.2 ● ルーターのさまざまな機能

■ L3スイッチ

　「**L3スイッチ**」は、ざっくり言うとルーターにL2スイッチを足しあわせたような機器です。ポートをたくさん持っているので、たくさんの端末を接続できますし、IPパケットをルーティングすることもできます。

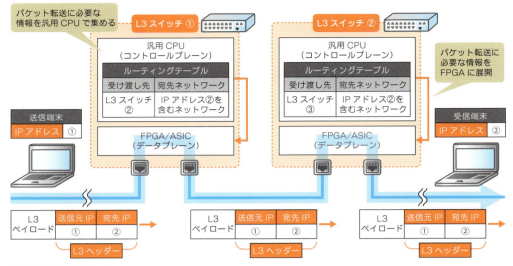

図1.3.12 ● L3スイッチ

　L3スイッチはMACアドレステーブルとルーティングテーブルを組み合わせた情報を、「**FPGA**（Field Programmable Gate Array）」や「**ASIC**（Application Specific Integrated Circuit）」などのパケット転送処理専用ハードウェアに書き込み、その情報をもとにスイッチングしたり、ルーティングしたりします。FPGAやASICを使用するため、高速なパケット転送処理が可能ですが、ルーターと同じような多彩な機能を備えているわけではありません[*1]。

*1：ハイエンドのL3スイッチは、ルーターと同じ機能を持っていたりします。

1.3.4　トランスポート層で動作する機器

　トランスポート層は、アプリケーションを識別し、その要件に応じた通信制御を行う階層です。トランスポート層で動作する機器は、TCPセグメントまたはUDPデータグラムのヘッダーに含まれる「**ポート番号**」をもとにパケット転送を行います。ポート番号は、サービスを識別するための番号です。たとえばHTTPだったら80番、HTTPSだったら443番といった具合に、アプリケーション層のサービスと一意に紐づいています。端末はこの番号を見て、どのアプリケーションにデータを渡すかを判断します。

■ ファイアウォール

　「**ファイアウォール**」は、ネットワークの安全を守るために使用する機器です。最近は、後述する次世代ファイアウォールと区別するために「トラディショナル（旧式）ファイアウォール」と言ったりもします。ファイアウォールは端末間でやりとりされるパケットのIPアドレスやポート番号を見て、通信を許可したり、ブロック（遮断）したりします。こ

の通信制御機能のことを「**ステートフルインスペクション**」といいます。ステートフルインスペクションについては、p.261 と p.289 からじっくり説明します。最近は家庭用の Wi-Fi ルーターもこの機能を備えていて、だいぶ一般化した感があります。

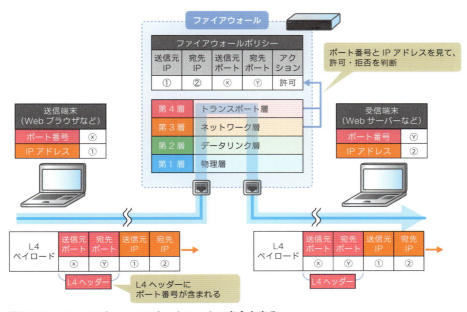

図1.3.13 ● ファイアウォールでネットワークの安全を守る

1.3.5 アプリケーション層で動作する機器

アプリケーション層は、ユーザーにアプリケーションを提供する階層です。アプリケーション層で動作する機器は、メッセージに含まれる各種情報をもとに、パケット転送を行います。

■ 次世代ファイアウォール

「**次世代ファイアウォール**」は、先述したファイアウォールの進化版です。ステートフルインスペクション（ファイアウォール機能）に加えて、サーバーに対する不正侵入を検知・防御する「**IDS/IPS 機能**」、ウイルスチェックを行う「**アンチウイルス機能**」、インターネット上に仮想的な専用線を作る「**VPN 機能**」など、いろいろなセキュリティ機能をひとつの機器に詰め込み、統合化を図っています。また、IP アドレスやポート番号だけでなく、いろいろな情報をアプリケーションレベルで解析することによって、トラディショナルファイアウォールより高次元のセキュリティ、高次元の運用管理性を実現しています。

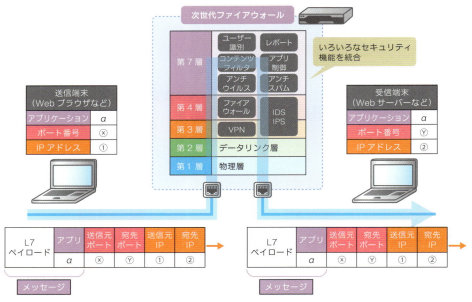

図1.3.14 ● 次世代ファイアウォールはいろいろなセキュリティ機能をひとまとめにしている

セキュリティ機能	概要
ファイアウォール機能	IPアドレスとポート番号に基づいて、通信を制御する
IDS/IPS機能	通信のふるまいを見て、侵入や攻撃を検知したり、防御（ブロック）したりする
アンチウイルス機能	ウイルスを検知し、防御する
VPN機能	拠点間、あるいはユーザー端末を仮想的な専用線で接続する
アンチスパム機能	迷惑メールを検知し、防御する
コンテンツフィルタリング機能	閲覧できるWebサイトを限定する
アプリケーション制御機能	複数の要素からアプリケーションを識別し、制御する
ユーザー識別機能	誰がどんな通信をしているのかを識別する
レポート機能	誰がどんな通信をしているのかをグラフや表にして、通信を見える化する

表1.3.3 ● 次世代ファイアウォールの代表的な機能

WAF

「**WAF**（Web Application Firewall）」は、Webアプリケーションサーバーの安全を守るために使用する機器です。ここ数年、XSS（クロスサイトスクリプティング）[*1]やSQLインジェクション[*2]など、Webアプリケーションの脆弱性を利用した巧妙な攻撃がとても多くなりました。WAFは、クライアントとサーバーの間でやりとりされるWebメッセージのふるまいをアプリケーションレベルで一つひとつ検査し、必要に応じてブロックします。

*1：ユーザーにWebサイトをまたがったスクリプトを実行させることによって、情報を搾取する攻撃手法のこと。
*2：アプリケーションが想定していないSQL文を実行することによって、データベースを不正に操作する攻撃手法のこと。

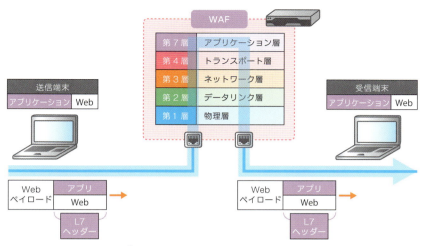

図1.3.15 ● WAFでWebアプリケーションの安全を守る

負荷分散装置（L7スイッチ）

「**負荷分散装置**」は、その名のとおり、サーバーの負荷を分散する機器です。実務の現場では「ロードバランサー（Load Balancer、エルビー）」と呼んだり、「L7スイッチ」と呼んだりしますが、すべて同じものと考えてよいでしょう。

1台のサーバーで処理できるトラフィック（通信データ）の量は限られています。負荷分散装置は、クライアントから受け取ったパケットを、**「負荷分散方式」**という決まり事に基づき、背後にいる複数のサーバーに振り分けることによって、システム全体で処理できるトラフィック量の拡張を図ります。また、**「ヘルスチェック」**と呼ばれる、定期的なサービス監視を行うことによって、障害の発生したサーバーを負荷分散対象から切り離し、サービスの可用性向上を図ります。負荷分散装置の動作については、p.336からじっくり説明します。お楽しみに。

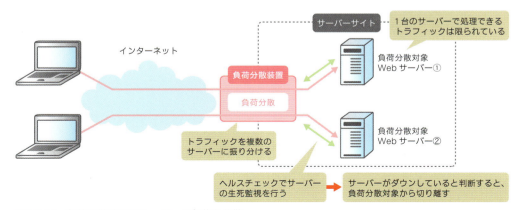

図1.3.16 ● 負荷分散装置でサーバーの負荷を分散

1.3.6 つなげてみると

　では、最後に物理層からアプリケーション層までの機器を数珠つなぎにつないでみましょう。たとえば、オンプレミス（自社運用）環境でWebサーバーをインターネットに公開するような場合、インターネットから、メディアコンバーター、L3スイッチ、ファイアウォール、L2スイッチ、負荷分散装置、L2スイッチ、Webサーバーの順で並ぶ[*1]ことになります。すると、階層構造モデル的には次図のように処理されることになります。

*1：接続形態や機器構成は、要件によって異なります。ここでは、最もシンプルで、かつ一般的な構成を取り上げました。

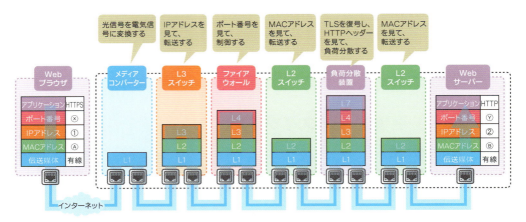

図1.3.17 ● いろいろな機器の処理が組み合わさって通信が成り立つ

1-4 ネットワーク機器のカタチ

前節でいろいろなネットワーク機器について解説しましたが、データリンク層以上で動作するネットワーク機器は、さらに**「物理アプライアンス」**と**「仮想アプライアンス」**の2種類に大別することができます[*1]。このふたつは、どちらも各階層のプロトコルに準拠しつつ、パケットを処理するという点においては変わりません。しかし、機器としての在り方が変わります。では、それぞれについて説明しましょう。

[*1]: 他にもコンテナ型の仮想化技術を使用する「コンテナアプライアンス」もありますが、2024年現在、まだ広く普及しているとは言えないため、本書では取り扱いません。

1.4.1 物理アプライアンス

物理アプライアンスは、目で見ることができる、いわゆる「箱型の装置」です。サーバーラックに搭載されていたり、家電量販店に並んでいたりするネットワーク機器をイメージするとわかりやすいでしょう。物理アプライアンスは、パケット処理を行うソフトウェア[*1]が動作するために、最適なハードウェアで構成されています。また、一部の処理を別の専用ハードウェアに任せることによって、処理の効率化を図り、パフォーマンスの向上を図っています。パフォーマンスを追い求めるような環境であれば、必然的にこちらを選択することになるでしょう。

[*1]: 最近のネットワーク機器のOSは、汎用OSを使用したベースOSと、その上で動作する専用OSの二段構えで構成されています。また、中にはベースOSを持たない機器もあります。その場合、専用OSが直接汎用ハードウェア上で動作し、直接専用ハードウェアに処理を依頼します。

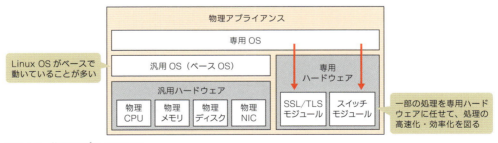

図1.4.1 ● 物理アプライアンス

1.4.2 仮想アプライアンス

仮想アプライアンスは、仮想化技術を提供するソフトウェア（仮想化ソフトウェア）の上で動作するネットワーク機器です。仮想化技術は、物理サーバーをソフトウェア的に仮想化されたたくさんのサーバーやネットワーク機器に分割して利用する技術です。仮想化

ソフトウェアを利用して、ハードウェア（CPU やメモリ、NIC、ハードディスクなど）を仮想的に分割し、OS に割り当てることによって、物理サーバーの分割を実現しています。仮想化技術によってできる機器のことを**「仮想マシン」**といいます。仮想化技術は、物理的に何台もある機器を 1 台のサーバーに集約して、設置スペースの節約を図れたり、余りあるリソースを有効活用できたりと、システム管理者にとって、コスト以上のメリットをもたらします。最近は CPU の多コア化や高速化、メモリの大容量化が進んでいるだけでなく、ネットワーク機能を仮想化しようという**「NFV（Network Function Virtualization）」**の流れもあって、スペックと要件さえ見合えば仮想アプライアンスが選択されることが多くなっています。

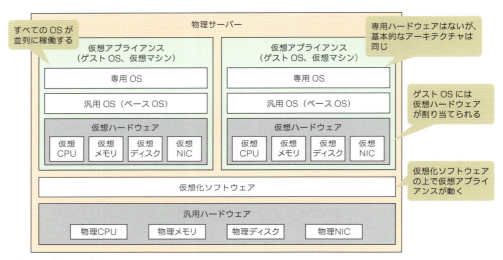

図1.4.2 ● 仮想アプライアンス

1-5 ネットワークのカタチ

一言で「ネットワーク」といっても、ありとあらゆるネットワークがあって、それを構成するネットワーク機器もさまざまです。ここでは、ネットワークを「**LAN**」「**WAN**」「**DMZ**」の3種類にざっくり分類し、それぞれどのような機器を用いて、どのように構成されているかを説明します。ネットワークを利用するほとんどの端末が、LANからWANに出て、DMZ上の公開サーバーにアクセスしています。そのため、この3つを知れば、ネットワークの理解が大きく進むことでしょう。

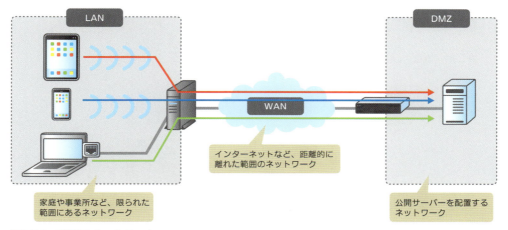

図1.5.1 ● 3種類のネットワーク

1.5.1 LAN

LANは「Local Area Network」の略で、家庭や企業など、限られた範囲のネットワークのことです。最近は、家庭環境でもスマホやタブレット、テレビやHDDレコーダーなど、たくさんの端末がインターネットに接続することが多くなりました。家庭内の端末は、Wi-FiルーターがLANを提供しているLANにいったん接続して、インターネットに出ていきます。

企業のLANについても、大枠の概念はほとんど変わりませんが、構成している機器の性能と機能が大きく異なります。企業LANは、規模によっては10,000台以上の端末が同時接続されることがあるため、膨大なパケットを高速かつ安定的に処理できる性能を持つ機器で構成されています。また、冗長化機能[*1]やL2ループ防止機能[*2]など、ネットワークを止めないための機能を持つ機器で構成されています。企業内LANの端末は、アクセスポイントやエッジスイッチ（L2スイッチ）にいったん接続し、エッジスイッチを集約するコアスイッチ（L3スイッチ）を経由して、インターネットや社内サーバーに接続します。

＊1：機器が壊れたり、ケーブルが断線したりしても、通信を継続できる機能です。
＊2：L2ループは、イーサネットフレームがネットワーク内をぐるぐる回って、LAN全体が通信できなくなる障害のことです。
L2ループ防止機能は、L2ループを検知して止める機能です。

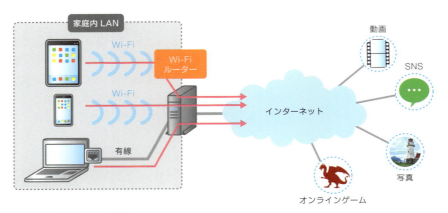

図1.5.2 ● 家庭のLAN環境

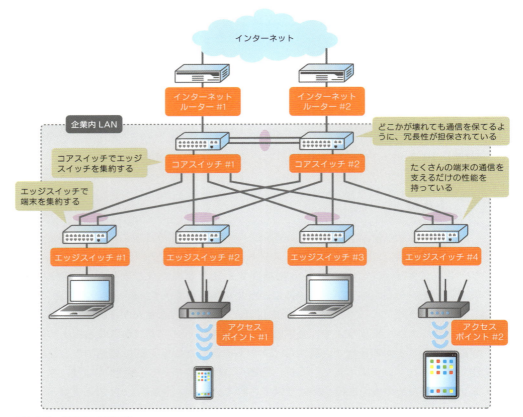

図1.5.3 ● 企業のLAN環境

1.5.2 WAN

WANは「Wide Area Network」の略で、物理的に遠く離れた範囲のネットワークのことです。WANは「**インターネット**」と「**閉域VPN網**」に大別することができ、用途が大きく異なります。それぞれ説明しましょう。

■ インターネット

インターネットは、ご存じのとおり、みんながアクセスできる公衆WANのことです。もはや日常生活になじみすぎて、実感がないかもしれませんが、インターネットもネットワークのひとつで、WANに分類されます。

インターネットは、ざっくり言ってしまうと、ルーターの集まりです。インターネットサービスプロバイダー（以下、ISP）[※1]や研究機関、企業などが持っているたくさんのルーターが、山を越え、谷を越え、海を越え、国境を越えてつながっていて、無数のパケットを運んでいます。もう少し深く説明しましょう。それぞれのISPには「**AS番号**」という、インターネット上で一意の管理番号が割り当てられています。ASは「Autonomous System」の略で、それぞれの組織が管理している範囲のことです。インターネットでは、何番と何番のAS番号をどのように接続するかだったり、どのAS番号に対する経路を優先的に使用するかだったりが、厳密に決められています。パケットはそのルールに沿って、インターネットを駆け巡ります。

※1：インターネット接続を提供している事業者のこと。代表的なISPとして、OCNやBIGLOBEなどがあります。

図1.5.4 ● インターネット

閉域VPN網

閉域VPN網は、物理的に離れたLANとLANを接続するネットワークのことです。本社と支社を接続するような企業のネットワーク環境をイメージしてみてください。閉域VPN網は、自前で構築するか、通信事業者のWANサービスを契約して構築します。

自前で構築する場合は、ルーターやファイアウォールの「**拠点間VPN機能**」を使用します。VPNは「Virtual Private Network」の略で、インターネット上に仮想的な専用線（トンネル）を作る機能です。「**IPsec**」というプロトコル[*1]を使用して、拠点間をピアツーピア、つまり1対1で接続し、その通信を暗号化します。

一方、通信事業者のWANサービスを使用する場合は、通信事業者が提供する閉域VPN網に接続し、その閉域VPN網を通じて、各拠点とやりとりします。拠点から閉域VPN網までをつなぐアクセス回線やオプションサービスは、通信事業者によって異なります。最近は、帯域保証[*2]や回線バックアップのような基本サービスだけでなく、クラウドサービスと接続できたり、スマホやタブレットからリモートアクセスできたり、至れり尽くせりになっています。接続拠点やユーザーが多かったり、WAN通信が多かったりする環境であれば、こちらを採用することが多いでしょう。

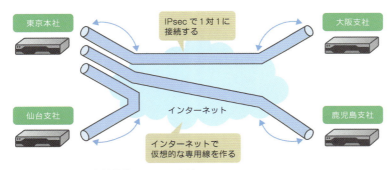

図1.5.5 ● IPsecで自前構築したWAN環境

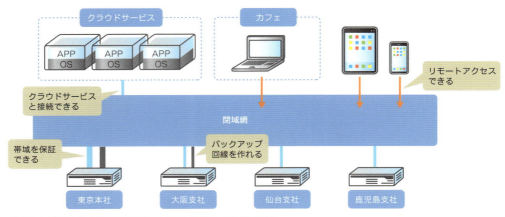

図1.5.6 ● 通信事業者のWANサービスを使用したWAN環境

*1：IPsec は VPN を作るプロトコルや機能の総称です。ここでは本文の流れを考慮して、「プロトコル」と表記しています。IPsec については、p.245 からじっくり説明します。
*2：最低のスループット（通信速度）が保証されているサービスのこと。

1.5.3 DMZ

　DMZ は「DeMilitarized Zone[*1]」の略で、インターネットに公開するサーバーを設置するネットワークのことです。最近は、クラウド上で構築することもありますが、本書ではデータセンター上に自前で構築する場合について説明します。

　DMZ の基本は、サーバーが提供するサービスを安定稼働させることです。そして、その安定稼働に必要不可欠な機能が「**冗長化**」です。DMZ では、どの機器が故障しても、どのケーブルが断線しても、即座に経路が切り替わり、サービスを提供し続けることができるように、同じ種別のネットワーク機器を並列に配置します。機器の配置順は、サイトの要件によって変化します。最も一般的な構成は、次図のようになります。L3 スイッチで ISP のインターネット回線を受け、ファイアウォールで防御し、負荷分散装置で複数のサーバーにトラフィックを振り分けます。

*1：DeMilitarized Zone は、直訳すると「非武装地帯」です。自社の安全なネットワークと誰もが利用する危険なインターネットの間に設けられることから、この名前が付いています。

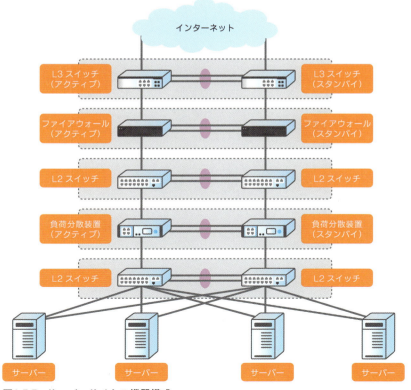

図1.5.7 ● サーバーサイトの機器構成

1-6 新しいネットワークのカタチ

　前節では、ネットワークの基礎中の基礎となる定番ネットワークのカタチをいくつか説明しました。ここでは、前節の定番ネットワーク形態をいろいろな形に進化させた、新しいネットワークのカタチをいくつか説明します。たとえ新しいネットワークになったとしても、プロトコルに準拠したパケットが流れているという点においては、まったく変わりありません。ネットワークの使い方、パケットの流れ方が微妙に違うだけです。

1.6.1 SDN

　「**SDN**」は「Software Defined Network」の略で、ソフトウェアによって管理・制御される仮想的なネットワーク、あるいはそれを構成するための技術のことです。運用管理のシンプル化を目的として、たくさんのネットワーク機器を扱うデータセンターや ISP で使用されています。SDN は、ネットワーク全体を制御する「**コントロールプレーン**」と、パケットを転送する「**データプレーン**」で構成されています。コントロールプレーンにある SDN コントローラー（ソフトウェア）は、データプレーンにある物理的なネットワーク（ハードウェア）に設定を送り込み、仮想的なネットワークを作ります。

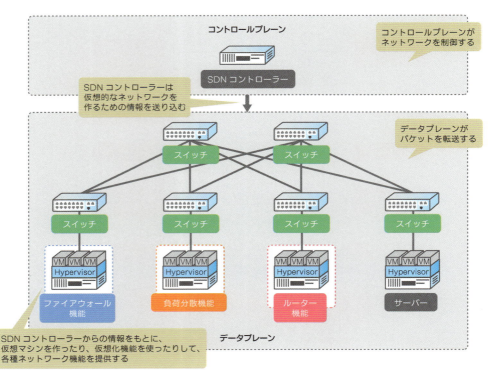

図1.6.1 ● SDN

SDNは「**オーバーレイ型**」と「**ホップバイホップ型**」に大別することができます。

オーバーレイ型は、スイッチ間に仮想的なトンネル（経路）を作って、パケットを転送する方式です。 具体的には、ユーザーのパケットをもう一度別のプロトコルでカプセル化することによって、トンネルを作ります。トンネルには「**VXLAN**」というプロトコルを使用します。SDNコントローラーは、ユーザーからのリクエストに基づいて、どのスイッチとどのスイッチをどのようにトンネルするかを計算し、両端のスイッチに設定を流し込みます。パケットを受け取った片方のスイッチは、VXLANヘッダーを付けてカプセル化します。VXLANのパケットを受け取ったもう片方のスイッチは、VXLANヘッダーを外して非カプセル化して、宛先端末に転送します。

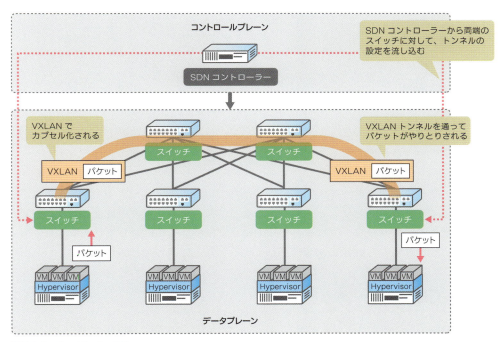

図1.6.2 ● オーバーレイ型

一方、ホップバイホップ型は、スイッチ一つひとつに対して、経路の情報（フローエントリ）を配布し、その情報をもとにパケットを転送する方式です。経路の配布には「**OpenFlow**」というプロトコルを使用します。SDNコントローラー（OpenFlowコントローラー）は、ユーザーのリクエストに基づいて、経路情報を計算し、OpenFlowを使用して、OpenFlowに対応したスイッチに経路情報を配布します。

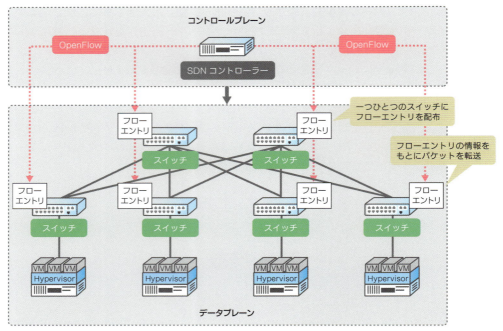

図1.6.3 • ホップバイホップ型

　オーバーレイ型とホップバイホップ型、現在どちらが多いかといえば、圧倒的にオーバーレイ型です。OpenFlow は一時期、雑誌などに大きく取り上げられましたが、検証してみると意外と制限が多く、少なくともその時点では使いものになりませんでした。今となっては、商用環境で OpenFlow を使用しているところはほとんどありません。

1.6.2 　CDN

　「**CDN**（Content Delivery Network）」とは、画像や動画、HTML や CSS など、Web サイトを構成している、いろいろなファイルを大量配信するために最適化された、インターネット上の Web サーバーネットワークのことです。CDN の仕組みを提供するサービスのことを「**CDN サービス**」といい、代表的な CDN サービス事業者として、Akamai 社や Fastly 社、Cloudflare 社などがあります。今や名立たる Web サイトのほとんどがこのサービスを利用して、Web コンテンツを配信しています。また、最近では OS やゲーム、アプリケーションの更新プログラムから、動画や音楽などのマルチメディアコンテンツに至るまで、ありとあらゆるファイルが知らず知らずのうちに CDN サービスを介して配信されています。

　CDN は、オリジナルの Web コンテンツを持っている「**オリジンサーバー**」と、そのキャッシュを持つ「**エッジサーバー**」で構成されています。ユーザーは物理的に距離が近いエッジサーバーにアクセスします[*1]。エッジサーバーは、キャッシュ[*2] を持っていなかったり、その有効期限が切れていたりするときだけ、オリジンサーバーにアクセスします。やりと

りするサーバーとの物理的な距離が近くなるため、Webコンテンツのダウンロード速度が劇的に向上するだけでなく、サーバーの処理の負荷分散を図ることができます。

＊1：DNSの仕組みを使用して、最も近いエッジサーバーに誘導します。p.387で説明します。
＊2：一度アクセスしたWebサイトのデータを一時的に保存したもの、またはその仕組みのこと。

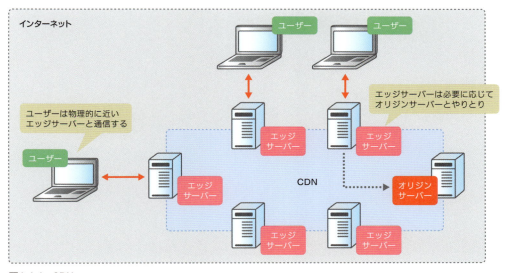

図1.6.4 ● CDN

chapter 2

物理層

本章では、OSI参照モデルの最下層である「物理層」について説明します。物理層は、その名のとおり、通信における物理的なものすべてを担っている階層です。他の階層に比べて堅苦しい名前ですが、そこまで難しく考えることはありません。有線LANの場合は、会社や学校でよく見かけるLANケーブルを物理層と考えてください。Wi-Fiの場合は、駅やカフェで飛び交っている電波を物理層と考えてください。

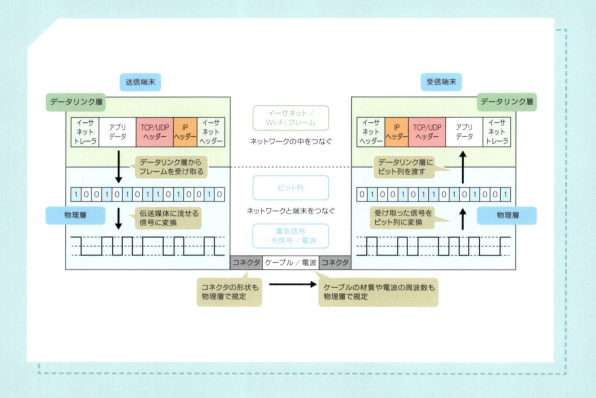

　コンピューターは、すべてのデータを「0」と「1」のふたつの数字だけでデジタルに表現します。このふたつの数字のことを「ビット」、ビットが連続したデータのことを「ビット列」といいます。物理層は、データリンク層から受け取ったビット列（フレーム）を、ケーブルや電波に流せるアナログ波に変換するための約束事を定義しています。また、それに加えて、ケーブルの材質やコネクタの形状、ピンアサイン（ピン配列）や無線の周波数帯域など、ネットワークに関する物理的な要素すべてを定義しています。

　一般的なネットワークで使用されている物理層のプロトコルは、有線LANならIEEE 802.3で定義されている通称「イーサネット」、無線LANならIEEE 802.11で定義されている通称「Wi-Fi」です。IEEE 802.3とIEEE 802.11では、物理層の技術と、物理層と連携して動作するデータリンク層の技術がひとつのプロトコルとして標準化されています。本章では、そのうち物理層に関連する内容について説明します。

chapter 2-1 イーサネット（IEEE 802.3）

イーサネットは、IEEE 802.3 で標準化されている有線 LAN のプロトコルです。イーサネットの起源は、1960 年代後半から 1970 年代前半にかけて、ハワイ大学で構築された「**ALOHAnet**」です。ALOHAnet は、いくつもの島に分散して存在しているハワイ大学のキャンパスを無線で接続したパケット交換型ネットワークです。パケットの転送効率向上を図るために「パケットが送れなかったら、ランダムな時間だけ待って再送する」という仕組みを採用しており、この仕組みこそが初期のイーサネットの基礎となりました。1970年代後半に入り、ALOHAnet を参考に、DEC 社、Intel 社、Xerox 社が共同開発した技術がイーサネットです。イーサネットは、安価に高速化を実現できるだけでなく、お手軽に拡張できることから、TCP/IP とともに、爆発的に世の中に普及しました。今や、家庭やオフィスなどの有線 LAN 環境であれば、ほぼ間違いなくイーサネットが使用されていると考えてよいでしょう。IEEE 802.3 は、このイーサネットの標準化を推進しています。

2.1.1 いろいろなイーサネットのプロトコル

イーサネットを標準化している IEEE 802.3 は、対応している伝送速度や使用するケーブルの種類によって、さらにたくさんのプロトコルに細分化されています。各プロトコルには、IEEE 802.3 の後ろに 1 文字から 2 文字のアルファベットが付いた正式名称と、「○○BASE- △△[1]」の形式でプロトコルの概要を表す呼称があり、実務の現場では後者を使用します。たとえば、LAN ケーブル（ツイストペアケーブル）で 10Gbps の伝送速度[2]を実現しているプロトコルの正式名称は「IEEE802.3an」ですが、実務の現場では「10GBASE-T」という呼称を使用します。

[1]：○○には伝送速度、△△には使用するケーブルやレーザーの種類が入ります。
[2]：1 秒間に転送できるビット数。bps（bit per second）の単位で表現されます。10Gbps の場合、1 秒間に 10,000,000,000 ビット転送できることになります。

[伝送速度] BASE – [ケーブルやレーザーの種類]

通信規格の伝送速度を表しています。

表記	伝送速度
100	100Mbps
1000	1Gbps
10G	10Gbps
25G	25Gbps
40G	40Gbps
100G	100Gbps

ケーブルやレーザーの種類を表しています。

表記	意味
T	ツイストペアケーブル
S	短波長レーザー
L	長波長レーザー
C	同軸ケーブル

図2.1.1 ● イーサネットのプロトコルの呼称

代表的なプロトコルの正式名称とその呼称は、次表のとおりです。

凡例
呼称
正式名称

伝送速度	伝送媒体		
	ツイストペアケーブル	光ファイバーケーブル（マルチモード）	光ファイバーケーブル（シングルモード）
10Mbps	10BASE-T / IEEE 802.3i		
100Mbps	100BASE-TX / IEEE 802.3u		
1Gbps	1000BASE-T / IEEE 802.3ab	1000BASE-SX / IEEE 802.3z	1000BASE-LX / IEEE 802.3z
2.5Gbps	2.5GBASE-T / IEEE 802.3bz		
5Gbps	5GBASE-T / IEEE 802.3bz		
10Gbps	10GBASE-T / IEEE 802.3an	10GBASE-SR / IEEE 802.3ae	10GBASE-LR / IEEE 802.3ae
25Gbps	25GBASE-T / IEEE 802.3bq	25GBASE-SR / IEEE 802.3by	25GBASE-LR / IEEE 802.3cc
40Gbps	40GBASE-T / IEEE 802.3bq	40GBASE-SR4 / IEEE 802.3ba	40GBASE-LR4 / IEEE 802.3ba
100Gbps		100GBASE-SR10 / IEEE 802.3ba ・ 100GBASE-SR4 / IEEE 802.3bm	100GBASE-LR4 / IEEE 802.3ba

「BASE」の後ろは1文字目が伝送媒体やレーザーの種類を表す*
T：ツイストペアケーブル
S：短波長（Short wavelength）レーザー
L：長波長（Long wavelength）レーザー

「BASE」の前は伝送速度を表す

10　　：10Mbps
100　 ：100Mbps
1000 ：1Gbps
2.5G ：2.5Gbps
5G　 ：5Gbps
10G　：10Gbps
40G　：40Gbps
100G ：100Gbps

40/100Gbps の規格の最後の数字は、ビットを運ぶレーン（伝送路）の数を表す

＊：2文字目は派生元の規格ファミリーを表します。たとえば 10GBASE-SR と 10GBASE-LR は、10GBASE-R ファミリーから派生した規格、40GBASE-SR4 と 40GBASE-LR4 は、40GBASE-R ファミリーから派生した規格です。

表2.1.1 ● 代表的なイーサネットプロトコルとその呼称

　表を見てもわかるとおり、イーサネットにはたくさんのプロトコルがあって、混乱しがちです。そこで、これらを整理するときは、まず使用するケーブルに着目してください。現在のネットワーク環境で使用されているケーブルは、銅でできた「ツイストペアケーブル」か、ガラスでできた「光ファイバーケーブル」のどちらかです。これで、たくさんあるプロトコルもざっくりふたつに分類できて、一気に理解しやすくなります。では、それぞれについて説明していきましょう。

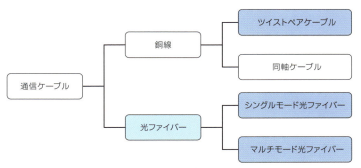

図2.1.2 ● ネットワークで使用するケーブルの種類

比較項目	ツイストペアケーブル	光ファイバーケーブル
伝送媒体の中身	銅	ガラス
伝送速度	遅い	速い
信号の減衰	大きい	小さい
伝送距離	短い	長い
電磁ノイズの影響	大きい	ない
取り回し	しやすい	しにくい
コスト	安い	高い

表2.1.2 ● ツイストペアケーブルと光ファイバーケーブルの比較

2.1.2 ツイストペアケーブル

「○○ BASE-T」や「○○ BASE-TX」のように、BASE の後ろに T が付いているプロトコルは、ツイストペアケーブルを使用します。○○ BASE-T の「T」は、ツイストペア（Twisted Pair）ケーブルの T です。ツイストペアケーブルは、見た目は 1 本のケーブルなのですが、実際は 8 本の銅線を 2 本ずつ（ペア）撚り合わせ（ツイスト）、さらにひとつに束ねてケーブルにしています。ツイストペアケーブルは、「**シールド**」「**ピンアサイン**」「**カテゴリー**」で分類できます。

■ シールドで分類

ツイストペアケーブルは、シールドの有無によって「**UTP**（Unshielded Twisted Pair）**ケーブル**」と「**STP**（Shielded Twisted Pair）**ケーブル**」に分類できます。

■ UTP ケーブル

UTP ケーブルは、いわゆる LAN ケーブルのことです。会社や自宅、家電量販店などでも見かける機会が多いので、一般に最もなじみ深いケーブルかもしれません。UTP ケーブルは取り回しがしやすく、価格も安いため、爆発的に普及が進みました。最近では色も多彩になったり、細くなったり、なんだかおしゃれにもなってきています。一方で、電磁ノ

イズに弱いという一面も持ちあわせており、工場など電磁ノイズの多い環境での使用には適していません。

図2.1.3 ● UTPケーブル（写真提供：株式会社アイ・オー・データ機器）

■ STP ケーブル

電磁ノイズに弱いという UTP ケーブルの弱点を克服しているケーブルが STP ケーブルです。8 本の銅線をアルミ箔や金属の編組で覆ってシールド処理することによって、電磁ノイズを遮断し、電気信号の減衰や乱れを防ぎます。ただ、残念なことに、シールド処理したことによって価格が高くなり、取り回しもしにくくなっているため、今のところ工場など過酷な環境でしか目にする機会がありません。実際の構築現場では、基本的に UTP ケーブルを使用し、電磁ノイズの影響が疑われるようであれば STP ケーブルに置き換えるということが多いでしょう。

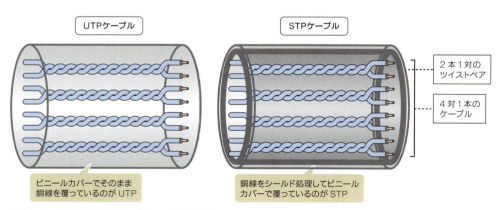

図2.1.4 ● UTPとSTPの違いはシールドの有無

コネクタのピンアサインで分類

　ツイストペアケーブルのコネクタのことを「**RJ-45**」といいます。ツイストペアケーブルは 8 本の銅線を 2 本ずつ（ペア）撚り合わせて（ツイスト）、さらにひとつに束ねてケーブルにしているというのは先述のとおりです。8 本の銅線には、オレンジ、緑、青、茶の色がついていて、識別できるようになっています。ツイストペアケーブルは、この銅線の並び順によって「**ストレートケーブル**」と「**クロスケーブル**」に分類できます。ざっくり言うと、ケーブルの両端を並べて持って、RJ-45 コネクタからチラリと見える銅線の色が同じ順序で並んでいたらストレートケーブル、異なる順序で並んでいたらクロスケーブルです。

　もう少し具体的に説明しましょう。RJ-45 コネクタのピンには、ピンを上にして左から順に 1 番から 8 番まで番号が付いています。ストレートケーブルの場合、両端が「オレンジ/白」→「オレンジ」→「緑/白」→「青」→「青/白」→「緑」→「茶/白」→「茶」[1] の順になっています。クロスケーブルの場合、片方だけ「緑/白」→「緑」→「オレンジ/白」→「青」→「青/白」→「オレンジ」→「茶/白」→「茶」の順になっています。

*1：両端が「緑/白」→「緑」→「オレンジ/白」→「青」→「青/白」→「オレンジ」→「茶/白」→「茶」のストレートケーブルもあります。

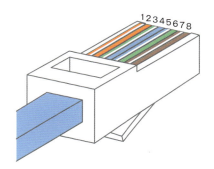

図2.1.5 ● RJ-45コネクタのピン

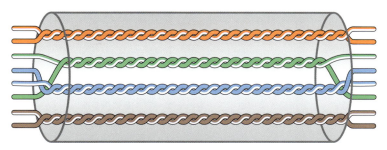

図2.1.6 ● ストレートケーブルの結線

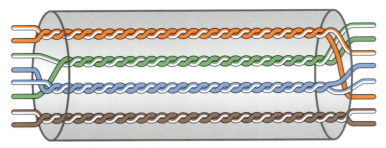

図2.1.7 ● クロスケーブルの結線

　ストレートケーブルとクロスケーブルは、10BASE-Tや100BASE-TXを使用する場合に、接続する物理ポートのタイプによって使い分けます。物理ポートには「**MDIポート**」と「**MDI-Xポート**」の2種類があります。10BASE-Tや100BASE-TXのMDIポートは、1番と2番のピンを送信に利用し、3番と6番のピンを受信に利用します。PCやサーバーのNIC、ルーターやファイアウォール、負荷分散装置の物理ポートはMDIポートです。

　それに対して、MDI-Xポートは、1番と2番のピンを受信に利用し、3番と6番のピンを送信に利用します。L2スイッチやL3スイッチの物理ポートはMDI-Xポートです。

　接続するときは、片方で送信したものを、もう片方で受信できるようにします。そのため、異なるタイプの物理ポート同士を接続する場合——たとえばPCとL2スイッチを接続する場合など——はストレートケーブルを使用します。同じタイプの物理ポート同士を接続する場合——たとえばスイッチとスイッチを接続する場合など——はクロスケーブルを使用します。

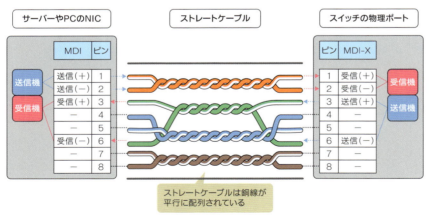

図2.1.8 ● 異なるタイプの物理ポートを接続する場合はストレートケーブルを使用する

2-1 イーサネット（IEEE 802.3）

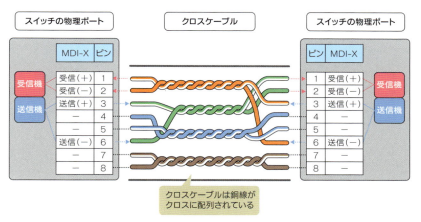

図2.1.9 ● 同じタイプの物理ポートを接続する場合はクロスケーブルを使用する

　1000BASE-T や 10GBASE-T など、伝送速度が 1Gbps 以上のプロトコルにおいても、MDI ポートと MDI-X ポートの関係性は変わりません。ただし、各ピンの使われ方や機構が大きく異なります。10BASE-T や 100BASE-TX は、1番、2番、3番、6番のピンだけを使用し、それ以外のピン（4番、5番、7番、8番）は使用しません。つまり、ツイストペアケーブルを構成する 8 本の銅線のうち、実際に使用されるのは半分の 4 本だけです。それに対して、1000BASE-T や 2.5/5GBASE-T、10GBASE-T は、8 本すべての銅線を使用して、伝送速度の向上を図ります。また、送信と受信の役割をピンで分けることはせず、「ハイブリッド回路」という特殊な回路を使用して、送信データと受信データを分離し、2 ピン 1 対[*1]で同時に送受信を行います。それに加えて、1000BASE-T はオプション機能として[*2]、2.5/5GBASE-T と 10GBASE-T は標準機能として、接続するときに対向のポートタイプを自動的に判別し、ポートタイプを切り替える「**Auto MDI/MDI-X 機能**」が実装されています。この機能により、ポートタイプを気にすることなく、ストレートケーブルだけで接続可能です。いちいちストレートケーブルとクロスケーブルを使い分ける必要がありません。

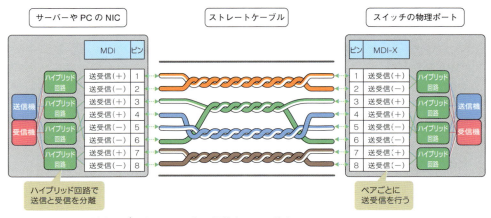

図2.1.10 ● 1Gbps以上のプロトコルは8本の銅線をフルに使う

063

＊1：具体的には、1番ピンと2番ピン、3番ピンと6番ピン、4番ピンと5番ピン、7番ピンと8番ピンをそれぞれペアにします。
＊2：IEEE上はオプション機能ですが、多くの1000BASE-T機器がAuto MDI/MDI-X機能を実装しています。また、100BASE-TX機器でもオプション機能として同機能を実装しているものがあります。

■ カテゴリーで分類

　ツイストペアケーブルは、UTP/STPケーブル、ストレート/クロスケーブルの他にも、「**カテゴリー**」という概念で分類することができます。家電量販店に陳列されているLANケーブルのスペック表をよくよく見てみると、「カテゴリー5e」や「カテゴリー6」といった表記がありませんか？　カテゴリーとは、LANケーブルの通信性能による分類のことで、数字が大きければ大きいほど、伝送速度が高いプロトコルに対応できます。

　現在のネットワーク環境で使用されているLANケーブルのカテゴリーは、カテゴリー5e以上です。カテゴリー1からカテゴリー5のLANケーブルもあることにはありますが、現在主流になっている1000BASE-Tに対応しておらず、現在ではほとんど見かけることはありません。

カテゴリー	種別	対応プロトコル				
		100BASE-TX	1000BASE-T	2.5GBASE-T	5GBASE-T	10GBASE-T
カテゴリー5	UTP/STP	○	×	×	×	×
カテゴリー5e	UTP/STP	○	○	○	○	×
カテゴリー6	UTP/STP	○	○	○	○	△＊
カテゴリー6A	UTP/STP	○	○	○	○	○
カテゴリー7	STP	○	○	○	○	○

＊：最大伝送距離が55mになります。

表2.1.3 ● カテゴリーと対応プロトコル

　さて、ここまで「シールド」「ピンアサイン」「カテゴリー」という3つのポイントに着目しつつ、ツイストペアケーブルの種類について説明してきました。使用するツイストペアケーブルを選定するときは、接続する環境や機器、プロトコルなどにあわせて、ひとつひとつの項目を検討していきます。サーバールームでL2スイッチとサーバーを10GBASE-Tで接続したい場合を例に説明しましょう。まずサーバールームではシールドが必要ないため、UTPケーブルを選びます。続いて、10GBASE-TにはAuto MDI/MDI-X機能が標準で実装されているため、ストレートケーブルを選びます。最後に、10GBASE-Tに対応しているカテゴリーはカテゴリー6Aかカテゴリー7です[1]。このうちUTPケーブルがあるのはカテゴリー6Aだけです。したがって、カテゴリー6AでストレートのUTPケーブルが必要になります。

＊1：カテゴリー6は条件付きの対応なので、除外しています。

064

100m制限に注意

現在、世の中に最も普及しているツイストペアケーブルですが、電気信号を使用している関係で、克服できない致命的な弱点があります。それは「距離の制限」です。ツイストペアケーブルは仕様上、100mまでしか延伸できません[1]。100m以上に延伸すると、電気信号が減衰して、通信が安定しなくなります。100mを超えてしまう場合は、その途中でスイッチなどの中継機器を設けて、距離を延伸する必要があります。この距離制限を考慮することはとても重要です。「100mもあれば…」と思う人もいるかもしれませんが、建物の中は、ダクトや行き止まりがあって、迂回しながらケーブルを敷設しなければならないことも多く、意外と100mは短かったりします。ケーブルの敷設経路を確認し、100mを超えないようにしましょう。また100mを超えるようであれば、後述する光ファイバーケーブルを使用しましょう。

[1]：例外的に10GBASE-Tをカテゴリー6で使用した場合は、55mまでしか延伸できません。

2.1.3 光ファイバーケーブル

「○○ BASE-SX/SR」や「○○ BASE-LX/LR」となっているプロトコルは、光ファイバーケーブルを使用するプロトコルです。○○ BASE-SX/SRの「S」は「Short Wavelength（短波長）」の「S」、○○ BASE-LX/LRの「L」は「Long Wavelength（長波長）」の「L」で、それぞれレーザーの種類を表しています。使用するレーザーの種類がそのまま、伝送距離と使用する光ファイバーケーブルの種類に関係します。

光ファイバーケーブルはガラス[1]を細い管にして、樹脂で被覆したもので、光信号を伝送するときに使用されます。光ファイバーのガラスは、「**コア**」と「**クラッド**」という、光の屈折率が異なる2種類のガラスによって構成されています。コアの屈折率は、クラッドのそれよりも高く、その差を利用して、コア内に光を閉じ込め、長距離でも減衰しにくい光の伝送路を作ります。この光の伝送路のことを「**モード**」といいます。

[1]：最近はプラスチックファイバーやポリマーファイバーなど、ガラス以外でできている光ファイバーケーブルもあります。しかし、一般的に使用されている光ファイバーケーブルは高純度の石英ガラスでできています。

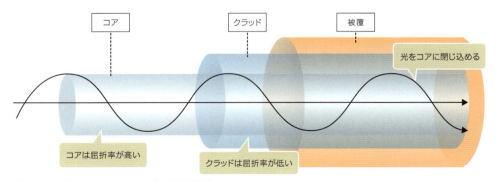

図2.1.11 ● 光ファイバーケーブルは3層構造

光ファイバーケーブルは、長距離信号が減衰しにくく、高速かつ安定した伝送速度を保つことが可能です。また、ツイストペアケーブルのような100m制限がないため、距離を気にすることなく敷設することが可能です。しかし、その半面、ケーブルの構造が緻密で、取り回しがしにくいという欠点があります。
　では、光ファイバーケーブルについて、もう少し詳しく見ていきましょう。光ファイバーケーブルは「**ケーブル**」と「**コネクタ**」に着目して情報を整理すると、理解を深めやすいでしょう。

ケーブルで分類

　光ファイバーケーブルには、「**マルチモード光ファイバーケーブル（MMF）**」と「**シングルモード光ファイバーケーブル（SMF）**」の2種類があります。ふたつの違いは光信号が通るコアの直径（コア径）です。

マルチモード光ファイバーケーブル

　マルチモード光ファイバーケーブルは、コア径が50μmか62.5μmの光ファイバーケーブルです。10GBASE-SRや25GBASE-SRなど、短波長の光を使用するプロトコルで使用されています。コア径が大きいため、光の伝送路（モード）が分散して複数（マルチ）になります。伝送路が複数になるため、シングルモード光ファイバーケーブルと比較して、伝送損失が大きくなり、伝送距離も短くなります。しかし、シングルモード光ファイバーケーブルより価格が安く、取り回しもしやすいため、LANなど比較的近距離の接続で使用されています。

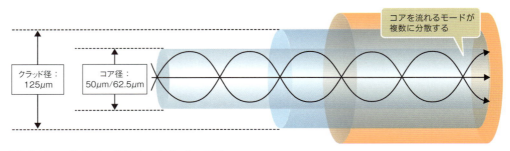

図2.1.12 ● マルチモード光ファイバーケーブル

シングルモード光ファイバーケーブル

　シングルモード光ファイバーケーブルは、コア径が8～10μmの光ファイバーケーブルです。10GBASE-LRや25GBASE-LRなど、長波長の光を使用するプロトコルで使用されています。コア径を小さくするだけでなく、コアとクラッドの屈折率の差を適切に制御することで、光の伝送路（モード）をひとつ（シングル）にしています。伝送路がひとつになるように厳密に設計されているため、長距離伝送もできますし、大容量のデータ伝送もできるようになっています。家や会社などではめったに見かけることはありませんが、データセンターやISPのバックボーン施設を歩き回るとよく見かけます。

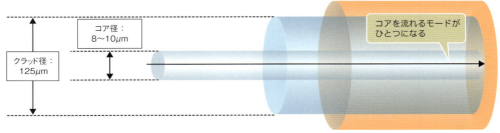

図2.1.13 ● シングルモード光ファイバーケーブル

ふたつの光ファイバーケーブルを比較すると、次表のようになります。

比較項目	マルチモード光ファイバー（MMF）	シングルモード光ファイバー（SMF）
コア径	50μm 62.5μm	8〜10μm
クラッド径	125μm	125μm
光の伝送路（モード）	複数	ひとつ
モード分散	あり	なし
伝送損失	小さい	もっと小さい
最大伝送距離	数十〜数百m	数〜数十km
取り回し	しにくい	もっとしにくい
コスト	高い	もっと高い

表2.1.4 ● シングルモード光ファイバーとマルチモード光ファイバーの比較

　光ファイバーケーブルは「芯」という単位で数えます。10GBASE-SR/LR や 25GBASE-SR/LR では、1芯を送信用、もう1芯を受信用というように、2芯1対で光ファイバーケーブルを使用します。送受信の関係が成り立たないといけないため、片方から送信された光信号をもう片方で受信できるように、適切にコネクタを接続する必要があります。両方とも送信、あるいは受信だった場合は、リンクアップ（物理的に接続できている状態のこと）すらしません。

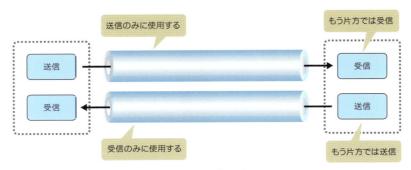

図2.1.14 ● 送信と受信で別の光ファイバーを使用する

■ MPO ケーブル

　さて、ここまで、マルチモード光ファイバーケーブルとシングルモード光ファイバーケーブルという2種類の光ファイバーケーブルについて説明してきました。このふたつは光ファイバーケーブルの基本です。しかし、近年のデータセンターや企業では、年々増加する高速大容量通信の需要に対応するため、高密度な配線が必要不可欠になっています。そこで、登場するのが「**MPO**（Multi-fiber Push On）**ケーブル**」です。MPO ケーブルは 12 芯[*1] を 1 本に束ねたケーブルで、40GBASE-SR4 や 100GBASE-SR4 で使用されます。40Gbps や 100Gbps ともなると、2 芯 1 対の光ファイバーケーブルに 1 つの波長の光を流す[*2] だけでは、パケットを転送しきれません。そこで、複数の光ファイバーを並列に使用することで、膨大なデータを一度に転送できるようにし、爆発的な伝送速度を生み出します。

* 1：他にも 8 芯や 16 芯、24 芯など、いろいろな芯数の MPO ケーブルがあります。また、マルチモードの MPO ケーブルと、シングルモードの MPO ケーブルがあります。
* 2：40GBASE-LR や 100GBASE-LR は、WDM（Wavelength Division Multiplexing、波長分割多重）技術を使い、2 芯 1 対の光ファイバーケーブルで 40Gbps や 100Gbps の高速伝送を実現しています。WDM は、複数の波長の光信号を同時に送ることで、大容量通信を可能にする技術です。

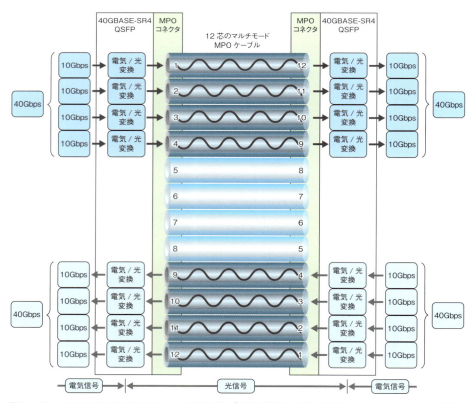

図2.1.15 ● 40GBASE-SR4は10Gbpsの光を8芯（4芯で送信、4芯で受信）の光ファイバーに流す

■ コネクタで分類

光ファイバーケーブルのコネクタにはいろいろな形状がありますが、よく見かけるコネクタは「**SC コネクタ**」「**LC コネクタ**」「**MPO コネクタ**」の 3 種類です。接続する機器や光トランシーバーモジュールによって、どのコネクタを使用するか選択します。

■ SC コネクタ

SC コネクタは、プラグを押し込むだけでロックされ、引っ張れば簡単に外れるプッシュプル構造のコネクタです。扱いやすく、低コストなのが特徴です。ただ、少しだけプラグが大きいのが難点です。サーバーラック間を接続するパッチパネルや、メディアコンバーター（p.32）と直接接続するときなどに使用します。以前は光ファイバーケーブルのコネクタといえば SC コネクタという感じでした。しかし、最近は集約効率を考慮して、後述する LC コネクタに置き換えられつつあります。

図2.1.16 ● SCコネクタ　（写真提供：サンワサプライ株式会社）

■ LC コネクタ

LC コネクタの形状は、SC コネクタと似ています。ツイストペアケーブルのコネクタ（RJ-45）と同じように、押し込むだけでロックされ、外すときは小さな突起（ラッチ）を押して引き抜きます。SC コネクタよりもプラグが小さく、よりたくさんのポートを装置に実装することが可能です。サーバーやスイッチに取り付ける 10GBASE-SR/LR の「**SFP+ モジュール**」や 25GBASE-SR/LR の「**SFP28 モジュール**」などと接続するときに使用します。

図2.1.17 ● LCコネクタ　（写真提供：サンワサプライ株式会社）

図2.1.18 ● SFP+モジュール 　（写真提供：サンワサプライ株式会社）

■ MPO コネクタ

　MPO コネクタは、MPO ケーブル（12 芯を 1 本に束ねたケーブル）の両端に装着されているコネクタです。MPO コネクタも SC コネクタと同じように、プラグを押し込むだけでロックされ、引っ張れば簡単に外れるプッシュプル構造を採用しています。40GBASE-SR4 の「**QSFP+ モジュール**」や 100GBASE-SR4 の「**QSFP28 モジュール**」と接続するときに使用します。

図2.1.19 ● MPOコネクタ 　（写真提供：サンワサプライ株式会社）

　MPO コネクタの芯には左から順に番号が振られていて、使用する規格によってそれぞれ役割が異なります。40GBASE-SR4 と 100GBASE-SR4 は 12 芯の MPO コネクタを使用し、左 4 芯を送信に、右 4 芯を受信に使用します。

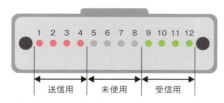

図2.1.20 ● MPOコネクタの芯

さて、ここまで「ケーブル」と「コネクタ」に着目しつつ、光ファイバーケーブルについて説明してきました。実際に使用するときには、まず使用したいプロトコルにあわせて接続する機器やトランシーバーモジュールを選び、次にそれらにあわせてケーブルの種類とコネクタをそれぞれ選びます。たとえば、25GBASE-SRのSFP28モジュールが搭載されているふたつのスイッチ同士を直接接続したい場合を考えましょう。SFP28モジュールはLCコネクタです。また、25GBASE-SRは短波長の光を使用するので、マルチモード光ファイバーケーブルを使用します。つまり、LC-LCのマルチモード光ファイバーケーブルを選択する必要があります。

2.1.4 ふたつの通信方式

イーサネットの通信方式は、「**半二重通信**（Half Duplex）」と「**全二重通信**（Full Duplex）」に大別することができます。ネットワーク機器やPCの物理ポートに対して、どちらの通信方式を設定するかによって、伝送速度が大きく変わります。

■ 半二重通信

半二重通信は、送信するときと受信するときで、その都度通信方向を切り替えて使用する方式です。片側交互通行の道路をイメージするとわかりやすいかもしれません。半二重通信は、パケットを送信しているときにパケットを受信できませんし、逆に、受信しているときに送信できません。

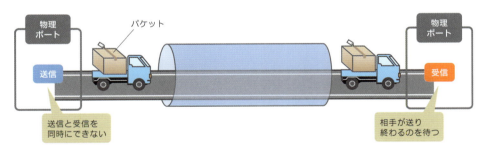

図2.1.21 ● 半二重通信

もし、たまたま両者が同じタイミングでパケットを送信して、送信中にパケットを受信してしまったときは、パケットが衝突したと判断し、「ジャム信号」という特殊なビットパターンを送信します。ジャム信号を受け取った端末は、それぞれランダムな時間だけ待って、パケットの再送を試みます。この仕組みのことを「**CSMA/CD**（Carrier Sense Multiple Access with Collision Detection）」といいます。

CSMA/CDは、初期のイーサネットを支えた重要な技術です。しかし、上記のとおり、パケット送信をいったん止めるという仕組みを前提としているため、高速通信に対応しきれず、1Gbpsより高速なプロトコルでは採用されなくなりました。実際に半二重通信で大

量のデータをやりとりすると、エラーが頻繁に発生して、大幅に伝送速度が落ちます。現代の高速イーサネットは、次項で説明する全二重通信で通信しています。

全二重通信

全二重通信は、送信用の伝送路と受信用の伝送路を別々に用意し、送信と受信を同時に行う方式です。二車線の道路をイメージするとわかりやすいかもしれません。半二重通信と違い、送信と受信を同時に行うことができるため、CSMA/CD の仕組みが必要なく、伝送速度を最大限に高めることができます。

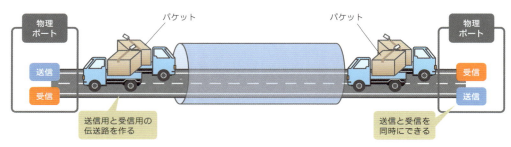

図2.1.22 ● 全二重通信

現代の高速イーサネットは、全二重通信が基本です。設定間違いなどによって半二重通信になっている場合は、全二重通信になるように設定し直す必要があります。

オートネゴシエーション

「オートネゴシエーション」は、ネットワーク機器を接続するときに、お互いの通信設定（プロトコルや通信方式など）を自動的に調整し、最適な設定を選択する機能です。p.57で説明したとおり、イーサネットにはたくさんのプロトコルがあります。しかし、すべての機器がすべてのプロトコルに対応しているかといえば、そういうわけではありません。そこで、オートネゴシエーションの機能を使用して、それぞれが対応しているプロトコルや通信方式（全二重/半二重）などの情報をお互いに交換し、自動的に設定することによって、最適な通信環境へと整えます。皆さんも PC やサーバーを起動したとき、特に何か設定をしたわけではないのに、違和感なくネットワークに接続できていませんか？　これは、NIC やスイッチの物理ポートのデフォルト設定がオートネゴシエーションになっていて、起動したときにオートネゴシエーションの処理が走るためです。

2-1 イーサネット（IEEE 802.3）

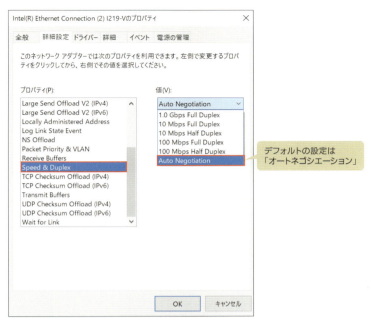

図2.1.23 ● デフォルトの設定はオートネゴシエーション

　100BASE-TXのNICを持つPCと1000BASE-TのスイッチをLANケーブルで接続する場合を例に説明しましょう。オートネゴシエーションに設定されている物理ポートは、リンクアップとともに「**FLP**（Fast Link Pulse）」という、特殊な信号パターンを使用して、対応しているプロトコルや通信方式などの情報を交換しあいます。そして、あらかじめIEEEによって決められている優先順位に基づいて、どの伝送速度のどの通信方式を採用するか決定します。どちらの物理ポートもオートネゴシエーションに設定されているのであれば、両方が共通して対応している伝送速度や通信方式の中で、最も高速な伝送速度の全二重通信が選択され、設定されるはずです。

　オートネゴシエーションは便利な機能であるものの、登場したばかりのころは判別しづらいトラブル[*1]を引き起こすことが多く、使用しないことがほとんどでした。そのトラウマもあって、その後もオートネゴシエーションを使用せず、伝送速度と通信方式を固定して設定するという運用をしているところも多くありました。しかし、最近は技術が成熟してきて、そのようなトラブルが起きることはほとんどありません。基本的にオートネゴシエーションを使用し、問題があったときだけ固定にすることがほとんどでしょう。

[*1]：オートネゴシエーションのトラブルは、パターン化できるものを除いて、特別なツールを使用しないと判別できないものがほとんどです。

073

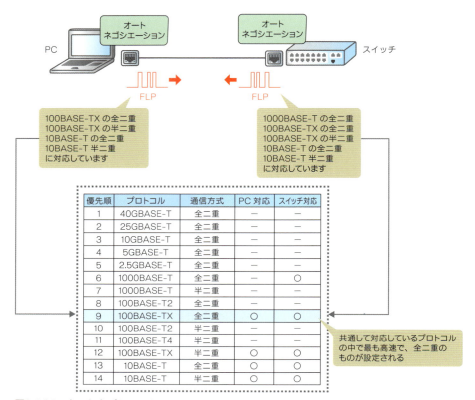

図2.1.24 • オートネゴシエーション

chapter
2–2

Wi-Fi（IEEE 802.11）

chapter 2

物理層

　Wi-Fi は、IEEE 802.11 で標準化されている無線 LAN のプロトコルです。もともと Wi-Fi は、無線 LAN の普及を促進する目的で設立された Wi-Fi アライアンスが、IEEE 802.11 規格に基づいて行う製品認証を指す言葉でした。しかし、時代とともにこの言葉が一般化し、現在では製品認証だけでなく、無線 LAN そのものやプロトコルを指す言葉として広く使われています。

2.2.1 いろいろな Wi-Fi プロトコル

　Wi-Fi を標準化している IEEE 802.11 は、対応している最大伝送速度や周波数帯域によって、さらにたくさんのプロトコルに細分化されています。各プロトコルには、イーサネットを標準化している IEEE 802.3 と同じように、IEEE 802.11 の後ろに 1 文字から 2 文字のアルファベットが付いた名前で識別されています。また、それに加えて、IEEE 802.11n 以降に策定されたプロトコルについては、Wi-Fi アライアンスが新旧を識別しやすいように世代番号を付けた呼称も存在します。たとえば、4 世代目のプロトコルにあたる IEEE

IEEE	Wi-Fi	策定年	最大伝送速度	周波数帯域	変調方式		対応している高速化技術		
					一次変調	二次変調	ショートガードインターバル	チャネルボンディング	MIMO
IEEE 802.11a	−	1999 年	54 Mbps	5 GHz	BPSK QPSK 16-QAM 64-QAM	OFDM	−	−	−
IEEE 802.11g	−	2003 年	54 Mbps	2.4 GHz	BPSK QPSK 16-QAM 64-QAM	DSSS OFDM	−	−	−
IEEE 802.11n	Wi-Fi 4	2009 年	600 Mbps	2.4 GHz 5 GHz	BPSK QPSK 16-QAM 64-QAM	OFDM	0.4μsec 0.8μsec （シンボル長：3.2μsec）	20 MHz 40 MHz	4 × 4 SU-MIMO
IEEE 802.11ac	Wi-Fi 5	2014 年	6.9 Gbps	5 GHz	BPSK QPSK 16-QAM 64-QAM 256-QAM	OFDM	0.4μsec 0.8μsec （シンボル長：3.2μsec）	20 MHz 40 MHz 80 MHz 80+80 MHz 160 MHz	8 × 8 SU-MIMO DL MU-MIMO
IEEE 802.11ax	Wi-Fi 6/6E	2019 年 / 2021 年	9.6 Gbps	2.4 GHz 5 GHz 6 GHz＊	BPSK QPSK 16-QAM 64-QAM 256-QAM 1024-QAM	OFDMA	0.8μsec 1.6μsec 3.2μsec （シンボル長：12.8μsec）	20 MHz 40 MHz 80 MHz 80+80 MHz 160 MHz	8 × 8 SU-MIMO DL MU-MIMO UL MU-MIMO

＊：6GHz 帯に対応しているのは、Wi-Fi 6E だけです。

表2.2.1 ● Wi-Fiプロトコル

802.11nは「Wi-Fi 4」と呼ばれています。世代が新しいほど、より多くのWi-Fi端末が高速かつ安定的に接続できるように改善が加えられています。本書では、主にWi-Fi 4からWi-Fi 6/6Eについて説明します。

2.2.2 周波数帯域

電波が使用する周波数の範囲のことを「**周波数帯域**」といいます。Wi-Fiで使用する周波数帯域は「**2.4GHz帯**」「**5GHz帯**」「**6GHz帯**」の3つで、プロトコルによって対応している周波数帯域が異なります（表2.2.1）。この帯域を「**チャネル**（チャンネル）」という形に分割して使用します。

2.4GHz帯

2.4GHz帯は「**ISMバンド**[*1]」と呼ばれており、Wi-Fiだけでなく、電子レンジやBluetooth、アマチュア無線など、さまざまな用途に使用されています。Wi-Fiは、この周波数帯域（2400〜2483.5MHz）を20MHzずつ、13個のチャネルに分割して使用します。ただし、各チャネルの帯域が隣接するチャネルと微妙に重なっているため、同時に使用できるチャネルはそのうちの3つに限られます。

*1：ISMは「Industry Science and Medical」の略で、工業用、科学用、医療用などのために確保されている周波数帯域です。

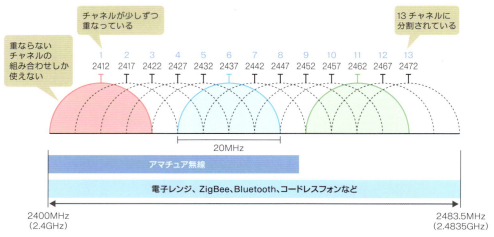

図2.2.1 ● 2.4GHz帯のチャネルと周波数帯域

1台のアクセスポイントが発信できる電波は、1周波数帯域あたり1チャネル[*1]に限られます。そのため、複数のアクセスポイントを設置する場合は、隣接チャネル間、あるいは同一チャネル間の電波干渉[*2]の影響を最小限に抑えるために、1ch、6ch、11chのようにチャネルの帯域が重ならない3つのチャネル[*3]を選んで、適切に配置する必要があります。近隣外来波などの影響でそれが難しい場合は、同一チャネル間の電波干渉だけは許容

しながら、チャネルを配置します。同一チャネル間干渉は、隣接チャネル間干渉ほど通信に影響しません[*4]。

*1：後述するチャネルボンディング（p.83）を使用する場合は、複数のチャネルの周波数帯域の電波を発信します。
*2：複数の電波が同じ周波数帯域の中で混ざり合い、お互いの通信を邪魔してしまう現象のことです。電波干渉が発生すると、通信が不安定になったり、伝送速度が低下したりします。
*3：厳密には 1、5、9、13ch の最大 4 チャネルを使用できますが、実際に設計するときにはゆとりをもって 3 チャネルで設計することが多いでしょう。
*4：チャネルが同じであれば、p.114 で後述する CSMA/CA が機能するため、通信への影響は軽微です。

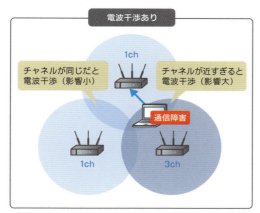
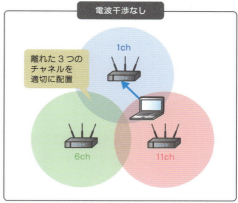

図2.2.2 ● 適切にチャネルを割り当てる

　2.4GHz 帯は 5GHz 帯や 6GHz 帯よりも障害物に強く、幅広いエリアをカバーすることができます。また、屋内外で自由に使用することができます。しかし、使用できるチャネルが少ないだけでなく、電子レンジやアマチュア無線など、いろいろな機器が同じ周波数帯域を使用しているため、電波干渉が発生しやすい傾向にあります。そのため、最近はすべての周波数帯域を有効にしておき、メインの帯域として 5GHz 帯と 6GHz 帯、その電波が届きづらいところにいる端末や 2.4GHz 帯にしか対応していない古い端末[*1]を接続するためのサブ帯域として 2.4GHz 帯を使用することが多いでしょう。Wi-Fi 端末は、電波強度や混雑状況、対応状況や設定内容に基づいて、使用する周波数帯域を選びます。

*1：古い機器は 2.4GHz 帯にしか対応していない場合があります。

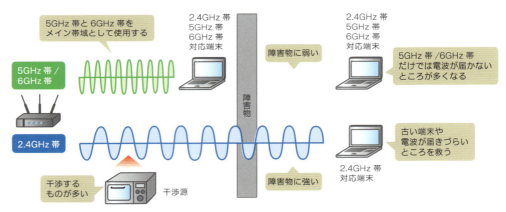

図2.2.3 ● 2.4GHz帯をサブ帯域として使用する

5GHz帯

　5GHz帯は、「**W52**」「**W53**」「**W56**」という3つの周波数帯域で構成されています。W52は5.2GHz帯（5150〜5250MHz）を20MHzずつ4チャネル、W53は5.3GHz帯（5250〜5350MHz）を20MHzずつ4チャネル、W56は5.6GHz帯（5470〜5730MHz）を20MHzずつ12チャネルに分割して使用します。各チャネルは完全に異なる周波数帯域を使用するため、20チャネルすべてを同時に使用することができます。

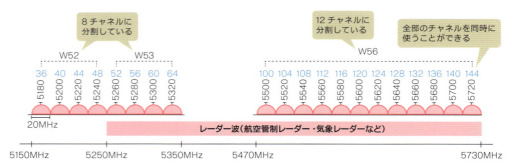

図2.2.4 ● 5GHz帯のチャネルと周波数帯域

　5GHz帯は使用できるチャネル数が多いだけでなく、それらを同時に使用できるため、アクセスポイントを複数設置する場合でもクリーンな電波環境を構築することができます。しかし、2.4GHz帯よりも障害物に弱く、屋外での使用にも制限があります。屋外で使用できるのはW56だけです。また、W53とW56は、航空管制レーダーや気象レーダーなどのレーダー波を検出するとチャネルを変更する「**DFS**（Dynamic Frequency Selection）**機能**」の実装が義務づけられています。DFS機能が発動すると、代わりのチャネルを探すためのスキャンの処理が走り、一定時間通信できなくなるので注意が必要です。

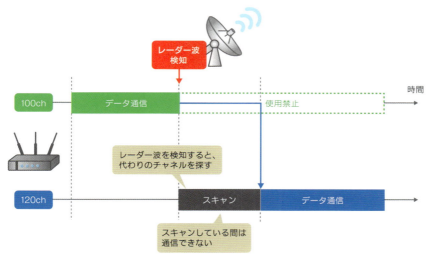

図2.2.5 ● DFS機能

6GHz帯

　6GHz帯は、2022年にWi-Fiのために新しく割り当てられた周波数帯域で、5925〜6425MHzを20MHzずつ24チャネルに分割して使用します。5GHz帯と同じく、各チャネルは完全に異なる周波数帯域を使用するため、24チャネルを同時に使用することができます。

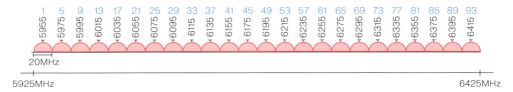

図2.2.6 ● 6GHz帯のチャネルと周波数帯域

　6GHz帯は、5GHz帯と同じく障害物に弱いものの、500MHzという広大、かつ連続した周波数帯域をWi-Fi端末だけで使用できるため、電波干渉が少なく、高速かつ安定した通信を維持することができます。また、5GHz帯で問題になっていたDFS機能による通信の途切れもありません。新しく割り当てられた周波数帯域ということもあって、2024年現在、まだ対応している端末が少ないものの、今後対応端末が増えてくると、この周波数帯域にシフトしていくことになるでしょう。

アクセスポイントの配置

　ひとつのアクセスポイントがクライアントの通信をカバーできる範囲のことを「セル」といいます。セルの形状と大きさは、アンテナの形状や使用する周波数帯域、電波の出力などによって変化します。また、セルの外側に行けば行くほど、つまりアクセスポイントから離れれば離れるほど、伝送速度が落ちます。

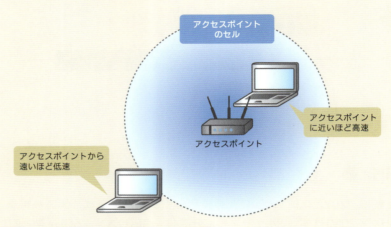

図2.2.7 ● アクセスポイントに近いと高速、遠いと低速

　そこで、アクセスポイントを設置するときは、セルとチャネルを組み合わせて、隙間なく埋めていくことで、広いエリアの通信を可能にします。たとえば、2.4GHz帯と5GHz帯を併用する場合、2.4GHz帯では隣接チャネル干渉と同一チャネル干渉を考慮して、5GHz帯では同一チャネル干渉と後述するチャネルボンディング（p.83）を考慮して、以下のようにチャネルを割り当てます。

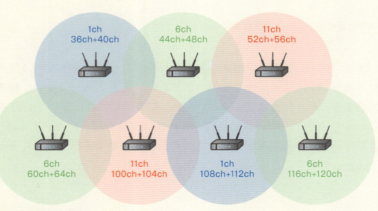

図2.2.8 ● セルを隙間なく埋める

2.2.2 変調方式

Wi-Fiは、アナログな電波を使用してデジタルデータをやりとりします。「0」と「1」で構成されるデジタルデータをアナログな電波に変換することを「**変調**」といいます。Wi-Fiは「**一次変調**」と「**二次変調**」という2段階の変調を行うことで、高速かつ安定的にデータを送信します。ざっくり言うと、一次変調でデータを電波として送れる形に変換したあと、二次変調でノイズに強くなるように処理して、電波として空間に流します。

■ 一次変調

一次変調はデジタルなデータをアナログな電波に変換するプロセスです。一定の周波数になっている基準波形「**搬送波**」と、「0」と「1」で構成されているデジタルデータを組み合わせて「**変調波**」を作ります。1回の変調によって生成される波のことを「**シンボル**」、その時間間隔のことを「**シンボル長**」といい、シンボルの波系パターン（振幅や位相）を搬送波から変えることによって、「0」と「1」を表現します。

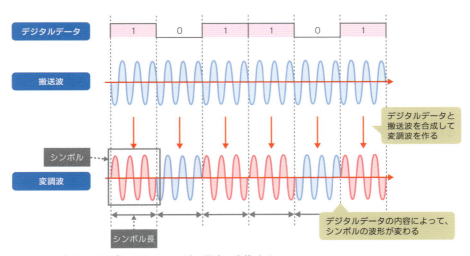

図2.2.9 ● デジタルなデータをアナログの電波に変換する

Wi-Fiの一次変調には「BPSK」「QPSK」「16QAM」「64QAM」「256QAM」「1024QAM」があり、BPSK ＜ QPSK ＜ 16QAM ＜ 64QAM ＜ 256QAM ＜ 1024QAMの順に1回の変調、つまり1シンボルで表現できるビット数が増えます。たとえば、BPSKは1シンボルで1ビットしか表現できないのに対し、1024QAMは10ビットも表現できます。当然ながら、その分だけ伝送速度が速くなります。

■ 二次変調

二次変調は、一次変調で生成した電波をノイズや干渉に負けないようにするプロセスです。一次変調は、あくまで変換するまでの技術です。せっかく一次変調で作った電波も、そのまま送ったら、空間を飛び交う別の電波（ノイズ）や障害物で壊れてしまいます。そ

こで、電波をうまく拡散したり、分割したりして、ノイズや障害物に負けないようにします。Wi-Fi の二次変調には、「DSSS」「OFDM」「OFDMA」の 3 種類があります。DSSS は低速、OFDM は高速、OFDMA はさらに高速です。

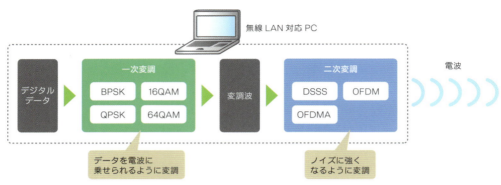

図2.2.10 • 2段階の変調でデータを飛ばす

2.2.3 物理層の高速化技術

Wi-Fi は新しいプロトコルが登場するたびに、いろいろな技術を詰め込み、高速化を図っています。ここでは、その中でも物理層に関する高速化技術について説明します。

■ ショートガードインターバル

Wi-Fi のアンテナに届く電波には、送信アンテナからまっすぐ届く直接波と、建物や壁を反射しながら時間差で遅れて届く間接波（反射波）があります。この 2 種類の電波がずれて重なり、波形が歪んでしまう現象のことを「**マルチパス干渉**」といいます。マルチパス干渉がひどくなると、元通りの電波に復元できなくなったり、通信が途切れたり、エラーが頻発したりします。

OFDM、あるいは OFDMA において、このマルチパス干渉を低減する機能が「**ガードインターバル（GI）**」です。ガードインターバルは、変調によって生成されたシンボルの最後を一定時間コピーして、先頭にくっつける機能のことです。この機能を使用すると、多少直接波と間接波が重なったとしても、元の電波を取り出すことができ、マルチパス干渉の影響を低減できます。ショートガードインターバル（ショート GI）は、このコピー時間を短くすることによって、データの伝送効率を高める機能で、Wi-Fi 4 から追加されました。ガードインターバルの割合が小さければ小さいほど、同じ時間の中でよりたくさんのデータを効率的に電波に乗せることができます。たとえば、Wi-Fi 4 のシンボル長は 3.2 マイクロ秒、ガードインターバルは 0.8 マイクロ秒で、1 空間ストリーム（p.84）あたりの最大伝送速度は 65Mbps [1] です。ショートガードインターバルの機能を有効にすると、ガードインターバルが 0.4 マイクロ秒になり、最大伝送速度が 72.2Mbps [2] にアップします。

*1：6ビット（64QAMにおける1シンボル長あたりのビット数）× 1,000,000マイクロ秒（1秒）/4マイクロ秒（シンボル長＋GI）× 52サブキャリア（20MHzをさらに小さく区切った周波数帯域）× 5/6（誤り訂正データを除いた比率）× 1本（空間ストリーム数）＝ 65Mbps

*2：6ビット（64QAMにおける1シンボル長あたりのビット数）× 1,000,000マイクロ秒（1秒）/3.6マイクロ秒（シンボル長＋GI）× 52サブキャリア（20MHzをさらに小さく区切った周波数帯域）× 5/6（誤り訂正データを除いた比率）× 1本（空間ストリーム数）＝ 72.2Mbps

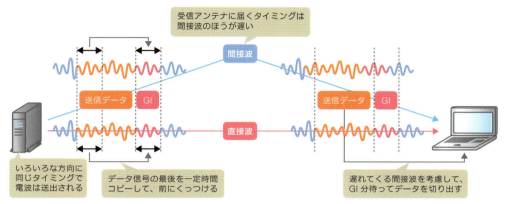

図2.2.11 ● ショートガードインターバル

チャネルボンディング

「ボンディング」は、英語で「結合」とか「接合」という意味です。**チャネルボンディングは、連続、あるいは不連続なチャネルを結合して同時に使用することによって、伝送速度の向上を図る技術です。**

　Wi-Fi 4では最大ふたつのチャネル、Wi-Fi 5とWi-Fi 6/6Eでは最大6つのチャネルを束ねて、ひとつのチャネルとして扱うことができます。たとえば、Wi-Fi 4でチャネル幅が20MHzの場合、1空間ストリーム当たりの最大伝送速度は65Mbpsです。これがチャネルボンディングの機能を有効にして、ふたつのチャネルを束ねると、チャネル幅が40MHzになり、最大伝送速度が135Mbps[*1]にアップします。

*1：6ビット（64QAMにおける1シンボル長あたりのビット数）× 1,000,000マイクロ秒（1秒）/4マイクロ秒（シンボル長＋GI）× 108サブキャリア（40MHzをさらに小さく区切った周波数帯域）× 5/6（誤り訂正データを除いた比率）× 1本（空間ストリーム数）＝ 135Mbps

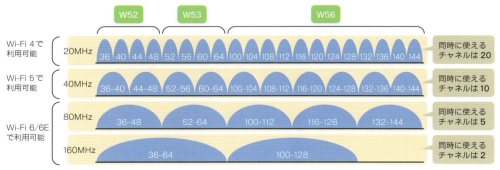

図2.2.12 ● チャネルボンディングは複数のチャネルを使用して高速化する

チャネルボンディングを使用すると、ひとつのアクセスポイントから複数のチャネルの電波が送出されるようになります。したがって、2.4GHz帯でチャネルボンディングすると必ず電波干渉が発生してしまい、チャネルの配置設計が難しくなります。複数のアクセスポイントを配置するWi-Fi環境でチャネルボンディングをしたい場合は、5GHz帯か6GHz帯を使用したほうがよいでしょう。

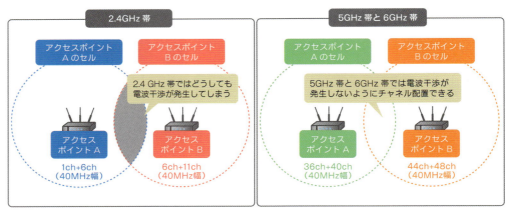

図2.2.13 ● チャネルボンディングする場合は5GHz帯か6GHz帯を使用する

■ MIMO

　Wi-Fiにおいて、空間を流れるビットの伝送路のことを「**空間ストリーム**」といいます。この空間ストリームを同時に使用することによって、伝送速度の向上を図る技術が「**MIMO**(Multi-Input Multi-Output)」です。先述のチャネルボンディングが道路の車線を増やしているイメージなのに対し、MIMOは道路自体を増やしているようなイメージに近いかもしれません。

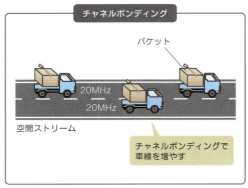

図2.2.14 ● チャネルボンディングとMIMO

それでは、MIMOの処理の流れをざっくり見てみましょう。送信側の端末は送信データを複数の空間ストリームに分離して、複数のアンテナから電波として送信します。受信側の端末は、その電波を複数のアンテナで受信し[*1]、元のデータに復元します。Wi-Fi 4 では最大4本のアンテナを送受信に使用して[*2]最大4空間ストリーム、Wi-Fi 5 と Wi-Fi 6/6E では最大8本のアンテナを送受信に使用して[*3]最大8空間ストリームを同時に使用可能です。空間ストリームの数が増えれば、その分だけ伝送速度が向上します。たとえば、Wi-Fi 4 における1空間ストリームの最大伝送速度は65Mbpsです。これが4本の空間ストリームを使用すると260Mbps[*4]にアップします。

[*1]：MIMOでは間接波も使用して、転送を行います。
[*2]：4本のアンテナで送信した電波を4本のアンテナで受信することから、「4×4」と表記されます。
[*3]：8本のアンテナで送信した電波を8本のアンテナで受信することから、「8×8」と表記されます。
[*4]：6ビット（64QAMにおける1シンボル長あたりのビット数）× 1,000,000マイクロ秒（1秒）/4マイクロ秒（シンボル長 + GI）× 52サブキャリア（20MHzをさらに小さく区切った周波数帯域）× 5/6（誤り訂正データを除いた比率）× 4本（空間ストリーム数）= 260Mbps

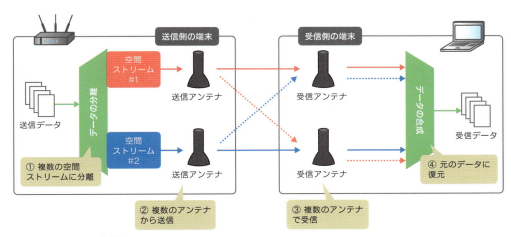

図2.2.15 • **MIMOの処理**

MIMOには、Wi-Fi 4 から採用された「**SU-MIMO**（Single User MIMO）」と、Wi-Fi 5 から採用された「**MU-MIMO**（Multi User MIMO）」の2種類があります。SU-MIMO と MU-MIMO の違いを理解するには、データリンク層の技術を知る必要があるため、p.117 であらためて説明します。

2.2.5　その他の無線プロトコル

無線つながりということで、最後にIEEE 802.11以外の無線プロトコルについても触れておきましょう。無線には、IEEE 802.11以外にも用途にあわせたたくさんのプロトコルが存在しています。ここでは、その中でも一般的に使用されているプロトコルを、ふたつ紹介します。

Bluetooth

「**Bluetooth**」は IEEE 802.15.1 で標準化されている省電力型の近距離無線プロトコルです。最近は、PC の周辺機器だけでなく、スマホのイヤフォンや自動車のスピーカーなど、いろいろなところで利用されているため、今や知らない人はいないでしょう。Bluetooth は、無線 LAN と比較して、伝送速度や通信距離の面でこそ劣っているものの、消費電力が少なく、いろいろなデバイスをペアリングで簡単に接続できることから、爆発的に普及しました。

2.4GHz 帯（ISM バンド）を 79 チャネル[1] に分割し、1 秒間に 1600 回（625μ秒に 1 回）という速度でチャネルを切り替えながら通信する「FHSS（Frequency Hopping Spread Spectrum）」という変調方式を採用しています[2]。また、そのとき「AFH（Adaptive Frequency Hopping）」で、エラーがたくさん発生しているチャネルを検出し、そのチャネルを使用しないようにして、可能なかぎり電波干渉しないようにしながら通信します。

[1]：Bluetooth LE（Low Energy）の場合は 40 チャネルに分割します。
[2]：もう少し細かく言うと、一次変調は GFSK/DPQSK/8PSK、二次変調が FHSS です。

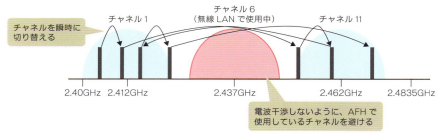

図2.2.16 ● Bluetooth

Zigbee

「**Zigbee**[1]」は IEEE 802.15.4 で標準化されている省電力型の近距離無線プロトコルです。Wi-Fi と比較して、伝送速度や通信距離の面で圧倒的に劣っているものの、データ送受信時の消費電力が少ないだけでなく、スリープ時の待機電力が Bluetooth よりも少ないため、スマートホームの家電や製造工場のセンサーなど、必要なときだけ通信することが多い IoT 機器で利用されています。

Zigbee も、Bluetooth と同じく 2.4GHz 帯（ISM バンド）[2] を 16 チャネルに分割して使用します。一次変調には「QPSK」、二次変調には「DSSS」を採用しており、最大で 250kbps の伝送速度が出ます。

[1]：Zigbee の名前はジグザグ（Zig）に飛び回るミツバチ（bee）に由来しています。
[2]：IEEE 802.15.4 では、868MHz 帯、915MHz 帯も利用できるように定義されています。日本では 2.4GHz のみ使用可能です。

2-2 Wi-Fi（IEEE 802.11）

　最後に、Bluetooth と Zigbee を、Wi-Fi と比較した表を以下に掲載します。さらっと確認したいときに参考にしてください。

		Bluetooth	Zigbee	Wi-Fi
		IEEE 802.15.1	IEEE 802.15.4	IEEE 802.11n/ac/ax
周波数帯		2.4GHz 帯	2.4GHz 帯	2.4GHz/5GHz/6GHz 帯
変調方式	一次変調	GFSK（LE） DPQSK（BR/EDR） 8PSK（BR/EDR）	QPSK	BPSK QPSK 16QAM ～ 1024QAM
	二次変調	FHSS	DSSS	DSSS OFDM OFDMA
最大到達範囲		10m	30m	100m
最大スループット		3Mbps	250kbps	9.6Gbps
消費電力		中（BR/EDR）低（LE）	低	大
主な用途		キーボードやマウス、イヤフォンなどの接続	センサーのデータ収集など、IoT 関係	インターネット接続など

表2.2.2●Bluetooth、Zigbee、Wi-Fiの比較

データリンク層

PCやタブレット端末、スマホなど、家庭でインターネットに接続している端末は、いきなりインターネットに接続しているわけではなく、いったん家庭のLANに接続してからインターネットに接続します。データリンク層は、家庭LANをはじめとする同じネットワーク内にいる端末の接続性と、その信頼性を確保します。

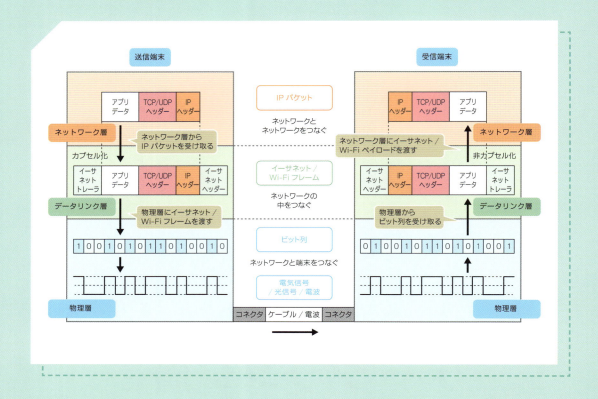

　データリンク層は、ネットワークの中にいる端末を接続し、その信頼性を確保する仕組みを提供しています。物理層は、コンピューターで扱う「0」と「1」で構成される「デジタルデータ」と、ケーブルや電波で扱う「信号」を相互に変換する役割を担っています。データを送信する端末は、物理層でデジタルデータを信号に変換するとき、ちょっとした処理（符号化）を施しています。そのため、多少のエラー（ビット誤り）であれば、受信する端末で訂正できないわけではありません。しかし、複雑なエラーになってくると、物理層だけではもうお手上げです。データリンク層は、デジタルデータ全体の整合性をチェックすることによって、物理層だけでは訂正しきれないエラーを検知し、デジタルデータとしての信頼性を担保します。また、「MACアドレス」というネットワーク上の住所を使用して、送信端末と受信端末をそれぞれ識別します。

　第2章の冒頭でも述べたとおり、データリンク層は物理層と連携して動作するため、プロトコルとしても物理層とセットで定義されています。つまり、現代ネットワークで使用されているL2プロトコルは、有線LANであれば「イーサネット（IEEE 802.3）」、無線LANであれば「Wi-Fi（IEEE 802.11）」ということになります。

chapter 3-1 イーサネット（IEEE 802.3）

データリンク層の「データリンク」とは、隣接する機器との間に作る論理的な伝送路のことです。データリンク層では「どの端末に対してデータリンクを作るか」、そして出来上がったデータリンクの中で「ビットが欠けていないか」を判断するために、カプセル化の処理を行い、通信の信頼性を確保します。IEEE 802.3 で標準化されているイーサネットでは、どのようなフォーマット（形式）でカプセル化を行い、どのようにエラーを検知するのかが定義されています。

3.1.1 イーサネットのフレームフォーマット

イーサネットによってカプセル化されるパケットのことを「イーサネットフレーム」といいます。イーサネットのフレームフォーマットには「イーサネット II 規格」と「IEEE 802.3 規格」の 2 種類があります。

イーサネット II 規格は、当時のコンピューター業界をリードしていた DEC 社、半導体業界をリードしていた Intel 社、イーサネットの特許を持っていた Xerox 社が 1982 年に発表した規格で、3 社の頭文字を取って「DIX2.0 規格」とも呼ばれています。イーサネット II 規格は IEEE 802.3 規格より早く発表されたということもあって、「イーサネット II ＝イーサネット」と言ってもよいくらい、広く世の中に行き渡っています。Web やメール、ファイル共有から認証に至るまで、TCP/IP でやりとりするほとんどのパケットがイーサネット II 規格を使用しています。

IEEE 802.3 規格は、IEEE 802.3 委員会がイーサネット II をベースとして、1985 年に発表した規格で、イーサネット II にいくつかの変更が加えられています。世界標準の目的で策定された IEEE 802.3 規格ですが、発表されたときに、すでにイーサネット II が世の中に普及していたということもあって、ほとんど世間から注目を浴びることはありませんでした。今現在もマイナー規格としてひっそりと残っている感があります。このような背景を踏まえて、本書ではイーサネット II のみを取り上げます。

イーサネット II のフレームフォーマットは、1982 年に発表されてから今現在に至るまで、まったく変わっていません。シンプルでいて、わかりやすいフォーマットが、40 年以上にも及ぶ長い歴史を支えています。イーサネット II は「プリアンブル」「宛先 / 送信元 MAC アドレス」「タイプ」「イーサネットペイロード」「FCS」という 5 つのフィールドで構成されています。このうち、プリアンブル、宛先 / 送信元 MAC アドレス、タイプをあわせて「イーサネットヘッダー」といいます。また、FCS のことを別名「イーサネットトレーラー」といいます。

	0ビット	8ビット	16ビット	24ビット
0バイト	プリアンブル			
4バイト				
8バイト	宛先MACアドレス			
12バイト			送信元MACアドレス	
16バイト				
20バイト	タイプ			
可変	イーサネットペイロード（IPパケット（＋パディング））			
最後の4バイト	FCS（イーサネットトレーラー）			

図3.1.1 ● イーサネットⅡのフレームフォーマット

NOTE

フォーマット図について

　本書では、よく使用するプロトコルに限って、図3.1.1のようなフォーマット図を掲載しています。フォーマット図はRFCにあわせて、1列4バイト（32ビット）の行を左から右に、そして右端まで進んだら次の行に進む形で記載されています。たとえば、12バイトのデータが転送される場合、次図の順序で転送されます。

	0ビット	8ビット	16ビット	24ビット
0バイト	①	②	③	④
4バイト	⑤	⑥	⑦	⑧
8バイト	⑨	⑩	⑪	⑫

図3.1.2 ● フォーマット図

　フォーマットの中の各フィールドについて、簡単に説明します。

■ プリアンブル

　プリアンブルは、「これからイーサネットフレームを送りますよー」という合図を意味する8バイト（64ビット）[1]の特別なビットパターンです。具体的には、「10101010」を7回繰り返した後、「10101011」を付加します。受信側の端末はイーサネットフレームの最初に付与されている、この特別なビットパターンを見て、「これからイーサネットフレームが届くんだな」と判断します。

[1]：「バイト」と「ビット」はデータサイズ（データの大きさ）を表す単位です。コンピューターはすべてのデータを「0」と「1」で扱います。この一つひとつがビットです。コンピューターはこのビットを一つひとつ処理するわけではなく、効率よく処理するために、8ビットずつで処理します。このひとかたまりが1バイトです。つまり1バイト＝8ビットです。ちなみに、バイトは大文字の「B」、ビットは小文字の「b」で表記します。

■ 宛先 / 送信元 MAC アドレス

MAC アドレス（p.95）は、イーサネットネットワークに接続している端末を識別する 6 バイト（48 ビット）の ID です。イーサネットネットワークにおける住所のようなものと考えてよいでしょう。送信側の端末は、イーサネットフレームを送り届けたい端末の MAC アドレスを「**宛先 MAC アドレス**」に、自分の MAC アドレスを「**送信元 MAC アドレス**」にセットして、イーサネットフレームを送出します。対する受信側の端末は、受け取ったイーサネットフレームの宛先 MAC アドレスを見て、自分の MAC アドレスだったら受け入れ、関係ない MAC アドレスだったら破棄します。また、送信元 MAC アドレスを見て、どの端末から来たイーサネットフレームなのかを判別します。

■ タイプ

タイプは、ネットワーク層（レイヤー 3、L3、第 3 層）でどんなプロトコルを使用しているかを表す 2 バイト（16 ビット）の ID です。IPv4（Internet Protocol version 4）だったら「0x0800」、IPv6（Internet Protocol version 6）だったら「0x86DD」など、使用するプロトコルやそのバージョンなどによって値が決められています。

タイプコード	プロトコル
0x0000 – 05DC	IEEE 802.3 Length Field
0x0800	IPv4（Internet Protocol version 4）
0x0806	ARP（Address Resolution Protocol）
0x86DD	IPv6（Internet Protocol version 6）
0x8863	PPPoE（Point-to-Point Protocol over Ethernet）Discovery Stage
0x8864	PPPoE（Point-to-Point Protocol over Ethernet）Session Stage

表3.1.1 ● 代表的なプロトコルのタイプコード

■ イーサネットペイロード

イーサネットペイロードは、ネットワーク層のデータそのものを表しています。たとえば、ネットワーク層で IP を使用しているのであれば「イーサネットペイロード＝ IP パケット」です。p.6 で説明したとおり、パケット交換方式の通信では、データをそのままの状態で送信するわけではなく、送りやすいようにパケットに小分けにして送信します。パケットで送れるサイズも決まっていて[*1]、イーサネットの場合デフォルトで 46 バイトから 1,500 バイトの範囲内に収めなくてはいけません[*2]。46 バイトに足りないようであれば、「パディング」というダミーのデータを付加することによって、強引に 46 バイトにします[*3]。逆に 1,500 バイト以上のデータになるようであれば、トランスポート層やネットワーク層でデータをブチブチと分割して 1,500 バイトに収めます。

[*1] : これは、宅配・郵便サービスで、送れる物のサイズが決まっているのをイメージすればわかりやすいかもしれません。
[*2] : L2 ペイロードに格納できるデータの最大サイズのことを「MTU（Maximum Transmission Unit）」といいます。イーサネットのデフォルト MTU は 1,500 バイトで、それより大きくすることも可能です。イーサネットペイロードが 1,500 バイトより大きいイーサネットフレームのことを「ジャンボフレーム」といいます。
[*3] : 仮想化環境やコンテナ環境ではパディングが付加されない場合もあります。

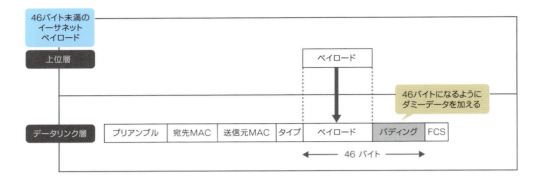

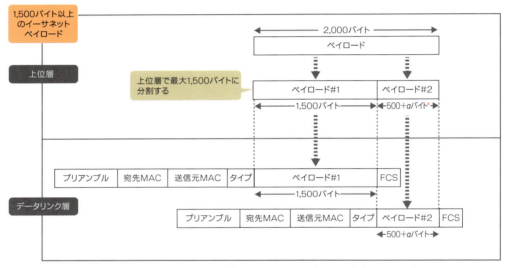

＊：上位層で分割されるときに、それぞれにヘッダーが付与されるため、500バイトよりも大きくなります。

図3.1.3 ● イーサネットペイロードを46バイトから1,500バイトまでに収める

■ FCS

　FCS（Frame Check Sequence）は、イーサネットフレームが壊れていないかを確認するためにある4バイト（32ビット）のフィールドです。

　送信側の端末は、イーサネットフレームを送信するとき、「宛先MACアドレス」「送信元MACアドレス」「タイプ」「イーサネットペイロード」に対して一定の計算（チェックサム計算、CRC）を行い、その結果をFCSとしてフレームの最後に付加します。対する受信側の端末は、受け取ったイーサネットフレームに対して、同じ計算を行い、その値がFCSと同じだったら、壊れていない、正しいイーサネットフレームと判断します。異なっていたら、伝送途中でイーサネットフレームが壊れたと判断して、破棄します。

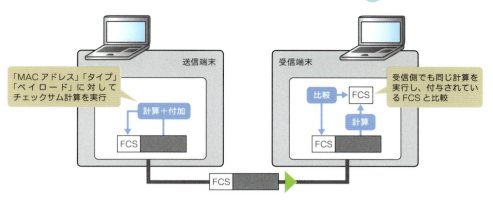

図3.1.4 ● FCSの処理

3.1.2 MACアドレス

　イーサネットにおいて、最も重要なフィールドが**「宛先MACアドレス」**と**「送信元MACアドレス」**です。MACアドレスは、イーサネットネットワークに接続している端末の識別IDです。6バイト（48ビット）で構成されていて、「00-0c-29-43-5e-be」や「04：0c：ce：da：3a：6c」のように、1バイト（8ビット）ずつハイフンやコロンで区切って、16進数で表記します。物理アプライアンスであれば、物理NICを製造するときにROM（Read Only Memory）に書き込まれます。仮想アプライアンスであれば、デフォルトでハイパーバイザーから仮想NICに対して割り当てられます。

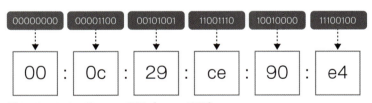

図3.1.5 ● MACアドレスの表記（コロン表記）

　MACアドレスの中でも特別な意味を持つビットが、先頭から8ビット目にある**「I/Gビット**（Individual/Groupビット）」と7ビット目にある「**U/Lビット**（Universally/Locally Administered）ビット」です。ざっくり言うと、I/Gビットは通信の種類を表し、U/Lビットは運用管理方法を表しています。

■ I/Gビット

　I/Gビットは、そのMACアドレスが1：1の通信で使用する**「ユニキャストアドレス」**か、1：nの通信で使用する**「マルチキャストアドレス」**かを表しています。「0」の場合は、各端末に個別に割り当てられ、1：1のユニキャスト通信で使用します。一方、「1」の場合は、複数の端末のグループ（マルチキャストグループ）を示し、1：nのマルチキャスト通信で使用します。通信の種類については、p.97で詳しく説明します。

■ U/L ビット

U/L ビットは、その MAC アドレスが IEEE によって運用管理されている「**ユニバーサルアドレス**」か、組織内で運用管理されている「**ローカルアドレス**」かを表しています。「0」の場合は、IEEE によって割り当てられ、原則として、世界で唯一無二になっている MAC アドレスを表しています。一方、「1」の場合は、管理者が独自に設定したり、OS の機能[*1]によってランダムに割り当てられたりした MAC アドレスを表しています。

イーサネットフレームを受け取ったインターフェースは、MAC アドレスを 8 ビット（1 バイト）ずつまとめて取り込み、後ろから先頭に向かって順に処理します。したがって、I/G ビットは MAC アドレスの中でも最初に NIC で処理され、次に U/L ビットが処理されることになります。

*1：iOS 14 以降では、機器固有の MAC アドレスに加えて、デフォルトでランダムな MAC アドレスも使用されます。また、Windows 10 以降の Windows OS でも、ランダムな MAC アドレスを設定することができます。

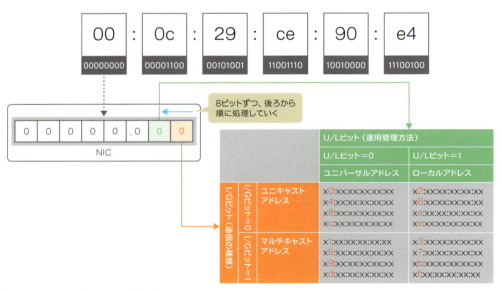

図3.1.6 ● U/LビットとI/Gビット

■ OUI と UAA

U/L ビットが「0」の MAC アドレス、つまり IEEE から割り当てられたユニバーサルアドレスは、上位 24 ビットにも大きな意味があります。ユニバーサルアドレスの上位 24 ビットは、IEEE がベンダーごとに割り当てているベンダーコードで、「**OUI**（Organizationally Unique Identifier）」といいます。この部分を見ると、通信している端末の NIC がどのベンダーによって製造されたかがわかります。OUI は「https://standards-oui.ieee.org/oui.txt」で公開されています。トラブルシューティングのときなどに参考にしてみるのもよいでしょう。ちなみに、例示している「00：0c：29」は、VMware に割り当てられている OUI

です。VMwareの仮想マシンに割り当てられます。

残りの下位24ビットは、各ベンダーがNICに割り当てているシリアルコードです。こちらは「**UAA**（Universally Administered Address）」といい、出荷時にベンダーから割り当てられたり、ランダムに生成されたりします。

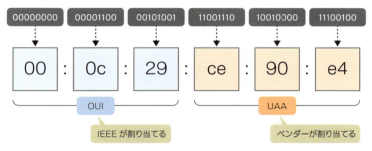

図3.1.7 ● OUIとUAA

かつて、MACアドレスはIEEEが一意に管理しているOUIと、ベンダーが一意に管理しているUAAで、世界でひとつだけのものになるとされていました。しかし、最近はベンダーの中でUAAが使い回されていたり、仮想化環境などではUAAを独自のアルゴリズムで生成したりするようになっているため、必ずしも一意になるとは限らなくなっています。1つのLAN上に同じMACアドレスを持つ端末が複数存在すると、その端末たちは正常に通信できません。そのときは、重複しないMACアドレスに設定し直す必要があります。

通信の種類ごとのMACアドレスの違い

イーサネットネットワークにおける通信は、「**ユニキャスト**」「**ブロードキャスト**」「**マルチキャスト**」の3種類があります。これらは通信の宛先によって使い分けられ、宛先MACアドレスにセットするMACアドレスが微妙に異なります。それぞれ説明しましょう。

■ ユニキャスト

ユニキャストは1:1の通信です。送受信するそれぞれの端末のMACアドレスが、送信元MACアドレスと宛先MACアドレスになります。Webやメールなど、よくあるインターネットの通信のほとんどは、このユニキャストに分類されます。

■ ブロードキャスト

ブロードキャストは1:nの通信です。ここでの「n」は、同じイーサネットネットワークに接続している自分以外のすべての端末を表しています。ある端末がブロードキャストフレームを送信すると、そのイーサネットネットワークにいる他のすべての端末に届き、それぞれが受信処理を行います。このブロードキャストが届く範囲のことを「**ブロード**

キャストドメイン」といいます。「**ARP**（Address Resolution Protocol、p.136）」や「**DHCP**（Dynamic Host Configuration Protocol、p.212）」のように、イーサネットネットワーク上にいるすべての端末に情報を通知したり、問い合わせたりするプロトコルで使用されています。

　ブロードキャストの送信元 MAC アドレスには、送信元端末の MAC アドレスがそのまま入ります。宛先 MAC アドレスは、6 バイト（48 ビット）がすべて「1」、16 進数にすると「ff:ff:ff:ff:ff:ff」という特別なものを使用します。

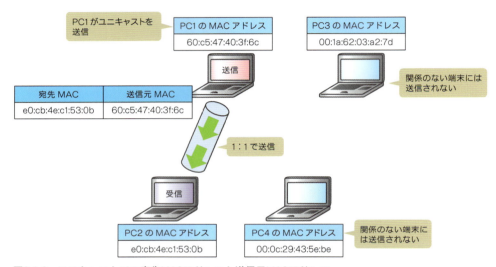

図3.1.8 ● ユニキャストでの宛先MACアドレスと送信元MACアドレス

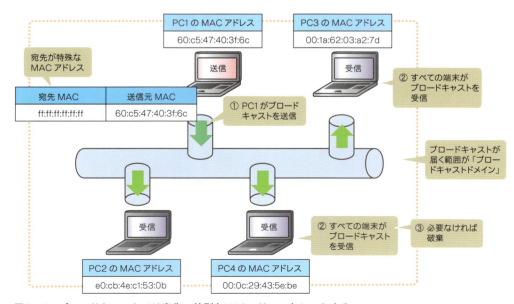

図3.1.9 ● ブロードキャストでは宛先に特別なMACアドレスをセットする

■ マルチキャスト

マルチキャストも 1:n の通信です。ここでの「n」は、特定のグループ（マルチキャストグループ）に入っている端末を表しています。マルチキャストは、ルーティングプロトコル（p.196）や NDP（p.243）などで使用されています。前項で説明したブロードキャストのフレームは、同じイーサネットネットワークにいるすべての端末に届き、すべての端末が受信処理を行います。それに対して、マルチキャストのフレームは、すべての端末に届くという点では同じですが、マルチキャストアプリケーションを起動し、マルチキャストグループに参加している端末だけが受信処理を行います。それ以外の端末は、その処理を行わないため、無駄な処理負荷がかかりません。

マルチキャストの送信元 MAC アドレスには、送信元端末の MAC アドレスがそのまま入ります。宛先 MAC アドレスは、ネットワーク層で使用する IP のバージョン（IPv4 または IPv6）によって異なります。

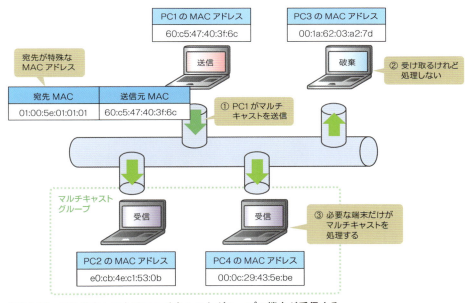

図3.1.10 ● マルチキャストはマルチキャストグループの端末が受信する

▌ IPv4 の場合

IPv4 の場合、上位 25 ビットは「0000 0001 0000 0000 0101 1110 0」に固定されています。これは 16 進数にすると「01:00:5e」の後に「0」が 1 個付いたものです。「01:00:5e」は、世界中の IP アドレスを管理している「ICANN（Internet Corporation for Assigned Names and Numbers）」という非営利組織の一機能である「IANA（Internet Assigned Numbers Authority）」が所有しているベンダーコードです。また、下位 23 ビットはマルチキャスト用の IPv4 アドレス（224.0.0.0 〜 239.255.255.255）の下位 23 ビットをそのままコピーします。

図3.1.11 ● IPv4マルチキャストの宛先MACアドレス

IPv6 の場合

IPv6 の場合、上位 2 バイト（16 ビット）は「33:33」に固定されています。下位 4 バイト（32 ビット）はマルチキャスト IPv6 アドレスの下位 4 バイト（32 ビット）、つまり第 7 フィールドと第 8 フィールドをそのままコピーします。

図3.1.12 ● IPv6マルチキャストの宛先MACアドレス

3.1.3 L2 スイッチ

データリンク層で動作するネットワーク機器として、「**L2 スイッチ**」があります。人によっては「スイッチングハブ」と言ったり、単に「スイッチ」と言ったりしますが、どれも同じです。ここでは、L2 スイッチが備えている機能のうち、代表的なものをいくつかピックアップして説明します。

■ L2 スイッチング

L2 スイッチは、イーサネットヘッダーに含まれている送信元 MAC アドレスと自分自身のポート番号を「**MAC アドレステーブル**」という、メモリ上のテーブル（表）で管理することによって、イーサネットフレームの転送先を切り替え、通信の効率化を図っています。このイーサネットフレームの転送先を切り替える機能のことを、「**L2 スイッチング**」といいます。L2 スイッチングは、L2 スイッチにおける基本中の基本の機能です。

3-1 イーサネット（IEEE 802.3）

では、L2スイッチがどのようにしてMACアドレステーブルを作り、どのようにしてL2スイッチングをしているのか見てみましょう。ここでは、同じL2スイッチに接続されているPC1とPC2が、お互いにイーサネットフレームを送信しあう場面を例に説明します。なお、ここでは純粋にL2スイッチングの処理を説明するために、すべての端末がすでにお互いのMACアドレスを知っているものとします。

① PC1は、PC2に対するイーサネットフレームを作り、ケーブルに流します。このとき、送信元MACアドレスはPC1のMACアドレス（cc:04:2a:ac:00:00）、宛先MACアドレスはPC2のMACアドレス（cc:05:29:3c:00:00）です。この時点ではL2スイッチのMACアドレステーブルは空っぽです。

② PC1からイーサネットフレームを受け取ったL2スイッチは、その送信元MACアドレス（cc:04:2a:ac:00:00）と、フレームを受け取った物理ポートの番号（Fa0/1）をMACアドレステーブルに登録します。

③ L2スイッチは、この時点ではPC2が自身のどの物理ポートに接続されているか知りません。そこで、PC1から受け取ったイーサネットフレームのコピーを、PC1が接続されているポートを除くすべての物理ポート、つまりFa0/1以外のポートに送信します。この動作を「**フラッディング**」といいます。「どの物理ポート宛てのフレームかわからないから、とりあえずみんなに投げちゃえ！」という動作です。ちなみに、ブロードキャストのMACアドレス「ff:ff:ff:ff:ff:ff」は送信元MACアドレスになることがないため、MACアドレステーブルに登録されることがありません。したがって、ブロードキャストはいつもフラッディングされることになります。

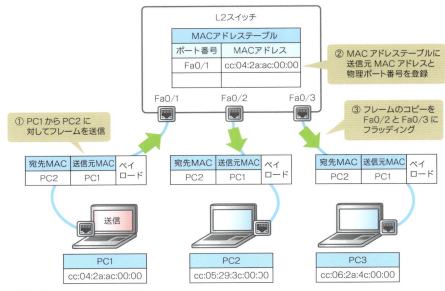

図3.1.13 ● ①から③までの処理

④ コピーフレームを受け取った PC2 は、PC1 に対する返信フレームを作り、ケーブルに流します。また、フラッディングにより、PC1 と PC2 の通信に関係のない端末（図の例では PC3）も同じくコピーフレームを受け取りますが、自分に関係のないイーサネットフレームと判断して破棄します。

⑤ PC2 からイーサネットフレームを受け取った L2 スイッチは、その送信元 MAC アドレスに入っている PC2 の MAC アドレス（cc:05:29:3c:00:00）と、フレームを受け取った物理ポートの番号（Fa0/2）を MAC アドレステーブルに登録します。

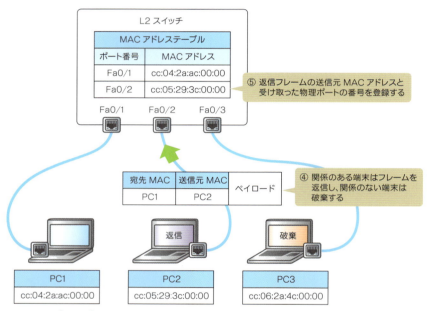

図3.1.14 ● ④から⑤までの処理

⑥ これで L2 スイッチは PC1 と PC2 がどの物理ポートに接続されているかを認識できました。これ以降は、PC1 と PC2 の間の通信を直接転送するようになります。③のようなフラッディングは行いません。

⑦ L2 スイッチは、PC1 あるいは PC2 が一定時間通信しなくなると、MAC アドレステーブルの中の関連している行を削除します。削除するまでの時間は機器によって異なりますが、任意に変更することも可能です。たとえば、Cisco 社製 L2 スイッチ「Cisco Catalyst シリーズ」の場合、デフォルトで 5 分（300 秒）です。

3-1 イーサネット（IEEE 802.3）

■ VLAN

「**VLAN**（Virtual LAN）」は、1台のL2スイッチを仮想的に複数のL2スイッチに分割する技術です。VLANの仕組みはとてもシンプルです。L2スイッチのポートにVLANの識別番号となる「**VLAN ID**」という数字を設定し、異なるVLAN IDが設定されているポートにはイーサネットフレームを転送しないようにしているだけです。一般的なLAN環境では、このVLANを運用管理やセキュリティの目的で使用します。たとえば、総務部はVLAN1、営業部はVLAN2、マーケティング部はVLAN3を割り当て、それぞれは相互に通信させないといった具合です。

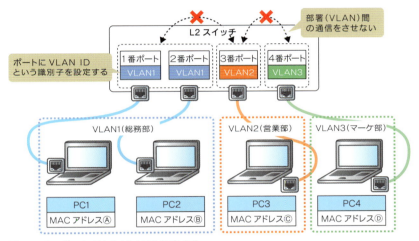

図3.1.15 ● ポートごとにVLANを設定する

VLANを実現する機能は、「**ポートベースVLAN**」と「**タグVLAN**」の2種類に大別することができます。それぞれ説明しましょう。

■ ポートベースVLAN

ポートベースVLANは、ひとつのポートに対して、ひとつのVLANを割り当てる機能です。たとえば、次図のように、L2スイッチの1番ポートと2番ポートにVLAN1を、3番ポートと4番ポートにVLAN2を割り当てたとします。これは、1台のL2スイッチの中にVLAN1のL2スイッチと、VLAN2のL2スイッチができたようなイメージです。この場合、VLAN1のポートに接続されているPC1とPC2は、互いにイーサネットフレームを直接やりとりすることができます。しかし、VLAN1のポートに接続されているPC2と、VLAN2のポートに接続されているPC3は、イーサネットフレームを直接やりとりすることができません。

103

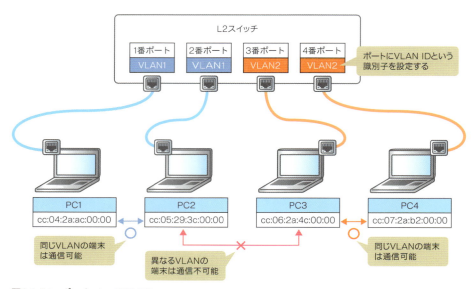

図3.1.16 • ポートベースVLAN

■ タグ VLAN

タグ VLAN は、その名のとおり、イーサネットフレームに VLAN 情報を「**VLAN タグ**」としてくっつける機能です。IEEE 802 委員会の IEEE 802.1q ワーキンググループで標準化されていて、実務の現場では略して「ワンキュー」や「イチキュー」と言ったりします。

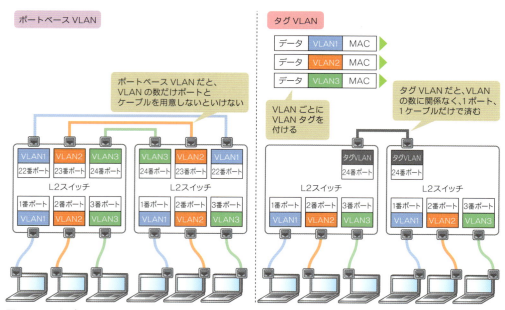

図3.1.17 • タグVLANはL2スイッチをまたいだVLANを作るときも接続がひとつで済む

前述のポートベース VLAN は、1 ポート 1VLAN という制約があります。したがって、たとえば、2 台の L2 スイッチをまたいで同じ VLAN に所属する端末同士が通信できるようにするには、VLAN の数だけポートとケーブルを用意する必要があります。しかし、これでは、いくらポートとケーブルがあっても足りません。そこで、タグ VLAN の機能を利用して VLAN を識別し、ひとつのポート、ひとつのケーブルに複数の VLAN のフレームを流せるようにします。

IEEE 802.1q のフレームフォーマット

VLAN タグは、その名のとおり、イーサネットフレームに VLAN ID をタグ付けしています。IEEE 802.1q のフレームは、送信元 MAC アドレスとタイプの間に IEEE 802.1q であることを表す「**TPID**（Tag Protocol IDentifier）」、優先度を表す「**PCP**（Priority Code Point）」、アドレス形式を表す「**CFI**（Canonical Format Indicator）」、VLAN ID を表す「**VID**（VLAN Identifier）」を差し込みます[1]。

＊1：PCP、CFI、VID の 3 つをあわせて「TCI（Tag Control Information）」といいます。

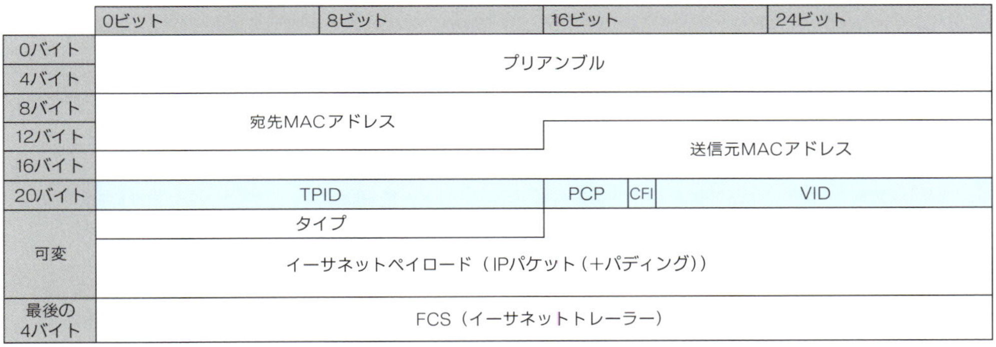

	0ビット	8ビット	16ビット	24ビット
0バイト	プリアンブル			
4バイト				
8バイト	宛先MACアドレス			
12バイト			送信元MACアドレス	
16バイト				
20バイト	TPID		PCP / CFI	VID
	タイプ			
可変	イーサネットペイロード（IPパケット（＋パディング））			
最後の4バイト	FCS（イーサネットトレーラー）			

図3.1.18 ● IEEE 802.1qのフレームフォーマット

PoE

「PoE（Power over Ethernet）」は、ツイストペアケーブルを使用して電源を供給する機能です。PoE を使用すると、天井裏や壁裏など、電源ケーブルが届きづらい場所に設置するアクセスポイントやネットワークカメラなどに対して、ツイストペアケーブル 1 本で電源とデータを両方供給できるようになり、わざわざコンセントを敷設する必要がなくなります。また、使用する電源ケーブルや AC アダプターの数が減り、煩雑になりがちな配線をシンプルにできます。

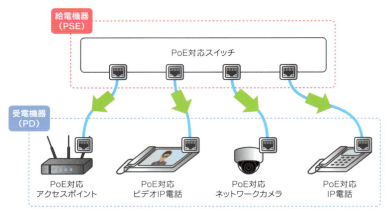

図3.1.19 • PoE

　PoE には、2003 年に IEEE 802.3af で標準化された「**PoE**」、2009 年に IEEE 802.3at で標準化された「**PoE+**」、2018 年に IEEE 802.3bt で標準化された「**PoE++**」の 3 種類があります。これら 3 種類の最も大きな違いが、1 ポート当たりに供給できる最大電力の違いです。後から標準化されたプロトコルのほうが、より大きな電力を供給できます。電源を供給する機器（PSE、Power Sourcing Equipment）は、電源を受け取る機器（PD、Powered Devices）が接続されると、お互いに PoE に対応しているか確認します。その後、最大消費電力を確認し、ツイストペアケーブルを構成する銅線[*1]を通じて、必要分の電力を供給します。

＊1：PoE と PoE+ は 4 ペア中 2 ペア（8 本中 4 本）、PoE++ は 4 ペア（8 本）すべてを使用して、電力を供給します。

項目	PoE	PoE＋	PoE＋＋
標準化されている IEEE	IEEE 802.3af	IEEE 802.3at	IEEE 802.3bt
標準化された年	2003 年	2009 年	2018 年
給電側の最大供給電力＊	15.4W	30W	90W
受電側の最大消費電力	13W	25.5W	71.3W
対応ケーブル	カテゴリー 3 以上	カテゴリー 5e 以上	カテゴリー 5e 以上
電力を供給する銅線ペア数	2 対	2 対	4 対

＊：1 ポート当たりの値です。

表3.1.2 • 3種類のPoE

3-2 Wi-Fi(IEEE 802.11)

Wi-Fiは、「電波」という目に見えないものを使用してパケットをやりとりするため、イーサネットよりも複雑な通信制御やセキュリティ制御を必要とします。Wi-Fiでは、どのようなフォーマット（形式）でカプセル化を行い、どのように安定的、かつ安全にフレームをやりとりするかが定義されています。

> **NOTE**
>
> **初心者の方へ**
>
> Wi-Fiは広く世の中に普及している技術ですが、複雑な通信制御やセキュリティ制御を必要とする分、初心者にとってはかなり難しく、ハードルが高いものです。そこで、初心者の方は本節をいったん読み飛ばし、3-3節へ進んでいただいてかまいません。もう少し他の章でネットワークの修行を積んだ後に、ここに戻ってきてください。

3.2.1 Wi-Fiのフレームフォーマット

Wi-Fiのフレームには、電波という不安定な伝送媒体を使用して、安定的にパケットをやりとりするための制御情報が含まれています。中でも特徴的なところといえば、MACアドレスフィールドでしょう。4つのMACアドレスフィールドを駆使して、いろいろなネットワーク構成に対応できるようになっています。

	0ビット	8ビット	16ビット	24ビット
―	プリアンブル			
0バイト	フレーム制御		Duration/ID	
4バイト	MACアドレス1			
8バイト				
12バイト			MACアドレス2	
16バイト	MACアドレス3			
24バイト			シーケンス制御	
32バイト	MACアドレス4			
40バイト			QoS制御	
可変	Wi-Fiペイロード			
最後の4バイト	FCS			

図3.2.1 ● Wi-Fiのフレームフォーマット

では、それぞれのフィールドがどのような意味を持っているか、簡単に説明しましょう。

■ プリアンブル

プリアンブルは、「これから Wi-Fi フレームを送りますよー」という合図を意味するフィールドです。イーサネットのプリアンブルは固定長でしたが、Wi-Fi のプリアンブルは使用するプロトコル（Wi-Fi 4/5/6）によって長さや内容が異なります。受信側の Wi-Fi 端末は、Wi-Fi フレームの最初に付与されているプリアンブルを見て、「これから Wi-Fi フレームが届くんだな」と判断します。また、あわせてその中に含まれる変調方式[1]やフレームの長さ、チャネル幅や MIMO の情報などを見て、適切な設定を選択し、安定した通信ができるように調整します。

* 1：「MCS（Modulation and Coding Scheme）」という値で指定されています。

■ フレーム制御

「**フレーム制御**」は、その名のとおり、Wi-Fi フレームを制御するために必要な情報を含む 2 バイト（16 ビット）のフィールドです。フレームの種類や送信元／宛先の種類、フラグメント情報、電力状態（省電力状態）などがセットされます。Wi-Fi には「**データフレーム**」「**管理フレーム**」「**制御フレーム**」という 3 種類のフレームがあります。

種類	データフレーム	管理フレーム	制御フレーム
目的	IP パケットを転送する	接続を管理する	転送を助ける
サイズ	大きい（可変）	小さい	とても小さい
伝送速度	速い	遅い	遅い
代表的なフレームタイプ	● データ ● QoS データ ● Null データ	● ビーコン ● プローブ要求・応答 ● アソシエーション要求・応答	● ACK・ブロック ACK ● RTS ● CTS

表3.2.1 ● 3種類のフレーム

▌ データフレーム

データフレームは、その名のとおり、データを運ぶフレームです。ちなみに、イーサネットにはこのタイプのフレームしかありません。また、イーサネットのパケットがアクセスポイントを介して電波になるときは、イーサネットヘッダーの情報がデータフレームにおける Wi-Fi ヘッダーの適切なフィールドにコピーされます。

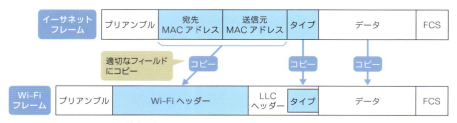

図3.2.2 ● イーサネットの情報がコピーされる

管理フレーム

管理フレームは、どのアクセスポイントとどのように接続するかを管理するフレームです。どんなにたくさんのアクセスポイントの電波が飛び交っていたとしても、Wi-Fi 端末が同時に接続できるアクセスポイントはひとつだけです。そこで、アクセスポイントは管理フレームのひとつである「**ビーコン**」を利用して、自分自身の存在を定期的に通知します。ビーコンをキャッチした Wi-Fi 端末は、「**プローブ要求／応答**」「**認証**」「**アソシエーション要求／応答**」という 3 種類の管理フレームを使って、接続処理を行います。この接続処理のことを「**アソシエーション**」といい、アソシエーションを司っているのが管理フレームです。

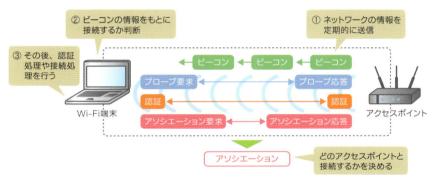

図3.2.3 ● アソシエーション

制御フレーム

制御フレームは、データフレームの転送を制御するフレームです。Wi-Fi はイーサネットと比較すると、とても不安定なネットワークです。Wi-Fi はその不安定さをカバーするために、確認応答の処理を行っています。確認応答とは、フレームが届いたら「届きましたよー」と応答する処理です。その応答に、制御フレームの「**ACK フレーム**」か「**ブロック ACK フレーム**」を使用します。

図3.2.4 ● ACKフレームで確認応答

■ Duration/ID

「**Duration/ID**」は、チャネルを使用する予定時間（NAV、Network Allocation Vector）の通知や、端末のバッテリー消費量を抑制するパワーマネジメントの識別子に使用される、2 バイト（16 ビット）のフィールドです。

■ MAC アドレス 1/2/3/4

　Wi-Fi フレームは、最大で 4 つの MAC アドレスフィールドを持つことができ、フレームの種類やネットワーク構成によって、個数や役割が変化します。フレームの種類ごとに整理しましょう。

データフレームの MAC アドレス

　データフレームの MAC アドレスは、ネットワーク構成によって変化します。Wi-Fi のネットワーク構成には「**インフラモード**（インフラストラクチャーモード）」「**アドホックモード**」「**WDS**（Wireless Distribution System）**モード**」の 3 種類があります。

● インフラモード

　インフラモードは、Wi-Fi 端末が必ずアクセスポイントを介して通信するネットワーク構成です。家庭内 LAN やオフィス内 LAN をはじめとする、ほぼすべての Wi-Fi 環境はインフラモードで構成されています。

　インフラモードでやりとりされるフレームの MAC アドレスフィールドは、1 つ目に Wi-Fi 区間の宛先 MAC アドレス、2 つ目に Wi-Fi 区間の送信元 MAC アドレス、3 つ目に Wi-Fi 端末の送信元 MAC アドレスや宛先 MAC アドレス[*1]がセットされます。4 つ目のフィールドはありません。

＊1：Wi-Fi 端末からアクセスポイントに対するデータフレームの場合は宛先 MAC アドレス、アクセスポイントから Wi-Fi 端末に対するデータフレームの場合は送信元 MAC アドレスがセットされます。

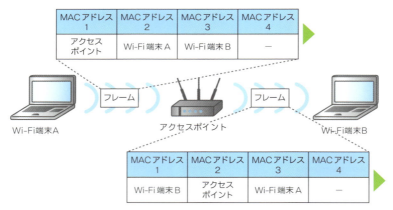

図3.2.5 ● インフラモードのMACアドレス

● アドホックモード

　アドホックモードは、アクセスポイントを介さずに、Wi-Fi 端末同士が直接通信するネットワーク構成です。たとえば、Wi-Fi 端末同士でファイル交換する場合や、Nintendo Switch でローカル通信[*1]をする場合はこのネットワークで構成されます。

　アドホックモードでやりとりされる MAC アドレスのフィールドは、1 つ目に Wi-Fi 区間の宛先 MAC アドレス、2 つ目に Wi-Fi 区間の送信元 MAC アドレス、3 つ目にユーザー

が定義したIDがセットされます。4つ目のフィールドはありません。

＊1：Nintendo Switchを持ち寄って、近くのプレイヤーとゲームするプレイのこと。

図3.2.6 ● アドホックモードのMACアドレス

● WDSモード

WDSモードは、アクセスポイント同士で通信するネットワーク構成です。Wi-Fiでネットワークを延伸するときなどに使用します。

WDSモードでやりとりされるフレームのMACアドレスフィールドは、1つ目にWi-Fi区間の宛先MACアドレス、2つ目にWi-Fi区間の送信元MACアドレス、3つ目に宛先MACアドレス、4つ目に送信元MACアドレスがセットされます。

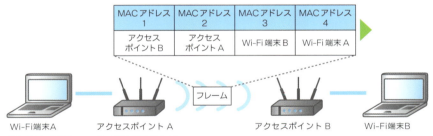

図3.2.7 ● WDSモードのMACアドレス

管理フレームのMACアドレス

管理フレームは、Wi-Fi端末とアクセスポイントだけでやりとりされるフレームです。管理フレームのMACアドレスフィールドは、1つ目にWi-Fi区間の宛先MACアドレス、2つ目にWi-Fi区間の送信元MACアドレス、3つ目にアクセスポイントのMACアドレス（BSSID）がセットされます。ちなみに、ビーコンは、配下にいるすべての端末に伝達する必要があるため、1つ目のフィールドにブロードキャストMACアドレス（ff:ff:ff:ff:ff:ff）がセットされます。

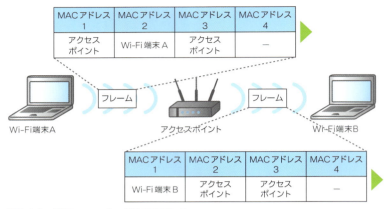

図3.2.8 ● 管理フレームのMACアドレス

制御フレームの MAC アドレス

　制御フレームも管理フレームと同じで、Wi-Fi 端末とアクセスポイントだけでやりとりされるフレームです。制御フレームにセットされる MAC アドレスフィールドの数は、フレームの用途によって変化します。たとえば、代表的な制御フレームのひとつである ACK フレームは、MAC アドレスフィールドをひとつしか持っていません。シンプルそのものです。

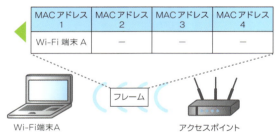

図3.2.9 ● ACKフレームのMACアドレス

■ **シーケンス制御**

　「**シーケンス制御**」は、12 ビットの「**シーケンス番号**」と 4 ビットの「**フラグメント番号**」で構成されるフィールドです。シーケンス番号は、Wi-Fi フレームごとに付与される番号です。「0」から始まり、「4095」を超えると、「0」に戻ります。フラグメント番号は、Wi-Fi フレームがフラグメンテーション（断片化）されるときに付与されますが、最近の Wi-Fi 環境ではほとんどフラグメンテーションが発生しないため、通常は「0」になります。
　p.109 でも述べたとおり、Wi-Fi は ACK フレームで確認応答をしながら通信を進めていき、ACK フレームが届かないと同じシーケンス制御の値をセットした重複フレームを再送します。重複フレームが多発しているようであれば、電波干渉など、通信環境の問題を疑う必要があるでしょう。

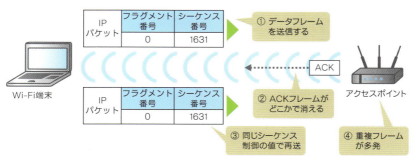

図3.2.10 ● シーケンス制御

■ QoS 制御

「**QoS 制御**」は、データフレームの優先制御やペイロードのタイプを指定するときに使用される 16 ビットのフィールドです。Wi-Fi では、データフレームを「音声」「動画」「ベストエフォート」「バックグラウンド」という 4 つのカテゴリーに分類し、優先順位を付けて制御します。その目印として、このフィールドを使用します。

■ Wi-Fi ペイロード

「**Wi-Fi ペイロード**」にセットされるデータは、フレームの種類によって異なります。

データフレームの場合は、ネットワーク層のプロトコル情報を表すタイプフィールドを含む「LLC (Logical Link Control) ヘッダー」でカプセル化した後に、ネットワーク層のデータ、つまり IP パケットをセットします[*1]。イーサネットヘッダーにはタイプフィールド (p.93) がありますが、Wi-Fi ヘッダーにはそれが用意されていません。そこで、LLC ヘッダーをくっつけることによって、ネットワーク層がどんなプロトコルでできているかを通知します。

管理フレームの場合は、Wi-Fi の名前を表す「**SSID** (Service Set ID)」や使用するチャネル、サポートしている伝送速度など、ネットワークに関するいろいろな情報がセットされます。

制御フレームには、ペイロードがありません。すべての情報をヘッダーに詰め込みます。

[*1]: p.120 で後述するフレームアグリゲーションでフレームが連結されている場合は、複数の IP パケットがセットされます。

■ FCS

「FCS (Frame Check Sequence)」は、Wi-Fi ペイロードが壊れていないかを確認するためにある 4 バイト (32 ビット) のフィールドです。仕組みはイーサネットと同じなので、p.94 を参照してください。

3.2.2 Wi-Fi の通信方式

Wi-Fi 端末は、送信と受信に同じチャネル[*1]を使用するため、半二重通信でしか通信できません。つまり、送信しているときは受信できませんし、受信しているときは送信できません。また、みんなで同じチャネルを共有するため、複数の端末が同時にパケットを送信することができません。同時にパケットを送信してしまうと、パケットが衝突して、電波の波形が乱れてしまいます。誰かがパケットを送信しているときは、みんな待機します。

[*1]：チャネル＝伝送路と捉えたほうがわかりやすいかもしれません。

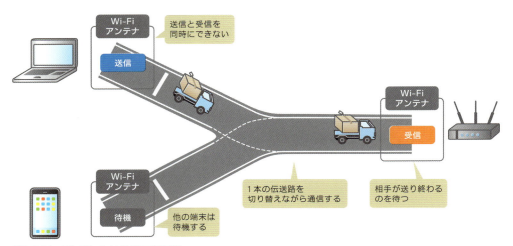

図3.2.11 ● Wi-Fiにおける半二重通信

そこで、Wi-Fi には、衝突を回避しながら通信する「**CSMA/CA**（Carrier Sense Multiple Access/Collision Avoidance）」という仕組みがあります。「CSMA」といえば、初期のイーサネットの半二重通信で使用されている「CSMA/CD」（p.71）がありました。ざっくりふたつを比較すると、CSMA/CD は衝突した後になんとかしようとするのに対し、CSMA/CA は衝突する前になんとかしようとします。

CSMA/CA には、「**基本モード**」と「**RTS/CTS モード**」というふたつの代表的なモードがあります。それぞれ説明しましょう。

■ 基本モード

基本モードは、その名のとおり CSMA/CA の基本で、送信する前にチャネルの空き状態を確認することによって、フレームの衝突を回避します。各端末は、アクセスポイントや他の端末がやりとりしている電波の信号強度をチェックし、しきい値を超えていたら、チャネルが使用されていると判断します。では、具体的な処理を見ていきましょう。

① アクセスポイントはデータを送信する前に、いったん待って、Wi-Fi 端末が電波を使用していないか確認します。この待ち時間のことを「**DIFS**（DCF Interframe Space）[*1]」といいます。

② 誰も電波を使用していないこと（アイドル状態）を確認できたら、それぞれランダム時間だけ待ちます。このランダムな待ち時間のことを「**バックオフ**」といいます。また、DIFS とバックオフをあわせた時間で行う確認処理のことを「**物理的キャリアセンス**」といいます。

③ バックオフが最も短い端末が、早い者勝ちでデータを送信します。また、それ以外の端末はいったん待機します。もしも、同じタイミングで別の端末からデータが送信されて、フレームが衝突してしまったら、ランダム時間待って、再送信（リトライ）を試みます。

④ Wi-Fi 端末はいったん待って「データを受け取りました」を意味する確認応答フレーム（ACK フレーム、ブロック ACK フレーム）を送信します。それ以外の端末はいったん待機します。この待ち時間のことを「**SIFS**（Short Interframe Space）[*2]」といいます。

⑤ アクセスポイント、及びすべての端末は、確認応答フレームの送信を確認したら、また①から④までを繰り返します。

[*1]：DIFS は使用するプロトコルや周波数帯域によって異なります。たとえば、Wi-Fi 4 の場合、2.4GHz 帯だと 28μ 秒、5GHz 帯だと 34μ 秒です。
[*2]：SIFS は使用するプロトコルや周波数帯域によって異なります。たとえば、Wi-Fi 4 の場合、2.4GHz 帯だと 10μ 秒、5GHz 帯だと 16μ 秒です。

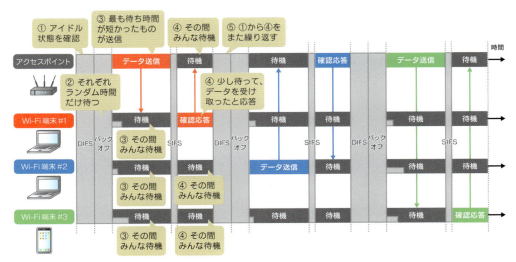

図3.2.12 ● CSMA/CA方式（基本モード）

■ **RTS/CTS モード**

RTS/CTS モードは、「**RTS**（Request To Send、送信要求）**フレーム**」と「**CTS**（Clear To Send、送信許可）**フレーム**」という制御フレームを使用して、チャネルを予約しながら通信を進めます。RTS フレームは「今からフレームを送信したいです」と確認するためのフレームです。CTS フレームは「送っていいですよ」と許可するためのフレームです。

前項で説明した通常モードは、アクセスポイントに接続しているすべての端末の電波を、すべての端末がお互いに受信できる状態であれば機能します。しかし、すべての Wi-Fi 環境がそのような状態にあるかといえば、必ずしもそうとは限りません。アクセスポイントの電波は検知できても、アクセスポイントの先にある別の端末の電波は検知できないケースもありえます。そのような状態では、物理的キャリアセンスがうまく機能せず、フレームの衝突と再送信が多発するため、通信品質が大幅に劣化します。このような問題のことを「**隠れ端末問題**」といいます。

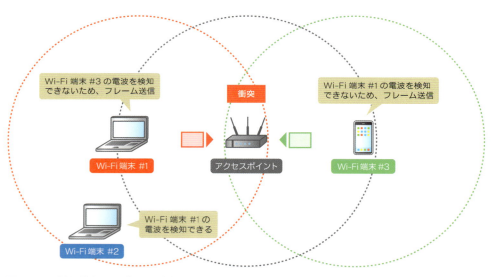

図3.2.13 ● 隠れ端末問題（Wi-Fi端末 #1 とWi-Fi端末 #3 で問題発生）

この隠れ端末問題を回避するために使用されるのが RTS/CTS モードです。Wi-Fi 端末は、再送信が頻発すると「隠れ端末が存在するかもしれない」と判断し、RTS/CTS モードに移行します。また、他にもフレームサイズが大きいと衝突確率が高くなるため、フレームサイズが RTS しきい値を超えるときにも、RTS/CTS モードに移行します。では、図 3.2.13 のように、Wi-Fi 端末 #1 と Wi-Fi 端末 #3 で隠れ端末問題が発生している Wi-Fi 環境における RTS/CTS モードの具体的な処理を見ていきましょう。

(1) Wi-Fi 端末 #1 は、DIFS ＋バックオフの時間だけキャリアセンスを行い、RTS フレームを送信します。この RTS フレームは、アクセスポイントと Wi-Fi 端末 #2 には届きますが、隠れ端末になっている Wi-Fi 端末 #3 には届きません。

② RTSフレームを受け取ったアクセスポイントは、SIFSだけ待って、CTSフレームを送信します。また、同じくRTSフレームを受け取ったWi-Fi端末#2は、RTSフレームのDuration/IDフィールドに含まれる時間を見て、Wi-Fi端末#1がどれくらいチャネルを使用するかを確認し、その時間だけデータの送信を待機します。この送信待機時間のことを「**NAV**（Network Allocation Vector）」、NAVの情報をもとにチャネルが使用中かどうか判断する処理のことを「**仮想的キャリアセンス**」といいます。

③ CTSフレームを受け取ったWi-Fi端末#3は、CTSフレームに含まれるNAVの時間だけ仮想的キャリアセンスを行い、データの送信を待機します。これで、その時間において通信できる機器は、アクセスポイントとWi-Fi端末#1だけになります。Wi-Fi端末#1はSIFSだけ待って、アクセスポイントにデータフレームを送信します。

④ アクセスポイントは、SIFSだけ待って、ACKフレームを返します。

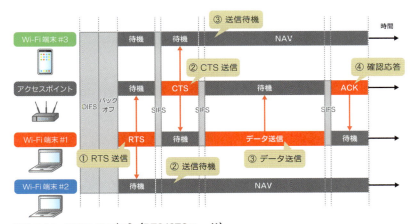

図3.2.14 ● CSMA/CA方式（RTS/CTSモード）

3.2.3 データリンク層の高速化技術

物理層のところでも説明したとおり、Wi-Fiは新しいプロトコルが登場するたびに、いろいろな技術を詰め込み、高速化を図っています。ここでは、その中でもデータリンク層に関する高返化技術について説明します。

■ MIMO

p.84で説明したとおり、MIMOは複数の空間ストリームを束ねて高速化を図る技術です。MIMOにはWi-Fi 4から採用された「**SU-MIMO**（Single User MIMO）」と、Wi-Fi 5から採用された「**MU-MIMO**（Multi User MIMO）」の2種類があります。

● SU-MIMO

SU-MIMOはアクセスポイントが1台（シングル）のWi-Fi端末（ユーザー）に対して

のみ複数の空間ストリームを作って通信する技術です。アクセスポイントとWi-Fi端末は、1対1の関係でMIMO通信を行い、それを時間とともに切り替えていくことによって、伝送速度の向上を図ります。SU-MIMOでは同時にMIMO通信できるWi-Fi端末が1台に限られます。その間、他の端末は待機しないといけなくなり、端末の台数が増えれば増えるほど、MIMOの効果が薄くなります。

　また、MIMOはアンテナの数が少ない端末にあわせて空間ストリームを作るため、必ずしもすべてのアンテナがフルに活用されるわけでありません。たとえば、アクセスポイントが4本のアンテナを持っていても、Wi-Fi端末が2本のアンテナしか持っていなければ、2本のアンテナしか使用されません。残りの2本は遊んだままになります。

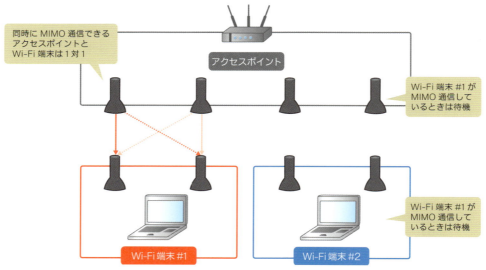

図3.2.15 ● SU-MIMO

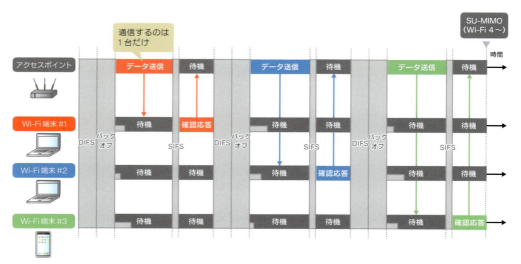

図3.2.16 ● SU-MIMOの流れ

● MU-MIMO

MU-MIMOはアクセスポイントが複数（マルチ）のWi-Fi端末（ユーザー）に対して複数の空間ストリームを使って通信する技術です。先述のとおり、MIMOはアンテナの数が少ない端末にあわせて空間ストリームを作るため、アンテナがフル活用されないことがあります。MU-MIMOは、遊んでいるアンテナを使用して、別のWi-Fi端末と通信することによって、さらなる通信の効率化を図ります。また、「**ビームフォーミング**」という機能を使用して、電波の形（指向性）を変えて、ユーザー端末に対してピンポイントで電波を飛ばします。

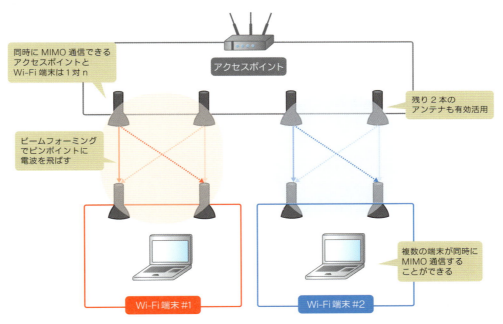

図3.2.17 ● MU-MIMO

MU-MIMOには、さらに「**DL**（Down Link）**MU-MIMO**」と「**UL**（Up Link）**MU-MIMO**」の2種類があります。DL MU-MIMOはアクセスポイントからWi-Fi端末に対する通信（下り通信）をMIMOで高速化するのに対して、UL MU-MIMOはWi-Fi端末からアクセスポイントに対する通信（上り通信）をMIMOで高速化します。

Wi-Fi 5は、DL MU-MIMOに対応していますが、UL MU-MIMOに対応していません。そのため、下り通信は複数のWi-Fi端末が同時に複数の空間ストリームを使用して通信することができますが、上り通信は1台ずつ順番に通信する必要があります。Wi-Fi 6/6Eは、DL MU-MIMOだけでなく、UL MU-MIMOにも対応しているため、上り通信も効率よくデータをやりとりできます。

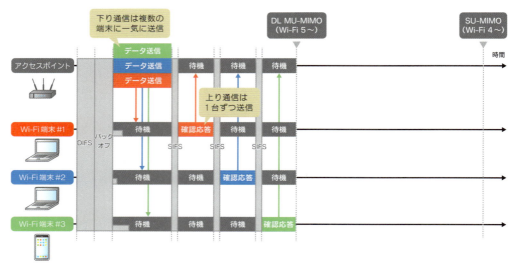

図3.2.18 ● DL MU-MIMOの流れ

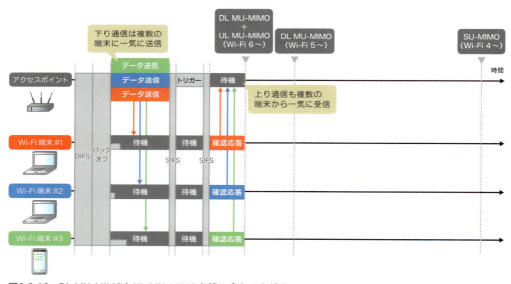

図3.2.19 ● DL MU-MIMOとUL MU-MIMOを組み合わせた流れ

■ フレームアグリゲーション

　物理層で説明したチャネルボンディングはチャネルを束ね、MIMOは空間ストリームを束ねる高速化技術でした。これから説明するフレームアグリゲーションは、フレームを束ねる高速化技術です。チャネルボンディングが道路の車線を増やし、MIMOが道路自体を増やしたことにあわせて例えるならば、フレームアグリゲーションは、トラックの荷台を連結するイメージに近いかもしれません。

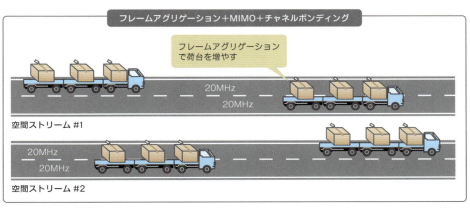

図3.2.20 ● フレームアグリゲーションは荷台を増やすイメージ

　p.107 で説明したとおり、Wi-Fi は「電波」という不安定な伝送媒体をみんなで共有するため、データを送信するたびに、キャリアセンスをしたり、確認応答したり、いろいろな処理を行う必要があります。フレームアグリゲーションは、複数のデータを連結して送信することによって、データの送信回数を減らし、転送効率の向上を図ります。また、複数のデータに対する確認応答をひとつのブロック ACK フレームで行い、さらなる転送効率の向上を図ります。

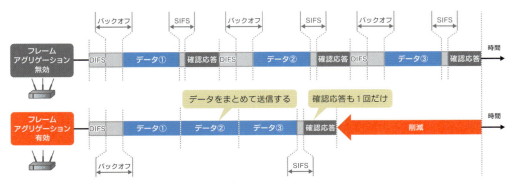

図3.2.21 ● フレームアグリゲーションで転送効率を向上

3.2.4　Wi-Fi 端末がつながるまで

　Wi-Fi は、誰もが電波を受信できてしまう公共空間を使用して通信します。そこで、Wi-Fi のプロトコルは、イーサネットと同等の機能を保ちつつ、よりセキュリティに気を配りながら接続を行うようにできています。Wi-Fi は、「**アソシエーション**」→「**認証**」→「**共有鍵生成**」→「**暗号化通信**」という 4 つのフェーズを経て、暗号化通信を行います。

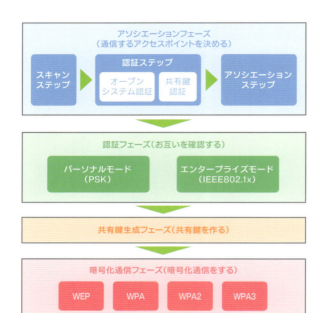

図3.2.22 • 4つのフェーズ

■ アソシエーションフェーズ

　アソシエーションフェーズは、どのアクセスポイントと接続するかを決めるフェーズです。「スキャン」→「認証」→「アソシエーション」という3つのステップで構成されています。

■ スキャン

　スキャンは、アクセスポイントとWi-Fi端末がお互いの存在を認識するステップです。Wi-Fi端末は、アクセスポイントから定期的に送出されるビーコンをキャッチして、SSIDやチャネル、サポートしている伝送速度など、周辺にあるWi-Fiの情報を収集します。そして、接続したいSSIDを見つけると、「**プローブ要求**」を送信し、自分の存在をアクセスポイントに伝えます。プローブ要求を受け取ったアクセスポイントは、SSIDや伝送速度など、いくつかのパラメータが合致したら、「**プローブ応答**」を返し、認証のステップに移ります。なお、複数のアクセスポイントから同じSSIDのプローブ応答を受け取った場合は、最も品質の良い（接続しやすそうな）アクセスポイントを選び、それに対して認証処理を行います[*1]。

＊1：どのアクセスポイントを選択するかは、Wi-Fi端末にインストールされているWi-Fi NICのドライバに依存します。ほとんどの場合、最も信号強度が強いものを選択します。

図3.2.23 ● 接続するアクセスポイントを選ぶ

■ 認証

　認証は、その名のとおり、アソシエーションフェーズにおいて認証を行うステップですが、最近の暗号化方式では認証の意味をなしておらず、今となっては形式的な手続きとして残っています。ここでの認証方式には、「**オープンシステム認証**」と「**共有鍵認証**」の2種類があります。

　オープンシステム認証は、実質的に認証を行いません。Wi-Fiネットワークの名前である「**SSID**（Service Set IDentifier）」（p.124）が一致していれば、誰でも認証が許可されます。誰でも許可されるなんて、一見するとなんだか危険な感じがしますが、次のフェーズでしっかりと認証するので、特に問題ありません。現在のWi-Fiでは、オープンシステム認証が必須とされています。

　一方、共有鍵認証は「**WEP**（Wired Equivalent Privacy）」（p.129）という暗号化方式で使用する方式で、Wi-Fi端末とアクセスポイントであらかじめ共有していたパスワード（WEPキー）で認証を行います。WEPは深刻なセキュリティ上の脆弱性が発見されたため、現在のWi-Fiでは使用されておらず、それに伴い共有鍵認証も使用されなくなりました。

■ アソシエーション

　アソシエーションは、最終確認です。Wi-Fi端末は、接続したいアクセスポイントに対して「**アソシエーション要求**」を送信します。それに対してアクセスポイントは「**アソシエーション応答**」を返し、接続を確立します。以上でアソシエーションは完了です。

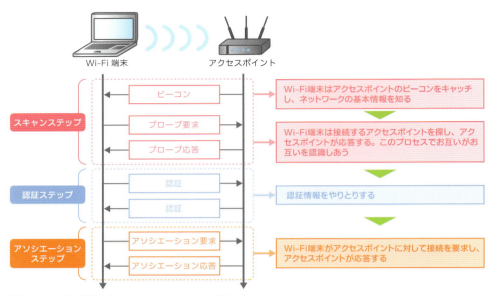

図3.2.24 ● Wi-Fi端末がネットワークにつながるまで

SSID

　アソシエーションにおいて、最も重要な役割を担っている要素が「**SSID**」です。SSID は、Wi-Fi を識別するための文字列で、ざっくり言うと Wi-Fi ネットワークの名前です。空間にたくさんの Wi-Fi があると、クライアントはどのネットワークに接続すればよいかわからなくなってしまいます。そこで、Wi-Fi は、SSID という文字列を使用してネットワークを識別しています。スマホで Wi-Fi の設定を見ると、見たことがないネットワークがいくつか表示されませんか。あれがまさに SSID です。スマホは、Wi-Fi アンテナで受け取ったビーコンに含まれる SSID を見て、ネットワークを表示しています。接続する SSID を選んでタップすると、プローブ要求が送信され、アソシエーションを開始します。

図3.2.25 ● SSIDは合言葉のようなもの

124

SSIDは、もともとセキュリティの目的で使用されていました。しかし、暗号化されずにやりとりされるため、現在はその目的では使用されていません。ネットワークの名前としてだけ使用されています。SSIDは、認証処理や暗号化処理には直接的に関与しません。SSIDという合言葉が合致したら、あとはSSIDごとに設定されている認証方式と暗号化方式にセキュリティ的な処理を任せます。

認証フェーズ

Wi-Fiに接続するということは、空中にSSIDのタグが付いた透明のLANケーブルがのびていて、それをつかんで接続するようなイメージに近いでしょう。しかし、誰彼かまわず接続できてしまったら、セキュリティも何もあったものではありません。そこで、アクセスポイントや認証サーバーは、アソシエーションが完了した後、接続相手が正しい端末かどうかを確認、つまり認証を行います。Wi-Fiの認証方式には、「**パーソナルモード**」と「**エンタープライズモード**」があります。

■ パーソナルモード

パーソナルモードは、パスワードで認証する方式です。家庭のWi-Fiでも一般的に使用されているので、なじみ深い認証方式でしょう。Wi-Fi端末とアクセスポイントは、アソシエーションが完了すると、パスワード（PSK、Pre-Shared Key、事前共有鍵）から「**マスターキー**」と呼ばれる共有鍵の素（素材）を生成します[*1]。

パーソナルモードは、シンプルでわかりやすい半面、パスワードが流出してしまうと、誰でも接続できてしまうというセキュリティリスクをはらんでいます。そのため、定期的にパスワードを変更するなどして、うまくセキュリティレベルを維持する必要があります。

*1：厳密に言うと、マスターキーには「PMK（Pairwise Master Key）」と「GMK（Group Master Key）」があります。ここでのマスターキーはPMKを表しています。GMKはアクセスポイントによって生成され、定期的に更新されます。

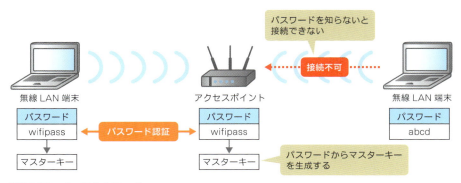

図3.2.26 ● パーソナルモード

■ エンタープライズモード

　エンタープライズモードは、デジタル証明書[*1]やID/パスワード、SIMカードなどを使用して認証する方式で、「**IEEE 802.1x**」として標準化されています。認証サーバーで一元的に認証できることから、企業のWi-Fi環境などでよく使用されています。Wi-Fi端末と認証サーバーは、アソシエーションが完了すると、お互いが持っている情報を交換しあい、お互いがお互いであることを認証しあいます。認証に成功すると、認証サーバーからアクセスポイントとWi-Fi端末に「**セッションキー**（MSK、Master Session Key）」が配布され、その情報をもとにそれぞれマスターキーを生成します。

*1：「自分が自分であること」を証明するファイルのこと。

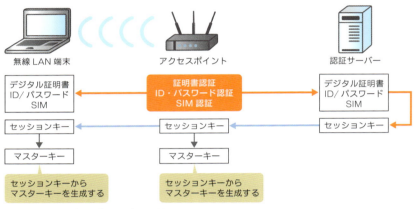

図3.2.27 ● エンタープライズモード

　IEEE 802.1xは「**EAP**（Extensible Authentication Protocol）」という認証プロトコルを使用して、認証を行います。EAPはもともとダイヤルアップ接続などで使用するPPP（p.146）の拡張機能として標準化されたプロトコルなので、そのままの状態ではLANに流すことができません。そこで、LANに流せるようにするために、Wi-Fi端末 - アクセスポイント間を「**EAPoL**（EAP over LAN）」というプロトコルでカプセル化し、アクセスポイント - 認証サーバー間を「**RADIUS**（Remote Authentication Dial In User Service）」というUDP（p.257）の認証プロトコルでカプセル化します。アクセスポイントは、EAPoLに乗ってやってきたEAPメッセージをRADIUSに乗せ換えて、認証サーバーに渡します。

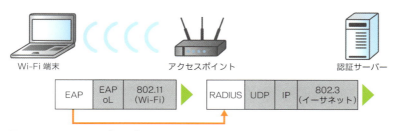

図3.2.28 ● EAPのカプセル化

　さて、EAPは、認証方法によって、さらにたくさんのプロトコルに細分化できます。そのうち、最近使用されている代表的なものは、「**EAP-TLS**」「**PEAP**」「**EAP-SIM/AKA**」の3種類です。

EAP-TLS

　EAP-TLSは、デジタル証明書で双方向に認証を行うプロトコルです。デジタル証明書は、「自分が自分であること」を証明するファイルのことです。Wi-Fi端末と認証サーバーは、接続するときにお互いが持っているデジタル証明書を交換しあい、お互いがお互いであることを確認しあいます。

PEAP

　PEAPは、ID/パスワードでWi-Fi端末を認証し、デジタル証明書で認証サーバーを認証するプロトコルです。前述のEAP-TLSは、デジタル証明書を使用するため、セキュリティレベルが高いことは間違いありません。しかし、端末にインストールするデジタル証明書の管理が煩雑になりがちで、運用管理に難がありました。PEAPは、端末の認証をID/パスワードにすることによって、端末の証明書管理を省略しています。ただし、その分EAP-TLSよりセキュリティレベルが若干落ちることを認識しておく必要があります。

EAP-SIM/AKA

　EAP-SIM/AKAは、SIM（Subscriber Identity Module）カードの情報を利用して、双方向に認証を行うプロトコルです。SIMカードとは、NTTドコモやauなど、携帯電話事業者が発行する加入者識別用のICカードのことです。電話番号（MSISDN）や識別番号（IMSI）などの加入者情報が格納されています。EAP-SIM/AKAは、携帯電話事業者と加入者しか知り得ない情報で認証を行うため、高いセキュリティ強度を維持することができます。駅やファミレスでスマホのWi-Fiを有効にしていて、いつの間にか携帯電話事業者が提供している公衆無線LANサービスに接続されていたことがありませんか。スマホは公衆無線LANサービスの電波が届く範囲（セル）に入ると、ビーコンをキャッチし、自動的にEAP-SIM/AKAで認証を実行しています。

EAPの種類	EAP-TLS	PEAP	EAP-SIM/AKA
Wi-Fi端末の認証方法	デジタル証明書	ID/パスワード	SIM
認証サーバーの認証方法	デジタル証明書	デジタル証明書	SIM
セキュリティ強度	◎	○	◎
特徴	セキュリティ強度は高いが、デジタル証明書の管理が煩雑になることがある	端末の認証にID/パスワードを使用することで、EAP-TLSの煩雑さに対応している	端末にSIMカードが挿入されていれば、自動で認証される

表3.2.2 ● 代表的なEAP

共有鍵生成フェーズ

　共有鍵生成フェーズは、認証フェーズで生成したマスターキーから共有鍵を生成するフェーズです。認証フェーズで生成したマスターキーは、あくまで共有鍵の「素（素材）」であって、共有鍵そのものではありません。このフェーズでは「**4ウェイハンドシェイク**」という手順を通じて、必要な情報を交換し、マスターキーからお互いに同じ共有鍵を生成します[*1]。この共有鍵の一部は、データの暗号化と復号に使用する「暗号鍵」の生成に利用されます。

> *1：厳密に言うと、共有鍵には「PTK（Pairwise Transient Key）」と「GTK（Group Temporal Key）」があります。ここでの共有鍵は「PTK」を表しています。GTKはアクセスポイントによってGMKから生成され、4ウェイハンドシェイクの中で配布されます。また、定期的に2ウェイハンドシェイクによって更新されます。

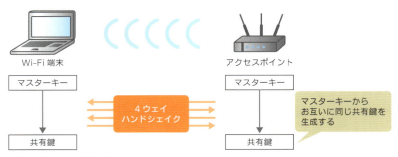

図3.2.29 ● 共有鍵生成フェーズ

暗号化通信フェーズ

　共有鍵ができたら、いよいよ実際の暗号化通信の開始です。Wi-Fiには「**WEP**（Wired Equivalent Privacy）」「**WPA**（Wi-Fi Protected Access）」「**WPA2**（Wi-Fi Protected Access 2）」「**WPA3**（Wi-Fi Protected Access 3）」という4種類のセキュリティプロトコルがあり、WEP → WPA → WPA2 → WPA3の順にセキュリティレベルが上がります。

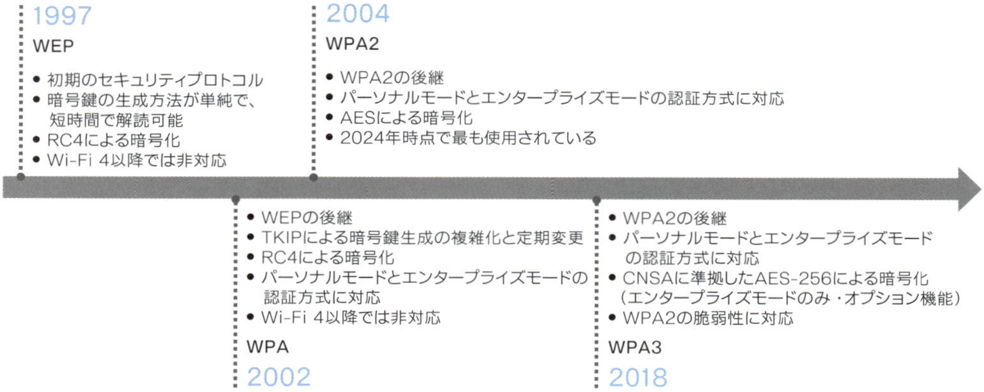

3-2 Wi-Fi（IEEE 802.11）

1997
WEP
- 初期のセキュリティプロトコル
- 暗号鍵の生成方法が単純で、短時間で解読可能
- RC4による暗号化
- Wi-Fi 4以降では非対応

2004
WPA2
- WPA2の後継
- パーソナルモードとエンタープライズモードの認証方式に対応
- AESによる暗号化
- 2024年時点で最も使用されている

- WEPの後継
- TKIPによる暗号鍵生成の複雑化と定期変更
- RC4による暗号化
- パーソナルモードとエンタープライズモードの認証方式に対応
- Wi-Fi 4以降では非対応

WPA
2002

- WPA2の後継
- パーソナルモードとエンタープライズモードの認証方式に対応
- CNSAに準拠したAES-256による暗号化（エンタープライズモードのみ・オプション機能）
- WPA2の脆弱性に対応

WPA3
2018

図3.2.30 ● セキュリティプロトコルの歴史

■ WEP

WEP は、初期の Wi-Fi で使用されていたセキュリティプロトコルで、「RC4（Rivest Cipher 4）」という暗号化アルゴリズムを使用して暗号化の処理を行います。WEP は、その名のとおり、もともと有線 LAN と同じくらいのセキュリティレベルを目指して作られました。しかし、暗号鍵の生成方法が単純なことに加えて、RC4 に致命的な脆弱性が見つかったため、ほとんど使用されていません。エンタープライズモードの認証にも対応しておらず、Wi-Fi 4 以降のプロトコルにも対応していません。

■ WPA

WPA は、WEP を改良したセキュリティプロトコルで、WEP と同じ RC4 を使用して暗号化の処理を行います。前述のとおり、WEP は暗号鍵の生成方法が単純で、それが暗号解読のポイントになっていました。WPA は、「TKIP（Temporal Key Integrity Protocol）」という鍵生成プロトコルを使用して、暗号鍵の生成方法を複雑にしたり、共有鍵を定期的に変更したりすることによって、セキュリティレベルの向上を図っています。しかし、その一方で RC4 自体の脆弱性は解決されておらず、WPA も安全とは言えません。そのため、WEP 同様、Wi-Fi 4 以降のプロトコルは、WPA に対応していません。

■ WPA2

WPA2 は、WPA の後継に当たるセキュリティプロトコルで、「AES（Advanced Encryption Standard）」[*1] という暗号化アルゴリズムを使用して、暗号化の処理を行います。AES はアメリカ政府が政府内の標準として策定した暗号化アルゴリズムで、RC4 をはるかに上回る安全性を提供します。この AES は、2024 年時点においても実用的な解読方法は見つかっておらず、WPA2 は最も広く使用されているセキュリティプロトコルと言ってよいでしょう。しかし、その一方で、標準化されてから、かなり時間が経過しているということもあって、いろいろな脆弱性が指摘されています。たとえば、Wi-Fi ルーターのファームウェアや端末の OS が古いと、4 ウェイハンドシェイクを悪用して共有鍵を不正

利用する「KRACK（Key Reinstallation AttaCK）」という攻撃に対応できません。また、いろいろなパスワードで接続を試みる「総当たり攻撃」「辞書攻撃」や、認証解除フレーム（Deauthentication フレーム）を送りつけて Wi-Fi 端末の接続を強制的に切断する「Deauth 攻撃」にも対応できません。

＊1：厳密に言うと、AES をベースとした「CCMP（Counter Mode with Cipher Block Chaining Message Authentication Code Protocol）」を使用しています。CCMP は、データの暗号化とともに、認証も行います。

■ WPA3

　WPA3 は、WPA2 の後継にあたるセキュリティプロトコルで、WPA2 で指摘されていた脆弱性に対応したり、エンタープライズモードにおいて「**CNSA**（Commercial National Security Algorithm）」[1]に準拠した AES（AES-256[2]）に対応したりすることによって、セキュリティレベルの向上を図っています。前述のとおり、WPA2 は 2024 年時点で広く使用されているものの、標準化されてからかなり時間が経っているため、脆弱性が指摘されています。WPA3 では、パーソナルモードの認証フェーズに「**SAE**（Simultaneous Authentication of Equals）**ハンドシェイク**」という認証処理を追加することによって、KRACK に対応しています。また、一定回数パスワードを間違えると、一時的に接続できなくする「**ロックアウト機能**」を追加することによって、総当たり攻撃や辞書攻撃に対応しています。さらに、管理フレームを暗号化する「**PMF**（Protected Management Frame）」を追加することによって、Deauth 攻撃にも対応しています。Wi-Fi 6E は WPA3 による暗号化が必須です。

＊1：CNSA は、アメリカ国家安全保障局（NSA、National Security Agency）によって策定された暗号化アルゴリズムや認証アルゴリズムのセットのことです。国家機密の保護など、非常に高いセキュリティが求められる環境で利用されます。
＊2：暗号化で使用する鍵の長さを 128 ビットから 256 ビットに増やすことによって、セキュリティレベルを向上させています。

機能	WEP	WPA	WPA2	WPA3
策定年	1997	2002	2004	2018
暗号化アルゴリズム	RC4	RC4+TKIP	AES-128*	AES-128* AES-256
パーソナルモード	−	○	○	○
エンタープライズモード	−	○	○	○
SAE ハンドシェイク	−	−	−	○
PMF	−	−	−	○
セキュリティレベル	×	△	○	◎

＊：鍵の長さが比較できるように、「AES-128」と表記しています。

表3.2.3 ● セキュリティプロトコルの比較

3.2.5 Wi-Fiのカタチ

Wi-Fiは、アクセスポイントの運用管理形態によって、「**分散管理型**」「**集中管理型**」「**クラウド管理型**」という3種類に大別することができます。ネットワークを構成する要素も大きく変わりますので、それぞれ説明しましょう。

Wi-Fiのカタチ	分散管理型	集中管理型	クラウド管理型
最低限必要な機器	アクセスポイント	アクセスポイント 無線LANコントローラー（WLC）	アクセスポイント クラウドコントローラー
アクセスポイントへの設定投入	アクセスポイントごと	無線LANコントローラー	クラウドコントローラー
導入のしやすさ	しやすい	しにくい	しやすい
設定の運用管理性	低（1台1台設定するので煩雑になりがち）	高（コントローラーから一括管理できるので楽ちん）	高（コントローラーから一括管理できるので楽ちん）
イニシャルコスト	低	高	中
ランニングコスト	低（保守費のみ）	低（保守費のみ）	高（保守費＋クラウドサービス使用料）
ボトルネック	なし	無線LANコントローラーに制限あり	なし
インターネットへの接続	不要	不要	必要

表3.2.4 ● Wi-Fiのカタチ

■ 分散管理型

==分散管理型は、アクセスポイントを1台ずつ設定し、それぞれ運用管理していく形態です。==家庭や小規模なオフィスのWi-Fi環境などで一般的に採用されています。分散管理型は、アクセスポイントだけでWi-Fi環境を構築できるため、コストを抑えることができます。その半面、アクセスポイントの台数が増えれば増えるほど、運用管理が大変になるというデメリットを抱えています。また、変わりやすい周囲の電波環境に自動で対応することが難しく、クリーンな電波環境の維持にも気を配る必要があります。

図3.2.31 ● 分散管理型

集中管理型

集中管理型は、「**無線 LAN コントローラー（WLC）**」というサーバーを使用して、たくさんのアクセスポイントを運用管理していく形態です。中規模から大規模のオフィスのWi-Fi環境で一般的に採用されています。集中管理型は、アクセスポイントの台数が多くなっても、無線 LAN コントローラーを通じて一元的に運用管理することができるため、運用管理が煩雑になることはありません。設定やファームウェアのアップデートもすべて無線 LAN コントローラー経由で行うことができます。また、無線 LAN コントローラーは、アクセスポイントからそれぞれの電波状況を受け取り、電波干渉を検知し、必要に応じてチャネルを調整することによって、クリーンな電波環境を維持します。集中管理型のデメリットとしては、イニシャルコストと性能限界があります。無線 LAN コントローラーを用意しなくてはならないため、どうしても最初にお金がかかります。また、1台の無線 LAN コントローラーで管理できるアクセスポイントの台数には限界があり、その限界を超えたとき、新たなコントローラーを買い足す必要があります。そのときに、またお金がかかります。

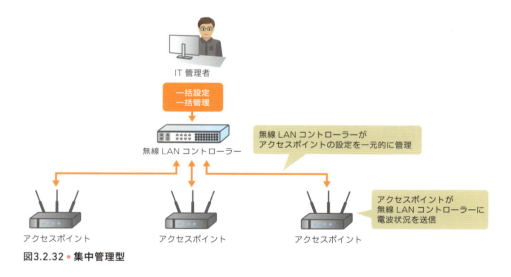

図3.2.32 ● 集中管理型

クラウド管理型

クラウド管理型は、集中管理型の進化版で、無線 LAN コントローラーの機能をクラウドに持たせた「**クラウドコントローラー**」からアクセスポイントを運用管理していく形態です。アクセスポイントがインターネットに接続できている必要がありますが、無線 LAN コントローラーを用意することなく、集中管理型と同じメリットを享受することができ、最近流行りの形態です。クラウド管理型は、無線 LAN コントローラーを用意する必要がないため、イニシャルコストが安く済みます。また、どんなにアクセスポイントが増えても、機器を買い足す必要がありません。ただし、クラウドサービスを利用するため、ランニングコストがかかるというデメリットを抱えています。

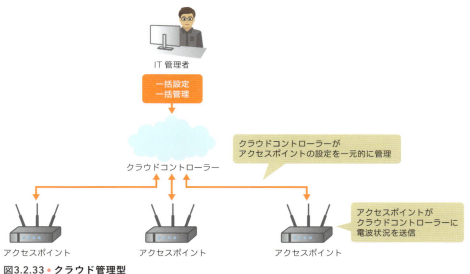

図3.2.33 ● クラウド管理型

3.2.6 Wi-Fiに関するいろいろな機能

　Wi-Fiを構成する機器は、認証したり暗号化したりする機能の他にも、より高いセキュリティレベルを保ったり、クリーンな電波環境を維持したりするための機能をたくさん備えています。ここでは、その中でも実務の現場で聞くことが多い機能をいくつかピックアップして説明します。

■ ゲストネットワーク

　「**ゲストネットワーク**」は、その名のとおり、ゲストに提供するWi-Fi環境のことです。家に遊びに来た友だちに「Wi-Fi貸して！」と言われたことはありませんか。もちろん友だちを信頼していないわけではないのですが、自宅のネットワークには、家族の写真や動画が保存されているハードディスクがあったり、普段使用しているPCがあったりもして、

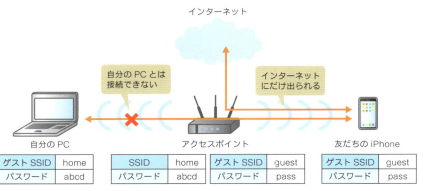

図3.2.34 ● ゲストネットワーク

気軽に貸すには若干抵抗があるものです。ゲストネットワークの機能を使用すると、インターネットにしかアクセスできない、つまり自宅のネットワークにはアクセスできないSSIDのネットワークができます。ゲストにはそのSSIDとパスワードを教えます。最近は家庭用のWi-Fiルーターもこの機能を備えていたりして、かなり一般化してきた感があります。

MACアドレスフィルタリング

「MACアドレスフィルタリング」は、その名のとおり、端末のMACアドレスをもとにフィルタリング（許可/拒否）を行う機能です。アクセスポイントや無線LANコントローラーに対して、あらかじめ接続してもよい端末のMACアドレスを登録しておき、それ以外の端末の接続を拒否します。先述したWPAやWPA2とあわせて、よりセキュリティレベルの向上を図りたいときに使用します。MACアドレスフィルタリングは、動作がシンプルでわかりやすいため、Wi-Fi端末が少ない場合に使用されることがあります。しかし、MACアドレスを偽装されたら対応できないだけでなく、端末の台数が多くなったときに運用管理が煩雑になりやすいというデメリットを抱えています。

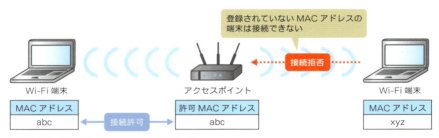

図3.2.35 ● MACアドレスフィルタリング

Web認証

「Web認証」は、Webブラウザでユーザー名とパスワードを入力して認証する方式です。ホテルや駅の公衆無線LANや企業のゲストWi-Fiなどで、パーソナルモードと組み合わせてよく使用されています。Wi-Fi端末が対象のSSIDに接続すると、Webブラウザが起動し、Webサーバーのログインページに飛ばされます[*1]。そこでユーザー名とパスワードを入力すると、Webサーバーから認証サーバーに対して認証が実行されます。ちなみに、ユーザー名とパスワードはHTTPS（p.346）で暗号化されているため、盗聴されたり、改ざんされたりする心配はありません。Web認証は、Webブラウザさえあれば認証を実行でき、ほとんどの端末で利用可能です。

※1：Webサーバーは、独立して用意されていたり、無線LANコントローラーやアクセスポイントがその役割を担っていたり、いろいろです。本書ではわかりやすさのために、独立して用意するパターンで図示しました。

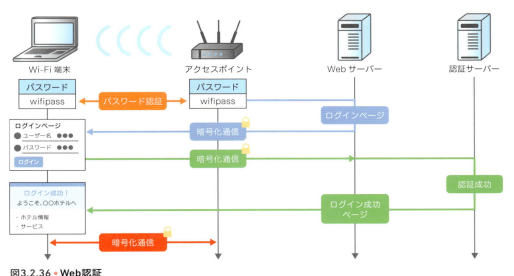

図3.2.36 ● Web認証

バンドステアリング

「バンドステアリング」は、複数の周波数帯域に対応しているWi-Fi端末を、最適な周波数帯域に誘導する機能です。p.76で説明したとおり、2.4GHz帯は電子レンジやアマチュア無線でも使用されていたり、同時に使用できるチャネルが少なかったりして、電波干渉が発生しやすい周波数帯域です。バンドステアリングを使用すると、2.4GHz帯に接続しているWi-Fi端末を電波干渉が発生しづらい5GHz帯や6GHz帯に誘導し、安定的な電波環境を提供することができます。一方、5GHz帯や6GHz帯は、障害物に弱く、減衰しやすい周波数帯域です。バンドステアリングを使用すると、5GHz帯や6GHz帯の電波が届きづらいところにいる端末を2.4GHz帯に誘導し、安定的な電波環境を提供することができます。

たとえば、2.4GHz帯と5GHz帯に対応したデュアルバンド端末は、両方の周波数帯域でプローブ要求を送信します。それに対して、アクセスポイントは片方のアンテナからだけプローブ応答を返すことによって、目的の周波数帯域に誘導します。

図3.2.37 ● バンドステアリング

3-3 ARP

ネットワークの世界において、アドレスを示すものはふたつしかありません。ひとつはこれまで説明してきた「MAC アドレス」、もうひとつは第 4 章で説明する「IP アドレス」です。MAC アドレスは、NIC そのものに焼き付けられている物理的なアドレスです。データリンク層で動作します。IP アドレスは、OS 上で設定する論理的なアドレスです。ネットワーク層で動作します。このふたつのアドレスを紐づけ、データリンク層とネットワーク層の架け橋的な役割を担っているプロトコルが「**ARP**（Address Resolution Protocol）」です。ARP は、データリンク層とネットワーク層の中間（第 2.5 層）に位置するような存在なのですが、本書ではデータリンク層のプロトコルとして扱います。

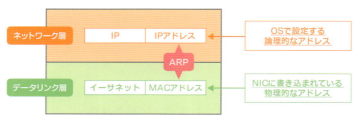

図3.3.1 ● ARPはMACアドレスとIPアドレスを紐づけるプロトコル

ある端末がデータを送信するとき、ネットワーク層から受け取った IP パケットをイーサネットフレームにカプセル化して、ケーブルに流す必要があります。しかし、IP パケットを受け取っただけでは、イーサネットフレームを作るために必要な情報がまだ足りません。送信元 MAC アドレスは自分自身の NIC に書き込まれているのでわかりますが、宛先 MAC アドレスについては知りようがありません。そこで、実際のデータ通信に先立って、ARP で宛先 IPv4 アドレスから宛先 MAC アドレスを求めます。これを「**アドレス解決**」といいます[*1]。

[*1]：ARP を使用するのは、IPv4 アドレスのアドレス解決だけです。IPv6 アドレスのアドレス解決は、ARP ではなく、ICMPv6 で行います（p.238）。

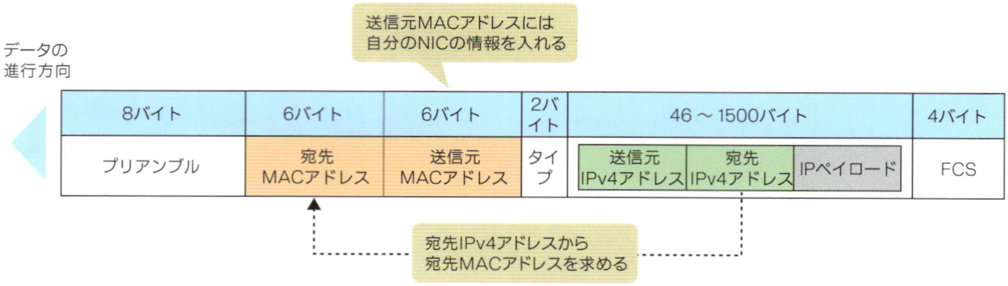

図3.3.2 ● イーサネットフレームの宛先MACアドレスは宛先IPv4アドレスから求める

| 3.3.1 | ARP のフレームフォーマット |

ARP は、最初に RFC826「An Ethernet Address Resolution Protocol -- or -- Converting Network Protocol Addresses」で標準化され、その後 RFC5227「IPv4 Address Conflict Detection」や RFC5494「IANA Allocation Guidelines for the Address Resolution Protocol（ARP）」で拡張されています。

ARP は、L2 ヘッダーのタイプコードで「0x0806」と定義されています（p.93）。また、L2 ペイロードにデータリンク層（レイヤー 2）やネットワーク層（レイヤー 3）の情報を詰め込むことによって、MAC アドレスと IPv4 アドレスの紐づけを行っています。

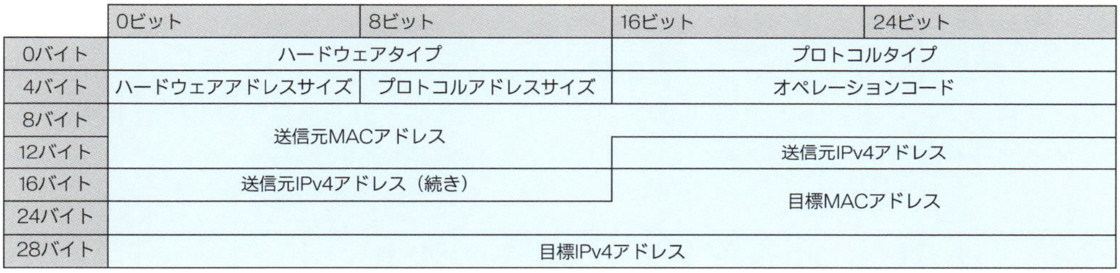

	0ビット	8ビット	16ビット	24ビット
0バイト	ハードウェアタイプ		プロトコルタイプ	
4バイト	ハードウェアアドレスサイズ	プロトコルアドレスサイズ	オペレーションコード	
8バイト	送信元MACアドレス			
12バイト			送信元IPv4アドレス	
16バイト	送信元IPv4アドレス（続き）		目標MACアドレス	
24バイト				
28バイト	目標IPv4アドレス			

図3.3.3 ● ARPのフレームフォーマット

以下に、ARP のフレームフォーマットの各フィールドについて説明します。

■ ハードウェアタイプ

「**ハードウェアタイプ**」は、使用しているレイヤー 2 プロトコルを表す 2 バイト（16 ビット）のフィールドです。いろいろなレイヤー 2 プロトコルが定義されていて、イーサネットと Wi-Fi の場合は「0x0001」が入ります。

■ プロトコルタイプ

「**プロトコルタイプ**」は、使用しているレイヤー 3 プロトコルを表す 2 バイト（16 ビット）のフィールドです。いろいろなレイヤー 3 プロトコルが定義されていて、IPv4 の場合は「0x0800」が入ります。

■ ハードウェアアドレスサイズ

「**ハードウェアアドレスサイズ**」は、ハードウェアアドレス、つまり MAC アドレスの長さをバイト単位で表す 1 バイト（8 ビット）のフィールドです。MAC アドレスは 48 ビット＝ 6 バイトなので、「6」が入ります。

■ プロトコルアドレスサイズ

「**プロトコルアドレスサイズ**」は、ネットワーク層で使用するアドレス、つまり IPv4 アドレスの長さをバイト単位で表す 1 バイト（8 ビット）のフィールドです。IPv4 アドレスの長さは 32 ビット＝ 4 バイトなので、「4」が入ります。

■ **オペレーションコード（オプコード）**

「**オペレーションコード**」は、ARPフレームの種類を表す2バイト（16ビット）のフィールドです。たくさんのオペレーションコードが定義されていますが、実務の現場で実際によく見かけるコードは、ARP Requestを表す「1」、ARP Replyを表す「2」のふたつです。

■ **送信元MACアドレス / 送信元IPv4アドレス**

「**送信元MACアドレス**」と「**送信元IPv4アドレス**」は、ARPを送信する端末のMACアドレスとIPv4アドレスを表すフィールドです。これはその名のとおりなので、特に深く考える必要はありません。

■ **目標MACアドレス / 目標IPv4アドレス**

「**目標MACアドレス**」と「**目標IPv4アドレス**」は、ARPでアドレス解決したいMACアドレスとIPv4アドレスを表すフィールドです。最初はMACアドレスを知りようがないので、ダミーのMACアドレス「00:00:00:00:00:00」をセットします。

3.3.2　ARPによるアドレス解決の流れ

ARPの動作はシンプルで、とてもわかりやすいものです。みんなに「○○さんはいますかー？」と大声で聞いて、○○さんが「私でーす！」と返す、病院の待合室のような様子を想像してください。ARPにおける「○○さんはいますかー？」のパケットのことを「**ARP Request**」といいます。最初のARP Requestは、同じネットワークにいる端末すべてに行き渡るようにブロードキャストで送信されます。また、「私でーす！」のパケットのことを「**ARP Reply**」といいます。ARP Replyは、1:1のユニキャストで送信されます。ARPはこのふたつのパケットだけでMACアドレスとIPv4アドレスを紐づけています。

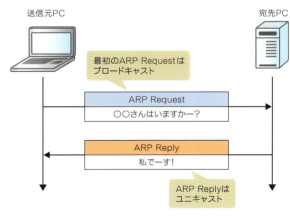

図3.3.4 ● ARPの処理の流れ

3-3 ARP

具体的なアドレス解決の例

ARP がどのようにして宛先 IPv4 アドレスと宛先 MAC アドレスを紐づけているのか、も
う少し詳しく見ていきましょう。ここでは、PC1 が同じイーサネットネットワークにいる
PC2 の MAC アドレスを解決することを想定して、ARP の処理を説明します。

① PC1 は、ネットワーク層から受け取った IP パケットに含まれる宛先 IPv4 アドレスを
見て、自身の「**ARP テーブル**」を検索します。ARP テーブルは、ARP でアドレス解
決した情報を一定時間保持するメモリ上のテーブル（表）です。当然ながら、最初の
時点では ARP テーブルは空っぽです。そこで、ARP Request の処理に移行します。

ちなみに、すでにアドレス解決が済んでいたり、ARP エントリ（IPv4 アドレスと
MAC アドレスを紐づけた行）を自分で設定したりして、ARP テーブルにすでに該当
する情報がある場合は、② から ⑤ までの処理をスキップして、一気に ⑥ に進みます。

② PC1 は、ARP Request を送信するために、まずは ARP の各フィールドの情報を組み
立てます。オペレーションコードは、ARP Request を表す「1」です。送信元 MAC
アドレスと送信元 IPv4 アドレスは、PC1 自身の MAC アドレス（Ⓐ）と IPv4 アドレ
ス（①）です。

目標 MAC アドレスは、ARP Request では無視されるため、ダミーの MAC アドレ
ス（00:00:00:00:00:00）になります。目標 IPv4 アドレスは、IP ヘッダーに含まれる
IPv4 アドレスによって変わります。宛先 IPv4 アドレスが同じネットワークにいる場
合は、そのまま宛先 IPv4 アドレスを目標 IPv4 アドレスとして使用します。異なるネッ
トワークにいる場合は、そのネットワークの出口となる「**ネクストホップ**」を目標
IPv4 アドレスとして使用します。今回の場合、PC2 は同じネットワークにいるので、
目標 IPv4 アドレスはそのまま PC2 の IPv4 アドレス（②）になります。

続いて、イーサネットヘッダーを組み立てます。最初の ARP Request はブロード
キャストを使用します。したがって、宛先 MAC アドレスはブロードキャストアドレ
ス（ff:ff:ff:ff:ff:ff）、送信元 MAC アドレスは PC1 の MAC アドレス（Ⓐ）です。

③ ARP Request はブロードキャストなので、そのイーサネットネットワークにいる端末
すべてに行き渡ります。アドレス解決対象の PC2 は、② の ARP Request を自分に対
する ARP フレームであると判断して、受け入れます。あわせて、ARP フィールドに
含まれる送信元 MAC アドレスと送信元 IPv4 アドレスを ARP テーブルに書き込みます。

chapter 3

データリンク層

139

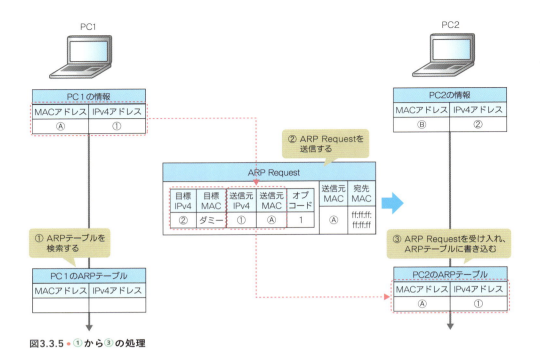

図3.3.5 • ①から③の処理

(4) ARP Reply を返信するために、まずは ARP の各フィールドの情報を組み立てます。オペレーションコードは ARP Reply を表す「2」です。送信元 MAC アドレスと送信元 IPv4 アドレスは、PC2 自身の MAC アドレス（Ⓑ）と IPv4 アドレス（②）、目標 MAC アドレスと目標 IPv4 アドレスは PC1 の MAC アドレス（Ⓐ）と IPv4 アドレス（①）です。

　続いて、イーサネットヘッダーを組み立てます。ARP Reply はユニキャストを使用します。したがって、宛先 MAC アドレスは PC1 の MAC アドレス（Ⓐ）、送信元 MAC アドレスは PC2 の MAC アドレス（Ⓑ）です。

(5) PC1 は、ARP Reply の ARP フィールドに含まれる送信元 MAC アドレス（Ⓑ）と送信元 IPv4 アドレス（②）を見て、PC2 の MAC アドレスを認識します。また、あわせて ARP テーブルに書き込み、一時的に保持（キャッシュ）します。

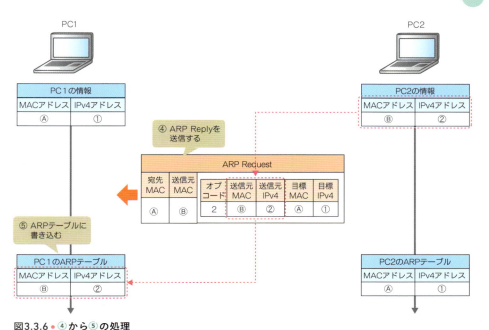

図3.3.6 ● ④から⑤の処理

⑥ PC1 は、アドレス解決した PC2 の MAC アドレス（Ⓑ）をイーサネットヘッダーの宛先 MAC アドレスに入れて、データ通信を開始します。

> **NOTE**
>
> ### ARP テーブルを見てみよう
>
> ARP テーブルは、Windows OS や macOS であればターミナルで「arp -a」コマンド、Ubuntu であればターミナルで「ip -4 neighbor」コマンドで見ることができます。
>
> ```
> PS C:¥Users¥test> arp -a
>
> インターフェイス: 192.168.1.1 --- 0x5
>   インターネット アドレス       物理アドレス            種類
>   192.168.1.2           e0-cb-bc-b6-d9-f8     動的
>   192.168.1.4           b4-6c-47-b3-c4-e1     動的
>   192.168.1.9           82-20-0f-f2-85-78     動的
>   192.168.1.10          7a-1f-b7-37-5c-c6     動的
>   192.168.1.254         ac-44-f2-69-4c-96     動的
>   192.168.1.255         ff-ff-ff-ff-ff-ff     静的
>   224.0.0.22            01-00-5e-00-00-16     静的
>   224.0.0.251           01-00-5e-00-00-fb     静的
>   224.0.0.252           01-00-5e-00-00-fc     静的
>   239.255.255.250       01-00-5e-7f-ff-fa     静的
>   255.255.255.255       ff-ff-ff-ff-ff-ff     静的
> ```
>
> 図3.3.7 ● ARPテーブル

3.3.3 ARPのキャッシュ機能

　ここまでで、ARPがTCP/IP通信において、かなり重要な役割を担っていることはわかってきたかと思います。TCP/IP通信の始まりの始まりはARPなのです。ARPでパケットを送信するべきMACアドレスを知って、はじめて通信できるようになります。

　さて、このARPですが、致命的な弱点があります。それは「ブロードキャストを前提としている」ということです。最初は相手のMACアドレスを知らないので、ブロードキャストを使用するのは、ある種の必然です。しかし、ブロードキャストは、同じイーサネットネットワークにいるすべての端末がパケットを受け取り、処理してしまう非効率な通信です。たとえば、1,000台の端末がいるイーサネットネットワークがあったとしたら、1,000台すべてがパケットを受け取り、処理してしまいます。みんながみんな通信するたびにARPをブロードキャストしていたら、そのネットワークはARPパケットだけで溢れかえってしまいます。そもそもMACアドレスもIPアドレスも、そんなに頻繁に変わるようなものではありません。そこで、ARPには、アドレス解決した内容を一定時間保持する「キャッシュ機能」があります。

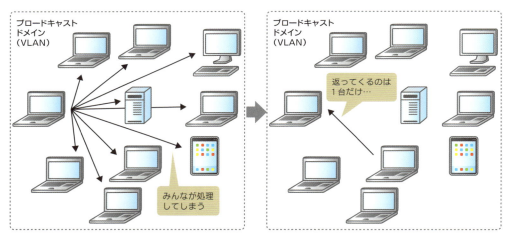

図3.3.8 ● ひとつのアドレス解決のために全員にパケットを送るので非効率

　キャッシュ機能の動作は、使用しているOSやそのバージョンによっても異なります。たとえば、Ubuntu 20.04の場合、ARPエントリの数が多くなりすぎない限りは、アドレス解決したエントリを保持し続けます。また、アドレス解決したばかりのエントリに通信したり、古くなったエントリに再度通信したりするときには、ユニキャストのARPを使用して、その到達性を確認します。ユニキャストのARP Requestに対するARP Replyを受け取れなかったり、ARPエントリが削除されたりしたら、またブロードキャストのARPを使用して、みんなにMACアドレスを尋ねます。つまり、可能な限りブロードキャストを使用しないようにして、ネットワークがARPでいっぱいにならないように、ARPの処理を行っています。

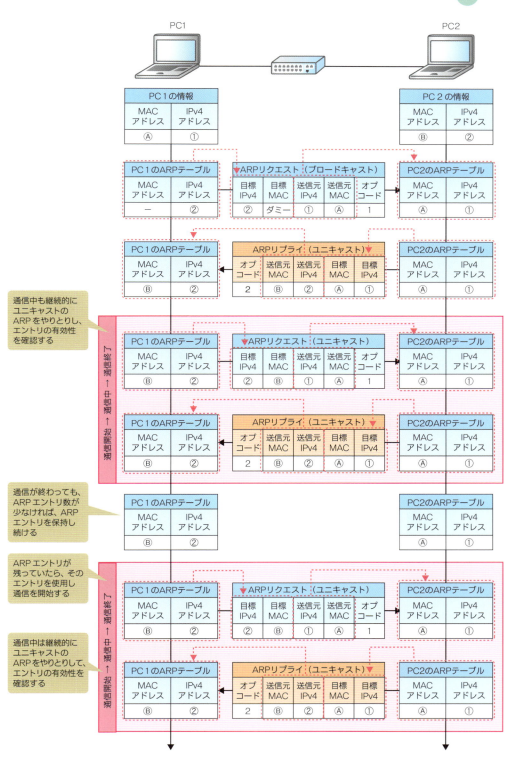

図3.3.9 ● キャッシュ機能で効率化を図る

3.3.4 GARPを利用した機能

ARPはTCP/IP通信の序盤を支える、とても重要なプロトコルです。ここでつまずいてしまうと、その後の通信が成立しません。そこで、通常のARP以外にも、効率的なアドレス解決を実現するための特別なARPがあります。このARPのことを「**GARP**」(Gratuitous ARP) といいます。

GARPは、ARPフィールドの目標IPv4アドレスに自分自身のIPv4アドレスをセットした、特別なARPです。「**IPv4アドレスの重複検知**」や「**隣接機器のテーブル更新**」などに利用されます。

■ IPv4アドレスの重複検知

会社や学校のネットワーク環境で、他の人と同じIPアドレスを間違って設定してしまったことはありませんか。このようなとき、たとえばWindows OSであれば「IPアドレスの競合が検出されました」というエラーメッセージが表示されると思います。

OSはIPv4アドレスが設定されたとき、そのIPv4アドレスを目標IPv4アドレスにセットしたGARP (ARP Request) を送信して、「このIPv4アドレスを使ってもいいですか？」と、みんなにお伺いを立てます。みんなに聞かなくてはいけないので、ブロードキャストを使用します。それに対して、もしそのIPv4アドレスを使っている端末がいたら、ユニキャストのARP Replyを返します。ARP Replyを受け取ったら、OSは同じIPv4アドレスの端末がいると判断してエラーメッセージを表示します。**ARP Replyが返ってこなかったら、初めてIPv4アドレスの設定を反映します。**

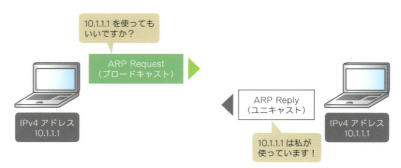

図3.3.10 ● IPv4アドレスの重複検知

■ 隣接機器のテーブル更新

ここでいう「テーブル」とは、ARPテーブルとMACアドレステーブルのことを表しています。GARPを利用して、「私のIPv4アドレスとMACアドレスはこれです！」と主張して、隣接機器のARPテーブルとMACアドレステーブルの情報更新を促します。

たとえば、機器故障など、何かのきっかけで機器を交換すると、MACアドレスが交換

前と交換後で変わってしまいます。そこで、交換した機器は、起動後にネットワークにつながったタイミングで GARP を送出し、自分自身の MAC アドレスが変わったことを一斉通知することによって、隣接する機器の ARP テーブルと MAC アドレステーブルを更新します[*1]。L2 スイッチや PC などの隣接機器は、交換した機器の新しい MAC アドレスを GARP によって知ることができるため、即座に通信できます。

*1：機器によっては GARP を送出しません。その場合は、隣接機器の ARP テーブルにある情報をいったん削除し、新しい機器の MAC アドレスを再学習させる必要があります。

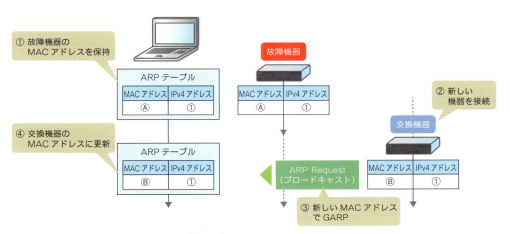

図3.3.11 ● 新しいMACアドレスを隣接機器に知らせる

chapter 3-4 その他の L2 プロトコル

　データリンク層の章の最後に、これまで説明した IEEE 802.3、IEEE 802.11、ARP 以外の L2 プロトコルについて、いくつかピックアップして説明します。これらのプロトコルは、データリンク層で動作しますが、L2 スイッチやアクセスポイントが処理できるものではありません。ルーターやファイアウォールなど、上位層の機器が処理できるプロトコルです。ところどころでネットワーク層やトランスポート層の用語が出てくるので、読み進めるうちに、よくわからなくなってきたら、第 4 章と第 5 章を読んだ後に、あらためて読み返してください。

3.4.1 PPP

　「**PPP**（Point to Point Protocol）」は、その名のとおり、ポイントとポイントを 1:1 で接続するためのレイヤー 2 プロトコルです。RFC1661「The Point-to-Point Protocol (PPP)」で標準化されています。PPP は、端末と端末の間に「データリンク」という名の 1:1 の論理的な通信路を作り、その上で IP パケットを転送できるようにします。以前は、電話線をそのまま使用してインターネットに接続する「ダイヤルアップ接続」などで使用されていました。

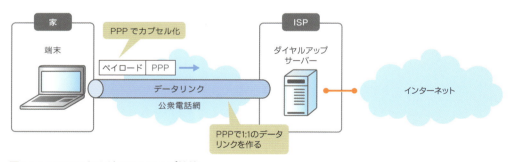

図3.4.1 ● PPPによるダイヤルアップ接続

　PPP は、リンクを確立・維持・切断する「**LCP**（Link Control Protocol）」、認証を行う「**PAP**」(p.148)「**CHAP**」(p.148)、IP の情報を配布する「**NCP**（Network Control Protocol）」を組み合わせて、データリンクを作ります。接続処理の流れは、次のようになります。

(1) LCP を使用して、認証タイプや最大受信データサイズ（MRU、Maximum Receive Unit）など、データリンクを確立するために必要な情報をネゴシエーションし、その情報をもとにデータリンクを確立します。

(2) データリンクを確立した後、認証タイプが設定されていたら、認証を行います。認証には PAP、あるいは CHAP という認証プロトコルを使用します。認証タイプが設定されていなかったら、認証をスキップして (3) に進みます。

(3) NCP を使用して、IP アドレスや DNS サーバーの IP アドレスを通知したりして、IP レベルで通信できるようにします[*1]。ここまで準備ができたら、ようやく PPP で IP パケットをカプセル化して IP で通信できるようになります。

(4) 通信ができるようになった後は、LCP でデータリンクの状態を監視します。PPP サーバーは一定の時間間隔で LCP の Echo Request を送信し、それに対して、PPP クライアントは Echo Reply を返します。

(5) 一定時間、Echo Reply が返ってこなかったり、管理的に切断されたりすると、LCP でリンク終了処理に入ります。

*1 : NCP は使用する L3 プロトコルによって、さらに細分化されています。IP を使用する場合の NCP は、「IPCP」です。

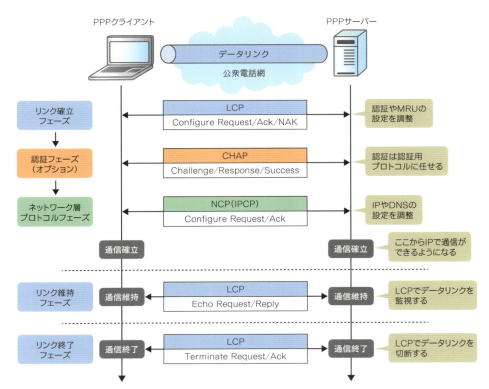

図3.4.2 ● PPPの接続処理プロセス

PAP

　PAP（Password Authentication Protocol）は、PPP クライアントがユーザー ID とパスワードを送信し（Authenticate Request）、サーバーがあらかじめ設定してあるユーザー ID とパスワードをもとに認証します（Authenticate Ack）。動きはとてもシンプルでわかりやすいのですが、ユーザー ID もパスワードもクリアテキスト（暗号化されていない文字列）で流れるため、経路の途中で盗聴されたらアウトです。現在はめったに使われておらず、次に解説する CHAP に置き換えられています。

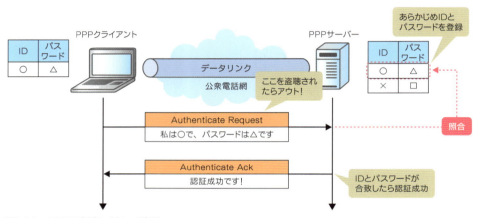

図3.4.3 ● PAPは盗聴に対して脆弱

CHAP

　PAP のセキュリティ的な弱点をカバーして、パワーアップさせているプロトコルが CHAP（Challenge Handshake Authentication Protocol）です。後述する PPPoE や L2TP over IPsec など、PPP が関連するプロトコルの認証は、基本的に CHAP を使用すると考えてよいでしょう。CHAP の認証プロセスは、次のようになります。

① LCP によってデータリンクが確立されると、サーバーが「チャレンジ値」というランダムな文字列をクライアントに渡します。チャレンジ値は認証のたびに変わります。サーバーは、あとで計算に使うためにチャレンジ値を覚えています。

② チャレンジ値を受け取ったクライアントは、チャレンジ値とユーザー ID、パスワードを組み合わせてハッシュ値を計算し、ユーザー ID とともに送り返します。ハッシュ値とは、一定の計算に基づいて算出されたデータの要約のようなものです。ハッシュ値からデータを逆算することはできないため、ハッシュ値を盗聴されても、パスワードを導き出すことはできません。

③ サーバーでも同じハッシュ値の計算をして、結果のハッシュ値が同じだったら、認証成功です。

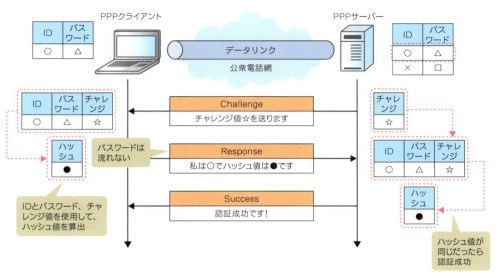

図3.4.4 ● CHAPは盗聴にも安全

さて、ここまでわかりやすさのために、登場人物をPPPクライアントとPPPサーバーのふたつに絞って説明してきました。実際の環境では、膨大なユーザーを扱う必要があるため、これに認証サーバーが絡んできます。PPPサーバーは、PPPクライアントからユーザー名とハッシュ値を受け取ると、自分が送ったチャレンジ値とあわせて認証サーバーに送信します。認証サーバーとのやりとりには「RADIUS（Remote Authentication Dial In User Service）」というUDP（p.257）の認証プロトコルを使用します。認証サーバーはその情報をもとにハッシュ値を計算し、同じだったら接続を許可します。

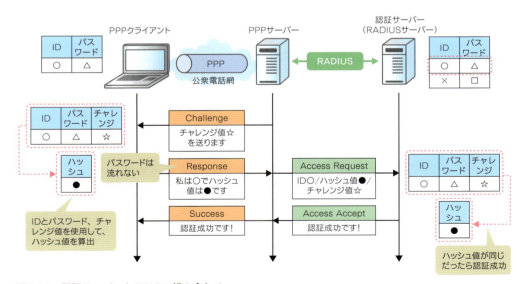

図3.4.5 ● 認証サーバーとCHAPの組み合わせ

3.4.2 PPPoE

「**PPPoE**（Point to Point Protocol over Ethernet）」は、もともとダイヤルアップ接続で使用されていたPPPをイーサネットネットワーク上でも使用できるように拡張したプロトコルです。RFC2516「A Method for Transmitting PPP Over Ethernet (PPPoE)」で標準化されていて、NTT東日本/西日本が提供しているインターネット接続回線サービス「フレッツ光ネクスト」で、「フレッツ網（NGN）」と呼ばれる閉域網に接続するときに使用されています。Wi-Fiルーターなど、宅内に設置される「ホームゲートウェイ（HGW、Home GateWay）」は、ONU（p.33）を介してNTTのフレッツ網に接続し、フレッツ網と各ISPを接続する「網終端装置（NTE、Network Termination Equipment）」とPPPoEで接続します。網終端装置は、CHAPで受け取ったユーザーIDとパスワードを各ISPが持つ認証サーバー（RADIUSサーバー）に問い合わせ、認証に成功したら、フレッツ網、そしてISPのネットワークを経由して、インターネットに接続できるようになります。

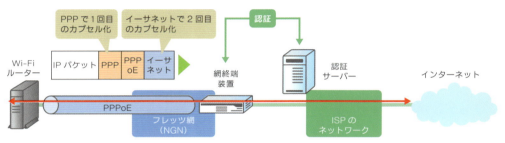

図3.4.6 ● PPPoEによるフレッツ接続

> **NOTE**
>
> ### ○○ over △△
>
> ネットワークの世界では、HTTP over TLSやSMTP over SSL/TLSなど、「○○ over △△」となっているプロトコルがいくつかあります。これは「○○を△△でカプセル化している」という意味です。たとえば、インターネットでよく耳にするHTTPS（HTTP Secure）を実現するプロトコルのひとつである「HTTP over TLS」は、HTTPをTLS（Transport Layer Security）でカプセル化しています。PPPoE（PPP over Ethernet）は、IPパケットをPPPでカプセル化した後、さらにイーサネットでカプセル化するので、データリンク層で実質2回カプセル化していることになります[*1]。
>
> *1：PPPはイーサネットで直接カプセル化できないので、いったんPPPoEヘッダーを緩衝材として挟んだ後、イーサネットヘッダーでカプセル化します。

3.4.3 IPoE

　　PPPoEによるフレッツ接続は、時間・時期によって網終端装置でパケットが輻輳（混雑）し、インターネットに接続しづらくなるという致命的な欠陥を抱えています[1]。そこで、新たに開発されたフレッツ接続方式が「**IPoE**（Internet Protocol over Ethernet）」です。PPPoEのようにPPPでカプセル化することなく、イーサネットとIPをそのまま使用できることから「ネイティブ接続方式」とも呼ばれています。宅内に設置されるWi-Fiルーター（ホームゲートウェイ、HGW）は、ONUを介してNTTのフレッツ網に接続し、ゲートウェイルーター[2]や「**VNE**（Virtual Network Enabler）[3]」のネットワークを経由して、インターネットに接続します。PPPoEでボトルネックになっていた網終端装置を経由しないため、高速通信を維持し続けることができます。また、認証は回線情報を使用して行います。ユーザー名やパスワードは必要ありません。

[1]：網終端装置とISPをつなぐリンクの帯域幅がユーザーのトラフィック量に対して小さいことが原因で輻輳が発生します。
[2]：フレッツ網とVNEを接続するルーターのこと。広帯域のリンクを持ち、大容量のパケットを処理できます。
[3]：ISPにIPv6のインターネット接続機能を卸売りしている特定通信事業者のこと。代表的なVNEとして、JPIXやインターネットマルチフィードなどがあります。

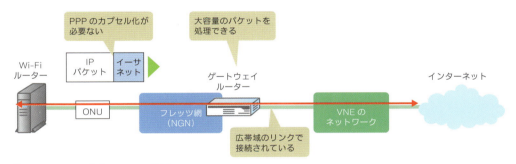

図3.4.7 ● IPoEによるフレッツ接続

3.4.4 PPTP

　　「**PPTP**（Point to Point Tunneling Protocol）」は、IPsec（p.245）と同じように、インターネット上に仮想的な専用線（トンネル）を作るVPNプロトコルです。もともとマイクロソフト社、スリーコム社、アセンドコミュニケーションズ社が開発していて、その後RFC2637「Point-to-Point Tunneling Protocol (PPTP)」として標準化されました。

　　PPTPは、TCP[1]（p.269）で制御コネクションを作った後、PPPの機能を利用して、認証処理やプライベートIPv4アドレス[2]の割り当てを行います。IPv4アドレスの割り当てが終わったら、「**GRE**（Generic Routing Encapsulation）」というプロトコルを使用してデータコネクションを作り、実際のデータをやりとりします。データコネクションでやりとりされるパケットは、プライベートIPv4アドレスのヘッダーを持つオリジナルIPパケットをPPPとGREでカプセル化した後、さらにインターネットでやりとりできるパブリックIPv4アドレス[3]を含むIPヘッダーでカプセル化します。

＊1：TCP の 1723 番を使用します。
＊2：社内 LAN や家庭内 LAN など、限られた環境だけで使用できる IPv4 アドレスのこと。図中の「10.1.1.x」がこれに当たります。p.168 参照。
＊3：インターネットで使用できる IPv4 アドレスのこと。図中の「1.1.1.1」と「2.2.2.2」がこれに当たります。p.167 参照。

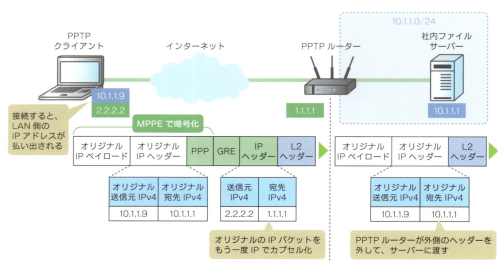

図3.4.8 ● PPTP

PPTP の利用動向

　RFC で定義されている PPTP は、暗号化機能を持っておらず、そのままではセキュリティ的に解読も盗聴もやりたい放題です。そこで、ほとんどの機器では PPTP を使用する場合、接続するときに MS-CHAP で認証し、GRE でカプセル化する前に PPP フレームを「MPPE（Microsoft Point to Point Encryption）」で暗号化することによって、セキュリティを確保します。ただし、それらにも脆弱性が見つかり、PPTP は徐々に使用されない傾向にあります。macOS も Sierra（10.12）から対応を打ち切りました。

3.4.5　L2TP

　「**L2TP**（Layer2 Tunneling Protocol）」も、IPsec や PPTP と同じく、インターネット上に仮想的な専用線（トンネル）を作るプロトコルです。RFC2661「Layer Two Tunneling Protocol "L2TP"」で標準化されています。前項で説明した PPTP と、Cisco 社がリモートアクセス用に開発した「L2F（Layer 2 Forwarding）」をまとめる形で策定されました。L2TP はオリジナルの IP パケットを PPP と L2TP でカプセル化した後、さらに UDP[＊1] およびパブリック IPv4 アドレスを含む IP ヘッダーでカプセル化します。

＊1：UDP の 1701 番を使用します。

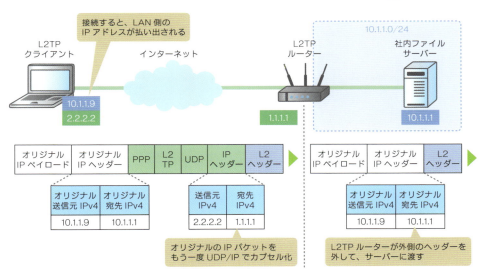

図3.4.9 ● L2TP

L2TP over IPsec

　RFCで定義されているL2TPは、暗号化機能を持っていないため、それ単体で使用されることはありません。セキュリティ機能を持つIPsecを併用して、「**L2TP over IPsec**(L2TP/IPsec)」として使用することがほとんどです。L2TP over IPsecは、RFC3193「Securing L2TP using IPsec」で標準化されています。

　L2TP over IPsecは、オリジナルのIPパケットをL2TPでカプセル化した後、「ESP (Encapsulating Security Payload)」というプロトコルでカプセル化し[*1]、あわせて暗号化します[*2]。また、認証機能は、PPPの認証であるCHAPやMS-CHAPv2 [*3]と、IPsecの認証機能（事前共有鍵認証や証明書認証）を二段構えで使用します。

　最近は、テレワーク推進の流れもあって、自宅や外出先からオフィスにリモートアクセスVPNしながら仕事をすることも多くなりました。L2TP over IPsecは、Windows OSやmacOSだけでなく、iOSやAndroidも標準で対応しています。サードパーティ製のVPNソフトウェアをインストールしたくなければ、必然的にL2TP over IPsecを選択することになるでしょう。

[*1]：NAT機器を経由した場合は「NATトラバーサル」の機能によって、UDPでカプセル化した後にESPでカプセル化します。NATトラバーサルについてはp.224から詳しく説明します。図3.4.10は、実際のネットワーク環境とあわせて、NATトラバーサルを使用している前提で描かれています。
[*2]：具体的には、IPsecの処理の中で決定した暗号化アルゴリズムによって暗号化されます。
[*3]：MS-CHAPv2はマイクロソフト社によって開発された認証プロトコルです。

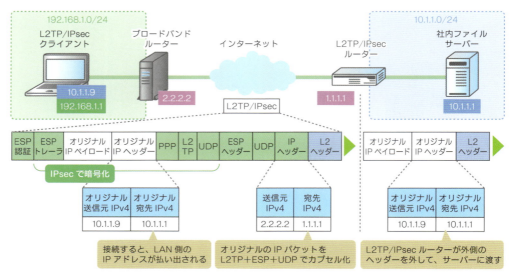

図3.4.10 ● L2TP over IPsec

chapter 4

ネットワーク層

インターネット上に公開されているWebサイトは、同じネットワークにいるわけではなく、世界中に無数に存在している別々のネットワーク上に存在しています。ネットワーク層は、ネットワークとネットワークをつなぎ合わせ、インターネットをはじめとする異なるネットワーク上にいる端末との接続性を確保します。

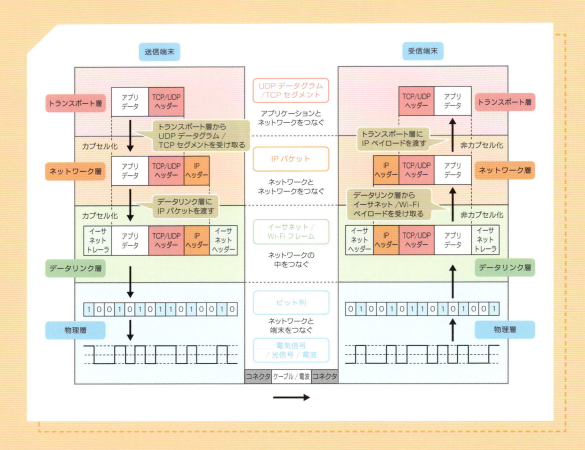

　ネットワーク層は、イーサネットやWi-Fiでできたネットワークをつなぎ合わせ、別のネットワークにいる端末との接続性を確保するための階層です。データリンク層は、同じネットワークに存在する端末たちを接続するところまでが仕事です。それ以上のことはしてくれません。たとえば、海外のWebサーバーに接続しようとしても、別のネットワーク上に存在しているのでデータリンク層レベルでは接続できません。ネットワーク層は、データリンク層でできている小さなネットワークをつなぎ合わせて、大きなネットワークを作ることを可能にします。今や日常生活になくてはならないものになった「インターネット」。これはネットワークを相互に（インター）つなぐという意味からできている造語です。たくさんの小さなネットワークが網目状につなぎ合わさって、インターネットという大きなネットワークができています。

　ネットワーク層で使用されているプロトコルは、ほぼ「IP (Internet Protocol)」一択です。IPには、「IPv4 (Internet Protocol version 4)」と「IPv6 (Internet Protocol version 6)」という、ふたつのバージョンが存在していて、これらに直接的な互換性はありません。似て非なるものです。

4-1 IPv4

　IPv4（Internet Protocol version 4）は、1981年に発行されたRFC791「INTERNET PROTOCOL」で標準化されているコネクションレス型（p.27）のプロトコルで、L2 ヘッダーのタイプコードでは「0x0800」と定義されています。RFC791では、IPv4がどのようなフォーマット（形式）でカプセル化を行い、構成するフィールドがどのような機能を持っているのかが定義されています。

4.1.1　IPv4 のパケットフォーマット

　IPによってカプセル化されるパケットのことを「**IPパケット**」といいます。IPパケットは、いろいろな制御情報をセットする「**IPヘッダー**」と、データそのものを表す「**IPペイロード**」で構成されています。このうち、パケット交換方式の通信の鍵を握っているのがIPヘッダーです。IPヘッダーには、IPネットワークに接続する端末を識別したり、データを小分けにしたりするための情報が凝縮されています。

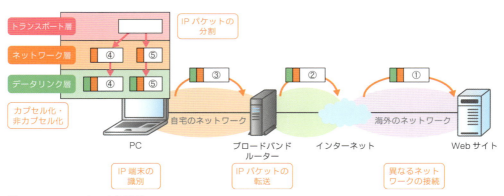

図4.1.1 ● IPのいろいろな機能

　私たちは、日ごろいろいろな海外のWebサイトを見ることができていますが、その裏側ではIPパケットが海を潜ったり、山を越えたり、谷を下ったりと、世界中のありとあらゆる場所をびゅんびゅん駆け巡っています。IPヘッダーは、こうした世界中の環境差をうまく吸収しつつ、目的の端末までIPパケットを転送できるように、次図のようなたくさんのフィールドで構成されています。

	0ビット		8ビット	16ビット	24ビット
0バイト	バージョン	ヘッダー長	ToS	パケット長	
4バイト	識別子			フラグ	フラグメントオフセット
8バイト	TTL		プロトコル番号	ヘッダーチェックサム	
12バイト	送信元IPv4アドレス				
16バイト	宛先IPv4アドレス				
可変	IPv4ペイロード（TCPセグメント/UDPデータグラム）				

図4.1.2 ● IPv4パケットのフォーマット（オプションなし）

以下に、IPv4 ヘッダーの各フィールドについて説明します。

■ バージョン

「**バージョン**」は、その名のとおり、IP のバージョンを表す 4 ビットのフィールドです。IPv4 の場合は、「4」（2 進数表記で「0100」）が入ります。

■ ヘッダー長

「**ヘッダー長**」は、IPv4 ヘッダーの長さを表す 4 ビットのフィールドです。「Internet Header Length」、略して「IHL」と言ったりもします。パケットを受け取る端末は、この値を見ることによって、どこまでが IPv4 ヘッダーであるかを知ることができます。ヘッダー長には、IPv4 ヘッダーの長さを 4 バイト（32 ビット）単位に換算した値が入ります。IPv4 ヘッダーの長さは、基本的に 20 バイト（160 ビット＝ 32 ビット× 5）なので、「5」が入ります。

■ ToS

「**ToS**（Type of Service）」は、IPv4 パケットの優先度を表す 1 バイト（8 ビット）のフィールドで、優先制御や帯域制御、輻輳制御[*1] などの QoS（Quality of Service）で使用します。あらかじめネットワーク機器で「この値だったら、最優先で転送する」とか、「この値だったら、これだけ保証する」など、ふるまいを設定しておくと、サービス要件に応じた QoS 処理ができるようになります。

ToS は、先頭 6 ビットの「**DSCP**（Differentiated Services Code Point）フィールド」と、残り 2 ビットの「**ECN**（Explicit Congestion Notification）フィールド」で構成されています。DSCP フィールドは、優先制御と帯域制御に使用します。ECN フィールドは、輻輳を通知するときに使用します。

＊ 1：ネットワークが混雑することを「輻輳（ふくそう）」といいます。

■ パケット長

「**パケット長**」は、IPv4 ヘッダーと IPv4 ペイロードをあわせた IPv4 パケット全体の長さを表す 2 バイト（16 ビット）のフィールドです。パケットを受け取る端末は、このフィー

ルドを見ることによって、どこまでが IPv4 パケットなのかを知ることができます。たとえば、イーサネットのデフォルトの MTU（Maximum Transmission Unit、p.93）いっぱいまでデータが入った IPv4 パケットの場合、パケット長の値は「1500」（16 進数で「05dc」）になります。

■ 識別子

　パケット交換方式の通信では、データをそのままの状態で送信するわけではなく、送りやすいように小分けにして送信します。IP でデータを小分けにする処理のことを「**IP フラグメンテーション**」といいます。p.93 で説明したとおり、L2 ペイロード、つまり IP パケットという名の小包には、MTU までのデータしか格納できません。したがって、もしもトランスポート層から MTU より大きいデータを受け取ったり、入口より出口のインターフェースの MTU が小さかったりする場合は、MTU に収まるようにデータを小分けにする必要があります。「**識別子**」「**フラグ**」「**フラグメントオフセット**」には、IP フラグメンテーションに関する情報が格納されています。

　識別子は、パケットを作成するときにランダムに割り当てるパケットの ID で、2 バイト（16 ビット）で構成されています。IPv4 パケットのサイズが MTU を超えてしまって、途中でフラグメンテーションされると、フラグメントパケットは同じ識別子をコピーして持ちます。フラグメントパケットを受け取った端末は、この識別子の値を見て、通信の途中でフラグメンテーションされていることを認識し、パケットを再結合します。

■ フラグ

　フラグは、3 ビットで構成されていて、1 ビット目は使用しません。2 ビット目は「**DF（Don't Fragment）ビット**」といい、IP パケットをフラグメンテーションしてよいかどうかを表しています。「0」だったらフラグメンテーションを許可し、「1」だったらフラグメンテーションを許可しません。フラグメンテーションが発生するネットワーク環境において、何も考えずにパケットをフラグメンテーションすればよいかといえば、そういうわけではありません。フラグメンテーションが発生すると、その分の処理遅延が発生し、パフォーマンスが劣化します。そこで最近のアプリケーションは、処理遅延を考慮して、フラグメンテーションを許可しないように、つまり DF ビットを「1」にセットして、上位層（トランスポート層〜アプリケーション層）でデータサイズを調整しています。

　3 ビット目は「**MF（More Fragments）ビット**」といい、フラグメンテーションされた IPv4 パケットが後ろに続くかどうかを表しています。「0」だったらフラグメンテーションされた IPv4 パケットが後ろに続きません。「1」だったらフラグメンテーションされた IPv4 パケットが後ろに続きます。

■ フラグメントオフセット

　フラグメントオフセットは、フラグメンテーションしたときに、そのパケットがオリジナルパケットの先頭からどこに位置しているかを示す 13 ビットのフィールドです。フラグメンテーションされた最初のパケットには「0」が、その後のパケットには位置を示し

た値が入ります。パケットを受け取る端末は、この値を見て、IPパケットの順序を正しく並べ替えます。

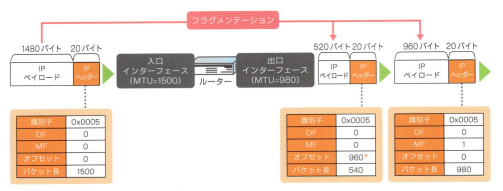

＊：実際は8で割られた値がセットされます。

図4.1.3 ● IPフラグメンテーション

■ TTL

「**TTL**（Time To Live）」は、パケットの寿命を表す1バイト（8ビット）のフィールドです。IPの世界では、IPパケットの寿命を「経由するルーターの数」で表します。経由するルーターの数のことを「**ホップ数**」といいます。TTLの値は、ルーターを経由するたびに[*1]、つまりネットワークを経由するたびにひとつずつ減算され、値が「0」になるとパケットが破棄されます。パケットを破棄したルーターは、「Time-to-live exceeded（タイプ11/コード0）」というICMPv4パケット（p.232）を返して、パケットを破棄したことを送信元端末に伝えます。

＊1：実際は、ネットワーク層以上で動作する機器すべてで減算されます。たとえば、L3スイッチやファイアウォール、負荷分散装置を経由してもTTLは減算されます。

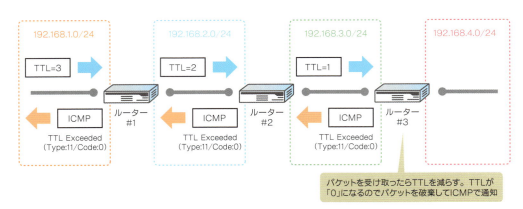

図4.1.4 ● TTLが「0」になったらIPパケットを破棄し、ICMPで送信元に知らせる

■ プロトコル番号

「**プロトコル番号**」は、IPv4 ペイロードがどんなプロトコルで構成されているかを表す 1 バイト（8 ビット）のフィールドです。インターネットに関するいろいろな共有資源（IP アドレスやドメイン名、ポート番号など）を管理する「IANA（Internet Assigned Numbers Authority）」によって定義されており、https://www.iana.org/assignments/protocol-numbers/protocol-numbers.xhtml で確認可能です。

プロトコル番号	用途
1	ICMP（Internet Control Message Protocol）
2	IGMP（Internet Group Management Protocol）
6	TCP（Transmission Control Protocol）
17	UDP（User Datagram Protocol）
47	GRE（Generic Routing Encapsulation）
50	ESP（Encapsulating Security Payload）
88	EIGRP（Enhanced Interior Gateway Routing Protocol）
89	OSPF（Open Shortest Path First）
112	VRRP（Virtual Router Redundancy Protocol）

表4.1.1 ● プロトコル番号の例

■ ヘッダーチェックサム

「**ヘッダーチェックサム**」は、IPv4 ヘッダーの整合性をチェックするために使用される 2 バイト（16 ビット）のフィールドです。ヘッダーチェックサムの計算は、RFC1071「Computing the Internet Checksum」で定義されていて、「1 の補数演算」という計算方法が採用されています。

■ 送信元 / 宛先 IPv4 アドレス

「**IPv4 アドレス**」は、IPv4 ネットワークに接続されている端末を表す 4 バイト（32 ビット）の識別 ID です。IPv4 ネットワークにおける住所のようなものと考えてよいでしょう。PC やサーバーの NIC、ルーターやファイアウォール、L2 スイッチの中でも管理可能な L2 スイッチ[*1] など、IP ネットワークで通信する端末はすべて IP アドレスを持つ必要があります。また、必ずしも 1 端末当たりひとつの IP アドレスしか持てないわけではなく、機器の種類や用途に応じて、複数の IP アドレスを持つことも可能です。たとえば、ルーターは IP ネットワークをつなぐためにポートごとに IP アドレスを持ち、あわせて管理するためだけに用意されているイーサネット管理ポートにも IP アドレスを持ちます。

[*1]：機器の状態を見ることができたり、障害を検知できたりする、管理可能な L2 スイッチのことを「インテリジェント L2 スイッチ」といいます。対して、管理できない L2 スイッチのことを「ノンインテリジェント L2 スイッチ」といいます。ノンインテリジェント L2 スイッチは IP アドレスを持つことができません。

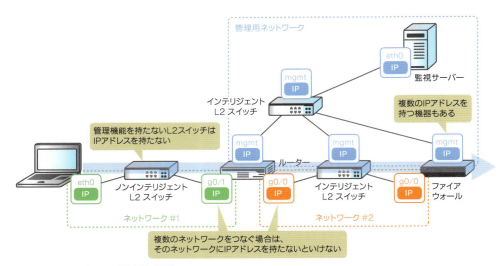

図4.1.5 ● IPアドレスが必要な場所

　送信側の端末は、自分の IPv4 アドレスを「**送信元 IPv4 アドレス**」に、パケットを送り届けたい端末の IPv4 アドレスを「**宛先 IPv4 アドレス**」に入れて、データリンク層へと渡します。一方、受信側の端末は、データリンク層から受け取ったパケットの送信元 IPv4 アドレスを見て、どの端末から来たパケットなのかを判断します。また、IPv4 パケットを返信するときは、受け取った IPv4 パケットの送信元 IPv4 アドレスを宛先 IPv4 アドレスに入れて返信します。IPv4 アドレスについては、次項で詳しく説明します。

> **NOTE**
> ### MAC アドレスと IP アドレスのふたつが必要な理由
>
> 　MAC アドレスは、NIC に割り当てられている物理的なアドレスです。「次にどの機器にフレームを渡すか」を指定するアドレスとして使用します。対する IP アドレスは、OS で割り当てられている論理的なアドレスです。「最終的にどこにパケットを届けるか」を指定するアドレスとして使用します。p.136 で説明したとおり、このふたつのアドレスを紐づけるために ARP があります。
> 　イーサネットネットワークで通信するためには MAC アドレスが必要です。また、IP ネットワークで通信するためには IP アドレスが必要です。したがって、データリンク層でイーサネット、ネットワーク層で IP を使用していることが多い現代のネットワークにおいて、両方のアドレスが必要になるのは必然です。たとえば、データリンク層で PPP を使用すれば MAC アドレスは必要ありません。

■ オプション

　「**オプション**」は、IPv4 パケット送信における拡張機能が格納される可変長のフィールドです。パケットが通った経路を記録する「Record Route」や、指定した経路を通過する

ように指定する「Loose source route」など、いろいろな機能が用意されていますが、少なくとも筆者は実務の現場で使用されているのを見たことがありません。

■ パディング

「**パディング**」は、IPv4ヘッダーのビット数を整えるために使用されるフィールドです。IPv4ヘッダーは、仕様上4バイト（32ビット）単位である必要があります。オプションの長さは決まっていないため、4バイトになるかわかりません。4バイトの整数倍にならないようであれば、末尾にパディングの「0」を付加し、4バイトの整数倍になるようにします。

4.1.2　IPv4アドレスとサブネットマスク

IPヘッダーの中で最も重要なフィールドが、「**送信元IPアドレス**」と「**宛先IPアドレス**」です。ネットワーク層は、IPアドレスありきの階層といっても過言ではありません。

IPv4アドレスは、IPv4ネットワークに接続された端末を識別するIDです。32ビット（4バイト）で構成されていて、「192.168.1.1」や「172.16.1.1」のように、8ビット（1バイト）ずつドットで区切って、10進数で表記します。この表記方法のことを「**ドット付き10進記法**」といいます。ドットで区切られたグループのことを「**オクテット**」といい、先頭から「第1オクテット」「第2オクテット」……と表現します。

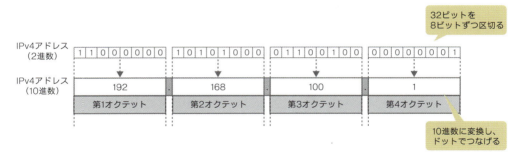

図4.1.6 ● ドット付き10進記法

■ サブネットマスクはネットワークとホストの分かれ目

IPv4アドレスは、それ単体で使用するわけではありません。「**サブネットマスク**」という、これまた32ビットの値とセットで使用します。

IPv4アドレスは、「**ネットワーク部**」と「**ホスト部**」のふたつで構成されています。ネットワーク部は「どのIPv4ネットワークにいるのか」を表しています。ホスト部は「どの端末なのか」を表しています。サブネットマスクは、このふたつを区切る目印のようなもので、「1」のビットがネットワーク部、「0」のビットがホスト部を表しています。IPv4アドレスとサブネットマスクを組み合わせて見ることによって、「どのIPv4ネットワークにい

るどの端末なのか」を識別することができます。

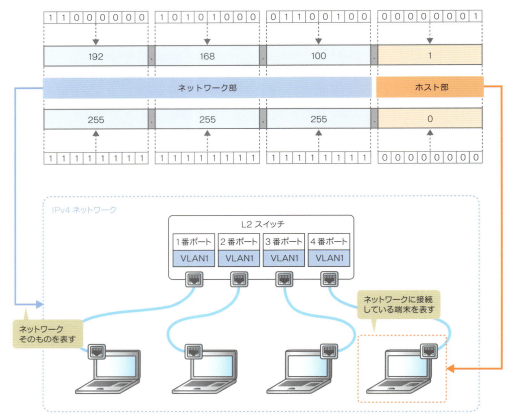

図4.1.7 ● IPv4アドレスとサブネットマスク

■ 10進数表記とCIDR表記

　サブネットマスクには、「**10進数表記**」と「**CIDR表記**」という2種類の表記方法があります。10進数表記は、IPv4アドレスと同じように32ビットを8ビットずつ4つのグループに分け、10進数に変換して、ドットで区切って表記します。一方、CIDR表記は、IPv4アドレスの後に「/」（スラッシュ）と、サブネットマスクの「1」のビットの個数を表記します。たとえば、「192.168.100.1」というIPv4アドレスに「255.255.255.0」というサブネットマスクが設定されている場合、CIDR表記では「192.168.100.1/24」となります。どちらにしても、ネットワーク部が「192.168.100」で、ホスト部が「1」であることを意味しています。

4.1.3 いろいろな IPv4 アドレス

IPv4 アドレスは、「0.0.0.0」から「255.255.255.255」まで、2^{32}（約 43 億）個あります。しかし、どれでも好き勝手に使ってよいわけではありません。RFC によって、どこからどこまでをどのように使うかが決められています。本書では、この使用ルールを「**使用用途**」「**使用場所**」「**除外アドレス**」という 3 つの分類方法を用いて説明します。

■ 使用用途による分類

IPv4 アドレスは、使用用途に応じて、クラス A からクラス E までの 5 つのアドレスクラスに分類できます。この中で一般的に使用するのは、クラス A からクラス C までのアドレスです。これらは端末に設定し、ユニキャスト、つまり 1:1 の通信で使用します。この 3 つのクラスの違いは、ざっくり言うとネットワークの規模の違いです。クラス A →クラス B →クラス C の順に規模が小さくなります。クラス D とクラス E は特殊な用途で使用し、一般的には使用しません。クラス D は特定のグループ（マルチキャストグループ）の端末にパケットを配信する IPv4 マルチキャストで使用し、クラス E は将来のために予約されている IPv4 アドレスです。

アドレスクラス	用途	先頭ビット	開始IPv4アドレス	終了IPv4アドレス	ネットワーク部	ホスト部	最大割り当てIPv4アドレス数
クラス A	ユニキャスト（大規模）	0	0.0.0.0	127.255.255.255	8 ビット	24 ビット	16,777,214 $(=2^{24}-2)$
クラス B	ユニキャスト（中規模）	10	128.0.0.0	191.255.255.255	16 ビット	16 ビット	65,534 $(=2^{16}-2)$
クラス C	ユニキャスト（小規模）	110	192.0.0.0	223.255.255.255	24 ビット	8 ビット	254 $(=2^{8}-2)$
クラス D	マルチキャスト	1110	224.0.0.0	239.255.255.255	—	—	—
クラス E	研究、予約用	1111	240.0.0.0	255.255.255.255	—	—	—

表4.1.2 ● 使用用途によるIPv4アドレスの分類

アドレスクラスの分類は、32 ビットの IPv4 アドレスの先頭 1 〜 4 ビットで行います。そのため、先頭のビットによって、使用できる IPv4 アドレスの範囲もおのずと決まります。たとえば、クラス A の場合、先頭 1 ビットが「0」です。残りの 31 ビットは「すべて 0」から「すべて 1」までのパターンを取りうるので、使用できる IPv4 アドレスの範囲は「0.0.0.0」から「127.255.255.255」までとなります。

■ クラスフルアドレッシング

アドレスクラスに基づいて IPv4 アドレスを割り当てる方式を「**クラスフルアドレッシング**」といいます。クラスフルアドレッシングは、1 オクテット（8 ビット）単位でサブネットマスクを適用する方式で、ネットワーク部とホスト部は表 4.1.2 で見たように 8 ビット、16 ビット、24 ビットのいずれかとなります。

この方式は、とてもわかりやすく、管理しやすいというメリットがあります。その半面、あまりにざっくりしすぎていて、無駄が多いというデメリットもあります。たとえば、クラスAで割り当てられるIPv4アドレスは、表4.1.2で示したように1,600万以上もあります。ひとつの企業や団体で1,600万ものIPv4アドレスを必要とするところがあるでしょうか。おそらくありません。必要な分を割り当てたら、残りのIPv4アドレスは放置することになってしまい、あまりにもったいなさすぎます。そこで、有限なIPv4アドレスを有効活用しようと新たに生まれた割り当て方式が、「**クラスレスアドレッシング**」です。

■ クラスレスアドレッシング

　8ビット単位のアドレスクラスにとらわれずにIPv4アドレスを割り当てる方式を、「**クラスレスアドレッシング**」といいます。「サブネッティング」や「CIDR（Classless Inter-Domain Routing）」とも呼ばれています。

　クラスレスアドレッシングでは、ネットワーク部とホスト部の他に「**サブネット部**」という新しい概念を導入して、新しいネットワーク部を作り出します。サブネット部は、もともとホスト部として使用されている部分なのですが、ここをうまく利用することによって、もっと小さな単位に分割します。サブネットマスクを8ビット単位ではなく、1ビット単位で自由に適用することで、それを実現します。

　ここでは例として、「192.168.1.0」をサブネット化してみましょう。表4.1.2で示したように「192.168.1.0」はクラスCのIPv4アドレスなので、ネットワーク部は24ビット、ホスト部は8ビットです。このホスト部からサブネット部を割り当てます。サブネット部に何ビット割り当てるかは、必要なIPv4アドレス数や必要なネットワーク数に応じて考えます。今回は、16個のネットワークにサブネット化します。16個に分割するためには、4ビット必要です（$16 = 2^4$）。4ビットをサブネット部として使用し、新しいネットワーク部を作ります。すると「192.168.1.0/28」から「192.168.1.240/28」まで、16個のサブネット化されたネットワークができます。また、各ネットワークには最大14個（24－2）[*1]のIPv4アドレスを割り当てることができます。

[*1]：ネットワークアドレスとブロードキャストアドレスは、端末に割り当てることができないため、除外されます。ネットワークアドレスとブロードキャストアドレスについては、p.169から説明します。

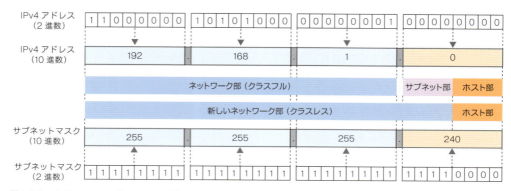

図4.1.8 ● クラスレスアドレッシング

10進数表記	255.255.255.0	255.255.255.128	255.255.255.192	255.255.255.224	255.255.255.240
CIDR 表記	/24	/25	/26	/27	/28
最大 IP 数	254（=256 － 2）	126（=128 － 2）	62（=64 － 2）	30（=32 － 2）	14（=16 － 2）
割り当てネットワーク	192.168.1.0	192.168.1.0	192.168.1.0	192.168.1.0	192.168.1.0
					192.168.1.16
				192.168.1.32	192.168.1.32
					192.168.1.48
			192.168.1.64	192.168.1.64	192.168.1.64
					192.168.1.80
				192.168.1.96	192.168.1.96
					192.168.1.112
		192.168.1.128	192.168.1.128	192.168.1.128	192.168.1.128
					192.168.1.144
				192.168.1.160	192.168.1.160
					192.168.1.176
			192.168.1.192	192.168.1.192	192.168.1.192
					192.168.1.208
				192.168.1.224	192.168.1.224
					192.168.1.240

表4.1.3 ● 必要なIPv4アドレス数や必要なネットワーク数に応じてサブネット化

クラスレスアドレッシングは、有限な IPv4 アドレスを有効活用できるため、現代の割り当て方式の主流になっています。ちなみに、世界中の IPv4 アドレス（パブリック IPv4 アドレス、次項）を管理している IANA の割り当て方式もクラスレスアドレッシングです。

使用場所による分類

続いて、使用場所による分類です。「使用場所」といっても、「屋外ではこの IPv4 アドレス、屋内ではこの IPv4 アドレス」のような物理的な場所を表しているわけではありません。ネットワークにおける論理的な場所を表しています。

IPv4 アドレスは使用場所によって、「**パブリック IPv4 アドレス**（グローバル IPv4 アドレス）」と「**プライベート IPv4 アドレス**（ローカル IPv4 アドレス）」の 2 種類に分類することもできます。前者はインターネットにおける一意な（他に同じものがない、個別の）IPv4 アドレスであり、後者は企業や家庭のネットワークなど限られた組織内だけで一意なIPv4 アドレスです。電話でたとえると、パブリック IPv4 アドレスが外線、プライベートIPv4 アドレスが内線ということになります。

■ パブリック IPv4 アドレス

パブリック IPv4 アドレスは、インターネットに関する共有資源の識別子を管理しているIANA と、その下部組織（RIR、NIR、LIR [*1]）によって階層的に管理されていて、自由に割

り当てることができないIPv4アドレスです。たとえば、日本のパブリックIPv4アドレスは、JPNIC（Japan Network Information Center）が管理しています。パブリックIPv4アドレスは昨今、在庫が枯渇してしまったため、新規の割り当てに制限がかけられるようになっています。

＊1：RIR: 地域インターネットレジストリ（Regional Internet Registry）
　　　NIR: 国別インターネットレジストリ（National Internet Registry）
　　　LIR: ローカルインターネットレジストリ（Local Internet Registry）

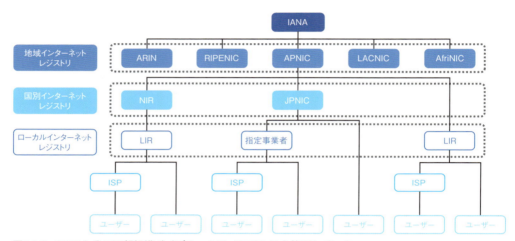

図4.1.9 ● IANAとその下部組織がパブリックIPv4アドレスを管理している

■ プライベートIPv4アドレス

プライベートIPv4アドレスは、組織内であれば自由に割り当ててよいIPv4アドレスです。RFC1918「Address Allocation for Private Internets」で標準化されていて、次表のようにアドレスクラスごとに定義されています[*1]。たとえば、家庭でWi-Fiルーターを使っている方は、192.168.x.xのIPv4アドレスが設定されていることが多いでしょう。192.168.x.xは、クラスCで定義されているプライベートIPv4アドレスです。

＊1：2012年4月にRFC6589「Considerations for Transitioning Content to IPv6」で「100.64.0.0/10」もプライベートIPv4アドレスとして新しく定義されました。100.64.0.0/10は、通信事業者で行う大規模NAT（Career-Grade NAT、CGNAT）の環境で、加入者（サブスクライバー）に割り当てるためのプライベートIPv4アドレスです。特定用途向けのプライベートIPv4アドレスなので、理解しやすさを考慮して、本文からは外しています。

クラス	開始IPv4アドレス	終了IPv4アドレス	サブネットマスク	最大割り当てノード数
クラスA	10.0.0.0	10.255.255.255	255.0.0.0（/8）	16,777,214（=$2^{24}-2$）
クラスB	172.16.0.0	172.31.255.255	255.240.0.0（/12）	1,048,574（=$2^{20}-2$）
クラスC	192.168.0.0	192.168.255.255	255.255.0.0（/16）	65,534（=$2^{16}-2$）

表4.1.4 ● プライベートIPv4アドレスはアドレスクラスごとに定義されている

プライベートIPv4アドレスは組織内だけで有効なIPv4アドレスです。インターネットに直接的に接続できるわけではありません。インターネットに接続するときは、プライベートIPv4アドレスをパブリックIPv4アドレスに変換する必要があります。IPアドレスを変換する機能のことを「**NAT**（Network Address Translation）」といいます。家庭でWi-Fiルーターを使っている方は、Wi-Fiルーターが送信元IPv4アドレスをプライベートIPv4アドレスからパブリックIPv4アドレスに変換しています。なお、NATについてはp.217から説明します。

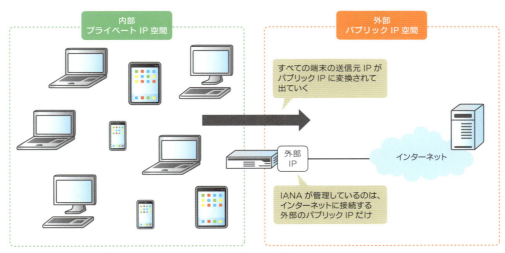

図4.1.10 ● 内部にはプライベートIPv4アドレスを割り当てる

除外アドレス

クラスAからクラスCの中でも、特別な用途に使用され、端末には設定できないIPv4アドレスがいくつかあります。その中でも実務で重要なIPv4アドレスが、「**ネットワークアドレス**」「**ブロードキャストアドレス**」「**ループバックアドレス**」の3つです。

ネットワークアドレス

ネットワークアドレスは、ホスト部のビットがすべて「0」のIPv4アドレスで、ネットワークそのものを表しています。たとえば「192.168.100.1」というIPv4アドレスに「255.255.255.0」というサブネットマスクが設定されていたら、「192.168.100.0」がネットワークアドレスになります。

図4.1.11 ● ネットワークアドレスは「ネットワークそのもの」を表す

　ちなみに、ネットワークアドレスを極限まで推し進めて、IPv4アドレスもサブネットマスクもすべて「0」とした「0.0.0.0/0」は、**デフォルトルートアドレス**になります。デフォルトルートアドレスは、「すべてのネットワーク」を表しています。

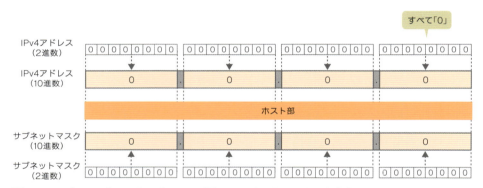

図4.1.12 ● デフォルトルートアドレスは「すべてのネットワーク」を表す

■ ブロードキャストアドレス

　ブロードキャストアドレスは、ホスト部のビットがすべて「1」のIPv4アドレスで、同じネットワークに存在するすべての端末を表しています。たとえば「192.168.100.1」というIPv4アドレスに「255.255.255.0」というサブネットマスクが設定されていたら、「192.168.100.255」がブロードキャストアドレスになります。

図4.1.13 ● ブロードキャストアドレスは「同じネットワーク内のすべての端末」を表す

　ちなみに、ブロードキャストアドレスを極限まで推し進めて、IPv4アドレスもサブネットマスクもすべて「1」とした「255.255.255.255/32」は、**リミテッドブロードキャストアドレス**になります。「255.255.255.255/32」に対して通信を試みると、ブロードキャストアドレスと同様、同じネットワークにいるすべての端末にパケットが送信されます。リミテッドブロードキャストアドレスは、DHCPv4（p.213）でIPv4アドレスを取得するときなどに使用します。

■ ループバックアドレス

　ループバックアドレスは、自分自身を表すIPv4アドレスで、RFC5735「Special Use IPv4 Addresses」で標準化されています。ループバックアドレスは第1オクテットが「127」のIPv4アドレスです。第1オクテットが「127」でさえあれば、どれを使ってもよいのですが、「127.0.0.1/8」を使用するのが一般的です。Windows OSもmacOSも、端末外部との通信で使用するインターフェースとは別に、端末内部の通信で使用する「ループバックインターフェース」という特殊なインターフェースを持ちます。このループバックインターフェースには、「127.0.0.1/8」というループバックアドレスが自動的に割り当てられます。

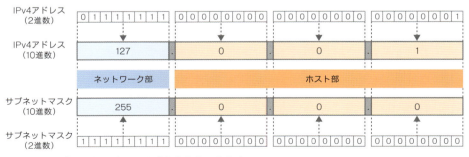

図4.1.14 ● ループバックアドレスは「自分自身」を表す

chapter

4-2 **IPv6**

IPv4 アドレスの長さは、32 ビット（4 バイト）です。したがって、どんなにがんばっても約 43 億個（＝ 2^{32}）までしか IP アドレス[*1]を割り当てることができません。43 億といえば、かなりの数のように見えますが、世界の人口がだいたい 81 億人なので、一人にひとつの IP アドレスは行き渡りません。もちろん、必ずしもすべての人が IP アドレスを必要とするわけではありません。しかし、インターネットありきの日常となり、PC やサーバーだけでなく、家電やセンサーなど、ありとあらゆるものに IP アドレスが必要になった昨今、いずれ 43 億以上の IP アドレスが必要になるときが来るのは火を見るよりも明らかです。こうした未来を見据え、新たに標準化された IP のバージョンが IPv6 です。

IPv6 は、2017 年に発行された RFC8200「Internet Protocol, Version 6 (IPv6) Specification」で標準化されているプロトコルで、L2 ヘッダーのタイプコードでは「0x86DD」と定義されています。RFC8200 では、IPv6 がどのようなフォーマット（形式）でカプセル化を行い、構成するフィールドがどのような機能を持っているのかが定義されています。

＊1：ここでの IP アドレスは、インターネット上で一意なパブリック IPv4 アドレスのことを表しています。

4.2.1 **IPv6 のパケットフォーマット**

IPv6 のヘッダーは、アドレスが長くなった分、全体としては長くなったものの、フィールドの種類が減り、長さが固定されたため、とてもシンプルなフォーマットになっています。

	0ビット	8ビット	16ビット	24ビット
0バイト	バージョン	トラフィッククラス	フローラベル	
4バイト	ペイロード長		ネクストヘッダー	ホップリミット
8バイト	送信元IPv6アドレス			
12バイト				
16バイト				
20バイト				
24バイト	宛先IPv6アドレス			
28バイト				
32バイト				
36バイト				
可変	IPv6ペイロード（TCPセグメント/UDPデータグラム）			

図4.2.1 ● IPv6のパケットフォーマット

各フィールドの持つ機能については後ほど詳しく説明するとして、まずは IPv4 ヘッダー

との違いをざっくり見ていきましょう。IPv4 ヘッダーとの違いは、「**IP ヘッダーの長さ**」と「**フィールド数の削減**」のふたつです。

IP ヘッダーの長さ

IPv4 は、可変長のオプションフィールドがあるため、IP ヘッダーの長さが 20 バイト（160 ビット）から変動する可能性があります。IPv6 は、IPv4 でほとんど使用されていなかったオプションフィールドを「**拡張ヘッダー**」という別ヘッダーに分離し、IP ヘッダーの直後に配置することによって、IP ヘッダーの長さを 40 バイト（320 ビット）に固定しています。IP ヘッダーの長さが固定されることで、受け取ったパケットのヘッダーの長さをいちいち精査する必要がなくなります。それにより、ネットワーク機器の処理負荷が軽減し、パフォーマンスが向上します。また、必要に応じて、複数の拡張ヘッダーを数珠つなぎに連結することで、パフォーマンスを損なうことなく、いろいろな機能を追加することができます。

フィールド数の削減

IPv4 は、将来性を考慮して、いろいろな機能を盛りだくさんにした形で策定されました。IPv6 は、次図に示したとおり、時代に合わなくなったり、性能向上の足かせになっていたりしたフィールドを削り、徹底的なシンプル化が図られています。フィールド数が減ることで、受け取ったパケットに含まれているたくさんのフィールドをいちいち精査する必要がなくなります。それにより、ネットワーク機器の処理負荷が軽減し、パフォーマンスが向上します。

IPv6ヘッダー		IPv4ヘッダー		
フィールド名	長さ	フィールド名	長さ	コメント
バージョン	4ビット	バージョン	4ビット	共通のフィールド
トラフィッククラス	1バイト（8ビット）	ヘッダー長	4ビット	IPv6のヘッダー長は固定なので撤廃
フローラベル	20ビット	ToS	1バイト（8ビット）	共通のフィールド
ペイロード長	2バイト（16ビット）	パケット長	2バイト（16ビット）	ペイロードのみの長さになって継承
ネクストヘッダー	1バイト（8ビット）	識別子	2バイト（16ビット）	フラグメントに関するフィールドは拡張ヘッダーとして付与
ホップリミット	1バイト（8ビット）	フラグメント	3ビット	
送信元IPv6アドレス	16バイト（128ビット）	フラグメントオフセット	13バイト	
宛先IPv6アドレス	16バイト（128ビット）	TTL	1バイト（8ビット）	名称変更
		プロトコル番号	1バイト（8ビット）	拡張ヘッダーの指定も含むが、基本的には継承
		ヘッダーチェックサム	2バイト（16ビット）	機能自体をトランスポート層に任せるため撤廃
		送信元IPv4アドレス	4バイト（32ビット）	アドレスサイズ拡張
		宛先IPv4アドレス	4バイト（32ビット）	アドレスサイズ拡張
		オプション＋パディング	可変長	フィールドとしては撤廃。拡張ヘッダーとして付与

図4.2.2 ● IPv4ヘッダーとIPv6ヘッダーの比較

では、大枠を説明したところで、各フィールドについて IPv4 と比較しながら説明していきます。

■ バージョン

「**バージョン**」は、その名のとおり、IP のバージョンを表す 4 ビットのフィールドです。IPv6 なので「6」(2 進数表記で「0110」) が入ります。

■ トラフィッククラス

「**トラフィッククラス**」は、IPv6 パケットの優先度を表す 1 バイト (8 ビット) のフィールドです。IPv4 の「ToS」フィールドに相当し、優先制御や帯域制御、輻輳制御など、QoS (Quality of Service) で使用します。ToS については p.158 を参照してください。

■ フローラベル

「**フローラベル**」は、通信フローを識別する 20 ビットのフィールドです。IPv4 には、これに相当するフィールドはありません。

IPv4 では、「送信元 IPv4 アドレス」「宛先 IPv4 アドレス」「送信元ポート番号」「宛先ポート番号」「L4 プロトコル」という 5 つの情報[1] をもとに、通信フローを識別します。IPv6 ではこれらをフローラベルとして、まとめて定義できるようにしています。フローラベルを使用すると、「この値だったらこう処理させる」といった柔軟な処理を行えるようになります[2]。

> [1]：これら 5 つの情報のことを「5 tuple (ファイブタプル)」といいます。
> [2]：しかし、筆者の知るかぎり、今のところ実務の現場で活用されている場面はありません。ほとんどの場合、オール「0」が入ります。

■ ペイロード長

「**ペイロード長**」は、IPv6 ペイロードの長さを表す 2 バイト (16 ビット) のフィールドです。IPv4 では「パケット長」として、ヘッダーとペイロードの長さを合わせた値で表現されていました。IPv6 のヘッダー長は 40 バイト (320 ビット) に固定されているので、ヘッダーの長さを含める必要はありません。ペイロードの長さのみが入るようになっています。

■ ネクストヘッダー

「**ネクストヘッダー**」は、IPv6 ヘッダーの直後に続くヘッダーを表す 1 バイト (8 ビット) のフィールドです。拡張ヘッダーがない場合は、IPv4 ヘッダーのプロトコル番号 (p.161) と同じで、IP ペイロードを構成する上位層のプロトコルを表す値が入ります[1]。拡張ヘッダーがある場合は、IPv6 ヘッダー直後に続く拡張ヘッダーを示す値が入ります。また、複数の拡張ヘッダーがある場合は、各拡張ヘッダーの最初にあるネクストヘッダーに続く拡張ヘッダーを示す値が入り、最終的に上位層のプロトコルを表す値が入ります。たとえば、ここ最近注目されている「**SRv6** (Segment Routing over IPv6)」は、この拡張ヘッダーを駆使して、経路を柔軟に制御したり、IPv4 パケットを運んだりしています。

> [1]：値はプロトコル番号と共通です。

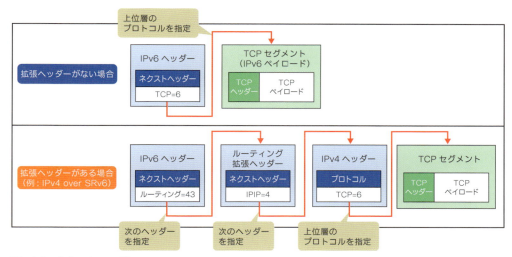

図4.2.3 ● ネクストヘッダー

■ ホップリミット

「**ホップリミット**」は、ホップ数の上限を表す 1 バイト（8 ビット）のフィールドです。IPv4 の「TTL」に相当します。TTL については、p.160 を参照してください。

■ 送信元 / 宛先 IPv6 アドレス

「**IPv6 アドレス**」は、IPv6 ネットワークに接続する端末を表す 16 バイト（128 ビット）の識別 ID です。役割としては、IPv4 アドレスとそこまで大きく変わりません。IPv6 ネットワークにおける住所のようなものと考えてよいでしょう。

送信側の端末は、自分の IPv6 アドレスを「**送信元 IPv6 アドレス**」に、パケットを送り届けたい端末の IPv6 アドレスを「**宛先 IPv6 アドレス**」に入れて、データリンク層へと渡します。一方、受信側の端末は、データリンク層から受け取ったパケットの送信元 IPv6 アドレスを見て、どの端末から来たパケットなのかを判断します。また、IPv6 パケットを返信するときは、受け取った IPv6 パケットの送信元 IPv6 アドレスを宛先 IPv6 アドレスに入れて返信します。

IPv6 アドレスについては、次項で詳しく説明します。

4.2.2　IPv6 アドレスとプレフィックス

IPv4 アドレスと IPv6 アドレスの最も大きな違いは、やはり長さです。IPv4 アドレスが 32 ビット（4 バイト）しかないのに対して、IPv6 アドレスは 128 ビット（16 バイト）もあります。IPv6 アドレスは、IP アドレスの長さを 4 倍にしたことによって、約 340 澗（2^{128} ≒ 340×10^{36} ≒ 340 兆の 1 兆倍の 1 兆倍）という、天文学的な数の IP アドレスを割り当てられるようになっています。

図4.2.4 ● IPv4アドレスとIPv6アドレスの長さの違い

比較項目	IPv4アドレス	IPv6アドレス
長さ	32ビット	128ビット
割り当て可能IPアドレス数	約43億 (= 2^{32}) (= 4,294,967,296)	約340澗 (= 2^{128}) (= 340,282,366,920,938,463,463,374,607,431,768,211,456)
区切り文字	.(ドット)	:(コロン)
区切り間隔	8ビット（1バイト）	16ビット（2バイト）
表記進数	10進数	16進数
最大表記文字数[*1]	12文字（3文字×4）	32文字（4文字×8）
区切り部分の名称	オクテット（第1オクテット、第2オクテット…）	フィールド[*2] （第1フィールド、第2フィールド…）
表記例	192.168.100.254	2001:0db8:1234:5678:90ab:cdef:1234:5678

[*1]：区切り文字を除きます
[*2]：具体的な名称が定義されているわけではありませんが、RFCでは「フィールド」と呼ばれています。

表4.2.1 ● IPv4アドレスとIPv6アドレスの比較

　IPv4アドレスは、「192.168.1.1」や「10.2.1.254」のように、32ビットを8ビットずつ「.」(ドット)で4つに区切って、10進数で表記します。それに対して、IPv6アドレスは、「2001:0db8:1234:5678:90ab:cdef:1234:5678」のように、128ビットを16ビットずつ「:」(コロン)で8つに区切って、16進数で表記します。たとえば、「2001:0db8:1234:5678:90ab:cdef:1234:5678」の先頭32ビット、つまり第1フィールドと第2フィールドは、次図のように16ビットずつ16進数で表記されています。

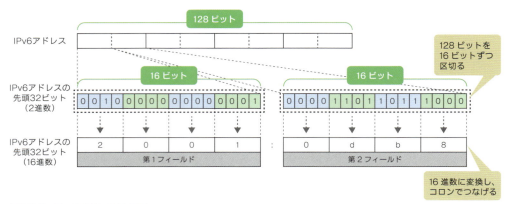

図4.2.5 ● IPv6アドレスの表記

サブネットプレフィックスとインターフェースID

IPv6アドレスは、ネットワークを識別する「**サブネットプレフィックス**」と、端末を識別する「**インターフェースID**」のふたつで構成されています。サブネットプレフィックスは、IPv4アドレスのネットワーク部に相当します。また、インターフェースIDは、IPv4アドレスのホスト部に相当します。どこまでがサブネットプレフィックスなのかは、IPv4のCIDR表記（p.164）と同じように「/」（スラッシュ）以降の数字で表します。たとえば、「2001:db8:0:0:0:0:0:1/64」の場合、「2001:db8:0:0」のネットワークに所属している「0:0:0:1」という端末であることがわかります。

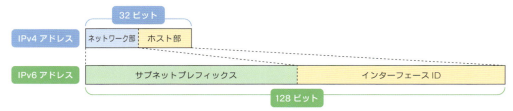

図4.2.6 ● サブネットプレフィックスとインターフェースID

IPv6アドレスの推奨表記

IPv6アドレスは128ビットもあるので、16進数で表記しても32文字になります。仕方がないとはいえ、長すぎです。そこで、IPv6アドレスでは、いくつかの推奨表記がRFC4291「IP Version 6 Addressing Architecture」とRFC5952「A Recommendation for IPv6 Address Text Representation」で標準化されています。具体的には、以下のようなルールに基づいて、省略が実行されます。

■ 各フィールドの先頭にある「0」は省略できる

各フィールドの先頭に「0」がある場合、その「0」を省略できます。たとえば、「0001」というフィールドは「1」に省略できます。ちなみに、フィールドがすべて「0」の場合は、「0」となります。

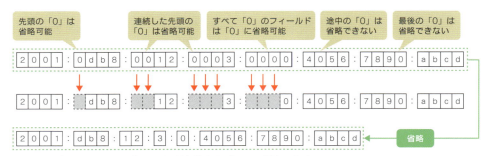

図4.2.7 ● 各フィールドの先頭にある連続する「0」は省略できる

■ 複数のフィールドをまたいで「0」が続く場合は、「::」に省略できる

複数のフィールドをまたいで「0」が続く場合は、「0」を省略して「::」と表記することができます。たとえば「2001:db8:0:0:0:0:0:1234」は、5 つのフィールドにまたがって「0」が続きます。そこで、第 3 フィールドから第 7 フィールドまでを「::」に省略し、「2001:db8::1234」と表記することができます。

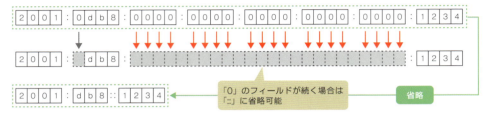

図4.2.8 ● 複数のフィールドをまたいで「0」が続く場合は、「::」に省略できる

また、「::」による省略は、さらに細かく以下のようなルールに基づきます。

省略できるのは 1 回だけ

複数の箇所に「::」で省略できるフィールドがあっても、省略できるのは 1 回だけです。たとえば、「2001:db8:0:0:1234:0:0:abcd」は、「2001::1234::abcd」と 2 回「::」で省略することはできません。「2001:db8::1234:0:0:abcd」となります。

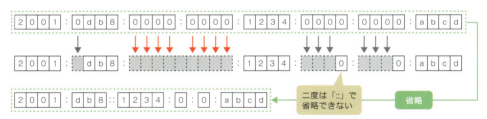

図4.2.9 ● 省略できるのは1回だけ

オール「0」のフィールドがひとつの場合は省略できない

「::」で省略できるのは、フィールドをまたがって「0」が続くときだけです。フィールドをまたがず、ひとつのフィールドで完結する場合は、「::」で省略することはできません。たとえば、「2001:db8:1234:a:b:0:c:d」を「2001:db8:1234:a:b::c:d」に省略することはできません。

178

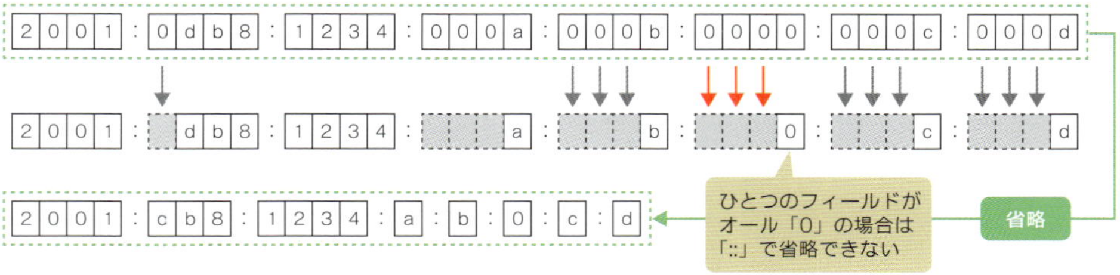

図4.2.10 • オール「0」のフィールドがひとつの場合は省略できない

可能なかぎり短くする

「::」で省略するときは、可能なかぎり短くする必要があります。「::」で省略できるにもかかわらず、途中のフィールドから「0」を記載することはできません。たとえば、「2001:db8::0:1」は、第7フィールドも含めて「::」で省略可能です。この場合は「2001:db8::1」と、最も短くなるように表記する必要があります。

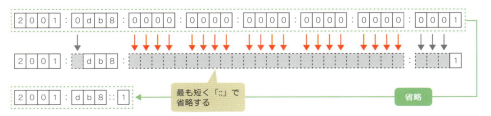

図4.2.11 • 可能なかぎり短くする

最も省略できるところで省略する

省略できる箇所が複数ある場合、最も省略できる箇所で省略します。たとえば、「2001:0:0:0:1:0:0:2」は、第2フィールドから第4フィールドまでと、第6フィールドから第7フィールドまでの2箇所が省略候補になります。この場合、3つのフィールドを省略できる第2フィールドから第4フィールドまでを「::」で省略して、「2001::1:0:0:2」となります。

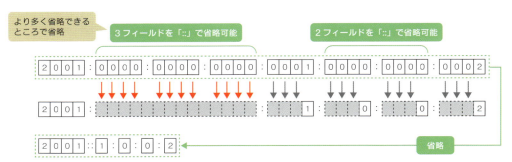

図4.2.12 • 最も省略できるところで省略する

省略できるところが同じ長さだった場合は、最初の箇所で省略する

省略できる箇所が複数あって、かつその長さが同じ場合は、最初の箇所で省略します。たとえば、「2001:db8:0:0:1:0:0:2」は、第3フィールドから第4フィールドまでと、第6フィールドから第7フィールドまでの2箇所が省略候補になります。この場合、第3フィールドから第4フィールドまでを「::」で省略して、「2001:db8::1:0:0:2」となります。

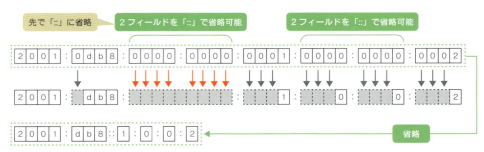

図4.2.13 ● 省略できるところが同じ長さだった場合は、最初の箇所で省略する

■ 小文字で表記する

最後に、設計者や管理者にとって重要な項目がもうひとつ。IPv6アドレスは、アルファベットを小文字で表記する必要があります。16進数表記になると、エーからエフまで6文字のアルファベットが含まれるようになります。このアルファベットはABCDEFではなく、abcdefの小文字で表記する必要があります。

NOTE

IPv6アドレスとの付き合い方

ここまで、IPv6アドレスの推奨表記について説明してきました。おそらくほとんどの読者の方は、「多すぎて、覚えられない」と感じていることでしょう。筆者自身もそうでした。アドレスが長いので仕方がないとはいえ、この難解さがIPv6の普及がなかなか進まない要因の一端になっている感は否めません。実際には、ほとんどのネットワーク機器は、これらの推奨表記にならわずに設定しても、ある程度自動的に正しい形へと補正してくれるはずです。したがって、設定するときには、あまりそれを気にしすぎる必要はないでしょう。問題になりやすいのは、ドキュメントでIPアドレスを管理するようなときです。サーバーやネットワーク機器のIPアドレスは通常、どの端末にどのIPアドレスを設定しているかを整理した「IPアドレス管理表」などで管理されています。その際、推奨表記にならっていないと、対象のIPv6アドレスを検索しても見つからない、といった状況に陥ります。推奨表記にならっていれば、そうした無用な混乱がなくなり、運用コストの削減を図ることができます。

確かに難しい推奨表記ではありますが、結局のところ、最終的には慣れです。ずっとIPv6アドレスに接していると、なんだかんだで徐々に慣れてきます。それまでは、なんとかがんばって付き合っていくしかありません。

4.2.3 いろいろな IPv6 アドレス

IPv6 アドレスは、「**ユニキャストアドレス**」「**マルチキャストアドレス**」「**エニーキャストアドレス**」に分類することができます。RFC では、これらをどのように分類し、どこからどこまでの IPv6 アドレスをどのように使用するかが定義されています。

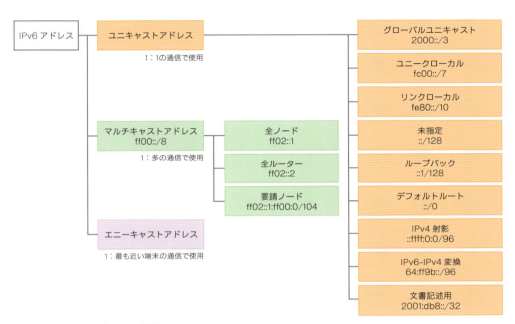

図4.2.14 ● IPv6アドレスの分類

■ ユニキャストアドレス

ユニキャストアドレスは、1:1 のユニキャスト通信で使用する IPv6 アドレスです。Web やメールの通信は、クライアントとサーバーの間だけでパケットがやりとりされるユニキャストです。したがって、インターネットを流れる通信のほぼすべてがユニキャストであるといっても過言ではないでしょう。ユニキャストアドレスには、特別な役割を持つアドレスがいくつか定義されています。中でも、特に重要なアドレスが「**グローバルユニキャストアドレス**」「**ユニークローカルアドレス**」「**リンクローカルアドレス**」の 3 つです。

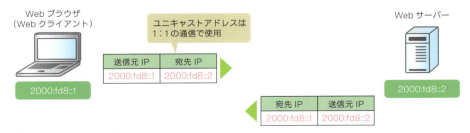

図4.2.15 ● ユニキャスト

■ グローバルユニキャストアドレス（2000::/3）

グローバルユニキャストアドレスは、IPv4 アドレスのパブリック（グローバル）IPv4 アドレスに相当します。インターネット上で一意な IPv6 アドレスで、パブリック IPv4 アドレスと同様に、IANA とその下部組織（RIR、NIR、LIR）によって、世界的、かつ階層的に管理されており、自由に割り当てることはできません。

グローバルユニキャストアドレスは、先頭の 3 ビットが「001」の IPv6 アドレスで、16 進数で表記すると「2000::/3」となります。サブネットプレフィックスは、ISP から各組織に割り当てられる「**グローバルルーティングプレフィックス**」と、組織内で割り当てる「**サブネット ID**」で構成されています。IPv4 でいうと、グローバルルーティングプレフィックスがネットワーク部で、サブネット ID がサブネット部のような感じです。

インターフェース ID には、基本的に 64 ビットの長さが割り当てられます。しかし、必ずしもそうしなくてはいけないわけではありません。用途によりけりです。端末が多い LAN 環境では、IPv6 アドレスを自動生成する SLAAC（p.214）の兼ね合いもあって、ほぼ間違いなく 64 ビットを割り当てるでしょう。しかし、端末が少ないサーバーサイトなどでは、64 ビットがあまりに大きすぎるため、48 ビットや 32 ビットを割り当てたりすることもあります。

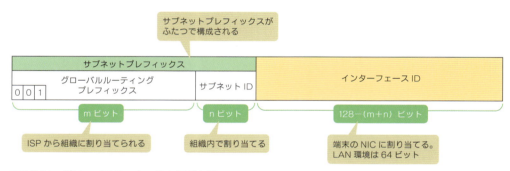

図 4.2.16 ● グローバルユニキャストアドレス

■ ユニークローカルアドレス（fc00::/7）

ユニークローカルアドレスは、IPv4 アドレスのプライベート IPv4 アドレス（10.0.0.0/8、172.16.0.0/12、192.168.0.0/16）に相当する、組織内で一意な IPv6 アドレスです。複数のサーバーやネットワーク機器を冗長化する「クラスターサービス」で使用するハートビート用ネットワーク[*1]や、ネットワークストレージ用ネットワークなど、外部（インターネット）とやりとりすることなく内部で完結する通信のネットワークで使用されています。

ユニークローカルアドレスは、先頭 7 ビットが「1111110」の IPv6 アドレスで、16 進数で表記すると「fc00::/7」となります。8 ビット目はローカルで管理されているかどうかを表すビットで、「0」は未定義、「1」がローカルを表します。「0」の意味はまだ RFC で定義されていないので、8 ビット目は「1」だけ、つまりユニークローカルアドレスは実質的に「fd00::/8」だけになります。続く「グローバル ID」は、サイトを識別する 40 ビッ

トのフィールドです。RFC4193「Unique Local IPv6 Unicast Addresses」では、一意性を保つため、一定の計算方法[*2]に基づいてランダムに生成することが求められています。グローバルIDに続く16ビットは、サブネットを識別するサブネットIDです。さらに、その後ろに64ビットのインターフェースIDが続きます。

* 1：クラスターではお互いの状態を監視するためのパケット「ハートビートパケット」を流すネットワークを用意する必要があります。
* 2：RFC4193「Unique Local IPv6 Unicast Addresses」に計算方法が明記されています。

図4.2.17 ● ユニークローカルアドレス

■ リンクローカルアドレス（fe80::/10）

リンクローカルアドレスは、同じIPv6ネットワークにおいてのみ通信できるIPv6アドレスです。IPv4のARPに相当するNDP（近隣探索プロトコル、p.243）や、ルーティングプロトコルのOSPFv3（p.199）などで使用されます。IPv6では、すべてのインターフェースにリンクローカルアドレスを割り当てる必要があります。インターフェースが有効になると、自動的にリンクローカルアドレスが生成され、割り当てられます。

リンクローカルアドレスは、先頭10ビットが「1111111010」のIPv6アドレスで、16進数で表記すると「fe80::/10」となります。11ビット目以降は、54ビットの「0」、64ビットのインターフェースIDが続きます。

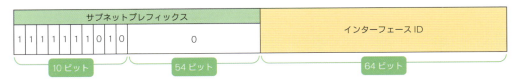

図4.2.18 ● リンクローカルアドレス

■ その他のユニキャストアドレス

ユニキャストアドレスには、この他にも特別な役割を持つアドレスが定義されています。そのうち実務の現場で見聞きすることが多いものを、いくつかピックアップして次表にまとめました。同じ役割を持つIPv4アドレスもあわせて載せておきますので、照らし合わせながら理解を深めてください。

アドレス	ネットワークアドレス	説明	相当するIPv4アドレス
未指定アドレス	::/128	IPv6 アドレスが設定される前に使用するアドレス	0.0.0.0/32
ループバックアドレス	::1/128	自分自身を表すアドレス	127.0.0.0/8
デフォルトルートアドレス	::/0	すべてのネットワークを表すアドレス	0.0.0.0/0
IPv4 射影アドレス	::ffff:0:0/96	IPv6 アプリが IPv4 で通信するときに使用するアドレス	該当なし
IPv4-IPv6 変換アドレス	64:ff9b::/96	NAT64 のときに使用するアドレス	該当なし
文書記述用アドレス	2001:db8::/32	文書中の例示としてだけ使用するアドレス	192.0.2.0/24 198.51.100.0/24 203.0.113.0/24

表4.2.2 ● その他のユニキャストアドレス

■ マルチキャストアドレス

マルチキャストアドレスは、IPv4 アドレスのクラス D（224.0.0.0/4）に相当する IPv6 アドレスで、特定のグループ（マルチキャストグループ）に対する通信で使用します。IPv4 のマルチキャストは、一部の動画配信サービスや証券取引系のアプリケーション、ルーティングプロトコルなど、限られた用途だけで使用されていました。IPv6 では、IPv6 における ARP である NDP（近隣探索プロトコル、p.243）でもマルチキャストが使用されていて、かなり重要な役割を担っています。また、IPv4 にあったブロードキャストも、IPv6 ではマルチキャストの一部として吸収されました。

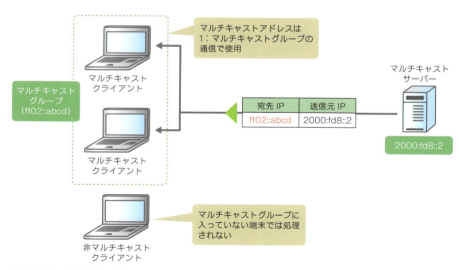

図4.2.19 ● マルチキャスト

マルチキャストアドレスは、先頭8ビットがすべて「1」になっているアドレスで、16進数で表記すると「ff00::/8」となります。続く4ビットはIANAによって予約されていて、恒久的なアドレスかどうかを表します。さらに続く4ビットは、マルチキャストが届く範囲（スコープ）を示します。最後の112ビットがマルチキャストグループを識別するグループIDを表します。

図4.2.20 ● マルチキャストアドレス

IANAに予約されているIPv6アドレスは、IANAのWebサイト[*1]にまとめられています。中でも実務の現場で見聞きすることが多いものは次表のとおりです。

*1：https://www.iana.org/assignments/ipv6-multicast-addresses/ipv6-multicast-addresses.xhtml

ネットワークアドレス	意味	相当するIPv4アドレス
ff02::1	同じネットワークにいるすべての端末	ブロードキャストアドレス
ff02::2	同じネットワークにいるすべてのルーター	224.0.0.2
ff02::5	同じネットワークにいるすべてのOSPFv3ルーター	224.0.0.5
ff02::6	同じネットワークにいるOSPFv3 DR/BDRルーター	224.0.0.6
ff02::9	同じネットワークにいるRIPngルーター	224.0.0.9
ff02::a	同じネットワークにいるEIGRPルーター	224.0.0.10
ff02::1:2	同じネットワークにいるDHCPサーバー / リレーエージェント	該当なし
ff02::1:ff00:0/104	要請ノードマルチキャストアドレス（NDPで使用）	該当なし

表4.2.3 ● IANAによって予約されているマルチキャストアドレス

■ エニーキャストアドレス

エニーキャストアドレスは、複数の端末によって共有されているグローバルユニキャストアドレスのことです。グローバルユニキャストアドレスは、ひとつの端末に割り当て、1:1の通信で使用します。ひとつのグローバルユニキャストアドレスを複数の端末に割り当てると、エニーキャストアドレスになります。エニーキャストアドレスは、グローバル

ユニキャストアドレスと見た目の区別はできません。しかし、エニーキャストアドレスとしての処理が必要になるため、それぞれの端末で「エニーキャストアドレスであること」を明示的に設定する必要があります。

　クライアントとエニーキャストアドレスを持ったサーバーの通信を例にとって説明しましょう。クライアントは、見た目がユニキャストアドレスとなんら変わりのないエニーキャストアドレスに対してパケットを送信します。すると、そのパケットはルーターによって、経路的に最も近いサーバーに転送されます。エニーキャストは、単純にユニキャストで通信するより、より近いサーバーで応答を返すことができるため、応答速度の向上を図ることができます。また、広域での負荷分散を図れたり、DDoS（Distributed Denial of Service）攻撃[1]の局所化を図れたり、さまざまなメリットがあります。DNS（p.376）による名前解決の頂点にあるルート DNS サーバーでも、エニーキャストの仕組みが利用されています。

＊1：たくさんのコンピューターから対象のサーバーに対して大量のパケットを送信し、サービスをダウンさせる攻撃のこと。

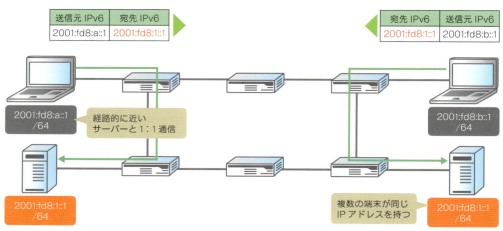

図4.2.21 ● エニーキャスト

4-3 IP ルーティング

ネットワーク層で動作するネットワーク機器といえば、「**ルーター**」と「**L3 スイッチ**」です。このふたつは p.36 から説明したとおり、厳密に言うと違いがありますが、ネットワークとネットワークをつなぎ、IP パケットを転送するという点においては、同じ役割を担っています。IP パケットは、たくさんのルーターや L3 スイッチを伝って、世界中のネットワークへ旅立っていきます。

4.3.1 ルーティングとは

ルーターや L3 スイッチは、受け取った IP パケットの宛先 IP アドレスを照らし合わせる「**宛先ネットワーク**」と、IP パケットを転送すべき隣接機器の IP アドレスを表す「**ネクストホップ**」を管理することによって、IP パケットの転送先を切り替えています。この IP パケットの転送先を切り替える機能のことを「**ルーティング**」といいます。また、宛先ネットワークとネクストホップを含むルートエントリ（行）[*1] で構成されるテーブル（表）のことを「**ルーティングテーブル**」といいます。ルーティングは、ルーティングテーブルありきで行われます。

*1：以下、読みやすさを考慮して、「ルート」と表記します。

■ ルーターが IP パケットをルーティングする様子

では、ルーターがどのように IP パケットをルーティングするのか見ていきましょう。ここでは、PC1（192.168.1.1/24）が 2 台のルーター R1、R2 を経由して、PC2（192.168.2.1/24）

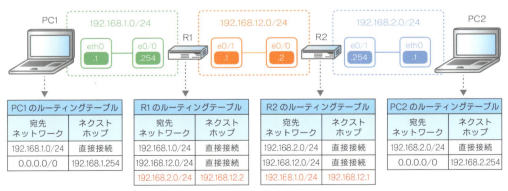

図4.3.1 ● ルーティングを理解するためのネットワーク構成

にIPパケットを送信することを想定して説明します（図4.3.1）。なお、ここでは純粋にルーティングの動作を理解してもらうために、すべての機器が隣接機器のMACアドレスを知っているものとします。

① PC1は、送信元IPv4アドレスにPC1のIPv4アドレス（192.168.1.1）、宛先IPv4アドレスにPC2のIPv4アドレス（192.168.2.1）をセットして、IPヘッダーでカプセル化し、自身のルーティングテーブルを検索します。「192.168.2.1」は、直接接続されている「192.168.1.0/24」ではなく、すべてのネットワークを表すデフォルトルートアドレス（0.0.0.0/0）にマッチします。

そこで、今度はデフォルトルートアドレスのネクストホップのMACアドレスをARPテーブルから検索します。「192.168.1.254」のMACアドレスはR1（e0/0）です。送信元MACアドレスにPC1（eth0）のMACアドレス、宛先MACアドレスにR1（e0/0）のMACアドレスをセットして、イーサネットでカプセル化し、ケーブルに流します。

ちなみに、デフォルトルートのネクストホップのことを「**デフォルトゲートウェイ**」といいます。端末はインターネット上に存在する不特定多数のWebサイトにアクセスするとき、とりあえずデフォルトゲートウェイにIPパケットを送信し、あとはデフォルトゲートウェイの機器にルーティングを任せます。

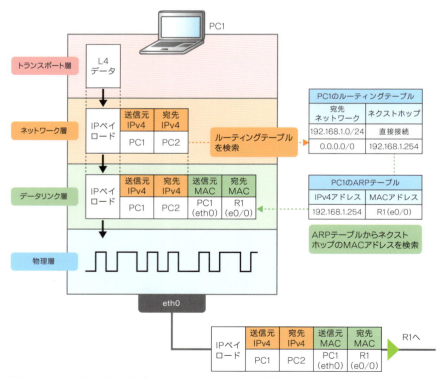

図4.3.2 ● PC1はとりあえずデフォルトゲートウェイに送信する

4-3 IPルーティング

家庭のLAN環境のデフォルトゲートウェイ

　家庭のLAN環境にあるPCのデフォルトゲートウェイは、Wi-Fiルーター（のIPアドレス）です。そして、Wi-Fiルーターのデフォルトゲートウェイは、契約しているISP（のIPアドレス）に設定されています。PCでインターネットをしているときのIPパケットは、まずデフォルトゲートウェイであるWi-Fiルーターに転送されます。続いて、Wi-Fiルーターのデフォルトゲートウェイである ISP に転送されます。そして、ISPからたくさんのルーターを伝ってインターネットに出ていきます。

② PC1からIPパケットを受け取ったR1は、IPヘッダーの宛先IPv4アドレスを見て、ルーティングテーブルを検索します。宛先IPv4アドレスは「192.168.2.1」なので、ルーティングテーブルの「192.168.2.0/24」とマッチします。そこで、今度は「192.168.2.0/24」のネクストホップ「192.168.12.2」のMACアドレスをARPテーブルから検索します。
　「192.168.12.2」のMACアドレスはR2（e0/0）です。送信元MACアドレスに出口のインターフェースであるR1（e0/1）のMACアドレス、宛先MACアドレスにR2（e0/0）のMACアドレスをセットして、イーサネットでカプセル化し、ケーブルに流します。

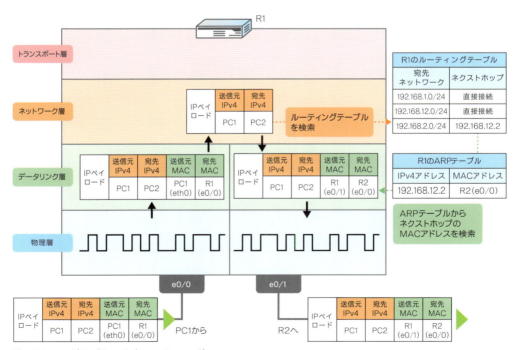

図4.3.3 ● R1がIPパケットをルーティング

③ R1からIPパケットを受け取ったR2は、IPヘッダーの宛先IPv4アドレスを見て、ルーティングテーブルを検索します。宛先IPv4アドレスは「192.168.2.1」なので、ルーティングテーブルの「192.168.2.0/24」とマッチします。そこで、今度は「192.168.2.1」のMACアドレスをARPテーブルから検索します。

「192.168.2.1」のMACアドレスはPC2（eth0）です。送信元MACアドレスに出口のインターフェースであるR2（e0/1）のMACアドレス、宛先MACアドレスにPC2（eth0）のMACアドレスをセットして、あらためてイーサネットでカプセル化し、ケーブルに流します。

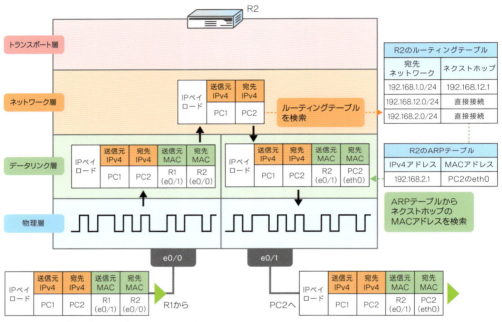

図4.3.4 ● R2がIPパケットをルーティング

④ R2からIPパケットを受け取ったPC2は、データリンク層で宛先MACアドレス、ネットワーク層で宛先IPv4アドレスを見て、パケットを受け入れ、上位層（トランスポート層〜アプリケーション層）へと処理を引き渡します。

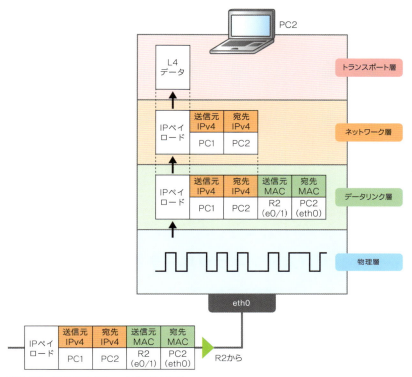

図4.3.5 ● PC2がIPパケットを受け取る

4.3.2 ルーティングテーブル

ルーティングの動作を制御しているのがルーティングテーブルです。このルーティングテーブル（表）を構成するルート（行）をどのようにして作るか。これがルーティングのポイントになります。ルートの作り方には大きくふたつのアプローチがあります。

ひとつは、管理者が一つひとつルートを手動で作成する「**静的ルーティング（スタティックルーティング）**」です。動作がシンプルで、小規模なネットワークや構成が変わらない環境に適しています。

もうひとつは、隣接するルーター同士で情報をやりとりし、自動的にルートを作成・更新する「**動的ルーティング（ダイナミックルーティング）**」です。動作に多少の癖があるものの、中規模〜大規模なネットワークや構成が変わりやすい環境に適しています。動的ルーティングは、さらに次図のように細分化することができ、それぞれ異なる特徴や用途を持っています。

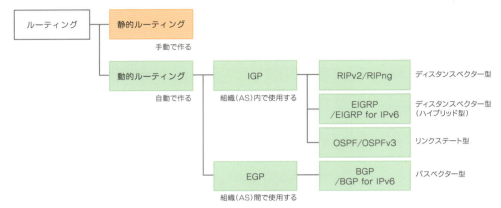

図4.3.6 ● ルーティングの方式

静的ルーティング（スタティックルーティング）

　静的ルーティングは、管理者が手動でルートを作る方法です。宛先ネットワークとネクストホップを一つひとつ設定します。静的ルーティングは、わかりやすく、運用管理もしやすいため、小さなネットワーク環境のルーティングに適しています。その半面、すべてのルーターに対して、一つひとつルートを設定する必要があるため、大規模なネットワーク環境には適していません。

　たとえば、次図のようなIPv4構成の場合、ルーターR1に「192.168.2.0/24」のルート、ルーターR2に「192.168.1.0/24」のルートをそれぞれ静的に設定する必要があります。

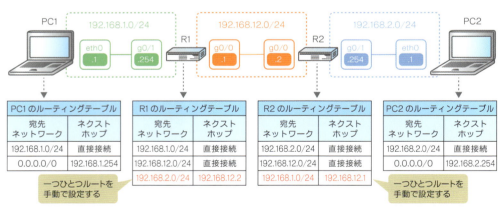

図4.3.7 ● 一つひとつルートを手動で設定する（IPv4）

　IPv6の場合も大きく変わりません。たとえば、次のようなIPv6構成の場合、R1に「2001:db8:2::/64」のルート、R2に「2001:db8:1::/64」のルートを手動で設定する必要があります。IPv4と違うところと言えば、ネクストホップにリンクローカルアドレスを使用できることです。p.183で説明したとおり、IPv6インターフェースには、同じネットワー

クにおいてのみ通信できるリンクローカルアドレスを設定する必要があります。一般的に、ネクストホップにはリンクローカルアドレスを設定します。

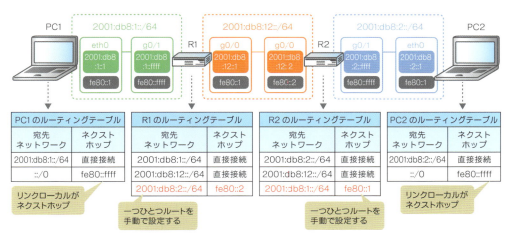

図4.3.8 ● 一つひとつルートを手動で設定する（IPv6）

動的ルーティング（ダイナミックルーティング）

動的ルーティングは、隣接するルーター同士で自分の持っているルート情報を交換して、自動的にルートを作る方法です。ルート情報を交換するためのプロトコルを「**ルーティングプロトコル**」といいます。大きなネットワーク環境だったり、構成が変わりやすい環境だったりしたら、動的ルーティングを使用したほうがよいでしょう。静的ルーティングを使用すると、ネットワークが増えるたびに、すべてのルーターにログインしてルートを設定しなくてはいけません。動的ルーティングを使用すると、たとえネットワークが増えたとしても、設定が必要なルーターは限定的で、管理の手間がかかりません。また、宛先のどこかで障害が発生したとしても、自動的に迂回ルートを探してくれるので、耐障害性も向上します。

ただし、動的ルーティングが万能かといえば、必ずしもそうではありません。未熟な管理者が何も考えずにちゃちゃっと設定して、間違いでもしたら、その設定内容が波及的にネットワークに伝播してしまい、通信に影響を与える可能性があります。そのため、動的ルーティングはしっかりした設計に基づき、トレーニングされた管理者が設定する必要があります。

では、静的ルーティングのときと同じ構成を、動的ルーティングで考えてみましょう。ルーターR1とルーターR2はお互いにルート情報をやりとりして、やりとりした情報をルーティングテーブルに追加します。

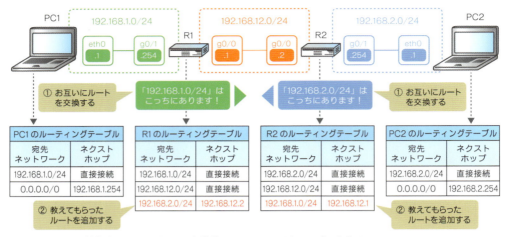

図4.3.9 ● ルート情報をやりとりして、自動的にルーティングテーブルを作る

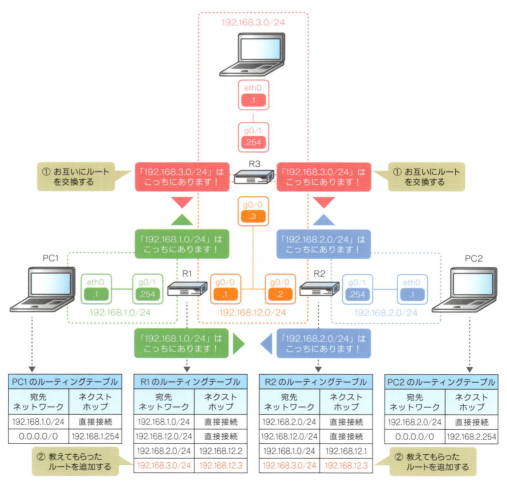

図4.3.10 ● 動的ルーティングはネットワークの追加も簡単にできる

4-3 IPルーティング

　図4.3.10は、図4.3.9の環境に新しくネットワークを追加した場合の例です。新しくルーターR3を追加すると、同じようにルート情報をやりとりし、全体的にルーティングテーブルを更新します。動的ルーティングを使用すると、ルーターにルートを一つひとつ設定する必要はありません。すべてルーティングプロトコルが行ってくれます。ネットワーク上のルーターがすべてのルートを認識し、安定している状態を「**収束状態**」といい、それまでにかかる時間を「**収束時間**」といいます。

　さらに、ルーティングプロトコルは耐障害的な側面を持ち合わせています。たとえば、宛先に対して複数のルートがあり、そのどこかで障害が発生したとします。動的ルーティングを使用すると、自動的にルーティングテーブルを更新したり、変更を通知しあったりして、新しいルートを確保してくれます。わざわざ迂回ルートを設定する必要がありません。たとえば、図4.3.11の環境で、192.168.12.0/24のネットワークに障害が発生した場合は、図4.3.12のように自動的にルートが切り替わります。

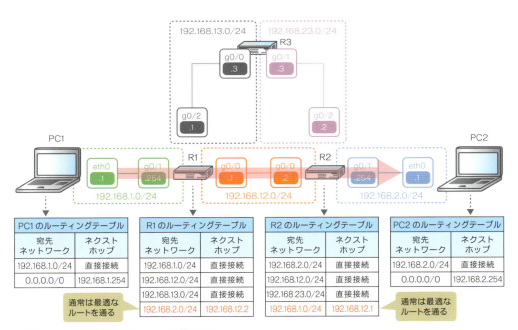

図4.3.11 ● 正常時は最適なルートを使用する

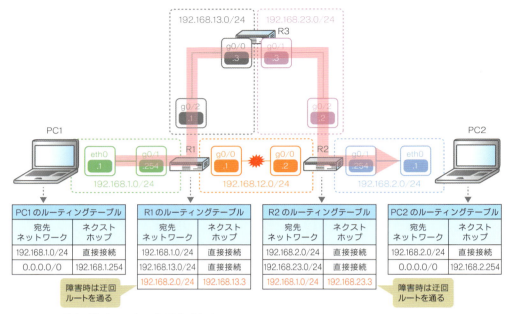

図4.3.12 ● 障害が起きても迂回経路を確保する

4.3.3 ルーティングプロトコル

　ルーティングプロトコルは、その制御範囲によって「**IGP**(Interior Gateway Protocol、内部ゲートウェイプロトコル)」と「**EGP**(Exterior Gateway Protocol、外部ゲートウェイプロトコル)」の2種類に分けられます。

　このふたつを分ける概念が「**AS**(Autonomous System、自律システム)」です。AS は、ひとつのポリシーに基づいて管理されている IP ネットワークの集まりのことです。少し難しそうな感じがしますが、ここでは「AS ＝組織(ISP、企業、研究機関、拠点)」とざっくり考えてよいでしょう。そして、AS 内を制御するルーティングプロトコルが IGP、AS と AS の間を制御するルーティングプロトコルが EGP です。

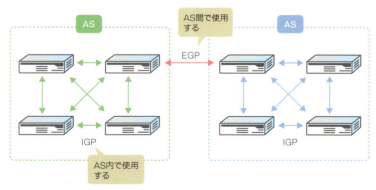

図4.3.13 ● ルーティングプロトコルは制御範囲によって2種類に分けられる

-3 IPルーティング

IGPのポイントは「ルーティングアルゴリズム」と「メトリック」

IGPは、AS内で使用するルーティングプロトコルです。いろいろなIGPがありますが、現在のネットワーク環境で使用されているプロトコルは「**RIP**」「**OSPF**」「**EIGRP**」のいずれかと考えてよいでしょう。これらを理解するうえでのポイントは、「**ルーティングアルゴリズム**」と「**メトリック**」のふたつです。

■ ルーティングアルゴリズム

ルーティングアルゴリズムは、ルーティングプロトコルでやりとりした情報から最適なルートを計算する仕組みのことです。ルーティングアルゴリズムの違いが、収束時間や適用規模に直結します。IGPのルーティングアルゴリズムは、「**ディスタンスベクター型**」か「**リンクステート型**」のどちらかです。

▶ ディスタンスベクター型

ディスタンスベクター型は、距離（ディスタンス）と方向（ベクター）に基づいてルートを計算するルーティングプロトコルです。ここでいう距離とは宛先に行くまでに経由するルーターの数（ホップ数）を表し、方向とは出力インターフェースを表しています。宛先までに、どれだけのルーターを経由するかが最適ルートの判断基準になります。それぞれがそれぞれのルーティングテーブルを交換しあうことで、ルートを作ります。

▶ リンクステート型

リンクステート型は、リンクの状態（ステート）に基づいて最適ルートを計算するルーティングプロトコルです。各ルーターが自分のリンク（インターフェース）の状態や帯域幅、IPアドレスなど、いろいろな情報を交換しあってデータベースを作り、その情報をもとにルートを作ります。

■ メトリック

メトリックは、宛先ネットワークまでの距離を表しています。ここでいう距離とは、物理的な距離ではありません。ネットワークにおける論理的な距離です。たとえば、地球の裏側と通信するからといって、必ずしもメトリックが大きいわけではありません。メトリックの算出方法は、ルーティングプロトコルごとに異なります。

IGPは「RIP」「OSPF」「EIGRP」の3つ

現在のネットワーク環境で使用されているIGPは、「**RIP**」「**OSPF**」「**EIGRP**」のいずれかです。これらをルーティングアルゴリズムとメトリックに着目しつつ、説明していきます。

chapter 4

ネットワーク層

197

ルーティングプロトコル	RIP	OSPF	EIGRP
正式名称	Routing Information Protocol	Open Shortest Path Fast	Enhanced Interior Gateway Routing Protocol
IPv4	RIPv2	OSPF	EIGRP
IPv6	RIPng	OSPFv3	EIGRP for IPv6
ルーティングアルゴリズム	ディスタンスベクター型	リンクステート型	ディスタンスベクター型（ハイブリッド型）
メトリック	ホップ数	コスト	帯域幅＋遅延
更新間隔	定期的	構成変更があったとき	構成変更があったとき
更新に使用するIPv4マルチキャストアドレス	224.0.0.9	224.0.0.5（全OSPFルーター）224.0.0.6（全DR/BDR）	224.0.0.10
更新に使用するIPv6マルチキャストアドレス	ff02::9	ff02::5（全OSPFルーター）ff02::6（全DR/BDR）	ff02::a
適用規模	小規模	中規模～大規模	中規模

表4.3.1 • IGPはRIP、OSPF、EIGRPの3つ

■ RIP

RIP（Routing Information Protocol）はディスタンスベクター型のルーティングプロトコルです。その歴史は古く、現在の環境ではOSPFやEIGRPへの移行が進んでいます。これから作るネットワークでわざわざ好き好んでRIPを使用することはありません。

RIPは、ルーティングテーブルそのものを定期的にやりとりしあうことで、ルーティングテーブルを作ります。動きはとてもわかりやすいのですが、ルーティングテーブルが大きくなればなるほど、余計なネットワーク帯域を消費し、収束にも時間がかかるため、大規模なネットワーク環境には不向きです。

メトリックには「ホップ数」を使用します。ホップ数は、宛先ネットワークに行くまでに経由するルーターの数を表していて、ルーターを経由すればするほど遠くなります。これもまたシンプルでわかりやすいのですが、たとえば経路の途中で帯域幅が小さい場合でも、あくまでホップ数が少ないルートを最適ルートと判断してしまう問題があります。

RIPは、IPのバージョンによって使用するプロトコルが異なります。IPv4環境ではRFC2453「RIP Version 2」で標準化されている「**RIPv2**」を使用します。IPv6環境ではRFC2080「RIPng for IPv6」で標準化されている「**RIPng**」を使用します。

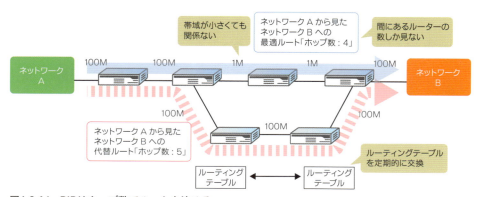

図4.3.14 • RIPはホップ数でルートを決める

■ OSPF

OSPF（Open Shortest Path Fast）はリンクステート型のルーティングプロトコルです。古くからRFCで標準化されている伝統的なルーティングプロトコルということもあって、複数のベンダーが混在する中〜大規模のネットワーク環境でよく使用されます。

OSPFは、各ルーターがリンクの状態や帯域幅、IPアドレス、サブネットマスクなどいろいろな情報を交換しあって、「**リンクステートデータベース（LSDB）**」を作ります。そして、そこから最適なルート情報を計算し、ルーティングテーブルを作ります。前項のRIPでは定期的にルーティングテーブルを送りあいますが、OSPFは変更があったときだけ更新をかけます。また、通常時はHelloパケットという小さなパケットを送信して、相手が正常に動作しているかどうかだけを確認しているため、必要以上に帯域を圧迫することはありません。OSPFでポイントとなる概念が「**エリア**」です。いろいろな情報を集めて作られるLSDBが大きくなりすぎないように、ネットワークをエリアに分けて、同じエリアのルーターだけでLSDBを共有するようにしています。

メトリックには「コスト」を使用します。コストは、デフォルトで「100÷帯域幅（Mbps）[1]」に当てはめて整数値として算出され、ルーターを越えるたびに出力インターフェースで加算されます。したがって、ルートの帯域幅が大きければ大きいほど、最短ルートになりやすくなります。ルーターが学習したルートのコストがまったく同じだった場合は、コストが同じルートをすべて使用して、通信を負荷分散します。このような動作を「**ECMP（Equal Cost Multi Path、イコールコストマルチパス）**」といいます。ECMPは耐障害性の向上と、帯域の拡張を兼ねることができ、たくさんのネットワーク環境で使用されています。

OSPFは、IPのバージョンによって使用するプロトコルが異なります。IPv4環境ではRFC2328「OSPF Version 2」で標準化されている「**OSPFv2**」を使用します。IPv6環境ではRFC5340「OSPF for IPv6」で標準化されている「**OSPFv3**」を使用します。

＊1：コストは整数値で算出されるため、100Mbps以上のインターフェースはすべて同じ値になってしまいます。そこで、最近は分子の「100」を大きくするのが一般的です。

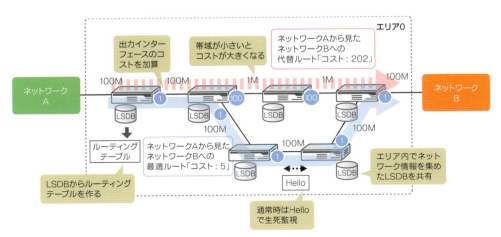

図4.3.15 ● OSPFはコストでルートを決める

■ EIGRP

EIGRP（Enhanced Interior Gateway Routing Protocol）はディスタンスベクター型プロトコルを拡張したものです。もともと Cisco 社独自のルーティングプロトコルで、のちに RFC7868「Cisco's Enhanced Interior Gateway Routing Protocol（EIGRP）」で仕様が公開されました。

EIGRP は、RIP や OSPF をいいとこどりしたルーティングプロトコルです。ルーターは最初に自分の持つルート情報を交換しあい、それぞれでトポロジテーブルを作り、そこから最適なルート情報だけを抽出することによって、ルーティングテーブルを作ります。この部分は RIP に少し似ています。そして、変更があったときだけルーティングテーブルの更新がかかります。通常時は Hello パケットという小さなパケットを送信して、相手が正常に動作しているかを判断します。この部分は OSPF に似ています。

メトリックにはデフォルトで「帯域幅」と「遅延」を使用します。帯域幅は「10,000 ÷ 最小帯域幅（Mbps）」の公式に当てはめて算出します。宛先ネットワークまでのルートの中で最も小さい値を採用して計算します。遅延は「マイクロ秒（μsec）÷ 10」の公式に当てはめて算出します。ルーターを越えるごとに出力インターフェース分を加算します。このふたつを足して 256 をかけたものが EIGRP のメトリックになります。EIGRP も OSPF 同様、デフォルトの動作は ECMP です。メトリックがまったく同じだったら、そのルートをすべて使用して通信を負荷分散します。

EIGRP は、IP のバージョンによって使用するプロトコルが異なります。IPv4 環境では「**EIGRP**」を使用します。IPv6 環境では「**EIGRP for IPv6**」を使用します。

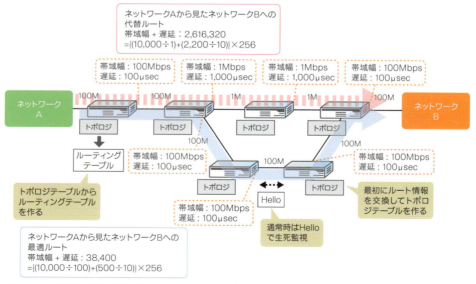

図4.3.16 ● EIGRPは帯域幅と遅延でルートを決める

4-3 IPルーティング

■ EGP は「BGP」一択

EGP は、AS と AS をつなぐときに使用するルーティングプロトコルです[*1]。現在のネットワーク環境では、一般的に「**BGP**（Border Gateway Protocol）」が使われます。なお、現在使用されている BGP がバージョン 4 なので、「BGP4」や「BGPv4」と呼ばれることもあります。

BGP のポイントは、「**AS 番号（ASN）**」「**ルーティングアルゴリズム**」「**ベストパス選択アルゴリズム**」の 3 つです。

[*1]：BGP は AS 内でも使用することができます。AS 内で使用する BGP を「iBGP」、AS 間で使用する BGP を「eBGP」といいます。

■ AS 番号

インターネットは、世界中に存在する AS を、BGP が動作する無数のルーターでつなぐことによって成り立っています。インターネットに送出されたパケットは、ルーターが BGP をやりとりすることで作られた全世界のルート「**フルルート[*1]**」を使用して、バケツリレーのように宛先 IP アドレスを持つ端末に転送されていきます。

AS を識別する番号のことを「**AS 番号**」といいます。AS 番号は 0 ～ 65535 までありますが、「0」と「65535」は予約されていて使用できません。1 ～ 65534 を用途に応じて使用します。

AS番号	用途
0	予約
1 ～ 64511	グローバル AS 番号
64512 ～ 65534	プライベート AS 番号
65535	予約

表4.3.2 ● AS番号

「グローバル AS 番号」は、インターネット上で一意の AS 番号です。パブリック IPv4 アドレスと同じように、IANA とその下部組織（RIR、NIR、LIR）によって管理されていて、ISP やデータセンター事業者、通信事業者などの組織に割り当てられています[*2]。「プライベート AS 番号」は、その組織内であれば自由に使用してよい AS 番号です。

[*1]：2024 年 10 月現在、約 100 万の IPv4 ルートと、約 20 万の IPv6 ルートがあります。
[*2]：ちなみに、日本のグローバル AS 番号は JPNIC によって管理されていて、以下の Web サイトで公開されています。
https://www.nic.ad.jp/ja/ip/as-numbers.txt（2024 年 12 月現在）

■ ルーティングアルゴリズム

BGP はパスベクター型のプロトコルです。経路（パス）と方向（ベクター）に基づいてルートを計算します。ここでいう経路は宛先までに経由する AS を表し、方向は BGP ピア

chapter 4

ネットワーク層

201

（後述）を表しています。宛先までにどれだけのASを経由するかが、最適パス（ベストパス）の判断基準のひとつになります。BGPピアは、ルート情報を交換する相手のことです。BGPは相手（ピア）を指定して、1:1のTCPコネクション（p.269）を作り、その中でルート情報を交換します。BGPピアとルート情報を交換してBGPテーブルを作り、そこから一定のルール（ベストパス選択アルゴリズム）に基づいてベストパスを選択します。そして、ベストパスだけをルーティングテーブルに追加するとともに、BGPピアに伝播します。BGPもOSPFやEIGRPと同様に、変更があったときだけルーティングテーブルの更新がかかります。更新するときはUPDATEメッセージを使用します。また、通常時はKEEPALIVEメッセージで相手が正常に動作しているかを判断します。

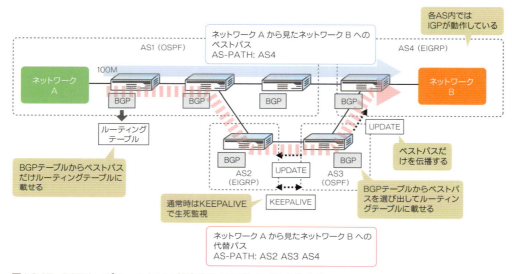

図4.3.17 ● BGPは、デフォルトでは経由するASの数でパスを決める

■ ベストパス選択アルゴリズム

ベストパス選択アルゴリズムは、どのパスを最適パス（ベストパス）として判断するか、そのルールを表しています。インターネットは、地球全体のASをBGPで網目状につなぎ合わせたものです。地球全体をつなぐとなると、国や政治、お金など、さまざまな事情が複雑にかかわります。そんないろいろな状況に柔軟に対応できるように、BGPにはたくさんのルート制御機能が用意されています。BGPのルート制御には、「**アトリビュート**（属性）」を使用します。BGPはUPDATEメッセージの中に、「NEXT_HOP」や「LOCAL_PREF」など、いろいろなアトリビュートを埋め込み、それも含めてBGPテーブルに載せます。その中から、次図のようなアルゴリズムをもとに、ベストパスを選び出します。上から順々に勝負していき、勝敗が決したら、その後の勝負は行いません。そして、選び出したベストパスをルーティングテーブルに追加し、BGPピアに伝播します。

4-3 IPルーティング

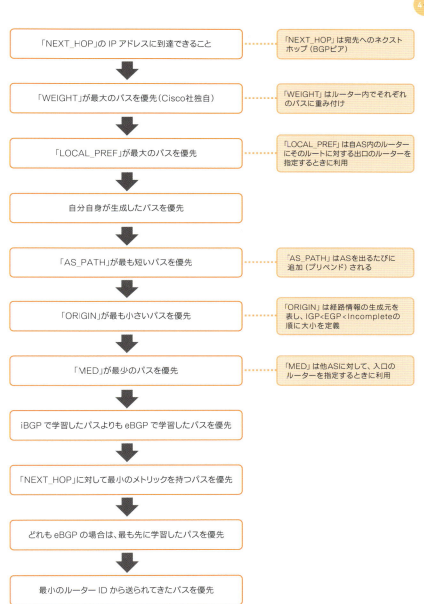

図4.3.18 • ベストパス選択アルゴリズムに基づいて勝負していく

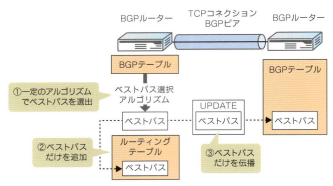

図4.3.19 ● BGPテーブルからベストパスを選ぶ

4.3.4 再配送

　静的ルーティングと動的ルーティングは、「ルートを作る」という点では共通していますが、互換性はありません。また、同じ動的ルーティングであっても、ルーティングプロトコルが違えば、アルゴリズムやメトリックが違うので、互換性はありません。したがって、管理者にとっては、ひとつのルーティングプロトコルで統一したネットワークを構築するのがわかりやすくて理想的です。しかし、現実はそんなに甘くありません。会社が合併したり分割したり、そもそも機器が対応していなかったりと、いろいろな状況が重なりあって、複数のルーティングプロトコルを使用せざるを得ない場合がほとんどです。このようなとき、それぞれをうまく変換して、協調的に動作させる必要があります。この変換のことを「**再配送**」といいます。「再配布」や「リディストリビューション（Redistribution）」と言ったりもしますが、すべて同じです。

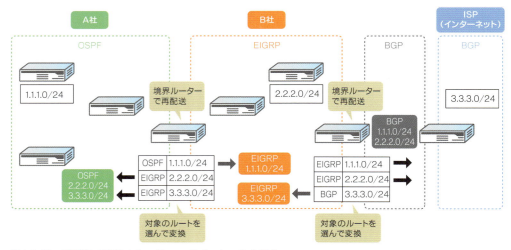

図4.3.20 ● 再配送で複数のルーティングプロトコルを使う

再配送は、異なるルーティングプロトコルが動作する境界のルーターで設定します。境界ルーターは、ルーティングテーブルの中から変換元のルーティングプロトコルで学習したルートを選び出し、変換して伝播します。

4.3.5　ルーティングテーブルのルール

ここまでは、ルーティングテーブルを構成するルートがどのようにして作られるかにポイントを置いて説明してきました。ここからは、出来上がったルーティングテーブルをどのように使用するか説明します。ポイントは、「**ロンゲストマッチ**」「**ルート集約**」「**AD 値**」の 3 つです。

■ より細かいルートが優先（ロンゲストマッチ）

ロンゲストマッチは、宛先 IP アドレスの条件にヒットするルートがいくつかあったとき、サブネットマスクが最も長いルートを使用するというルーティングテーブルのルールです。ルーターは IP パケットを受け取ると、その宛先 IP アドレスを、ルーティングテーブルに登録されているルートと照らし合わせます。このとき、最もよく合致したルート、つまり最もサブネットマスクが長いルートを採用し、そのネクストホップにパケットを転送します。

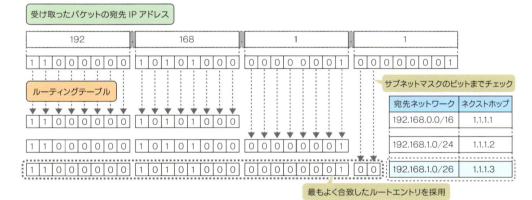

図4.3.21 ● サブネットマスクのビットまでチェックして、最もよく合致したルートを採用

実際のネットワーク環境を例にとって考えてみましょう。図 4.3.22 のように、「192.168.0.0/16」「192.168.1.0/24」「192.168.1.0/26」というルートを持つルーターが、宛先 IP アドレス「192.168.1.1」の IP パケットを受け取ったとします。この場合、すべてのルートが「192.168.1.1」に該当します。しかし、ロンゲストマッチ（最長一致）のルールが適用されるため、サブネットマスクが最も長い「192.168.1.0/26」のルートが選ばれ、「1.1.1.3」に IP パケットが転送されます。

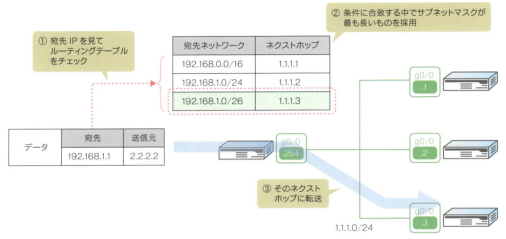

図4.3.22 ● サブネットマスクが最も長いルート情報を採用する

■ ルート集約でルートをまとめる

　複数のルートをまとめることを「ルート集約」といいます。ルーターはIPパケットを受け取ると、ルーティングテーブルにあるルートを検索します。この仕組みは、ルートの数が増えるほど、メモリをたくさん消費し、ルーターの負荷が増えるという課題を抱えています。現代のネットワークは、有限なIPアドレスを効率的に使用するために、クラスレスにサブネット分割されており、ルートの数が増加する傾向にあります。そこで、ルート集約で同じネクストホップを持つルートをまとめ、ルートの数を減らすことによって、メモリを節約し、ルーターの負荷を軽減します。

　ルート集約の方法は意外と簡単で、ネクストホップが同じルートのネットワークアドレスをビットに変換して、共通しているビットまでサブネットマスクを移動するだけです。たとえば、次表のような4つのルートを持つルーターがあったとします。ルート集約をしないと、4つのルートの中から該当するルートを検索する必要があります。

宛先ネットワーク	ネクストホップ
192.168.0.0/24	1.1.1.1
192.168.1.0/24	1.1.1.1
192.168.2.0/24	1.1.1.1
192.168.3.0/24	1.1.1.1

表4.3.3 ● ルート集約前のルート

　これをルート集約してみましょう。前表の宛先ネットワークは、ビットに変換すると次図のようになり、22ビット目までビット配列は同じです。したがって、「192.168.0.0/22」にルート集約することができ、メモリを節約することができます。また、この状態でIPパケットを受け取ると、このルートだけを検索すればよくなり、その分負荷も軽減します。

この例では 4 ルートが 1 ルートに減っただけですが、実際は何十万という数のルートをひとつのルートに集約したりするので、劇的な変化が生まれます。

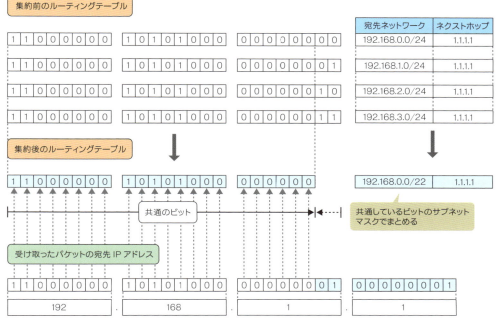

図4.3.23 ● 共通しているビットで集約する

　ルート集約を極限まで推し進めて、すべてのルートをひとつに集約したものが「**デフォルトルート**」です。デフォルトルートは、「**0.0.0.0/0**」(IPv6 の場合は「**::/0**」)のルートです。デフォルトルートが設定されたルーターは、IP パケットを受け取り、特定できるルートがなかったら、デフォルトルートのネクストホップである「**デフォルトゲートウェイ**」にパケットを転送します。

　ちなみに、皆さんが PC に IP アドレスを設定するときにも、「デフォルトゲートウェイ」という項目があるのをご存じでしょうか。PC は、インターネットにアクセスするとき、自分自身が持っているルーティングテーブルを見て、デフォルトゲートウェイにパケットを送信しています。

■ 宛先ネットワークがまったく同じだったら AD 値で勝負！

　AD (Administrative Distance) 値は、ルーティングプロトコルごとに決められている優先度のようなものです。値が小さければ小さいほど、優先度が高くなります。

　まったく同じルートを複数のルーティングプロトコル、あるいは静的ルーティングで学習してしまった場合、ロンゲストマッチが適用できません。そこで AD 値を使用します。

ルーティングプロトコルのAD値を比較し、AD値が小さい、つまり優先度が高いルートだけをルーティングテーブルに登録して、そのルートを優先的に使用するようにします。

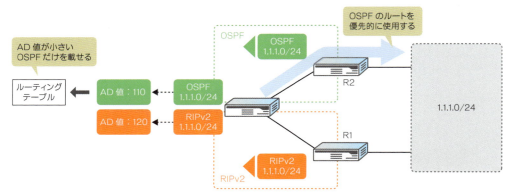

図4.3.24 ● AD値が小さいルートだけをルーティングテーブルに載せる

AD値はネットワーク機器ごとに決められていて、Cisco社製のルーターやL3スイッチでは次表のようになっています。直接接続以外は変更可能です。再配送時のルーティングループ防止やフローティングスタティックルート[1]で使用します。

[1]：ルーティングプロトコルでルート情報を学習できなくなったときだけ静的ルートを使用する、ルートバックアップ手法のひとつ。静的ルートのAD値を高く設定することで実現します。

ルートの学習元 ルーティングプロトコル	AD値 （デフォルト）	優先度
直接接続	0	高い ↑ ↓ 低い
静的ルート	1	
eBGP	20	
内部EIGRP	90	
OSPF	110	
RIPv2	120	
外部EIGRP	170	
iBGP	200	

表4.3.4 ● AD値は小さいほど優先

4.3.6 VRF

「**VRF**（Virtual Routing and Forwarding）」は、1台のルーターに、独立した複数のルーティングテーブルを持たせる仮想化技術です。イメージ的にはVLANのルーターバージョンに近いかもしれません。p.103で説明したとおり、VLANはVLAN IDという数字を使用して、1台のスイッチを仮想的に分割する機能でした。VRFは「**RD**（Route Distinguisher）」という数字を使用して、1台のルーターを仮想的に分割します。

VRFで作成されたルーティングテーブルは、完全に独立しているため、同じIPサブネットを使用しても問題なく動作します。また、RDごとに異なるルーティングプロトコルを動作させることもできます。

最近のルーターはとても高性能になり、ちょっとやそっとのことでは処理不足になることはなくなりました[*1]。VRFを使用すると、いくつかの古いルーターを物理的に1台にまとめることができ、管理台数の削減を図ることができます。

[*1]：もちろん将来的なトラフィック予測に基づく、サイジングは必要です。

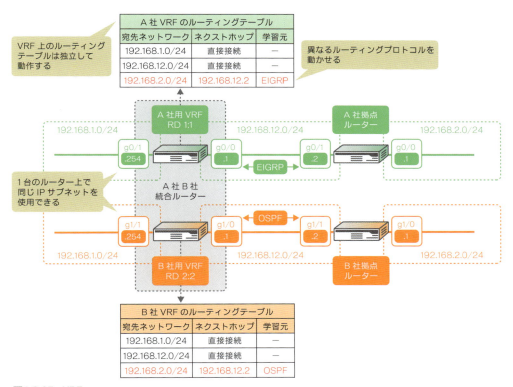

図4.3.25 ● VRF

4.3.7 ポリシーベースルーティング

「**ポリシーベースルーティング**（Policy Based Routing、PBR）」は、その名のとおり、ポリシーに基づいてルーティングを行う技術です。ここまで説明してきたルーティングは、宛先ネットワークに基づいて転送先を切り替える機能でした。ポリシーベースルーティングは、送信元ネットワークや特定のポート番号など、いろいろな条件に基づいて転送先を切り替えます。ポリシーベースルーティングを使用すると、ルーティングテーブルに縛られることなく、幅広く、かつ柔軟な転送処理を行うことができます。その半面、遅延が発生しやすく、かつ処理負荷がかかりやすいというデメリットがあります。そのため、実務

の現場では、基本的に従来のルーティングで設計し、ルーティングではどうしようもない要件があるときだけ、例外的にポリシーベースルーティングを使用するような形で対応することが多いでしょう。

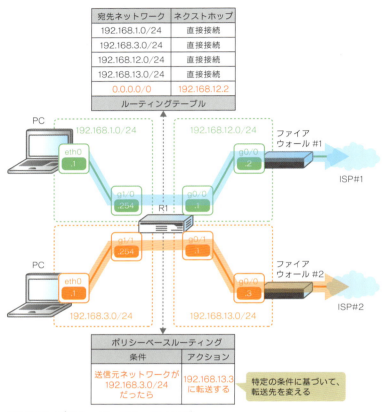

図4.3.26 ● ポリシーベースルーティング

4-4 IPアドレスの割り当て方法

ここからは、IPアドレスをどのように端末（のNIC）に割り当てるかを説明します。IPアドレスの割り当て方法には、大きく**「静的割り当て」**と**「動的割り当て」**の2種類があり、動的割り当てはIPのバージョンによって、さらにいろいろな方式に細分化されています。それぞれ説明しましょう。

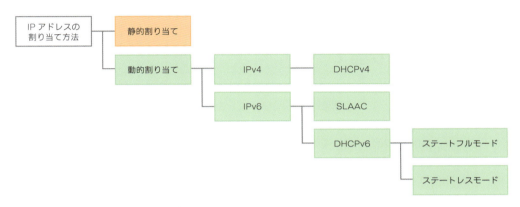

図4.4.1 ● IPアドレスの割り当て方法

4.4.1 静的割り当て

静的割り当ては、端末に対して、一つひとつ手動でIPアドレスを設定する方法です。ネットワークに接続する端末のユーザーは、システム管理者にお願いして、空いているIPアドレスを払い出してもらい、それを設定します。サーバーやネットワーク機器は、IPアドレスがころころ変わると通信に影響が出てしまうので、ほとんどの場合、この割り当て方式を採用します。また、数十人程度の小規模なオフィスのネットワーク環境で、システム管理者がどの端末にどのIPアドレスを設定したかを完全に把握しておきたいようなときも、この割り当て方式を採用します。

静的割り当ては、端末とIPアドレスが一意に紐づくため、IPアドレスを管理しやすいというメリットがあります。たとえば、「このIPアドレスを持つサーバーに対する通信が急増している」や、「このIPアドレスからインターネット上の特定サーバーに対して、変な通信が発生している」のように、なんらかの異変があっても、どの端末であるかを即座に判別できます。その半面、端末の数が多くなればなるほど、どの端末にどのIPアドレスを割り当てたかわからなくなり、管理が煩雑になりやすい傾向にあります。たとえば、何万台もの端末があるLAN環境で、一つひとつIPアドレスを管理することは現実的ではないでしょう。そこで、大規模なLAN環境では、通常、次項の動的割り当てを使用します。

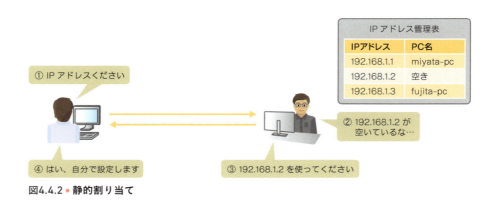

図4.4.2 ● 静的割り当て

4.4.2　動的割り当て

　<mark>動的割り当ては、端末に対して自動でIPアドレスを設定する方法です。</mark>静的割り当てでは、ユーザーがシステム管理者にお願いして、空いているIPアドレスを払い出してもらい、手動で設定しました。動的割り当てでは、これらの処理をすべて「**DHCP**（Dynamic Host Configuration Protocol）」をはじめとするいくつかのプロトコルを駆使して、完全に自動化します。

　動的割り当ては、端末の数が多い大規模なLAN環境でも一元的にIPアドレスを管理することができ、煩雑になりがちなIPアドレス管理の手間を省くことができます。その半面、いつ、どの端末に、どのIPアドレスが設定されたかのかがわかりづらいというデメリットがあります[*1]。

*1：特に、過去の割り当て履歴を追わなくてはならない場合に面倒です。

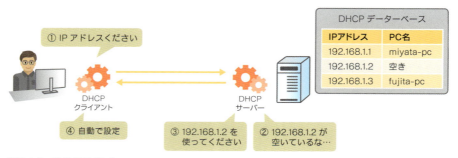

図4.4.3 ● 動的割り当て

　動的割り当ては、IPv4とIPv6で割り当て方法が異なります。それぞれ説明しましょう。

■ IPv4 アドレスの動的割り当て

　IPv4 アドレスの動的割り当てには「**DHCPv4**（Dynamic Host Configuration Protocol version 4）」を使用します。DHCPv4 は、DHCPv4 サーバーから端末に対して、ネットワークに接続するために必要な設定（IPv4 アドレス、デフォルトゲートウェイ、DNS[1] サーバーの IPv4 アドレスなど）を配布するプロトコルです。
　DHCPv4 は、ブロードキャストとユニキャストの両方を駆使しつつ、UDP[2]（p.257）でやりとりを行います。まず、DHCPv4 クライアント[3] は、「誰かネットワークの設定をくださーい」とブロードキャストで同じネットワークにいるみんなに問い合わせます。すると、DHCPv4 サーバーが「この設定を使ってくださーい」とユニキャストで応答します。DHCPv4 クライアントはその情報をもとに各種設定を行います。

＊1：DNS はドメイン名を IP アドレスに変換するプロトコルです。p.376 から説明します。
＊2：具体的には、サーバー側で UDP の 67 番、クライアント側で UDP の 68 番を使用します。ポート番号については p.258 から説明します。
＊3：ほぼすべての OS が DHCP クライアントの機能を標準で搭載しているので、DHCP クライアント＝ OS と考えて問題ありません。

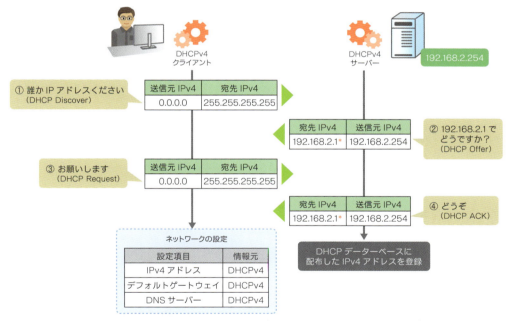

＊：DHCP Offer と DHCP ACK は、DHCP Discover に含まれるブロードキャストフラグの値によって、ブロードキャストになる場合とユニキャストになる場合があります。ブロードキャストフラグが「0」の場合はこの図のようにユニキャストになり、「1」の場合は、宛先 IPv4 アドレスが「255.255.255.255」のブロードキャストアドレスになります。

図4.4.4 ● DHCPv4

■ IPv6アドレスの動的割り当て

IPv6アドレスの動的割り当て方法には、「**SLAAC**（Stateless Address Auto Configuration）」と「**DHCPv6**」の2種類があります。それぞれ説明しましょう。

■ SLAAC

SLAACは、ルーターから配布されるネットワーク情報（サブネットプレフィックスやDNSサーバーのIPv6アドレス[1]など）をもとに、IPv6アドレスを自動設定する機能のことです。RFC4862「IPv6 Stateless Address Autoconfiguration」で標準化されています。SLAACは、マルチキャストとユニキャストの両方を駆使しつつ、ICMPv6（p.238）でやりとりを行います。まず、SLAACクライアント[2]は「**RS**（Router Solicitation）」というマルチキャスト[3]のICMPv6パケットを使用して、「ネットワークの情報をくださーい」と同じネットワークにいるすべてのルーターに問い合わせます。すると、ルーター（SLAACサーバー）は「**RA**（Router Advertisement）」というユニキャストのICMPv6パケットを応答します。これらのやりとりは、最初のマルチキャスト以外はすべてリンクローカルアドレスを使用して行われます。SLAACクライアントは、その情報をもとに64ビットのプレフィックス長を持つIPv6アドレスを自動生成し、あわせてデフォルトゲートウェイやDNSサーバーのIPv6アドレスなどの各種設定を行います。

*1：RAでDNSサーバー（キャッシュサーバー）のIPv6アドレスを配布するには、RDNSSオプション（RFC8106）に対応している必要があります。
*2：ほぼすべてのOSがSLAACクライアントの機能を標準で搭載しているので、SLAACクライアント＝OSと考えて問題ありません。
*3：「ff02::2」がすべてのルーターを表すマルチキャストアドレスです。

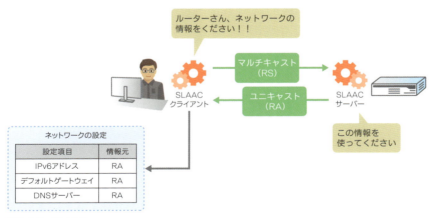

図4.4.5 ● SLAAC

■ DHCPv6

DHCPv6（Dynamic Host Configuration Protocol version 6）は、DHCPサーバーから端末に対してIPv6アドレスを配布するという点では、DHCPv4と同じです。しかし、両

者に互換性はなく、完全に別物です。UDPを使用しますが、ポート番号も異なります[*1]。また、DHCP単体で動作するわけではなく、RS/RAと連携しつつ動作します。DHCPv6クライアントは、ルーターとRS/RAをやりとりした後、マルチキャスト[*2]のDHCPv6パケットを使用してDHCPv6サーバーを探します。するとDHCPv6サーバーは、求められた情報を返します。これらのやりとりは、マルチキャスト以外はすべてリンクローカルアドレスを使用して行われます。

　また、DHCPv6には、「**ステートフルモード**」と「**ステートレスモード**」の2種類があります。ステートフルモードは、DHCPv6サーバーがDNSサーバーのIPv6アドレスなどのオプション的な設定だけでなく、IPv6アドレスもあわせて配布します。それに対して、ステートレスモードは、DHCPv6サーバーがオプション的な設定のみを配布し、IPv6アドレスはSLAACで自動生成します。なお、デフォルトゲートウェイに関しては、いずれのモードでもRAの情報をもとに設定します。

[*1]：具体的には、サーバー側でUDPの547番、クライアント側でUDPの546番を使用します。ポート番号についてはp.258から説明します。
[*2]：「ff02::1:2」がすべてのDHCPv6サーバーを表すマルチキャストアドレスです。

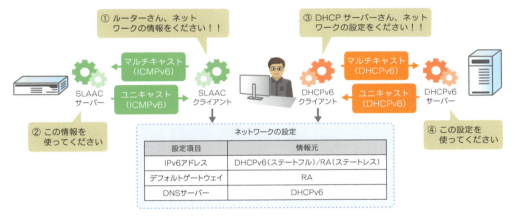

図4.4.6 ● DHCPv6

> **NOTE**
>
> ### IPv6の動的割り当ての現状
>
> 　IPv6の動的割り当ては、ただでさえRS/RAとDHCPが絡み合って複雑です。さらに一筋縄ではいかないのはここからです。端末のOSやそのバージョンによってできたりできなかったり、また、ネットワーク機器が対応していたりしていなかったり、対応がまちまちなのです。たとえば、Windows OSはWindows 10 v1703で初めてRAのRDNSSオプション（p.214）に対応しました。また、Androidは2024年12月時点でDHCPv6に対応していません。実務の現場においては、使用する可能性のある端末の対応状況を見極めたうえで、ネットワーク機器を選定し、どの方式をどのように採用するか検討する必要があるでしょう。

4.4.3 DHCP リレーエージェント

　DHCP は、DHCPv4 も DHCPv6 も、クライアントとサーバーが同じネットワーク（VLAN、ブロードキャストドメイン）にいることを前提として動作するようになっています。しかし、ネットワークがたくさんある環境で、一つひとつ DHCP サーバーを用意するのは現実的とは言えません。そこで、DHCP には「**DHCP リレーエージェント**」という機能が用意されています。DHCP リレーエージェントは、DHCP パケットをユニキャストに変換する機能で、DHCP クライアントからひとつ目（1 ホップ目）にあるルーターで有効にします。ユニキャストになるので、異なるネットワークに DHCP サーバーがあったとしても、IP アドレスを配布することができます。また、ネットワークがたくさんあっても、1 台の DHCP サーバーでまかなうことができます。

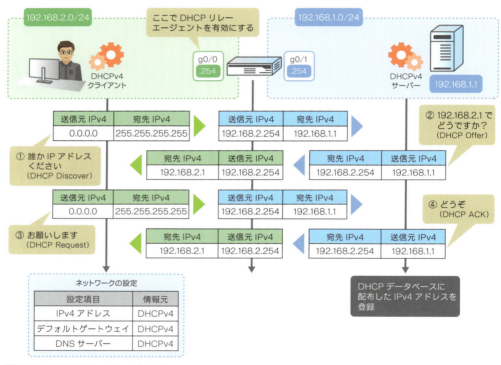

図4.4.7 ● DHCPリレーエージェント

4-5 NAT

IPアドレスを変換する技術を「**NAT**（Network Address Translation）」といいます。NATを使用すると、不足しがちなパブリックIPv4アドレスを節約できたり、同じネットワークアドレスを持つシステム間で通信ができるようになったりと、IP環境に潜在するいろいろな問題を解決することができます。NATは、変換前後のIPアドレスやポート番号を「**NATテーブル**」というメモリ上のテーブル（表）で紐づけて、管理します。NATは、NATテーブルありきで動作します。

NATには、広義のNATと狭義のNATが存在します。広義のNATは、IPアドレスを変換する技術全般を表しています。本書では、広義のNATのうち「静的NAT（狭義のNAT、1:1 NAT）」「NAPT」「CGNAT」について説明します。

図4.5.1 ● いろいろなNAT

4.5.1 静的NAT

静的NAT（Static NAT）は、内部と外部[1]のIPアドレスを1:1に紐づけて変換します。「1:1 NAT」とも呼ばれていて、いわゆる狭義のNATはこの静的NATのことを指します。

静的NATは、あらかじめNATテーブルに内部のIPアドレスと外部のIPアドレスを一意に紐づけるNATエントリ（行）を設定しておきます。外部から内部にアクセスするときには、そのNATエントリに従って、宛先IPアドレスを変換します。逆に、内部から外部にアクセスするときには、送信元IPアドレスを変換します。静的NATは、サーバーをインターネットに公開するときや、特定の端末が特定のIPアドレスでインターネットとやりとりしたいときなどに使用します。

[1]：LAN内にあるシステムの境界でNATを使用することもあるため、「内部」と「外部」という言葉を使用しています。内部と外部という言葉がイメージしづらい方は、内部＝LAN、外部＝インターネットと読み替えてください。

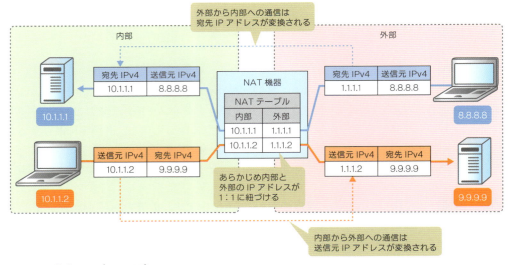

図4.5.2 ● 静的NAT（1:1 NAT）

4.5.2 NAPT

「**NAPT**（Network Address Port Translation）」は、内部と外部の IP アドレスを n:1 に紐づけて変換します。「IP マスカレード」や「PAT（Port Address Translation）」と呼ぶこともありますが、すべて同じです。

NAPT は、内部の IP アドレス＋ポート番号（p.258）と外部の IP アドレス＋ポート番号を一意に紐づける NAT エントリを、NAT テーブルに動的に追加・削除します。内部から外部にアクセスするときに、送信元 IP アドレスだけでなく、送信元ポート番号まで変換します。どの端末がどのポート番号を利用しているかを見てパケットを振り分けているので、n:1 に変換することができます。

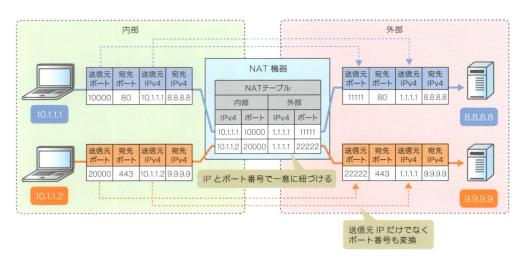

図4.5.3 ● NAPT（IPマスカレード、PAT）

家庭で使用されている Wi-Fi ルーターや、テザリングをしているスマートフォンは、この NAPT を使用して、PC をインターネットに接続しています。最近では、PC だけでなく、スマートフォンやタブレット端末、家電製品など、たくさんの機器が IPv4 アドレスを持ち、インターネットに接続するようになりました。これら一つひとつに世界中で一意のパブリック IPv4 アドレスを割り当てていたら、アドレスがすぐになくなってしまいます。そこで、NAPT を使用して、パブリック IPv4 アドレスを節約します。

4.5.3 CGNAT

「**CGNAT**（Carrier Grade NAT）」は、NAPT を通信事業者や ISP で使用できるように拡張したものです。これらの業者は、数百万から数千万規模の加入者を、効率的かつ透過的にインターネットに接続できるようにする必要があります。CGNAT は、前述の NAPT に、ポート割り当て機能や EIM/EIF 機能（フルコーン NAT）、コネクションリミット機能など、通信事業者や ISP に必要な機能を加えて、拡張しています。

皆さんはスマートフォンの LTE アンテナに割り当てられている IP アドレスを見たことがありますか。日本国内の大手携帯キャリアであれば、IPv6 アドレスとともに、プライベート IPv4 アドレス（10.x.x.x）や予約済み IPv4 アドレス（192.0.0.x）[1] が割り当てられているはずです。あなたのスマートフォンのパケットも、IPv4 サーバーにアクセスするときは各携帯キャリアのネットワークでパブリック IPv4 アドレスに CGNAT されて、インターネットへ出て行っています。

*1：特定の用途に使用するために予約されている IPv4 アドレスです。

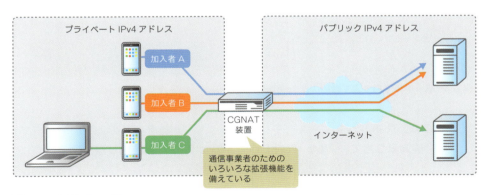

図4.5.4 ● CGNATの一例

> **NOTE** ここからの解説について
>
> ここからは、CGNAT が持つ代表的な機能をいくつか説明します。CGNAT は NAPT よりさらに一歩進んだ知識が必要になります。無理に理解しようとせず、今の自分に必要ないと感じたならば、さらっと読み飛ばしてください。

■ ポート番号割り当て機能

　NAPT は、ポート番号を割り当てることによって、内部と外部の IP アドレスを n:1 に紐づけて変換する技術でした。この技術は、ユーザーの数がそこまで多くない家庭やオフィスであれば、特に問題なく動作するでしょう。しかし、数十万から数百万もの加入者が同時に接続する通信する通信事業者ともなると話は別です。ひとつの IPv4 アドレスにつき割り当てることができるポート番号は、64,512（65,535 － 1,024 ＋ 1）個に限られるため[*1]、一瞬にして枯渇し、通信できなくなります。そこで、CGNAT は、複数のパブリック IPv4 アドレス（外部 IP アドレス）を「IP アドレスプール」というまとまりで管理し、n:n に紐づけます。これにより、大量の加入者に安定した通信を提供できるようになります。

＊1：ポート番号については第 5 章で詳しく説明します。

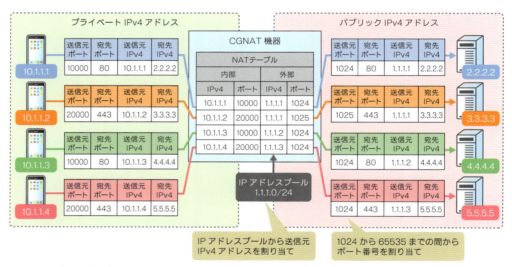

図4.5.5 ● ポート番号割り当て機能

　CGNAT は、IP アドレスプールとそれに紐づくポート番号をどのように割り当てるかによって、「**静的割り当て**」「**PBA**（Port Block Allocation）」「**動的割り当て**」の 3 つに分類できます。どの割り当て手法を採用するかは、どれだけの加入者を詰め込めるかを表す「集約効率」と、加入者を特定する「ログの出力量」というふたつの観点から決めていきます。

■ 静的割り当て

　静的割り当ては、加入者にあらかじめ決められた数のポート番号を静的に割り当てる手法です。加入者の使用状況にかかわらず「ここからここまではこのユーザーが使用する」という形でポート番号を割り当てます。静的割り当ては、PBA や動的割り当てと比較して集約効率が悪いものの、誰（どのプライベート IPv4）が、どのパブリック IPv4 アドレスとポート番号を使用しているかをログとして記録する必要がないため、ログの量が少なくて済みます。

■ PBA

PBA（Port Block Allocation）は、静的割り当てと動的割り当ての中間に位置している手法で、加入者に指定したポートブロック（ポート番号の範囲）を動的に割り当てる手法です。静的割り当てと比較して集約効率が高いものの、ログを取得する必要があります。また、動的割り当てと比較して集約効率が低いものの、ログの出力量を抑制できます。

■ 動的割り当て

動的割り当ては、加入者にポート番号を動的に割り当てる手法です。割り当てられているすべてのポート番号を有効活用できるため、集約効率を高められる一方で、いつ、誰（どのプライベート IPv4 アドレス）が、どのパブリック IPv4 アドレスとポート番号を使用しているか、すべてログとして記録する必要があるため、大量のログを出力します。

3 つの割り当て手法のイメージは、次図のようになります。この図は、ひとつの IPv4 アドレスに割り当てられたポート番号を、それぞれどのように使用するかを表しています。

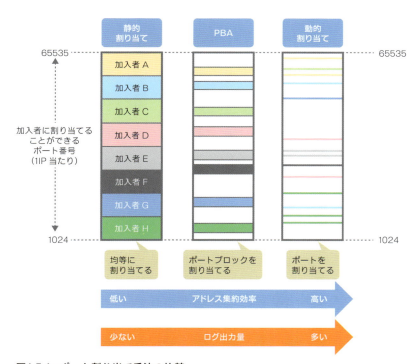

図4.5.6 ● ポート割り当て手法の比較

■ EIM/EIF 機能（フルコーン NAT）

「**EIM**（Endpoint Independent Mapping）」は、宛先が違っても、同じ送信元 IPv4 アドレスと送信元ポート番号を持つ通信には、一定時間同じプールアドレスとポート番号を割り当て続ける機能です。また、「**EIF**（Endpoint Independent Filter）」は、EIM によって割り当てられたプールアドレスとポート番号に対するインバウンドコネクション（インターネットからの通信）を一定時間受け入れる機能です。EIM と EIF を有効にしている NAT のことを「**フルコーン NAT**」といいます。

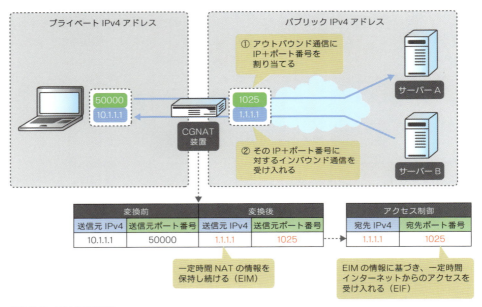

図4.5.7 • EIM/EIF機能

　最近のゲームのオンライン対戦は、サーバーで対戦相手をマッチングした後、P2P（ピアツーピア）[1] で通信します。CGNAT 配下の加入者端末は、プライベート IPv4 アドレスしか持っていないため、インターネットを経由して直接 P2P で通信することができません。フルコーン NAT を使用すると、一定時間同じ送信元 IPv4 アドレスと送信元ポート番号が割り当てられ、それに対する通信が一定時間許可されます。あたかもその加入者端末がパブリック IPv4 アドレスを持っているかのように透過的に動作し、P2P で通信することができます[2]。

[1]：サーバーを介さず、ユーザー端末同士で直接やりとりする方式のことです。
[2]：実際は、p.225 で説明する STUN と連携することによって、P2P 通信を実現します。

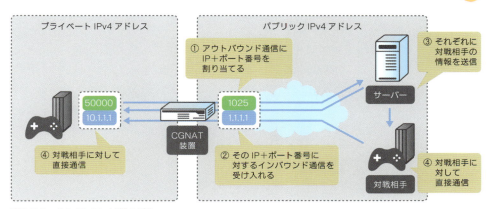

図4.5.8 ● オンライン対戦の流れ

ヘアピンNAT

「**ヘアピンNAT**」は、同じCGNAT装置の配下にいる加入者端末間で、**パブリックIPv4アドレスを介した折り返し通信を実現する機能です。**基本的な概念は、前述したフルコーンNATと大きく変わりません。フルコーンNATがCGNAT装置の外にいる端末との通信を想定しているのに対し、ヘアピンNATは同じCGNAT装置の配下にいる端末間の通信を想定しています。

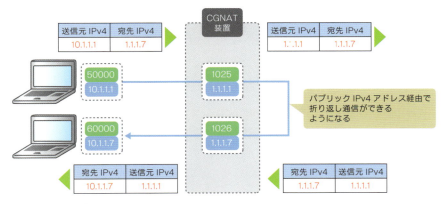

図4.5.9 ● ヘアピンNAT

コネクションリミット

「**コネクションリミット**」は、1台の加入者端末が使用できるポート数を制限する機能です。1台の加入者端末が湯水のようにポートを使用してしまうと、いくらポート数があっても足りません。そこで、1台のユーザー端末が使用できるポート数に制限を設け、可能なかぎりすべての加入者が公平にポートを使用できるようにします。

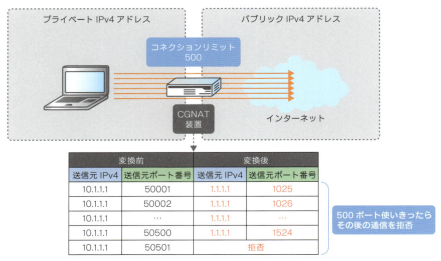

図4.5.10 ● コネクションリミット

4.5.4 NATトラバーサル（NAT越え）

NAT配下の端末は、プライベートIPv4アドレスしか持っていないため、インターネットを経由して直接通信することはできません。そこでNATには、NAT機器を越えて端末同士を直接通信させるための「**NATトラバーサル**（NAT越え）」という技術があります。NATトラバーサルは、大きく「**ポートフォワーディング**」「**UPnP**」「**STUN**」「**TURN**」に分類することができます。

■ ポートフォワーディング

ポートフォワーディングは、特定のIPv4アドレス/ポート番号に対する通信を、あらかじめ設定しておいた内部の端末に転送する機能です。内部（LAN）にいるサーバーを外部（インターネット）に公開するときなどに使用します。

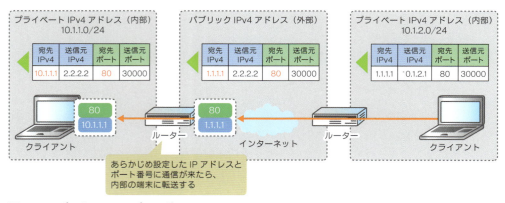

図4.5.11 ● ポートフォワーディング

UPnP

UPnP（Universal Plug and Play）は、端末からのリクエストによって、自動的にポートフォワーディングできる機能のことです。端末は、ネットワークに接続すると、ルーターを探索し、ポートフォワーディングを要求します。ルーターはその要求に応じて、動的にポートフォワーディングします。

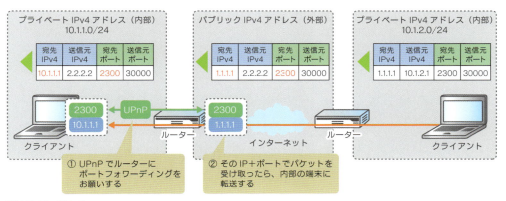

図4.5.12 • UPnP

STUN

STUN（Session Traversal Utilities for NATs）は、UDPを使用して、外部（インターネット）から内部（LAN）に対する通信を許可する機能です。「UDPホールパンチング」とも呼ばれていて、Nintendo SwitchのNATタイプ判定などで使用されています。端末が内部（LAN）から外部（インターネット）にUDPパケットを送信すると、ほとんどのルーターは、応答パケットのために、外部から内部に対する通信を一定時間許可します。その性質を応用します。まず、それぞれの端末はSTUNサーバーとUDPパケットをやりとりして、自分と通信相手のパブリックIPv4アドレスとポート番号を認識します。また、あわせてこのとき、ルーターではそれぞれそのパブリックIPv4アドレスとポート番号に対する通信が一定時間許可されます。それぞれの端末は、そのパブリックIPv4アドレスとポート番号に対してアクセスすると、直接通信することができます。

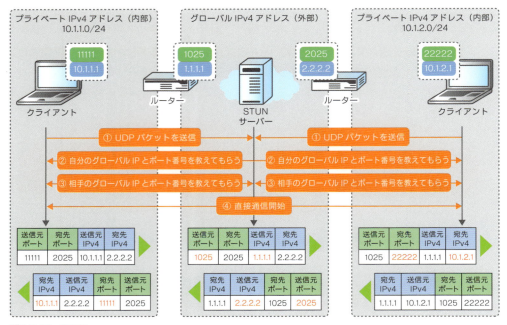

図4.5.13 • STUN

■ TURN

<mark>TURN（Traversal Using Relay around NAT）は、TURN サーバーを介した通信機能のことです。</mark>それぞれの端末は TURN サーバーにアクセスし、TURN サーバーを介してお互いにやりとりします。直接通信ではないので、多少の通信遅延は発生しますが、STUN よりもお手軽なのが魅力です。

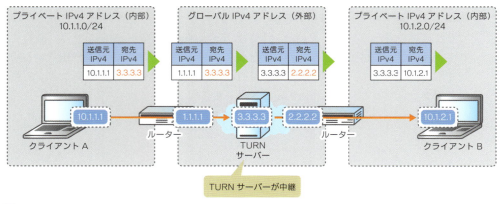

図4.5.14 • TURN

このうちどの方式を使用するかはアプリケーション次第です。アプリケーションによっては、起動するときにいくつかの方式を試し、より接続しやすい方式を使用します。

4-6 IPv4 と IPv6 の共存技術

本章の冒頭で述べたとおり、IPv4 と IPv6 は同じ IP とはいえ直接的な互換性はなく、まったく似て非なるものです。そこで、IP にはふたつのバージョンを共存させるために、「**デュアルスタック**」「**DNS64/NAT64**」「**トンネリング**」という 3 つの技術が用意されています。それぞれ説明しましょう。

4.6.1 デュアルスタック

デュアルスタックは、ひとつの端末に IPv4 アドレスと IPv6 アドレスの両方を割り当てる技術です。IPv4 端末と通信するときは IPv4 アドレスを使用し、IPv6 端末と通信するときは IPv6 アドレスを使用します。デュアルスタックは、IPv4 アドレスをそのまま使用できるため、新しく IPv6 に対応したいときでも、既存の IPv4 環境に影響が少ないというメリットがあります。その半面、IPv4 と IPv6 の両方を運用管理する必要があるため、両方の運用負荷がかかるというデメリットがあります。

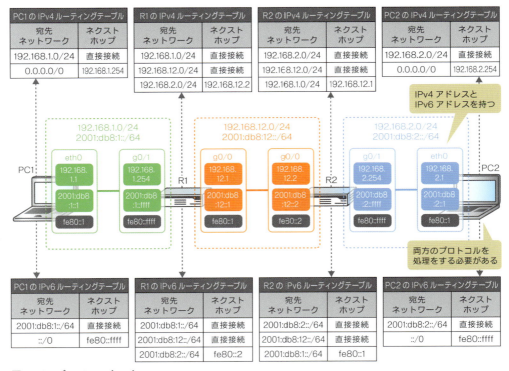

図4.6.1 ● デュアルスタック

4.6.2 DNS64/NAT64

DNS64/NAT64 は、DNS サーバーの機能を利用して、IPv6 端末が IPv4 端末と通信できるようにする技術です。たとえ自分のネットワークを IPv6 オンリーの環境にしたとしても、通信相手が IPv6 アドレスに対応しているとはかぎりません。そこで、DNS と NAT の合わせ技で、通信を可能にします。

DNS については第 6 章で詳しく説明しますが、とりあえずドメイン名[*1]と IP アドレスを紐づけるプロトコルとだけ認識しておいてください。また、DNS64/NAT64 は、少し処理がややこしいので、一気に理解しようとせず、第 6 章で DNS を学習してから再度読み返すことをお勧めします。

さて、少し前置きが長くなりましたが、実際の処理の流れを見ていきましょう。ここでは、IPv6 端末が「1.1.1.1」の IPv4 アドレスを持つ「www.example.com」にアクセスする場合を例に説明します。

① IPv6 端末は「www.example.com」の IPv6 アドレス（AAAA レコード）を DNS サーバーに問い合わせます。「www.example.com の IPv6 アドレスを教えてください」と聞いているようなイメージです。

② DNS サーバーは「www.example.com」に関しては IPv4 アドレス（A レコード）しか持っていません。それを 16 進数に変換して、「64:ff9b::/96」[*2]の後ろの 32 ビットに埋め込み、AAAA レコードとして IPv6 端末に返します。「www.example.com」の IPv4 アドレスは「1.1.1.1」なので、「64:ff9b::101:101」を AAAA レコードとして返します。このステップが DNS64 の処理です。

③ IPv6 端末は、受け取った AAAA レコードの IPv6 アドレス「64:ff9b::101:101」にアクセスします。

④ NAT 装置（ルーター）は、宛先 IPv6 アドレスが「64:ff9b::/96」のパケットを受け取ると、IPv4 端末宛ての通信と判断します。そして、宛先 IPv6 アドレスから宛先 IPv4 アドレスを抽出します。また、あわせて送信元 IPv4 アドレスを任意のパブリック IPv4 アドレスに変換します。このステップが NAT64 の処理です。

*1：ドメイン名は、URL に含まれる「www.google.com」や「www.yahoo.co.jp」や、メールアドレスに含まれる「gmail.com」など、サーバーの住所を表す名前のことです。
*2：「64:ff9b::/96」は、DNS64 用に予約されているネットワークです。

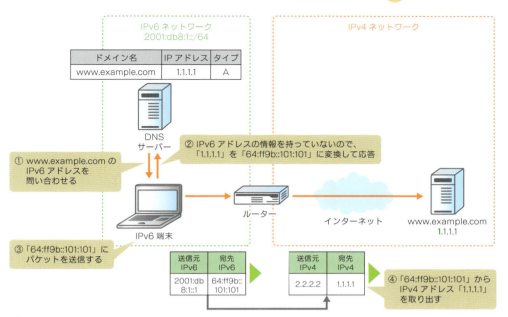

図4.6.2 ● DNS64/NAT64

4.6.3 トンネリング

<mark>トンネリングは、IPv6 ネットワークを経由して IPv4 パケットを届ける、あるいはその逆に、IPv4 ネットワークを経由して IPv6 パケットを届ける技術です。</mark>前者を「**IPv4 over IPv6**」、後者を「**IPv6 over IPv4**」といいます。

　端末同士が同じネットワークで直接つながっておらず、経路の途中に異なる IP バージョンのネットワークがあるときに使用され、オリジナルバージョンの IP パケットを、経由するバージョンでカプセル化することによって実現しています。

　では、実際の処理の流れを見ていきましょう。ここでは、IPv4 端末が IPv6 ネットワークを介して IPv4 パケットを送信する場合、つまり IPv4 over IPv6 を例に説明します。

(1) IPv4 端末 A は、デフォルトゲートウェイであるルーターに対して IPv4 パケットを送信します。

(2) ルーターは受け取った IPv4 パケットを IPv6 でカプセル化して、対向のルーターに送信します。

(3) 対向のルーターは IPv6 パケットから元の IPv4 パケットを取り出して、IPv4 端末 B に送信します。

(4) IPv4 端末 B は、元の IPv4 パケットを受け取ります。

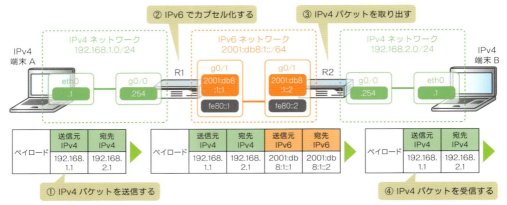

図4.6.3 ● トンネリング（IPv4 over IPv6の場合）

　トンネリングは、IPoE（p.151）でインターネットに接続するときに一般的に使用します。IPoEで接続するNGN網は、IPv6にしか対応していないため、そのままではIPv4サイトにアクセスできません。そこで、Wi-FiルーターとVNEが用意したルーター（トンネル終端装置）の間にIPv4 over IPv6トンネルを作り、IPv4サイトにアクセスします。

　IPoE接続におけるIPv4 over IPv6トンネルは、どこでパブリックIPv4アドレスにNATされるかによって、さらに「**DS-Lite**（Dual-Stack Lite）」と「**MAP-E**（Mapping of Addresses and Ports with Encapsulation）」という2つの接続方式に大別できます。DS-Liteは、Wi-Fiルーター（B4）でトンネリングされた後、VNE側のルーター（AFTR）でパブリックIPv4アドレスにNAT（CGNAT）されて、インターネットに出ていきます。対して、MAP-Eは、Wi-Fiルーター（CE、Customer Edge）でパブリックIPv4アドレスにNAT（NAPT[1]）＋トンネリングされた後、VNE側のルーター（BR、Border Relay）を経由してインターネットに出ていきます。どちらの接続方式を使用するかは、トンネル接続するVNEによって異なります。たとえば、インターネットマルチフィードはDS-Liteを使用しています。JPIXはMAP-Eを使用しています。

＊1：CEには、他のCEと共有しているパブリックIPv4アドレスと、異なるポート番号の範囲が割り当てられます。そのパブリックIPv4アドレスとポート番号にNAPTされ、IPv4 over IPv6トンネルの送信元IPv6アドレスに埋め込まれます。

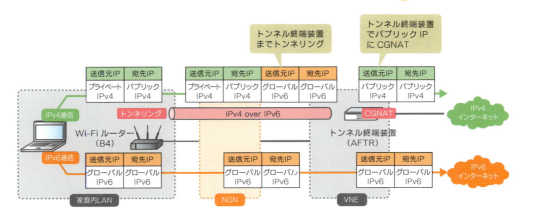

図4.6.4 • DS-Lite

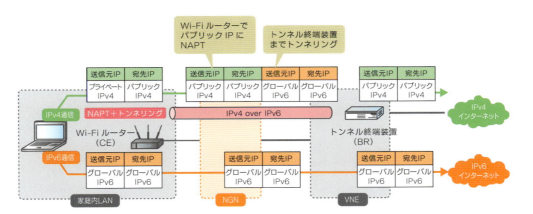

図4.6.5 • MAP-E

chapter
4-7 ICMPv4

　ネットワーク層のプロトコルとして、もうひとつ。IPほどは光が当たりませんが、縁の下の力持ち的にIPを助けているプロトコルが「**ICMP**（Internet Control Message Protocol）」です。ICMPは、IPレベルの通信を確認したり、いろいろなエラーを通知したりと、IPネットワークにおいて、なくてはならない非常に重要な役割を担っています。ITシステムに関わっている人であれば、一度は「ping」という言葉を耳にしたことがあるでしょう。pingはICMPパケットを送信するときに使用する、ネットワーク診断プログラム（ネットワーク診断コマンド）です。

　ICMPは、IPv4フォーマットで構成されている「**ICMPv4**」と、IPv6フォーマットで構成されている「**ICMPv6**」に大別することができます。本節ではICMPv4について説明します。

4.7.1　ICMPv4 のパケットフォーマット

　ICMPは、その名のとおり、「インターネット（Internet）を制御（Control）するメッセージ（Message）をやりとりするプロトコル（Protocol）」です。中でもICMPv4は、RFC791「INTERNET PROTOCOL」で定義されているIPを拡張したプロトコルとして、RFC792「INTERNET CONTROL MESSAGE PROTOCOL」で標準化されています。RFC792では「ICMP is actually an integral part of IP, and must be implemented by every IP module.（ICMPはIPにおいて必要不可欠な部分であり、すべてのIPモジュールに実装されていなければならない）」と記載されており、どのようなネットワーク端末であっても、IPv4とICMPv4は必ずセットで実装されていなければなりません。

　ICMPv4は、IPv4にICMPメッセージを直接詰め込んだ、プロトコル番号「1」のIPv4パケットです。通信結果を返したり、ちょっとしたエラーの内容を返したりするだけなので、パケットフォーマットはシンプルそのものです。

	0ビット		8ビット	16ビット	24ビット
0バイト	バージョン	ヘッダー長	ToS	パケット長	
4バイト	識別子			フラグ	フラグメントオフセット
8バイト	TTL		プロトコル番号	ヘッダーチェックサム	
12バイト	送信元IPv4アドレス				
16バイト	宛先IPv4アドレス				
20バイト	タイプ		コード	チェックサム	
可変	ICMPv4ペイロード				

図4.7.1 ● ICMPv4のパケットフォーマット

ICMPv4 を構成するフィールドの中で最も重要なのが、メッセージの最初にある「**タイプ**」と「**コード**」です。このふたつの値の組み合わせによって、IP レベルでどのようなことが起きているか、ざっくり知ることができます。タイプとコードの代表的な組み合わせを次表にまとめています。

タイプ		コード		意味
0	Echo Reply	0	Echo reply	エコー応答
3	Destination Unreachable	0	Network unreachable	宛先ネットワークに到達できない
		1	Host unreachable	宛先ホストに到達できない
		2	Protocol unreachable	プロトコルに到達できない
		3	Port unreachable	ポートに到達できない
		4	Fragmentation needed but DF bit set	フラグメンテーションが必要だが、DF ビットが「1」になっていて、フラグメントできない
		5	Source route failed	ソースルートが不明
		6	Network unknown	宛先ネットワークが不明
		7	Host unknown	宛先ホストが不明
		9	Destination network administratively prohibited	宛先ネットワークに対する通信が管理的に拒否（Reject）されている
		10	Destination host administratively prohibited	宛先ホストに対する通信が管理的に拒否（Reject）されている
		11	Network unreachable for ToS	指定した ToS 値では宛先ネットワークに到達できない
		12	Host unreachable for ToS	指定した ToS 値では宛先ホストに到達できない
		13	Communication administratively prohibited by filtering	フィルタリングによって通信が管理的に禁止されている
		14	Host precedence violation	プレシデンス値が違反している
		15	Precedence cutoff in effect	プレシデンス値が低すぎるため遮断された
5	Redirect	0	Redirect for network	宛先ネットワークに対する通信を、指定された IPv4 アドレスに転送（リダイレクト）する
		1	Redirect for host	宛先ホストに対する通信を、指定された IPv4 アドレスに転送（リダイレクト）する
		2	Redirect for ToS and network	宛先ネットワークと ToS 値の通信を、指定された IPv4 アドレスに転送（リダイレクト）する
		3	Redirect for ToS and host	宛先ホストと ToS 値の通信を、指定された IPv4 アドレスに転送（リダイレクト）する
8	Echo Request	0	Echo request	エコー要求
11	Time Exceeded	0	Time to live exceeded in transit	TTL が超過した

表4.7.1 ● 代表的なICMPv4のタイプとコード

4.7.2 代表的なICMPv4の動作

続いて、ICMPv4がどのようにしてIPレベルの通信状態を確認したり、エラーを通知したりしているのか、実際のネットワークの現場における代表的なICMPv4の動作を説明します。ICMPは、ICMPv4でもICMPv6でも、タイプとコードありきです。このふたつのフィールドに着目すると、理解を深めやすいでしょう。

■ Echo Request/Reply

IPレベルの通信状態を確認するときに使用されるICMPv4パケットが、「**Echo Request**（エコー要求）」と「**Echo Reply**（エコー応答）」です。Windows OSのコマンドプロンプトやLinux OSのターミナルでpingコマンドを実行すると、指定したIPv4アドレスに対して、タイプが「8」、コードが「0」のEcho Requestが送信されます。Echo Requestを受け取った端末は、その応答として、タイプが「0」、コードが「0」のEcho Replyを返します。

実際のネットワークの現場では、ほとんどのケースにおいて、トラブルシューティングはping、つまりICMPのEcho Requestから始まります。pingでネットワーク層レベルの疎通を確認して、Echo Replyが返ってくるようであれば、トランスポート層（TCP、UDP）→アプリケーション層（HTTP、SSL、DNSなど）と上位層に向かって疎通を確認します。Echo Replyが返ってこないようであれば、ネットワーク層（IP）→データリンク層（ARP、イーサネット）→物理層（ケーブル、物理ポート、電波環境）と下位に向かって疎通を確認します。

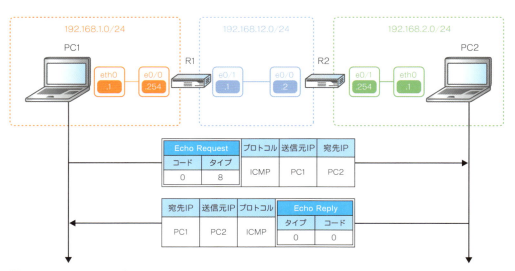

図4.7.2 ● Echo RequestとEcho Reply

Destination Unreachable

IPv4 パケットを宛先 IPv4 アドレスの端末までルーティングできなかったときに、エラーを通知する ICMPv4 パケットが「**Destination Unreachable**（宛先到達不可）」です。IPv4 パケットをルーティングできなかったルーターは、対象となる IP パケットを破棄するとともに、タイプが「3」の Destination Unreachable を送信元 IPv4 アドレスに返します。なお、コードはその破棄した理由によって異なります。

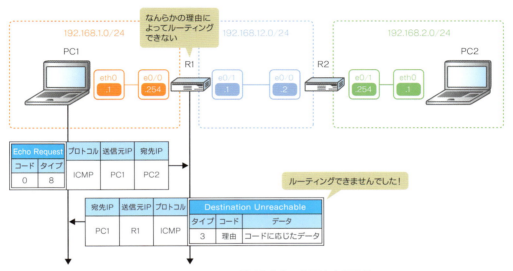

図4.7.3 ● Destination Unreachable でルーティングできなかった理由を伝える

Time-to-live exceeded

IPv4 パケットの TTL（Time To Live）が「0」になって破棄したとき、それを送信元端末に対して通知するパケットが「**Time-to-live exceeded**（以下、TTL Exceeded）」です。TTL Exceeded はルーティングループの防止と通信経路の確認という、ふたつの役割を担っています。それぞれ説明しましょう。

■ ルーティングループの防止

ルーティングの設定ミスによって、IP パケットが複数のルーターを伝ってぐるぐる回る現象のことを「**ルーティングループ**」といいます。イーサネットや Wi-Fi にはループを検知して止めるフィールドがないため、一度ループしてしまうと延々とループし続けるという致命的な弱点があります。一方、IPv4 にはその弱点を克服するフィールドとして、「TTL」があります。

次図のネットワーク構成を例に、ルーティングループと TTL Exceeded の発生メカニズムについて説明します。この構成は、本来であればインターネットに向いていなくてはいけないルーター R2 のデフォルトゲートウェイがルーター R1 に向いてしまっているため、

ルーティングループが発生します。

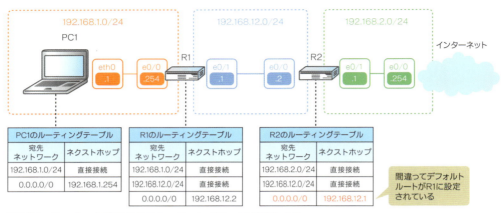

図4.7.4 ● ルーターの設定ミスでルーティングループが発生する

この構成で、PC1 から Google のパブリック IPv4 アドレス「8.8.8.8」に ping を実行してみましょう。すると、R1 と R2 で延々とパケットがやりとりされ、ルーティングループが発生します。そして、TTL が「0」になった時点で TTL Exceeded が送信されます。

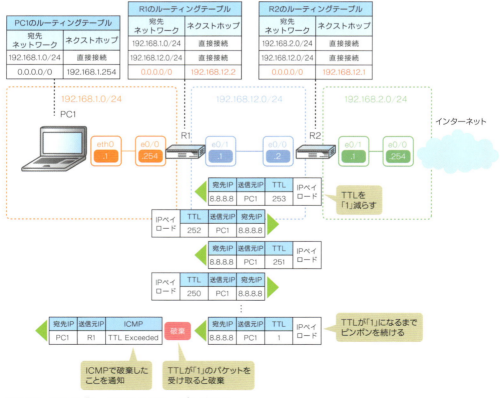

図4.7.5 ● TTLが「1」になるまでループし続ける

236

4-7 ICMPv4

■ 通信経路の確認

TTL Exceeded の動きを応用して通信経路を確認するプログラムが「**traceroute**（macOS、Linux OS の場合）」と「**tracert**（Windows OS の場合）」です。traceroute は、TTL を「1」からひとつずつ増やした IPv4 パケット[*1] を送信することによって、どのような経路を通って宛先 IPv4 アドレスまで到達しているのかを確認します。

*1：ICMP や UDP のパケットを送信します。図は ICMP を前提に説明しています。

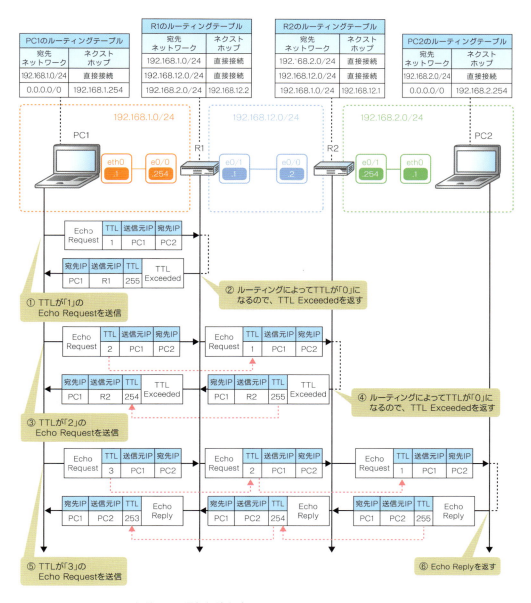

図4.7.6 ● TTL Exceededを利用して通信経路を確認

237

chapter 4-8 ICMPv6

ICMP の IPv6 バージョンが「**ICMPv6**」です。ICMPv6 は、ICMPv4 が持っている縁の下の力持ち的な機能に加え、MAC アドレスを学習する機能やアドレス重複を検知する機能、ネットワーク情報を提供する機能などを持つようになり、さらに重要な役割を担うようになりました。

4.8.1 ICMPv6 のパケットフォーマット

ICMPv6 は、RFC4443「Internet Control Message Protocol (ICMPv6) for the Internet Protocol Version 6 (IPv6) Specification」で標準化されています。ICMPv6 も ICMPv4 と同じように、RFC4443 で「ICMPv6 is an integral part of IPv6, and the base protocol (all the messages and behavior required by this specification) MUST be fully implemented by every IPv6 node（ICMPv6 は IPv6 において必要不可欠な部分であり、ベースプロトコル（この仕様によって必要とされるすべてのメッセージと挙動）は、すべての IPv6 端末に実装されていなければならない」と記載されており、どんなネットワーク端末であっても、IPv6 と ICMPv6 は必ずセットで実装されていなければなりません。

ICMPv6 は、IPv6 に ICMP メッセージを直接詰め込んだ、プロトコル番号「58」の IP パケットです。図 4.7.1 と比較してもわかるとおり、ヘッダーが IPv6 に変わっただけです。ICMPv4 と同じく、通信結果やちょっとしたエラーの内容を返したりするだけなので、パケットフォーマットはシンプルそのものです。

	0ビット	8ビット	16ビット	24ビット
0 バイト	バージョン	Traffic Class	フローラベル	
4 バイト	ペイロード長		ネクストヘッダー	ホップリミット
8 バイト	送信元IPv6アドレス			
12 バイト				
16 バイト				
20 バイト				
24 バイト	宛先IPv6アドレス			
28 バイト				
32 バイト				
36 バイト				
40 バイト	タイプ	コード	チェックサム	
可変	ICMPペイロード			

図4.8.1 ● ICMPv6のパケットフォーマット

-8 ICMPv6

ICMPv6でも「タイプ」と「コード」が重要であることには変わりありません。ICMPv4と同じように、このふたつの値の組み合わせによって、IPレベルでどんなことが起きているのか、ざっくり知ることができます。タイプとコードの代表的な組み合わせを次表にまとめています。

タイプ		コード		意味
1	Destination Unreachable	0	No route to destination	ルーティングテーブルに宛先ネットワークが存在していない
		1	Communication with destination administratively prohibited	ファイアウォールなどで、管理上拒否されている
		2	Beyond scope of source address	宛先IPv6アドレスが送信元IPv6アドレスの範囲外にある
		3	Address unreachable	アドレスに到達できない
		4	Port unreachable	ポートに到達できない
		5	Source address failed ingress/egress policy	入力/出力ポリシーによって、送信元IPv6アドレスが許可されなかった
		6	Reject route to destination	宛先に対する経路が拒否された
2	Packet Too Big	0	Packet Too Big	パケットが出力インターフェースのMTUよりも大きすぎた
3	Time Exceeded	0	Hop limit exceeded in transit	ホップリミットを超過した
		1	Fragment reassembly time exceeded	フラグメントしたパケットを組み立てる途中で時間が超過した
4	Parameter Problem Message	0	Erroneous header field encountered	誤ったヘッダーフィールドが含まれている
		1	Unrecognized Next Header type encountered	認識できないネクストヘッダータイプが含まれている
		2	Unrecognized IPv6 option encountered	認識できないIPv6オプションが含まれている
128	Echo Request	0	Echo Request	エコー要求
129	Echo Reply	0	Echo Reply	エコー応答
133	Router Solicitation	0	Router Solicitation	ルーターにネットワークの情報（ネットワークアドレスやプレフィックスなど）を尋ねる
134	Router Advertisement	0	Router Advertisement	ルーターがネットワークの情報（ネットワークアドレスやプレフィックスなど）を返す
135	Neighbor Solicitation	0	Neighbor Solicitation	近隣端末にMACアドレスを尋ねたり、リンクローカルアドレスを使用してよいかを尋ねる
136	Neighbor Advertisement	0	Neighbor Advertisement	近隣端末がMACアドレスを返したり、アドレスが重複していることを通知する
137	Redirect	0	Redirect	近隣端末に異なるネクストホップを伝える

表4.8.1 • ICMPv6のタイプとコード

chapter 4
ネットワーク層

239

4.8.2 代表的な ICMPv6 の動作

続いて、ICMPv6 に関連するいろいろな動作について説明します。まず、Echo Request/Reply や Destination Unreachable については、タイプとコードの値が変わるものの、動作としては ICMPv4 から大きな変更はありません。Echo Request に対しては Echo Reply で応答しますし、宛先端末に到達できなければ Destination Unreachable を返します。ICMPv6 は ICMPv4 が持っていた、これらの基本的な機能に加えて、IPv4 の ARP に相当する「**NDP**（Neighbor Discovery Protocol、近隣探索プロトコル）」としての機能も備えています。ここでは、NDP としての動作をいくつか紹介します。

■ IPv6 アドレスの重複検知

p.144 で説明したとおり、IPv4 では GARP を使用して IPv4 アドレスの重複を検知していました。これと同じような処理を IPv6 では ICMPv6 で行います。IPv6 端末は、IPv6 アドレスが設定される前に、そのアドレスが使用されていないかをチェックする「**DAD**（Duplicate Address Detection、重複アドレス検知）」の処理を実行する必要があります。

では、具体的な処理を見ていきましょう。ここでは、IPv6 端末（図中の PC）がネットワークに接続し、リンクローカルアドレスが設定されたとき、つまり SLAAC や DHCPv6 でグローバルユニキャストアドレスが設定される前の処理を説明します。

(1) PC をネットワークに接続すると、仮のリンクローカルアドレスが生成されます。この時点ではまだ「仮」です。

(2) PC は、仮リンクローカルアドレスを目標アドレスフィールドに入れて、**NS**（Neighbor Solicitation）**パケット**を送信します[*1]。このパケットの送信元 IPv6 アドレスは「::（未指定アドレス）」、宛先 IPv6 アドレスは「ff02::1:ff00:0/104（要請ノードマルチキャストアドレス）」に仮リンクローカルアドレスの下位 24 ビットを埋め込んだものです。たとえば、仮リンクローカルアドレスが「fe80::1234:5678」だとしたら、要請ノードマルチキャストアドレスは「ff02::1:ff34:5678」になります。

(3) そのマルチキャストグループに参加している端末がいて、タイプ「136」の「**NA**（Neighbor Advertisement）**パケット**」が返ってきたら、アドレス重複と判断します。一定時間[*2]待って、返ってこなかったら、その仮リンクローカルアドレスは使用されていないものと判断し、本アドレスとしてインターフェースに設定します。

[*1]：NS パケットの送信回数は「DupAddrDetectTransmits」という変数によって管理されています。DupAddrDetectTransmits は、RFC4861「Neighbor Discovery for IP version 6（IPv6）」でデフォルト 1 回とされています。

[*2]：この時間は「RetransTimer」という変数によって管理されています。RetransTimer は、RFC4861「Neighbor Discovery for IP version 6（IPv6）」でデフォルト 1,000 ミリ秒（1 秒）とされています。

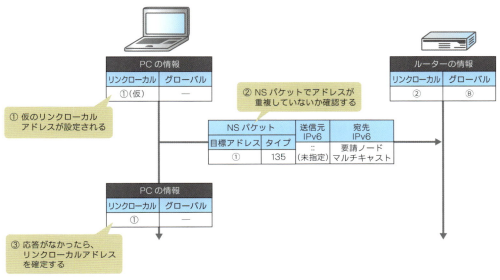

図4.8.2 ● DAD

■ ネットワーク情報の提供

　p.214で説明したとおり、SLAACやDHCPv6のステートレスモードは、ルーターからネットワーク情報を受け取って、IPv6アドレスを生成します。このやりとりにもICMPv6を使用します。

　では、こちらも具体的な処理を見ていきましょう。ここでは、前項で説明したリンクローカルアドレスのDADに続く、SLAACの処理を見ていきます。

(1) PCはリンクローカルアドレスを確定すると、続いてグローバルユニキャストアドレスの設定に移行します。

(2) PCは、タイプ「133」の「**RS（Router Solicitation）パケット**」を送信し、ルーターに設定情報を依頼します。このパケットの送信元IPv6アドレスはPCのリンクローカルアドレス、宛先IPv6アドレスは「ff02::2（全ルーター）」です。RSパケットはマルチキャストパケットなので、同じネットワークにいるすべての端末に行き渡り、そのマルチキャストグループに参加している端末、つまりルーターだけが受信処理を行います。

(3) RSパケットを受信したルーターは、タイプ「134」の「**RA（Router Advertisement）パケット**」をユニキャストで送信し、プレフィックスやMTUサイズ、DNSサーバーのIPv6アドレスなど、ネットワーク接続に必要な設定情報を通知します。このパケットの送信元IPv6アドレスはルーターのリンクローカルアドレス、宛先IPv6アドレスはPCのリンクローカルアドレスです。

④ PC は、RA パケットに含まれるサフィックスから、自分がいるネットワークを知り、仮のグローバルユニキャストアドレスを生成します。

⑤ PC は、そのグローバルユニキャストアドレスが使用できるか、つまり重複していないかを NS パケットで確認します。これは前項で説明した DAD の動作です。

⑥ 一定時間待って、NA パケットが返ってこなかったら、重複していないと判断して、仮グローバルユニキャストアドレスを本アドレスとして設定します。

⑦ その後もルーターは定期的に RA パケットをマルチキャストで送信し、そのネットワークに設定情報を通知します。このパケットの送信元 IPv6 アドレスはルーターのリンクローカルアドレス、宛先 IPv6 アドレスは「ff02::1（全端末）」です。

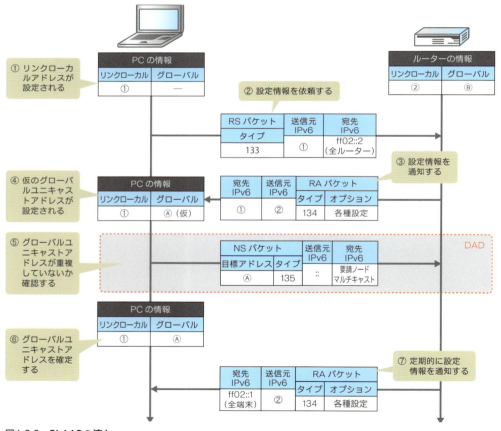

図4.8.3 ● SLAACの流れ

アドレス解決

p.136 で説明したとおり、IPv4 では ARP を使用して MAC アドレスを解決していました。IPv6 ではこの処理を、ICMPv6 を利用した「**NDP**（Neighbor Discovery Protocol）」で行います。処理の大枠としては、ARP と大きく変わりません。ブロードキャストがマルチキャストに変わり、ARP テーブルが「**NDP テーブル**」に変わったくらいでしょう。では、具体的な処理を見ていきます。ここでは PC1 が PC2 の MAC アドレスを解決する場合を例に説明します。

(1) PC1 は、ネットワーク層から受け取った IPv6 パケットに含まれる宛先 IPv6 アドレスを見て、自身の NDP テーブルを検索します。最初の NDP テーブルは空っぽなので、アドレス解決の処理に移行します。

(2) PC1 は、MAC アドレスを知りたい IPv6 アドレス、つまり PC2 の IPv6 アドレスを、目標アドレスフィールドに入れて、NS パケットを送信します。このパケットの送信元 IPv6 アドレスは PC1 の IPv6 アドレス、宛先 IPv6 アドレスは「ff02::1:ff00:0/104（要請ノードマルチキャストアドレス）」に目標アドレスの IPv6 アドレスの下位 24 ビットを埋め込んだものです。たとえば、目標アドレスが「2001:db8::1234:5678」だとしたら、要請ノードマルチキャストアドレスは「ff02::1:ff34:5678」になります。
NS パケットはマルチキャストパケットなので、同じネットワークにいるすべての端末に行き渡り、そのマルチキャストグループに参加している端末だけが処理を行います。

(3) PC2 は、(2) で送信された要請ノードマルチキャストアドレスのマルチキャストグループに参加しているので[1]、NS パケットを受け入れ、NDP テーブルに PC1 の MAC アドレスと IPv6 アドレスを書き込みます。また、目標アドレスフィールドを見て、PC1 が解決したい IPv6 アドレスを確認します。

(4) PC2 は、タイプ「136」の NA パケットをユニキャストで送信します。このパケットの送信元 IPv6 アドレスは PC2 の IPv6 アドレス、宛先は PC1 の IPv6 アドレスです。

(5) PC1 は NA パケットを受け入れ、NDP テーブルに PC2 の MAC アドレスと IPv6 アドレスを書き込みます。これで NDP によるアドレス解決は完了です。アドレス解決した結果は、ARP のときと同じように、NDP テーブルにキャッシュされます。

＊1：IPv6 端末はネットワークに接続されると、自動的に自身の IPv6 アドレスから生成された要請ノードマルチキャストアドレスのマルチキャストグループに参加します。

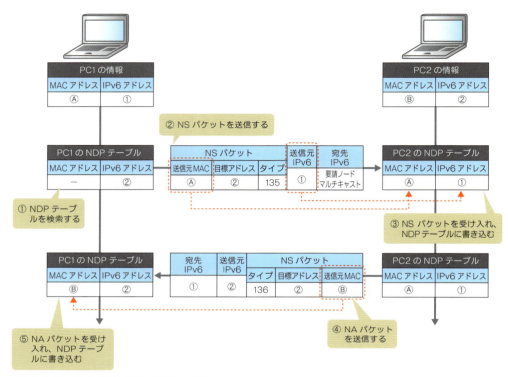

図4.8.4 ● IPv6におけるアドレス解決の流れ

4-9 IPsec

「**IPsec**（Security Architecture for Internet Protocol）」は、ネットワーク層でIPパケットのカプセル化や認証、暗号化を行い、インターネット上に仮想的な専用線（トンネル）を作る仮想化技術です。IPsecは20年以上前から、拠点やリモートユーザーを安価、かつ安全に接続できる技術として、広く一般的に使用されてきました。最近では、クラウド利用形態のひとつ「ハイブリッドクラウド」を構築するための、自社構築環境（オンプレミス）とパブリッククラウド環境の接続にも使用されていて、ここへ来てまたネットワークにおける存在感を増しています。

4.9.1 拠点間 VPN とリモートアクセス VPN

IPsec には、拠点間を接続する「**拠点間 IPsec VPN**」と、端末を接続する「**リモートアクセス IPsec VPN**」があります。

■ 拠点間 IPsec VPN

拠点間 IPsec VPN は、いろいろな場所に拠点（支社やクラウド環境など）がある企業の接続に使用されます。 世界各地にある拠点をそれぞれ専用線[*1]で接続していたら、お金がいくらあっても足りません。そこで、IPsec を使用して、インターネット上にトンネル（仮想的な直結回線）を作って、あたかも専用線で接続されているかのように拠点のネットワークを接続します。専用線と同じように使用できるにもかかわらず、インターネットの接続料金だけで拠点間を接続できるため、大幅なコストダウンを図ることができます。

*1：通信事業者が提供する、拠点間を1:1で接続する回線サービス。帯域を専有でき、高品質な通信が行えるが、値段が高い。

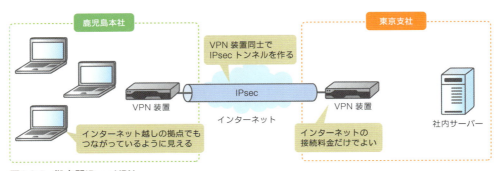

図4.9.1 ● 拠点間IPsec VPN

■ リモートアクセス IPsec VPN

リモートアクセス IPsec VPN は、モバイルユーザーやテレワーカーのリモートアクセスで使用されます。 自宅からテレワークするような場合に、OS の標準機能やサードパーティ製の VPN ソフトウェアなどを使用して、VPN 用の仮想的な NIC を作り、VPN 装置（ルーターやファイアウォールなど）に IPsec トンネルを作ります。

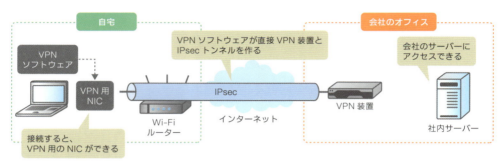

図4.9.2 ● リモートアクセスIPsec VPN

4.9.2 IPsec プロトコルが持っている機能

IPsec は、「**IKE**（Internet Key Exchange）」「**ESP**（Encapsulating Security Payload）」「**AH**（Authentication Header）」という 3 つのプロトコルを組み合わせて、VPN を作るために必要な機能を提供します。

機能	関連するプロトコル	説明
鍵交換機能	IKE	暗号化に使用する暗号鍵を VPN を作るときに交換し、定期的に交換する
対向認証機能	IKE	共有鍵（Pre-Shared Key）や証明書などを使用して、相手を認証する
トンネリング機能	ESP/AH	IP パケットを新しい IP ヘッダーでカプセル化し、VPN を作る
暗号化機能	ESP	VPN を安全に保つために、3DES や AES を使用して、データを暗号化する
メッセージ認証機能	IKE/ESP/AH	改ざんを検知するために、メッセージ認証コード（MAC）を使用して、メッセージを認証する
リプレイ防御機能	IKE/ESP/AH	送信パケットに対して、シーケンス番号や乱数を付与し、同じパケットをコピーして送りつけるリプレイ攻撃に対抗する

表4.9.1 ● IPsecが提供する機能

■ IKE

IPsec は、いきなりトンネルができるわけではなく、安全に通信するために事前準備を

してから、トンネルを作ります。この事前準備のこと、あるいは、それに使用するプロトコルのことを「**IKE**（Internet Key Exchange）」といいます。IKE は、送信元ポート番号と宛先ポート番号が 500 番の UDP パケットで、「**IKEv1**」と「**IKEv2**」という 2 種類のバージョンがあります。両者に互換性はなく、挙動も若干異なるので、それぞれ説明しましょう。

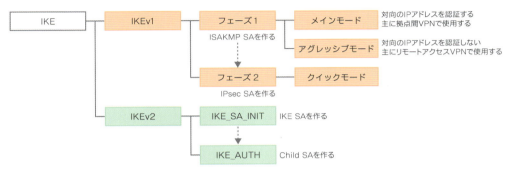

図4.9.3 ● IKEv1 と IKEv2

■ IKEv1

IKEv1 は「**フェーズ 1**」と「**フェーズ 2**」というふたつのフェーズで構成されています。フェーズ 1 は、トンネルを制御する「**ISAKMP SA**（Internet Security Association and Key Management Protocol Security Association）」を作るフェーズです。ISAKMP SA を作るために、設定（暗号化アルゴリズムやハッシュ関数、認証方式など）の合意や、暗号鍵の共有、接続相手の認証を行います。フェーズ 1 には「**メインモード**」と「**アグレッシブモード**」という 2 種類の交換手順があります。

設定項目	提示できる内容	説明
暗号化アルゴリズム	DES 3DES AES	ISAKMP SA でやりとりする情報をどのように暗号化するか。 DES ＜ 3DES ＜ AES の順にセキュリティレベルが高くなる
ハッシュ関数	MD5 SHA-1 SHA-2	ISAKMP SA でやりとりする情報をどのように改ざんから守るか。 MD5 も SHA-1 も脆弱性が見つかり、最近は SHA-2 がほとんど
認証方式	Pre-Shared Key デジタル証明書 公開鍵暗号 改良型公開鍵暗号	接続相手をどのように認証するか。 少なくとも日本では Pre-Shared key を使用することがほとんど
鍵交換方式	DH Group 1 DH Group 2 DH Group 5 DH Group 19 DH Group 20 DH Group 21	ISAKMP SA で使用する暗号鍵の情報をどのようにして交換するか。 DH 鍵共有という方式を採用しており、値が大きいほうがセキュリティレベルが高いが、その分処理負荷も高い
ライフタイム	秒	ISAKMP SA の生存時間

表4.9.2 ● フェーズ1で決める代表的な設定内容

メインモードは「設定の合意」→「暗号鍵の共有」→「接続相手の認証」の順に、3 ステップの処理を行います。一つひとつステップを踏むため、接続までに若干時間がかかりますが、認証のステップが暗号化されるため、セキュリティレベルが高いという特徴があります。一方、アグレッシブモードはメインモードを簡素化したモードで、設定の合意、暗号鍵の共有、接続相手の認証を 1 ステップで一気に行います。すべての処理を 1 ステップで行うため、接続までの時間は短いですが、認証情報が暗号化されずに流れるため、メインモードよりセキュリティレベルが低いという難点があります。

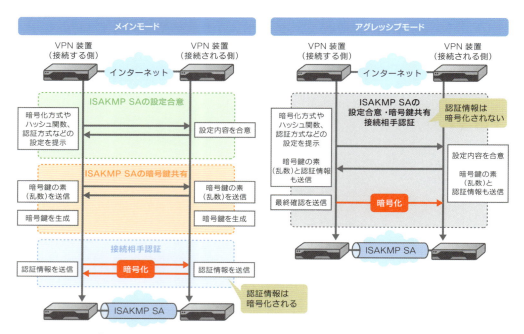

図4.9.4 ● フェーズ1の流れ

　フェーズ 1 の処理が終わると、ISAKMP SA ができて、フェーズ 2 に移行します。フェーズ 2 は、実際のデータをやりとりする「**IPsec SA**」を作るフェーズです。交換手順そのものを示して「クイックモード」と呼んだりもします。フェーズ 2 では、フェーズ 1 で作った ISAKMP SA の上で、IPsec SA を作るために必要な設定（暗号化アルゴリズムやハッシュ関数など）や暗号鍵の共有を行い、上り通信用と下り通信用、合計 2 本の IPsec SA を作ります。ちなみに、ISAKMP SA はその後も残り続けて、暗号鍵の交換を管理します。

4-9 IPsec

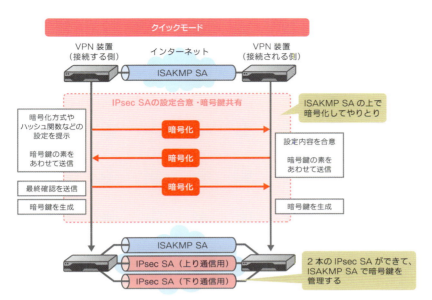

図4.9.5 ● フェーズ2の流れ

設定項目	提示できる内容	説明
暗号化アルゴリズム	DES 3DES AES	IPsec SAでやりとりする情報をどのように暗号化するか。DES < 3DES < AES の順にセキュリティレベルが高くなる
ハッシュ関数	MD5 SHA-1 SHA-2	IPsec SAでやりとりする情報をどのように改ざんから守るか。 MD5もSHA-1も脆弱性が見つかり、最近はSHA-2がほとんど
カプセル化プロトコル	AH ESP	IPsec SAで使用するカプセル化プロトコル。 少なくとも日本ではESPしか使用しない
動作モード	トンネルモード トランスポートモード	IPsec SAで使用する動作モード。 基本的にトンネルモード。ただし、L2TP/IPsecはL2TPにカプセル化を任せるため、トランスポートモード
ライフタイム	秒	IPsec SAの生存時間

表4.9.3 ● フェーズ2で決まる代表的な設定内容

■ IKEv2

　IKEv1は、長きにわたってIPsec VPNを支えたプロトコルであることに間違いありません。しかし、時代にあわせていろいろな拡張機能が追加されたため、メーカーや機種、バージョンによって実装状況が異なり、相性問題が発生しやすいという欠点がありました。筆者自身も異なるメーカー間のIPsec VPN接続案件をやむを得ず何度か行いましたが、「なぜかつながらない…」「昨日はつながっていたのに…」など、不可解な現象に遭遇しました。メーカー間の相性問題は、地道にパケットやログを解析していけば原因を突き止められなくはありません。しかし、結果的にバージョンアップが必要になったり、機器交換が必要になったりして、とても骨が折れます。

そこで、この混沌とした状態を打開すべく、いろいろな機能を統合し、新たに標準化されたプロトコルがIKEv2です。最近は、Windows OS や macOS、iOS や Android でもサポートされるようになって、だいぶ一般化してきました。

設定項目	IKEv1	IKEv2
関連している RFC	RFC2407（DOI） RFC2408（ISAKMP） RFC2409（IKE） RFC2412（Oakley、DH 鍵共有） RFC3706（DPD、Dead Peer Detection） RFC3947（NAT トラバーサル）	RFC7296
フェーズ	フェーズ 1 フェーズ 2	なし
動作モード	メインモード アグレッシブモード クイックモード	なし
VPN 接続のためにやりとりするパケットの数	メインモード / クイックモード：9 パケット アグレッシブモード / クイックモード：6 パケット	2 ＋ 2n パケット （n は Child SA の数）
鍵交換用トンネル	ISAKMP SA	IKE SA
データ送受信用トンネル	IPsec SA	Child SA

表4.9.4 ● IKEv1 と IKEv2 の比較

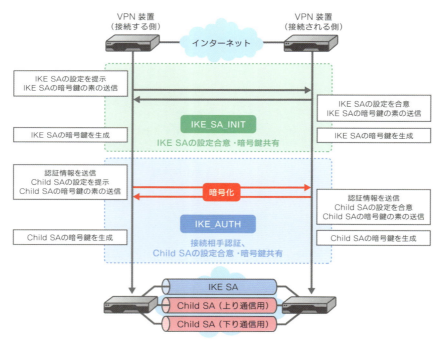

図4.9.6 ● IKEv2

IKEv2 は「IKE_SA_INIT」と「IKE_AUTH」というふたつのステップで構成されています。

IKE_SA_INIT は、トンネルを制御するコネクションである「**IKE SA**」を作るステップで、IKEv1 のフェーズ 1 と同じような役割を担います。IKE SA を作るために必要な設定や暗号鍵の共有を行い、IKE SA ができたら、IKE_AUTH に移行します。

IKE_AUTH は、実際のデータをやりとりするトンネルである「**Child SA**」を作るステップで、IKEv1 のフェーズ 2 と同じような役割を担います。IKE_SA_INIT で作った IKE SA の上で、Child SA を作るために必要な設定や暗号鍵の共有と、接続相手の認証を行い、上り通信用と下り通信用、合計 2 本の Child SA を作ります。

IKEv1 と IKEv2 では、やりとりする情報としては、それほど大きな違いがあるわけではありません。やりとりする回数を減らしたり、手順を変更したりすることによって、接続工程のシンプル化を図っています。

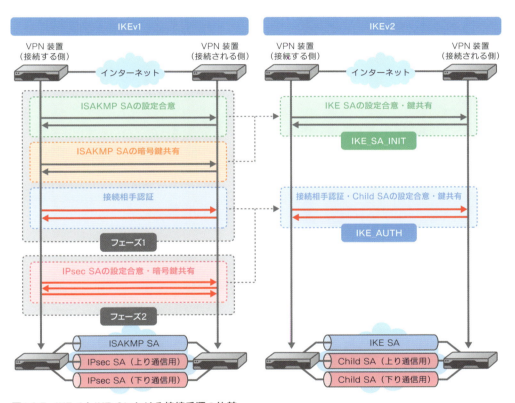

図4.9.7 ● IKEv1とIKEv2における接続手順の比較

ESP/AH

IKE による事前準備が完了したら、いよいよ IPsec/Child SA の上で、データ転送を開始します。IPsec/Child SA では、「**ESP**(Encapsulating Security Payload)」か「**AH**(Authentication Header)」のどちらかのプロトコルを使用します。ESP と AH の違いは、暗号化機能があるかどうかです。ESP が暗号化機能を備えているのに対して、AH は暗号化機能を備えて

いません。AHは、データの暗号化が制限されているような国で使用するプロトコルです。少なくとも日本ではそのような取り決めはありませんので、わざわざAHを選ぶ理由はありません。ESP一択です。

プロトコル		トンネリング機能	暗号化機能	メッセージ認証機能	リプレイ攻撃防御機能
ESP	Encapsulating Security Payload	◯	◯	◯	◯
AH	Authentication Header	◯	—	◯	◯

表4.9.5 ● IPsec/Child SAで使用するプロトコル

　IPsec/Child SAには「**トンネルモード**」と「**トランスポートモード**」という、2種類の動作モードがあります。トンネルモードは、オリジナルIPパケットを、さらに新しいIPヘッダーでカプセル化するモードです。拠点間IPsec VPNや一般的なリモートアクセスIPsec VPNで使用します。トランスポートモードは、オリジナルIPパケットにトンネル用のヘッダーを差し込むモードです。p.153で説明したL2TP over IPsecなどで使用します。L2TP over IPsecは、カプセル化（トンネル化）をL2TPに任せて、暗号化をIPsec（ESP）で行います。

　トンネルモードとトランスポートモードは、ESPかAHのどちらを使用するかによって、暗号化やメッセージ認証の範囲が異なります。具体的には、次図を参照してください。

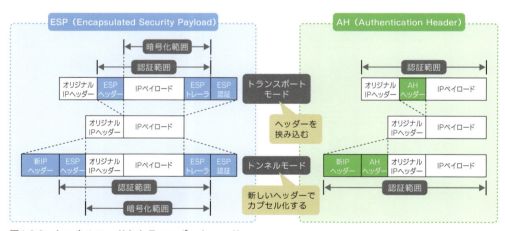

図4.9.8 ● トンネルモードとトランスポートモード

　たとえば、ESPのトンネルモードで「192.168.1.0/24」と「192.168.2.0/24」を拠点間VPNした場合、次図のようにESPでカプセル化・暗号化されて接続されることになります。

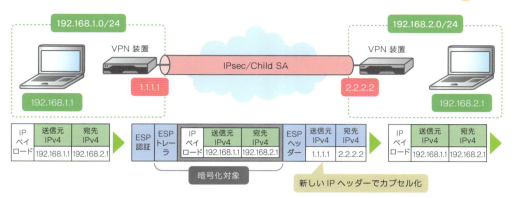

図4.9.9 ● ESPのトンネルモードで接続した場合

■ NATトラバーサル

　先述のとおり、IPsecには、時代の流れにあわせて、たくさんの拡張技術が追加されてきました。その中でも、リモートアクセスIPsec VPNで知らず知らずのうちに使用されていて、とても重要な機能が「**NATトラバーサル**」です。NATトラバーサルといえば、p.224で説明したとおり、NATを越える技術でした。IPsecにおけるNATトラバーサルは、先に説明した内容と若干異なります。ここではまず、なぜIPsecにおいてNATトラバーサルが必要なのかを説明し、その後、NATトラバーサルがどのようにNATを越えるかを説明します。

　前項で説明したとおり、ESPは、オリジナルのIPパケット（IPヘッダー＋IPペイロード）を暗号化します。そうなると、TCP/UDPヘッダーに含まれる送信元ポート番号が暗号化されて見えなくなります。NAPTの場合、送信元ポート番号と送信元IPv4アドレスを紐づけることによって、n:1の通信を実現します。そのため、送信元ポート番号が見えないと、その紐づけができず、NAPTできません。

　NATトラバーサルでは、最初にIKEでお互いが「NATトラバーサルに対応していること[1]」「NAPTする機器が介在していること[2]」を認識すると、送信元/宛先ポート番号を500番から4500番に変更し、以降の通信はUDPの4500番で行います。IKEによる事前準備が完了したら、ESPをUDPの4500番でカプセル化して、NAPT機器を越えます。IPsecの接続処理が完了すると、PPPの認証を行った後に、VPNソフトウェアが作成したVPN用NICにPPPでIPv4アドレスが割り当てられます。そのIPv4アドレスをオリジナルIPv4アドレスとして、接続を試みます。

＊1：IKEに「NATトラバーサルに対応していること」を示す情報をセットします。
＊2：具体的には、IKEにIPv4アドレスとポート番号から計算したハッシュ値をセットし、その情報の変化をもとにNAPT機器を検知します。

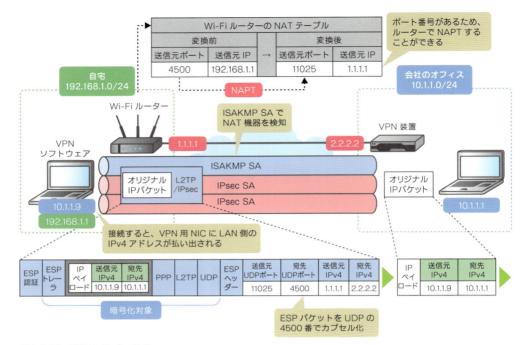

図4.9.10 ● NATトラバーサル

chapter

5

トランスポート層

トランスポート層は、ネットワークとアプリケーションの架け橋となる階層です。ネットワーク層のプロトコルによってサーバーに運ばれたパケットは、トランスポート層によって処理すべきアプリケーションに振り分けられます。

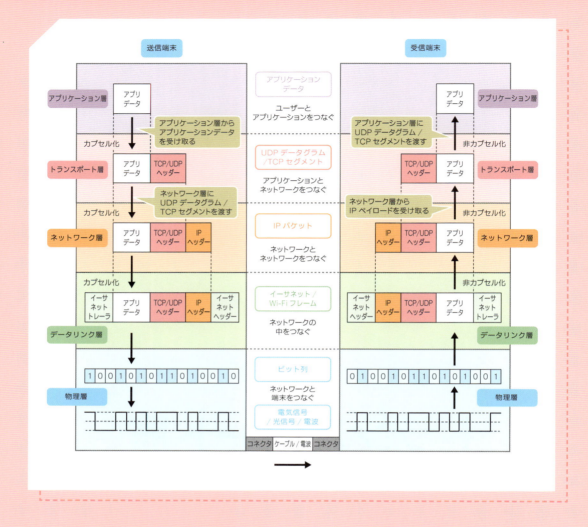

　トランスポート層は、「アプリケーションの識別」と「要件に応じた転送制御」を行うことで、アプリケーションとネットワークをつなぐ階層です。ネットワーク層は、いろいろなネットワークをつないで、通信相手にパケットを届けるところまでが仕事です。それ以上のことはしてくれません。たとえネットワーク層のプロトコルのおかげで海外のサーバーにアクセスできたとしても、サーバーは受け取ったパケットをどのアプリケーションに渡して、処理すればよいかわかりません。そこで、トランスポート層では「ポート番号」という数字を利用して、パケットを渡すアプリケーションを識別します。また、アプリケーションの要件にあわせて、パケットの送受信量を制御したり、転送途中に消失したパケットを再送したりします。

　トランスポート層で使用されているプロトコルは「UDP（User Datagram Protocol）」か「TCP（Transmission Control Protocol）」のどちらかです。アプリケーションが即時性（リアルタイム性）を求めるときにはUDP、信頼性を求めるときにはTCPを使用します。

5-1 UDP

UDP（User Datagram Protocol）は、名前解決（p.378）や IP アドレス配布（p.213）、音声通話や時刻同期など、即時性（リアルタイム性）が要求されるアプリケーションで使用されています。データを送る前に行う接続交渉の処理[*1]や、データを送るときの確認応答の処理[*2]を省略し、一方的にデータを送信し続けることによって、即時性の向上を図っています。

[*1]：「今から送りますよー」と「いいですよー」とあいさつしてからデータを送信する仕組みのことです。
[*2]：「送りましたー」と「受け取りましたー」をやりとりしながらデータを送信する仕組みのことです。

図5.1.1 ● UDPはパケットを送ったら送りっぱなし

項目	UDP	TCP
IP ヘッダーのプロトコル番号	17	6
タイプ	コネクションレス型	コネクション型
信頼性	低い	高い
即時性（リアルタイム性）	高い	低い

表5.1.1 ● UDPとTCPの比較

5.1.1 UDP のパケットフォーマット

UDP は、RFC768「User Datagram Protocol」で標準化されているプロトコルで、IP ヘッダーのプロトコル番号（p.161）では「17」と定義されています。UDP は上位層から受け取ったアプリケーションデータを「**UDP ペイロード**」とし、「**UDP ヘッダー**」をくっつけることによって、「**UDP データグラム**」にします。

UDP は即時性（リアルタイム性）に重きを置いているため、パケットフォーマットはシンプルそのものです。構成されるヘッダーフィールドはたったの4つ、ヘッダーの長さも8バイト（64ビット）しかありません。クライアント（送信元端末）は UDP で UDP データグラムを作り、通信相手のことを気にせずどんどん送るだけです。一方、データを受け取ったサーバー（宛先端末）は、UDP ヘッダーに含まれるチェックサムを利用して、データが壊れていないかチェックします。チェックに成功したら、データを受け入れます。

	0ビット	8ビット	16ビット	24ビット
0バイト	送信元ポート番号		宛先ポート番号	
4バイト	UDPデータグラム長		チェックサム	
可変	UDPペイロード（アプリケーションデータ）			

図5.1.2 ● UDPのパケットフォーマット

以下に、UDP ヘッダーの各フィールドについて説明します。

■ 送信元 / 宛先ポート番号

「**ポート番号**」は、アプリケーション（プロセス）の識別に使用される 2 バイト（16 ビット）の値です。クライアントはサーバーに接続するとき、「**送信元ポート番号**」に OS からランダムに割り当てられた値を、「**宛先ポート番号**」にアプリケーションごとに定義されている値をセットします。データグラムを受け取ったサーバーは、宛先ポート番号を見てどのアプリケーションのデータか判断し、そのアプリケーションにデータを渡します。なお、ポート番号については次項で詳しく説明します。

■ UDP データグラム長

「**UDP データグラム長**」は、UDP ヘッダー（8 バイト＝ 64 ビット）と UDP ペイロード（アプリケーションデータ）をあわせた UDP データグラム全体のサイズを表す、2 バイト（16 ビット）のフィールドです。バイト単位の値がセットされます。最小値は UDP ヘッダーのみで構成された場合の「8」、最大値は理論上「65535」です。

■ チェックサム

「**チェックサム**」は、受け取った UDP データグラムが壊れていないか、整合性のチェックに使用される 2 バイト（16 ビット）のフィールドです。UDP のチェックサム検証には、IP ヘッダーのチェックサムと同じ「1 の補数演算」が採用されています。データグラムを受け取った端末は、検証に成功すると、データグラムを受け入れます。

5.1.2 ポート番号

トランスポート層のプロトコルにおいて、最も重要なフィールドが「**送信元ポート番号**」と「**宛先ポート番号**」です。UDP も TCP も、まずはポート番号ありきです。

IP のところで説明したとおり、IP ヘッダーさえあれば、世界中にいるどの端末までも IP パケットを届けることができます。しかし、IP パケットを受け取った端末は、その IP パケットをどのアプリケーションで処理すればよいかわかりません。そこで、ネットワークの世界では、ポート番号を使用します。OS はポート番号とアプリケーションを紐づけ、ポート番号さえ見れば、どのアプリケーションにデータを渡せばよいかわかるようになっています。

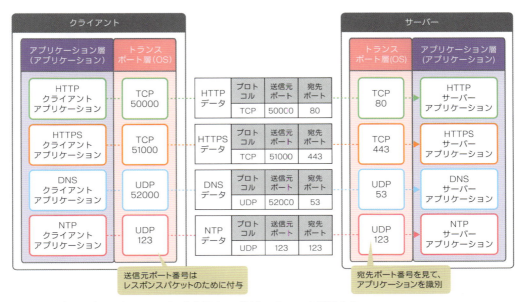

図5.1.3 ● ポート番号によって、データを渡すアプリケーションを識別する

3種類のポート番号

ポート番号は、アプリケーション層で動作するアプリケーションを識別する2バイト（16ビット）の数字です。0〜65535番までが「**System Ports（Well Known Ports）**」「**User Ports（Registered Ports）**」「**Dynamic Ports（Private Ports）**」の3種類に分類されています。このうちSystem PortsとUser Portsは、主にサーバーアプリケーションを識別するポートとして、宛先ポート番号に使用されます[*1]。Dynamic Portsは、主にクライアントアプリケーションを識別するポート番号として、送信元ポート番号に使用されます[*2]。

[*1]：使用するアプリケーションやOS、用途によっては、送信元ポート番号に使用されることもあります。
[*2]：使用するサーバーアプリケーションによっては、宛先ポート番号に使用されることもあります。

ポート番号の範囲	名称	主な用途
0〜1023	System Ports（Well Known Ports）	一般的なアプリケーションで使用
1024〜49151	User Ports（Registered Ports）	メーカーの独自アプリケーションで使用
49152〜65535	Dynamic Ports（Private Ports）	クライアント側でランダムに割り当てて使用

表5.1.2 ● 3種類のポート番号

■ System Ports

ポート番号「0〜1023」はSystem Portsです。一般的には「ウェルノウンポート（Well Known Ports）」として知られています。System Portsは、ICANNのインターネット資源管理機能であるIANA（Internet Assigned Numbers Authority）によって管理されており、一般的なサーバーアプリケーションに一意に紐づいています。たとえば、TCPの80番だっ

たら、ApacheやIIS（Internet Information Services）、nginxなどWebサイトで使用する
「HTTP（Hypertext Transfer Protocol）」のサーバーアプリケーションに紐づいています。
ちなみに、IANAによって管理されているポート番号は、後述するUser Portsも含めて「https://
www.iana.org/assignments/service-names-port-numbers/service-names-port-numbers.
xhtml」で公開されています[1]。

> ＊1：一部、IANAよって管理されているポート番号に登録されているけれど使用されていなかったり、登録されていないけれど
> 使用されていたりするものがあります。表5.1.3や表5.1.4も一般的に使用されるポート番号とサーバーアプリケーション
> を記載しています。

ポート番号	UDP	TCP
20	—	FTP（データ）
21	—	FTP（コントロール）
22	—	SSH
23	—	Telnet
25	—	SMTP
53	DNS（名前解決）	DNS（名前解決、ゾーン転送）
69	TFTP	—
80	—	HTTP
110	—	POP3
123	NTP	—
443	HTTPS	HTTPS

表5.1.3 ● 代表的なSystem Portsとサーバーアプリケーション

■ User Ports

ポート番号「1024〜49151」はUser Portsです。「Registered Ports」とも呼ばれていま
す。User PortsはSystem Portsと同じように、IANAによって管理されており、主にメーカー
や開発コミュニティによって開発された独自のアプリケーションに一意に紐づいています。
たとえば、TCPの3306番だったら、Oracle社のMySQL（データベースサーバーアプリケー
ション）に紐づいています。

ポート番号	UDP	TCP
1433	—	Microsoft SQL Server
1521	—	Oracle Database
1985	Cisco HSRP	—
3306	—	MySQL
3389	Microsoft Remote Desktop Service	Microsoft Remote Desktop Service
8080	—	HTTP（代替）
10050	—	Zabbix Agent
10051	—	Zabbix Trapper

表5.1.4 ● 代表的なUser Portsとサーバーアプリケーション

5-1 UDP

■ Dynamic Ports

ポート番号「49152 〜 65535」は Dynamic Ports です。「Private Ports」とも呼ばれています。Dynamic Ports は、IANA によって管理されておらず、主にクライアントアプリケーションがサーバーアプリケーションに接続するときに、OS が送信元ポート番号としてランダムに割り当てます。送信元ポート番号に、この範囲のポート番号をランダムに割り当てることによって、どのクライアントアプリケーションにリプライパケット（応答）を渡せばよいかがわかります。ランダムに割り当てるポート番号の範囲は OS によって異なります。たとえば、Windows OS ではデフォルトで「49152 〜 65535」です。Linux OS（Ubuntu 22.04）ではデフォルトで「32768 〜 60999」です。Linux OS で使用する送信元ポート番号の範囲は、Dynamic Ports の範囲から微妙に外れていますが、送信元ポート番号はクライアント端末の中で一意でありさえすればよいので、通信に問題が発生するわけではありません。

■ IP アドレスとポート番号を組み合わせた表記方法

ポート番号は単体だと単なる「数字」で表記されますが、IP アドレスと組み合わせる場合は「:」（コロン）で区切って表記されます。

IPv4 アドレスの場合は、「192.168.1.1:8080」というように、IPv4 アドレスの後ろに「:」（コロン）を付けて、その後にポート番号を続けて表記します。IPv6 アドレスの場合は、「[2001:db8::1]:443」というように、IPv6 アドレスに含まれるコロンと区別するために、いったん IPv6 アドレスを「[]」（角括弧）で囲い、その後に「:」（コロン）とポート番号を続けて表記します。

IPバージョン	表記方法	例
IPv4	IPv4 アドレス:ポート番号	192.168.1.1:8080
IPv6	[IPv6 アドレス]:ポート番号	[2001:db8::1]:8080

表5.1.5 ● IPアドレスとポート番号の表記方法

5.1.3 ファイアウォールの動作（UDP 編）

トランスポート層で動作する機器として、「**ファイアウォール**」があります。ファイアウォールは、送信元 / 宛先 IP アドレス、プロトコル、送信元 / 宛先ポート番号（5 tuple、ファイブタプル）でコネクションを識別し、通信を制御するネットワーク機器です。あらかじめ設定したルールに従って、「この通信は許可、この通信は拒否」というように通信を選別して、いろいろな脅威からシステムを守ります。このファイアウォールが持つ通信制御機能のことを「**ステートフルインスペクション**」といいます。ステートフルインスペクションは、通信の許可拒否を定義する「**フィルターテーブル**」と、通信を管理する「**コネクションテーブル**」を用いて、通信を制御しています[*1]。

＊ 1：細かい挙動は、使用するファイアウォールのベンダーや機種、アプリケーションなどによって異なります。本書では「iptables」を例に説明します。

chapter 5
トランスポート層

261

■ フィルターテーブル

フィルターテーブルは、どのような通信を許可し、どのような通信を拒否するかを定義しているテーブル（表）です。機器ベンダーによって、「ポリシー」と言ったり、「ACL（Access Control List）」と言ったり、呼び方はさまざまですが、基本的にすべて同じものと考えてよいでしょう。

フィルターテーブルは、IPアドレスやポート番号、コネクションの状態やアクション（通信制御）などからなる「**ファイアウォールルール**」（行）で構成されていて、上のルールから順に参照されます。条件に一致するルールが見つかると、そのルールの通信制御が適用され、それ以降のルールは参照されません。たとえば、インターネットに「203.0.113.1」のWeb（HTTPS）サーバー、「203.0.113.2」のDNSサーバーを公開する場合、次表のようなフィルターテーブルになります。

No.	送信元 IPアドレス	宛先 IPアドレス	プロトコル	送信元 ポート番号	宛先 ポート番号	コネクション の状態	アクション （通信制御）
1	すべて (0.0.0.0/0)	すべて (0.0.0.0/0)	すべてのプロトコル (TCP、UDP、ICMP…)	―	―	確立済・ 関連	許可
2	すべて (0.0.0.0/0)	203.0.113.1	TCP	すべて (0 ～ 65535)	443	新規	許可
3	すべて (0.0.0.0/0)	203.0.113.2	UDP	すべて (0 ～ 65535)	53	新規	許可
4	すべて (0.0.0.0/0)	203.0.113.2	TCP	すべて (0 ～ 65535)	53	新規	許可
5	すべて (0.0.0.0/0)	すべて (0.0.0.0/0)	すべてのプロトコル (TCP、UDP、ICMP…)	すべて (0 ～ 65535)	すべて (0 ～ 65535)	―	ドロップ

表5.1.6 ● フィルターテーブルの例

1行目のルールから順に見ていきましょう。1行目は後述するコネクションテーブルと連携して、すでに確立された接続や関連する接続を許可するルールです。2行目から4行目は、インターネットからWeb/DNSサーバーに対する新規接続を許可するルールです。5行目は、1行目から4行目の条件に一致しなかった接続をドロップ（破棄）するルールです[*1]。

たとえば、Webサーバーに対するアクセスの場合、最初のパケットは2行目のルールで許可され、以降のやりとりは1行目のルールで許可されます。DNSサーバーに対するアクセスの場合、最初のパケットは3行目か4行目のルールで許可され、以降のやりとりは1行目のルールで許可されます。それ以外のパケットは、5行目のルールですべてドロップされます。

＊1：ファイアウォールの機種やソフトウェアによっては、1行目と5行目に相当するルールが自動的に設定され、設定画面に表示されない場合があります。

コネクションテーブル

　<mark>コネクションテーブルは、ファイアウォールを経由する通信の内容を一時的に保持し、それに基づいてコネクションを管理するテーブル（表）です。</mark>ファイアウォールは、クライアントからサーバーに対するリクエストを受け取ると、フィルターテーブルと照合し、許可されたIPアドレスやポート番号だけをコネクションエントリ（行）の列として保持します。また、同時にサーバーから受け取るであろうリプライパケットのIPアドレスやポート番号を予測して、同じコネクションエントリの別の列として保持します。その後、サーバーからクライアントに対するリプライを受け取ると、コネクションテーブルと照合し、エントリどおりであればクライアントに転送します。プロトコル的に整合性のない不正なリプライパケットを受け取ると、破棄したり、拒否したりします。

ステートフルインスペクションの動作

　では、ファイアウォールは、どのようにフィルターテーブルとコネクションテーブルを使用しているのでしょうか。ここでは、次図のようなネットワーク環境で、クライアント（10.1.1.100）がDNS（UDP/53）でサーバー（172.16.1.1）にアクセスすることを想定して、ステートフルインスペクションの動作を説明します。

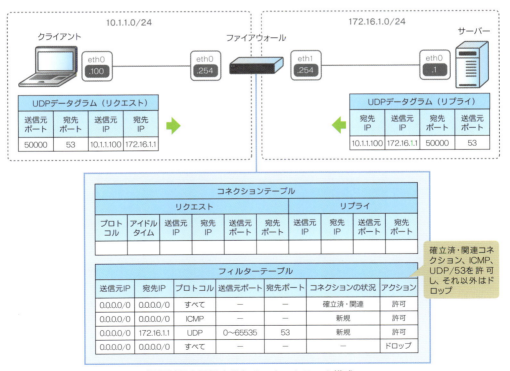

図5.1.4 ● ファイアウォールの通信制御を理解するためのネットワーク構成

① **ファイアウォールは、コネクションレス型のUDPをコネクション型のプロトコルのように扱うことによって制御します。** ファイアウォールは、クライアント側にあるインターフェース (eth0) でUDPのリクエストパケットを受け取ると、コネクションテーブルを見て、対応するコネクションエントリがあるかどうかを確認します。当然ながら、最初は対応するコネクションエントリがありません。新規コネクションとして、フィルターテーブルと照合します[*1]。

*1：厳密には、フィルターテーブルと照合する前に、ルーティングの処理が入ります。ここでは、ステートフルインスペクションの処理にフォーカスを当てるため、それらの説明は省略しています。

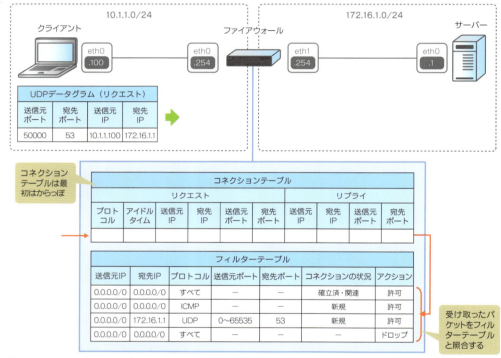

図5.1.5 ● フィルターテーブルと照合する

② フィルターテーブルでアクションが「**許可（ACCEPT）**」のファイアウォールルールにヒットした場合、コネクションテーブルに受け取ったリクエストパケットの情報（IPアドレスやポート番号、プロトコルなど）と、これから受け取る予定のリプライパケットの情報をコネクションエントリとして新しく追加し、サーバーに転送します。

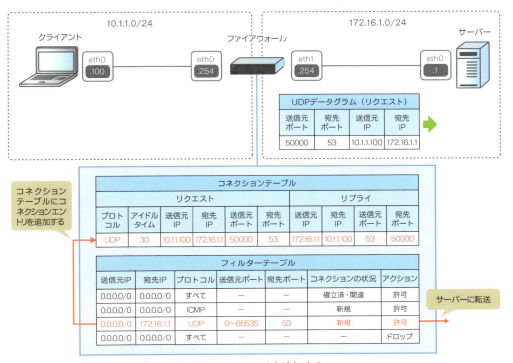

図5.1.6 ● コネクションテーブルにコネクションエントリを追加する

一方、アクションが「**拒否（REJECT）**」のファイアウォールルールにヒットした場合、コネクションテーブルにコネクションエントリを追加せず、クライアントに対して、タイプが「Destination Unreachable（タイプ3）」、コードが「Port Unreachable（コード3）」のICMPパケットを返します。

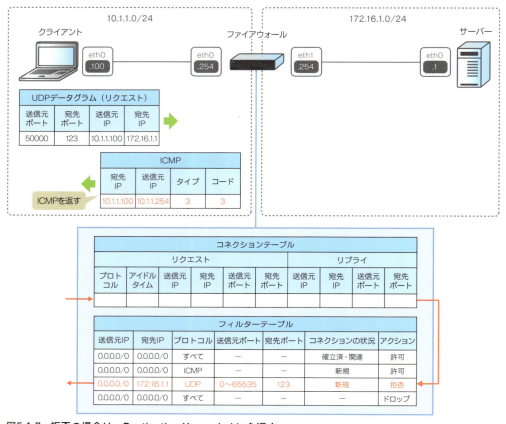

図5.1.7 ● 拒否の場合は、Destination Unreachableを返す

　また、アクションが「**ドロップ（DROP）**」のファイアウォールルールにヒットした場合は、コネクションテーブルにコネクションエントリを追加せず、クライアントに対しても、サーバーに対しても何もしません。前述した拒否のアクションは、結果として、そこに何らかの機器が存在していることを示すことになってしまい、セキュリティの観点からはよろしくありません。その点、ドロップのアクションは、クライアントに対して何をするというわけでもなく、単純に UDP データグラムを破棄するだけです。存在自体を相手に知らせずに済みます。ドロップは、パケットをこっそりと破棄する動作から、「Silent Discard」とも呼ばれています。

5-1 UDP

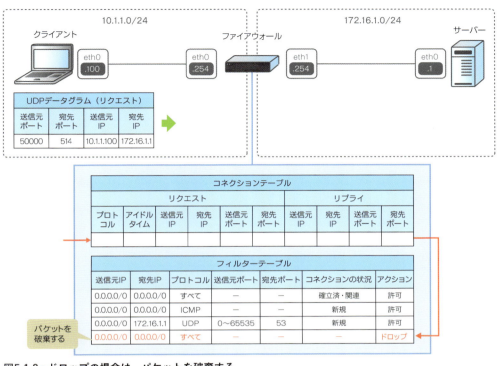

図5.1.8 ● ドロップの場合は、パケットを破棄する

(3) アクションが許可（ACCEPT）のファイアウォールルールにヒットした場合は、DNSやNTPのように、サーバーからのリプライ（レスポンス、応答）が発生する場合があります。サーバーからのリプライパケットは、リクエストパケットの送信元IPアドレス・ポート番号と宛先IPアドレス・ポート番号を入れ替えたものです。

ファイアウォールは、サーバー側のインターフェース（eth1）でリプライパケットを受け取ると、コネクションテーブルを見て、対応するコネクションエントリがないかを確認します。すると、リクエストパケットによって作成されたコネクションエントリがあります。そのコネクションエントリのアイドルタイムアウト値（コネクションエントリを削除するまでの時間）を元に戻し[1]、確立済みのコネクションとして、フィルターテーブルと照合します[2]。確立済みのコネクションは許可されているので、クライアントに転送します。

[1]：アイドルタイムアウト値は、システムに設定された初期値（UDPの場合、デフォルトで30秒）からカウントダウンされます。
[2]：厳密には、フィルターテーブルと照合する前にルーティングの処理が入ります。ここでは、ステートフルインスペクションにフォーカスを当てるため、その処理を省略しています。

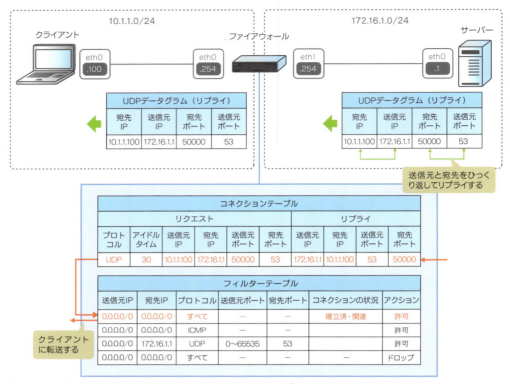

図5.1.9 ● コネクションエントリを見て、クライアントにリプライを返す

(4) ファイアウォールは通信が終了したら、コネクションエントリのアイドルタイムアウト値をカウントダウンします。アイドルタイムアウト値が「0」になったら、コネクションエントリを削除します。iptablesのUDPのアイドルタイムアウト値はデフォルトで30秒です。そのコネクションエントリが使用されずに30秒経過したら、コネクションエントリは削除されます。

5-2 TCP

　TCP（Transmission Control Protocol）は、メールやファイル転送、Webブラウザなど、データを送り届けることについて信頼性を求めたいアプリケーションで使用します。TCPはアプリケーションデータを送信する前に、「**TCPコネクション**」という論理的な通信路を作って、通信環境を整えます。TCPコネクションは、それぞれの端末から見て、送信専用に使用する「**送信パイプ**」と、受信専用に使用する「**受信パイプ**」で構成されています。TCPは送信側の端末と受信側の端末が2本の論理的なパイプを全二重に使用して「送りまーす！」「受け取りました！」と確認しあいながらデータを送るため、信頼性が向上します。

図5.2.1 ● TCPは確認しあいながらデータを送る

5.2.1　TCPのパケットフォーマット

　TCPは、RFC9293「Transmission Control Protocol (TCP)」をベースとして標準化されているプロトコルで、IPヘッダーのプロトコル番号では「6」と定義されています（p.161）。TCPは上位層から受け取ったアプリケーションデータを「**TCPペイロード**」とし、「**TCPヘッダー**」をくっつけることによって、「**TCPセグメント**」にします。TCPは信頼性を担保するために、いろいろな形で拡張されており、全体を一度に理解することは困難です。いつ、どんなときに、どのフィールドを使用するのか、一つひとつ整理しながら理解しましょう。

　TCPは信頼性を求めるため、パケットフォーマットも少々複雑です。ヘッダーの長さだけでも、IPヘッダーと同じで、最低20バイト（160ビット）あります。たくさんのフィールドをフルに活用して、どの「送ります」に対する「受け取りました」なのかを確認したり、パケットの送受信量を調整したりしています。

	0ビット	8ビット	16ビット	24ビット
0バイト	送信元ポート番号		宛先ポート番号	
4バイト	シーケンス番号			
8バイト	確認応答番号			
12バイト	データオフセット	予約領域 コントロールビット	ウィンドウサイズ	
16バイト	チェックサム		緊急ポインタ	
可変	オプション+パディング			
可変	TCPペイロード（アプリケーションデータ）			

図5.2.2 ● TCPのパケットフォーマット

■ 送信元 / 宛先ポート番号

「**ポート番号**」は、UDPと同じで、アプリケーション（プロセス）の識別に使用される2バイト（16ビット）の数字です。クライアントはサーバーに接続するとき、「**送信元ポート番号**」にOSからランダムに割り当てられた値を、「**宛先ポート番号**」にアプリケーションごとに定義されている値をセットします。セグメントを受け取ったサーバーは、宛先ポート番号を見て、どのアプリケーションのデータか判断し、そのアプリケーションにデータを渡します。

■ シーケンス番号

「**シーケンス番号**」は、TCPセグメントを正しい順序に並べるために使用される4バイト（32ビット）のフィールドです。送信側の端末は、アプリケーションから受け取ったデータの各バイトに対して、「**初期シーケンス番号**（ISN、Initial Sequence Number）」から順に、通し番号を付与します。受信側の端末は、受け取ったTCPセグメントのシーケンス番号を確認して、番号順に並べ替えたうえでアプリケーションに渡します。

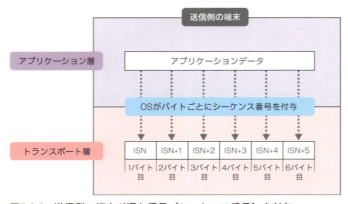

図5.2.3 ● 送信側の端末が通し番号（シーケンス番号）を付与

シーケンス番号は、3ウェイハンドシェイク（p.277）するときにランダムな値が初期シー

ケンス番号としてセットされ、TCP セグメントを送信するたびに送信したバイト数分だけ加算されていきます。そして 4 バイト（32 ビット）で管理できるデータ量（2^{32} = 4G バイト）を超えたら、再び「0」に戻ってカウントアップします。

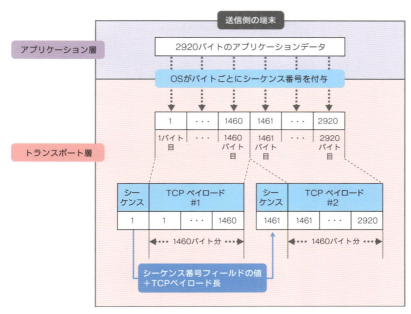

図5.2.4 ● シーケンス番号はTCPセグメントを送信するたびに送信したバイト数分だけ加算される

■ 確認応答番号

「**確認応答番号**（ACK 番号、Acknowledge 番号）」は、「次はここからのデータをください」と相手に伝えるために使用される 4 バイト（32 ビット）のフィールドです。後述するコントロールビットの ACK フラグが「1」になっているときだけ有効になるフィールドで、具体的には「受け取りきった TCP ペイロードのシーケンス番号（最後のバイトのシーケンス番号）＋ 1」、つまり「シーケンス番号フィールドの値＋ TCP ペイロードの長さ」がセットされています。あまり深く考えずに、クライアントがサーバーに「次にこのシーケンス番号以降のデータをくださーい」と言っているようなイメージで捉えるとわかりやすいでしょう。

TCP は、シーケンス番号と確認応答番号（ACK 番号）を協調的に動作させることによって、通信の信頼性を確保しています。

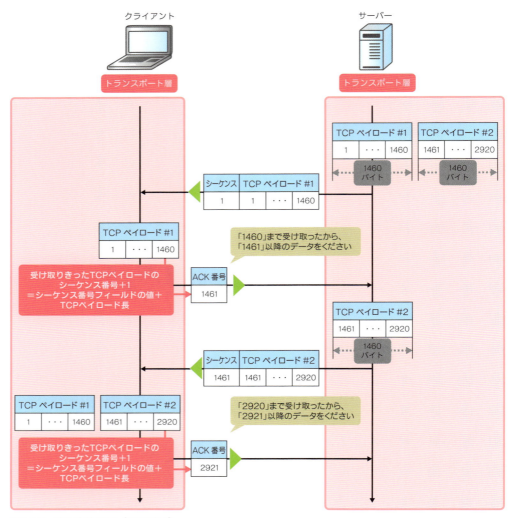

図5.2.5 ● 確認応答番号（ACK番号）

■ データオフセット

「**データオフセット**」は、TCPヘッダーの長さを表す4ビットのフィールドです。端末はこの値を見ることによって、どこまでがTCPヘッダーであるか知ることができます。データオフセットは、IPヘッダーと同じく、TCPヘッダーの長さを4バイト（32ビット）単位に換算した値が入ります。たとえば、最も小さいTCPヘッダー（オプションなしのTCPヘッダー）の長さは20バイト（160ビット＝32ビット×5）なので、「5」が入ります。

■ コントロールビット

「**コントロールビット**」は、コネクションの状態を制御するフィールドです。8ビットのフラグで構成されていて、それぞれのビットが次表のような意味を表しています。

ビット	フラグ名	説明	概要
1 ビット目	CWR	Congestion Window Reduced	ECN-Echo に従って、輻輳ウィンドウ（p.283）を減少させたことを通知するフラグ*
2 ビット目	ECE	ECN-Echo	輻輳（p.283）が発生していることを通信相手に通知するフラグ*
3 ビット目	URG	Urgent Pointer field significant	緊急を表すフラグ
4 ビット目	ACK	Acknowledgment field significant	確認応答を表すフラグ
5 ビット目	PSH	Push Function	速やかにアプリケーションにデータを渡すフラグ
6 ビット目	RST	Reset the connection	コネクションを強制切断するフラグ
7 ビット目	SYN	Synchronize sequence numbers	コネクションをオープンするフラグ
8 ビット目	FIN	No more data from sender	コネクションをクローズするフラグ

＊：明示的に輻輳を通知する「ECN（Explicit Congestion Notification）」で使用します。

表5.2.1 ● コントロールビット

TCP はコネクションを作るとき、これらのフラグを「0」にしたり「1」にしたりすることによって、現在コネクションがどのような状態にあるのか伝えあっています。いつ、どのようなときに、どのフラグが立つ（「1」になる）のか、具体的な処理については、p.277から詳しく説明します。

■ ウィンドウサイズ

「**ウィンドウサイズ**」は、受け取れるデータサイズを通知するためのフィールドです。どれほど高性能な端末でも、一気に、かつ無尽蔵にパケットを受け取れるわけではありません。そこで、「これくらいまでだったら受け取れますよ」という感じで、確認応答を待たずに受け取れるデータサイズをウィンドウサイズとして通知します。

ウィンドウサイズは 2 バイト（16 ビット）で構成されていて、最大 65535 バイトまで通知することができ、「0」がもう受け取れないことを表します。送信側の端末は、ウィンドウサイズが「0」のパケットを受け取ると、いったん送信するのを止めます。

■ チェックサム

「**チェックサム**」は、受け取った TCP セグメントが壊れていないか、整合性のチェックに使用される 2 バイト（16 ビット）のフィールドです。TCP のチェックサム検証にも「1の補数演算」が採用されています。TCP セグメントを受け取った端末は、検証に成功すると、受け入れます。

■ 緊急ポインタ

「**緊急ポインタ**」は、コントロールビットの URG（アージェント）フラグが「1」になっているときにだけ有効な 2 バイト（16 ビット）のフィールドです。緊急データがあったときに、緊急データを示す最後のバイトのシーケンス番号がセットされます。

■ オプション

「**オプション**」は、TCP に関連する拡張機能を通知しあうために使用されます。この
フィールドは 4 バイト（32 ビット）単位で変化するフィールドで、「種別（Kind）」によっ
て定義されているいくつかのオプションを、「オプションリスト」として並べていく形で
構成されています。オプションリストの組み合わせは、OS やそのバージョンによって異
なります。代表的なオプションとしては、次表のようなものがあります。

種別	オプションヘッダー	RFC	意味
0	End Of Option List	RFC793	オプションリストの最後であることを表す
1	NOP（No-Operation）	RFC793	何もしない。オプションの区切り文字として使用する
2	MSS（Maximum Segment Size）	RFC793	アプリケーションデータの最大サイズを通知する
3	Window Scale	RFC1323	ウィンドウサイズの最大サイズ（65,535 バイト）を拡張する
4	SACK（Selective ACK）Permitted	RFC2018	Selective ACK（選択的確認応答）に対応している
5	SACK（Selective ACK）	RFC2018	Selective ACK に対応しているときに、すでに受信したシーケンス番号を通知する
8	Timestamps	RFC1323	パケットの往復時間（RTT）を計測するタイムスタンプに対応している
30	MPTCP（Multipath TCP）	RFC8664	Multipath TCP に対応している
34	TCP Fast Open	RFC7413	TCP Fast Open に対応していることを通知したり、Cookie の情報を渡す

表5.2.2 ● 代表的なオプション

この中でも特に重要なオプションが、「**MSS**（Maximum Segment Size）」と「**SACK**
（Selective Acknowledgment）」です。

▮ MSS

MSS（Maximum Segment Size）は、TCP ペイロード（アプリケーションデータ）の最大
サイズです。同じく M の付く 3 文字の用語で混同しがちな **MTU**（Maximum Transmission
Unit）と比較しながら説明しましょう。

MTU は、IP パケットの最大サイズを表しています。p.159 でも説明したとおり、端末
は大きなアプリケーションデータを送信するとき、大きいまま、ドーン！と送信するわけ
ではありません。小分けにして、ちょこちょこ送信します。そのときの最も大きい小分け
の単位が MTU です。MTU は、伝送媒体によって異なっていて、たとえばイーサネットの
場合、デフォルトで 1,500 バイトです。

それに対して MSS は、TCP セグメントに詰め込むことができるアプリケーションデー
タの最大サイズを表しています。MSS は、明示的に設定したり、VPN 環境だったりしな
いかぎり、IPv4 であれば「MTU − 40 バイト（IPv4 ヘッダー＋ TCP ヘッダー）」、IPv6 で
あれば「MTU − 60 バイト（IPv6 ヘッダー＋ TCP ヘッダー）」です。たとえば、イーサネッ
ト（L2）＋ IPv4（L3）環境の場合、デフォルトの MTU が 1,500 バイトなので、MSS は

1,460（= 1,500 − 40）バイトになります。トランスポート層は、アプリケーションデータを MSS ごとに分割し、TCP セグメントとしてカプセル化します。この分割処理のことを「**TCP セグメンテーション**」といいます。

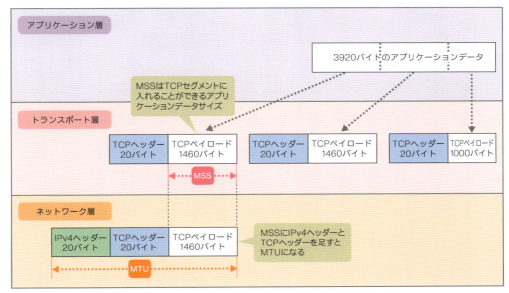

図5.2.6 ● MSSとMTU

TCP 端末は、3 ウェイハンドシェイク（p.277）するときに、「この MSS のアプリケーションデータだったら受け取れますよー」と、サポートしている MSS の値をお互いに教えあいます。

SACK

SACK（Selective Acknowledgment）は、消失した TCP セグメントだけを再送する機能です。RFC2018「TCP Selective Acknowledgment Options」で標準化されていて、ほぼすべての OS でサポートされています。

RFC9293 で定義されている標準的な TCP は、「アプリケーションデータをどこまで受け取ったか」を確認応答番号（ACK 番号）のみで判断しています。そのため、部分的に TCP セグメントが消失した場合、消失した TCP セグメント以降の、すべての TCP セグメントを再送してしまうという非効率さを抱えています。SACK に対応していると、部分的に TCP セグメントが消失した場合、「どこからどこまで受け取ったか」という範囲をオプションフィールドで通知するようになります。この情報をもとに、消失した TCP セグメントだけを再送するようになり、再送効率が向上します。

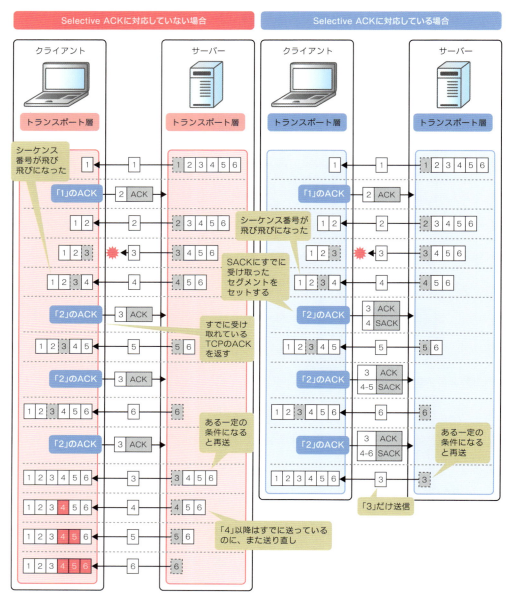

図5.2.7 • SACK（Selective ACK）

5.2.2 TCPにおける状態遷移

さて、ここからはTCPがどのようにして信頼性を確保しているのか、「**接続開始フェーズ**」「**接続確立フェーズ**」「**接続終了フェーズ**」という3つのフェーズに分けて説明していきます。TCPでは、コントロールビットを構成している8つのフラグを「0」にしたり、「1」にしたりすることによって、次図のようにTCPコネクションの状態を制御しています。なお、それぞれの状態については、これからフェーズごとに詳しく説明していきます。まずは、こんな状態の名前があって、こんな感じで遷移しているんだなと、さらっと確認してください。

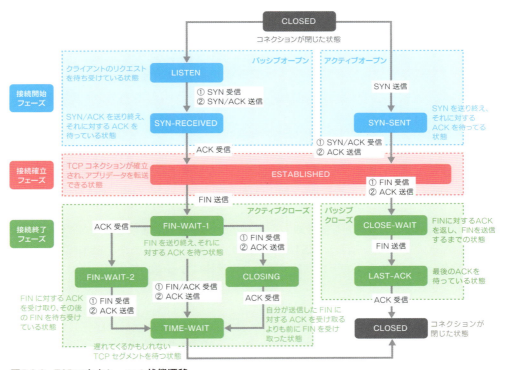

図5.2.8 ● TCPコネクションの状態遷移

■ 接続開始フェーズ

TCPコネクションは「**3ウェイハンドシェイク（3WHS）**」でコネクションをオープンするところから始まります。3ウェイハンドシェイクとは、コネクションを確立する前に行うあいさつを表す処理手順のことです。

クライアントとサーバーは、3ウェイハンドシェイクの中で、お互いがサポートしている機能やシーケンス番号を決めて、「**オープン**」と呼ばれる下準備を行います。この3ウェイハンドシェイクによるオープンの処理において、コネクションを作りにいく側（クライ

アント）の処理を「**アクティブオープン**」、コネクションを受け付ける側（サーバー）の処理を「**パッシブオープン**」といいます。では、3 ウェイハンドシェイクの流れを見ていきましょう。

(1) 3 ウェイハンドシェイクを開始する前、クライアントは「**CLOSED**」、サーバーは「**LISTEN**」の状態です。CLOSED はコネクションが完全に閉じている状態、つまり何もしていない状態です。LISTEN はクライアントからのコネクションを待ち受けている状態です。たとえば、Web ブラウザから Web サーバーに対して HTTP でアクセスする場合、Web ブラウザは Web サーバーにアクセスしないかぎり、CLOSED です。それに対して、Web サーバーはデフォルトで 80 番を LISTEN にして、コネクションを受け付けられるようにしています。

(2) クライアントは SYN フラグを「1」、シーケンス番号にランダムな値（図中の x）をセットした SYN パケットを送信し、オープンの処理に入ります。この処理によって、クライアントは「**SYN-SENT**」状態に移行し、続く SYN/ACK パケットを待ちます。

(3) SYN パケットを受け取ったサーバーは、パッシブオープンの処理に入ります。SYN フラグと ACK フラグを「1」にセットした SYN/ACK パケットを返し、「**SYN-RECEIVED**」状態に移行します。なお、このときのシーケンス番号はランダム（図中の y）、確認応答番号は SYN パケットのシーケンス番号に「1」を足した値（x+1）になります。

(4) SYN/ACK パケットを受け取ったクライアントは、ACK フラグを「1」にセットした ACK パケットを返し、「**ESTABLISHED**」状態に移行します。ESTABLISHED はコネクションが出来上がった状態です。この状態になって、初めて実際のアプリケーションデータを送受信できるようになります。

(5) ACK パケットを受け取ったサーバーは ESTABLISHED 状態に移行します。この状態になって、初めて実際のアプリケーションデータを送受信できるようになります。これまでのシーケンス番号と確認応答番号のやりとりによって、アプリケーションデータの最初に付与されるシーケンス番号がそれぞれ確定します。

278

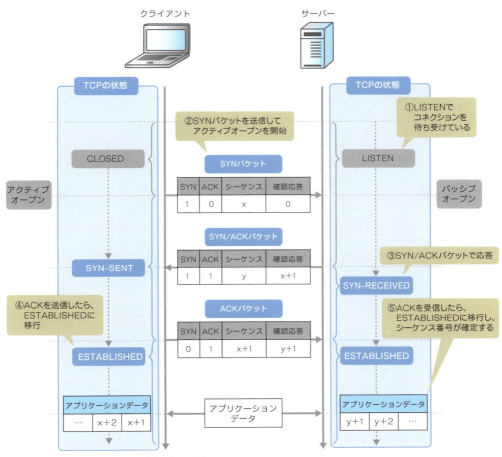

図5.2.9 ● 3ウェイハンドシェイク（3WHS）

■ 接続確立フェーズ

3ウェイハンドシェイクが完了したら、いよいよ実際のアプリケーションデータのやりとりが始まります。TCPは、アプリケーションデータ転送の信頼性を保つため、「**フロー制御**」「**輻輳制御**」「**再送制御**」という3つの制御をうまく組み合わせて転送を行っています。

■ フロー制御

フロー制御は、受信側の端末が行う流量調整です。ウィンドウサイズの項でも説明したとおり、受信側の端末はウィンドウサイズのフィールドを使用して、自分が受け取ることができるデータ量を通知しています（p.273）。送信側の端末は、ウィンドウサイズまでは確認応答（ACK）を待たずにどんどんTCPセグメントを送りますが、それ以上のデータは送りません。そうすることによって、受信側の端末が受け取りきれないことがないように考慮しつつ、可能なかぎりたくさんのデータを送信するようにしています。この一連の

動作のことを「**スライディングウィンドウ**」といいます。

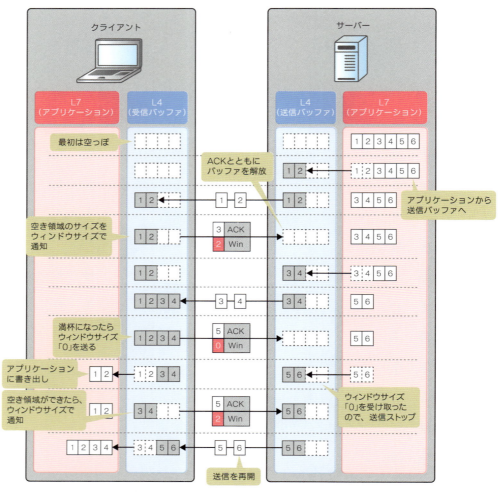

図5.2.10 ● ウィンドウサイズを通知してフロー制御を行う（スライディングウィンドウ）

■ 再送制御

再送制御は、パケットロスが発生したときに行うパケットの再送機能です。TCPは、ACKパケットによってパケットロスを検知し、パケットを再送します。再送制御が発動するタイミングは、受信側の端末がきっかけで行われる「**重複ACK**（Duplicate ACK）」と、送信側の端末がきっかけで行われる「**再送タイムアウト**（Retransmission Time Out、RTO）」のふたつです。

▌重複ACK

受信側の端末は、受け取ったTCPセグメントのシーケンス番号が飛び飛びになると、パケットロスが発生したと判断して、確認応答が同じACKパケットを連続して送出します。

このACKパケットのことを「**重複ACK**（Duplicate ACK）」といいます。

　送信側の端末は、一定回数以上の重複ACKを受け取ると、対象となるTCPセグメント[1]を再送します。重複ACKをトリガーとする再送制御のことを「**高速再送**（Fast Retransmit）」といいます。高速再送が発動する重複ACKのしきい値は、OSやそのバージョンごとに異なります。たとえば、Linux OS（Ubuntu 22.04）は3個の重複ACKを受け取ると、高速再送が発動します。

* 1：SACK（p.275）が有効な場合は、消失したTCPセグメントのみ、無効な場合は消失したTCPセグメント以降のTCPセグメントをすべて再送します。

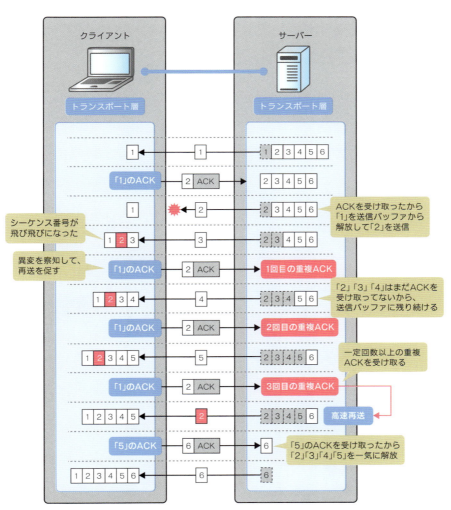

図5.2.11 ● 重複ACKからの高速再送

再送タイムアウト

　送信側の端末は、TCPセグメントを送信した後、ACK（確認応答）パケットを待つまでの時間を「**再送タイマー**（Retransmission Timer）」として保持しています。この再送タイマーは、短すぎず、かといって長すぎないように、RTT（パケットの往復遅延時間）から数学的なロジックに基づいて算出されます。ざっくり言うと、RTTが短いほど再送タイマーも短くなります。再送タイマーはACKパケットを受け取るとリセットされます。

　たとえば、重複ACKの個数が少なくて高速再送が発動しないときは、再送タイムアウトになって、やっと対象となるTCPセグメント[*1]が再送されます。

　ちなみに、昼休みにインターネットをしていて一気に遅くなったとき、たいていはこの再送タイムアウト状態にあります。

*1：SACK（p.275）が有効な場合は、タイムアウトが発生したTCPセグメントのみ、無効な場合はタイムアウトが発生したTCPセグメント以降のTCPセグメントをすべて再送します。

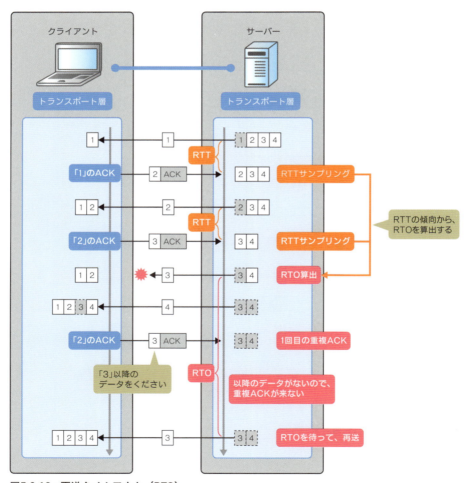

図5.2.12 ● 再送タイムアウト（RTO）

■ 輻輳制御

輻輳制御は、送信側の端末が行う流量調整です。「輻輳（ふくそう）」とは、ざっくり言うと、ネットワークにおける混雑のことです。昼休みにインターネットをしていて、「遅いなー」「重いなー」と思ったことはありませんか。これは昼休みに入って、たくさんの人たちがインターネットを見るようになり、ネットワーク上のパケットが一気に混雑したことによるものです。パケットが混雑してくると、ネットワーク機器が処理しきれなくなったり、回線の帯域制限に引っかかったりして、パケットが消失したり、転送に時間がかかるようになったりします。その結果、体感的に「遅い！」「重い！」と感じるようになります。

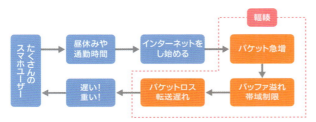

図5.2.13 ● ネットワークが混雑してくるとパケットロスや転送遅れが発生する

TCPは、大量の送信パケットによってネットワークが輻輳しないように「**輻輳制御アルゴリズム**」によって、パケットの送信数を制御します。このパケットの送信数のことを「**輻輳ウィンドウ**（cwnd、congestion window）」といいます。輻輳制御アルゴリズムは、ネットワークが輻輳してきたら輻輳ウィンドウを減らし、空いてきたら増やします。

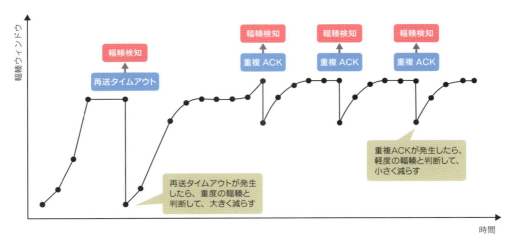

図5.2.14 ● 輻輳制御のイメージ

輻輳制御アルゴリズムは、何の情報をもって輻輳と判断するかによって、「**ロスベース**」「**遅延ベース**」「**ハイブリッドベース**」の3種類に分類できます。ロスベースは、パケットロス（消失）が発生したら、輻輳と判断します。遅延ベースは、遅延が大きくなってきたら、

輻輳と判断します。ハイブリッドベースは、パケットロスと遅延の両方を総合的に考慮して、輻輳と判断します。このうち、2024 年 12 月時点の最新 Windows OS、macOS、Linux OS でデフォルト設定されている輻輳制御アルゴリズムが、ロスベースのひとつ「**CUBIC**」です。CUBIC は、最初に輻輳ウィンドウを小さいサイズから指数関数的に増やします（スロースタート）。パケットロスが発生したら、パケットを再送していったん輻輳ウィンドウのサイズを減らし、元のサイズまでは一気に、それに近づくにつれ慎重に増やします。

分類	輻輳の指標	輻輳制御 アルゴリズム	リリース 年	主な特徴
ロスベース	パケットロスが発生したとき	Tahoe	1988 年	最初に指数関数的に輻輳ウィンドウを増加させる「スロースタート」や、重複 ACK（p.280）を受信したときに再送タイムアウトを待たずに再送する「高速再送（p.281）」を実装
		Reno	1990 年	Tahoe の改良版。重複 ACK を受信したときに輻輳ウィンドウを小さくしすぎない「高速リカバリー」を追加実装
		New Reno	1996 年	Reno の改良版で、以前の macOS（〜 10.9）のデフォルト。高速リカバリー後のバースト的なパケットロスにも対応。以降に開発されたアルゴリズム（BBR 除く）の基礎
		BIC	2004 年	広帯域・高遅延環境向けのアルゴリズムで、以前の Linux OS（カーネル 2.6.8 〜 2.6.18）のデフォルト。輻輳検知後に加算的増加と二部探索で一気に元の輻輳ウィンドウに回復
		CUBIC	2005 年	BIC の改良版で、Windows 10（v1709 〜）/ macOS（10.10 〜）/Linux OS（カーネル 2.6.19 〜）のデフォルト。輻輳検知後に三次関数で一気に元の輻輳ウィンドウに回復
遅延ベース	遅延が大きくなったとき	Westwood	2001 年	無線（Wi-Fi、モバイル）環境向けのアルゴリズム。輻輳検知後に遅延（RTT）により算出された推定帯域をもとに輻輳ウィンドウを調整
		BBR	2016 年	YouTube や一部の GCP サービスで使用されているアルゴリズム。Google 社が開発。遅延とボトルネックとなる帯域をもとに輻輳ウィンドウを調整
ハイブリッドベース	パケットロスと遅延を総合的に判断	Illinois	2006 年	広帯域・高遅延環境向けのアルゴリズム。パケットロスと遅延（RTT）で輻輳を検知し、輻輳ウィンドウの増減幅を調整
		DCTCP	2010 年	広帯域・低遅延環境（データセンターなど）向けのアルゴリズム。「ECN（明示的輻輳通知）」パケットを使用して輻輳を検知し、輻輳ウィンドウを調整

表5.2.3 ● いろいろな輻輳制御アルゴリズム

■ 接続終了フェーズ

アプリケーションデータのやりとりが終わったら、「**クローズ**」と呼ばれる TCP コネクションの終了処理に入ります。コネクションのクローズに失敗すると、不要なコネクションが端末に溜まり続けてしまい、端末のリソースを圧迫しかねません。そこで、クローズの処理はオープンの処理よりもしっかり、かつ慎重に進めるようにできています。クライ

アントとサーバーは、終了処理の中で FIN パケット（FIN フラグが「1」の TCP セグメント）や RST パケット（RST フラグが「1」の TCP セグメント）を交換しあい、コネクションをクローズします。FIN フラグは「もう送信するアプリケーションデータはありません」を意味するフラグで、上位アプリケーションの挙動にあわせた形で付与されます。RST フラグは、コネクションの強制切断を意味するフラグで、TCP 的に予期しないエラーが発生するなどして、コネクションをすぐに切断したいときなどに付与されます。ここでは、FINパケットを使用した一般的なクローズの処理について説明します。

p.277 で説明したとおり、TCP コネクションのオープンは必ずクライアントの SYN から始まります。それに対して、クローズはクライアント、サーバーどちらの FIN から始まると明確に定義されているわけではありません。クライアント、サーバーの役割にかかわらず、先に FIN を送出して TCP コネクションを終わらせに行く側の処理のことを「**アクティブクローズ**」、それを受け付ける側の処理のことを「**パッシブクローズ**」といいます。クローズの処理にはいくつかのパターンがあります。ここでは「**4 ウェイハンドシェイク**」と「**3 ウェイハンドシェイク**」、代表的な 2 パターンについて説明します。クローズの処理は、若干複雑なところがありますが、TCP 的な処理を行う「OS」と、アプリケーション的な処理を行う「アプリケーション」の連携を注視しながら順々に追っていくと、わかりやすいでしょう。

■ 4 ウェイハンドシェイクパターン

まず、最も基本的な終了処理である 4 ウェイハンドシェイクのパターンです。ここではわかりやすくするために、クライアント側でアクティブクローズ、サーバー側でパッシブクローズを行うものとして説明します。

(1) クライアントアプリケーションは予定したアプリケーションデータをやりとりし終わると、クライアント OS に対してクローズ要求を行います。クライアント OS はこのクローズ要求に応じて、アクティブクローズの処理を開始します。FIN フラグと ACK フラグを「1」にした FIN/ACK パケットを送信し、サーバーからの FIN/ACK パケットを待つ「**FIN-WAIT-1**」状態に移行します。

(2) FIN/ACK パケットを受け取ったサーバー OS は、パッシブクローズの処理を開始します。サーバーアプリケーションにクローズ処理の依頼をかけ、FIN/ACK パケットに対する ACK パケットを送信します。また、あわせてサーバーアプリケーションからのクローズ要求を待つ「**CLOSE-WAIT**」状態に移行します。

(3) ACK パケットを受け取ったクライアント OS は、サーバーからの FIN/ACK パケットを待つ「**FIN-WAIT-2**」状態に移行します。

(4) サーバー OS は、サーバーアプリケーションからクローズ処理の要求があると、FIN/ACK パケットを送信し、自身が送信した FIN/ACK パケットに対する ACK パケット、つまりクローズ処理における最後の ACK パケットを待つ「**LAST-ACK**」状態に移行します。

⑤ サーバー OS から FIN/ACK を受け取ったクライアント OS は、それに対する ACK パケットを送信し、「**TIME-WAIT**」状態に移行します。TIME-WAIT は、もしかしたら遅れて届くかもしれない ACK パケットを待つ、保険のような状態です。

⑥ ACK パケットを受け取ったサーバー OS は「**CLOSED**」状態に移行し、TCP コネクションを削除します。あわせて、この TCP コネクションのために確保していたリソースを解放します。これで、パッシブクローズの処理は終了です。

⑦ TIME-WAIT 状態に移行しているクライアント OS は、設定された時間（タイムアウト）を待って「**CLOSED**」状態に移行し、コネクションを削除します。あわせて、このコネクションのために確保していたリソースを解放します。これで、アクティブクローズの処理は終了です。

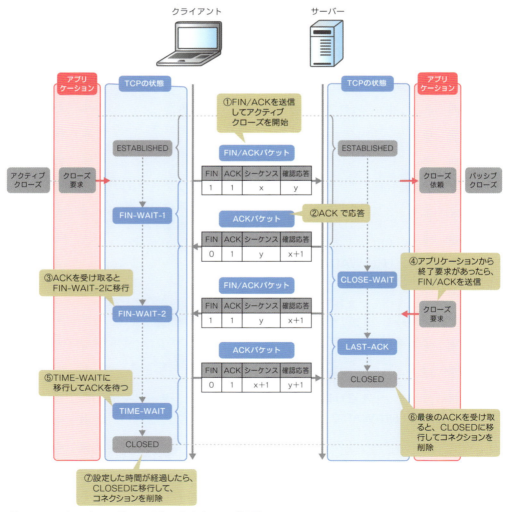

図5.2.15 • 4ウェイハンドシェイクによるクローズ処理

■ 3ウェイハンドシェイクパターン

続いて、パッシブクローズ側のアプリケーションが即座にクローズ処理をしたときに起こりうる3ウェイハンドシェイクのパターンです。ここでもわかりやすくするために、クライアント側でアクティブクローズ、サーバー側でパッシブクローズを行うものとして説明します。

(1) 最初は4ウェイハンドシェイクのときと同じです。クライアントOSは、クライアントアプリケーションからクローズ要求が入るとアクティブクローズの処理を開始し、FIN/ACKパケットを送信します。また、あわせて「**FIN-WAIT-1**」状態に移行します。

(2) FIN/ACKパケットを受け取ったサーバーOSは、パッシブクローズの処理を開始し、サーバーアプリケーションにクローズ処理の依頼をかけます。クローズ処理の依頼を受け取ったサーバーアプリケーションは即座に処理を行い、サーバーOSがACKを返すよりも前にサーバーOSにクローズ処理を要求します。クローズ処理の要求を受け取ったサーバーOSは、FIN/ACKパケットを送信し、それに対するACKパケットを待つ「**LAST-ACK**」状態に移行します。このFIN/ACKパケットは、4ウェイハンドシェイクにおける(2)のACKパケットと(4)のFIN/ACKパケットをまとめたものと考えてよいでしょう。

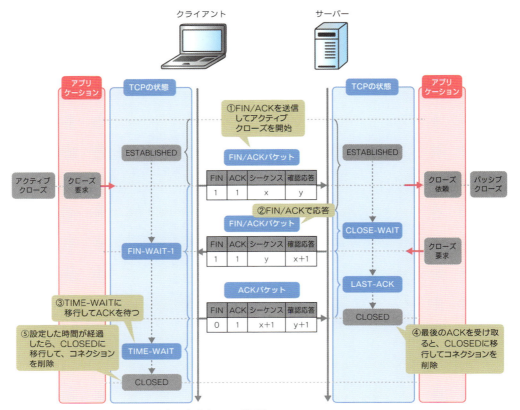

図5.2.16 ● 3ウェイハンドシェイクによるクローズ処理

③ サーバーから FIN/ACK パケットを受け取ったクライアント OS は、それに対する ACK パケットを送信し、「**TIME-WAIT**」状態に移行します。

④ ここからはまた 4 ウェイハンドシェイクのときと同じです。ACK パケットを受け取ったサーバーは「**CLOSED**」状態に移行し、コネクションを削除します。あわせてこの TCP コネクションのために確保していたリソースを解放します。これで、パッシブクローズの処理は終了です。

⑤ TIME-WAIT 状態に移行しているクライアント OS は、設定された時間（タイムアウト）を待って「**CLOSED**」状態に移行し、コネクションを削除します。あわせて、このコネクションのために確保していたリソースを解放します。これで、アクティブクローズの処理は終了です。

5.2.3 いろいろなオプション機能

TCP は、p.279 から説明した「フロー制御」「再送制御」「輻輳制御」という 3 つの基本制御に、いろいろなオプション機能を追加することによって、変わりゆくネットワーク環境に対応し続けています。最近の OS や NIC に搭載されている代表的なオプション機能には、次ページの表のようなものがあります。

これらのオプション機能を必要に応じて、有効にしたり、無効したりしながら、アプリケーションの要件にあった TCP 環境を構築します。

オプション機能	説明	関連RFC
TCP Fast Open（TFO）	2 回目以降の 3 ウェイハンドシェイクの SYN にペイロードを乗せて、3 ウェイハンドシェイクとデータ送信を同時に行い、接続遅延を減少させる機能	RFC7413
Nagle アルゴリズム	小さいペイロードをまとめて、1 つの TCP セグメントとして送信することによって、ネットワークでやりとりするパケット数を削減し、輻輳の軽減を図る機能。リアルタイム性が要求される環境において、遅延 ACK と組み合わせた場合に遅延が発生し、パフォーマンスが低下することがある	RFC896
遅延 ACK（Delayed ACK）	ペイロードサイズが小さい TCP セグメントに対する ACK を遅らせることによって、ネットワークでやりとりするパケット数を削減し、輻輳の軽減を図る機能。リアルタイム性が要求される TCP 環境において、Nagle アルゴリズムと組み合わせた場合に遅延が発生し、パフォーマンスが低下することがある	RFC1122
Early Retransmit	高速再送が発動しない特定の TCP 環境において、重複 ACK のしきい値を下げ、高速再送を誘発する機能	RFC5827
Tail Loss Probe	送信した一連の TCP セグメントのうち、最後のほうが失われてしまった場合に、再送タイムアウトより早く再送を試みる機能	—
TCP Segmentation Offload（TSO）	通常 CPU で行う TCP セグメンテーションを NIC で行うことによって、CPU の処理負荷を軽減する機能	—
MPTCP	Wi-Fi と 4G など、異なるインターフェースを同時に使用し、複数の経路でデータを転送することによって、耐障害性と帯域幅の向上を図る機能	RFC8664

表5.2.4 ● 代表的なオプション機能

5.2.4 ファイアウォールの動作（TCP編）

　p.261でも説明したとおり、ファイアウォールは送信元/宛先IPアドレス、トランスポート層プロトコル、送信元/宛先ポート番号（5 Tuple、ファイブタプル）でコネクションを識別し、通信制御を行うネットワーク機器です。通信の許可/拒否を定義する「**フィルターテーブル**」と、通信を管理する「**コネクションテーブル**」を使用して、ステートフルインスペクションを実行します。

　TCPでもUDP同様、フィルターテーブルとコネクションテーブルがポイントになるという点では変わりません。しかし、コネクションテーブルにコネクションの状態を示す列が追加され、その情報をもとにコネクションエントリを管理します。ここでは、次図のようなネットワーク環境で、Webブラウザ（10.1.1.100）がHTTP（TCP/80）でWebサーバー（172.16.1.1）にアクセスすることを想定して、ステートフルインスペクションの動作を説明します。

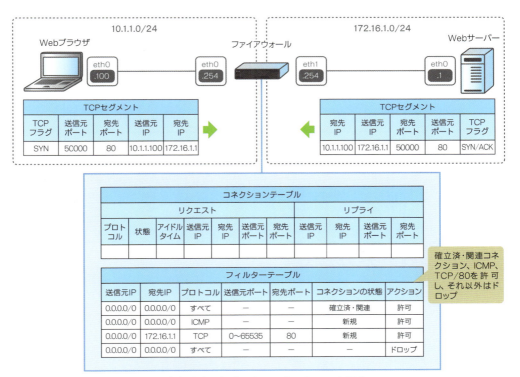

図5.2.23 ● ファイアウォールの通信制御を理解するためのネットワーク構成

① ファイアウォールは、クライアント側にあるインターフェース（eth0）でSYNパケットを受け取ると、コネクションテーブルを見て、対応するコネクションエントリがあるかどうかを確認します。当然ながら、最初は対応するコネクションエントリはありません。新規コネクションとして、フィルターテーブルと照合します[*1]。

*1：厳密には、フィルターテーブルと照合する前に、ルーティングの処理が入ります。ここでは、ステートフルインスペクションにフォーカスを当てるため、それらの説明は省略しています。

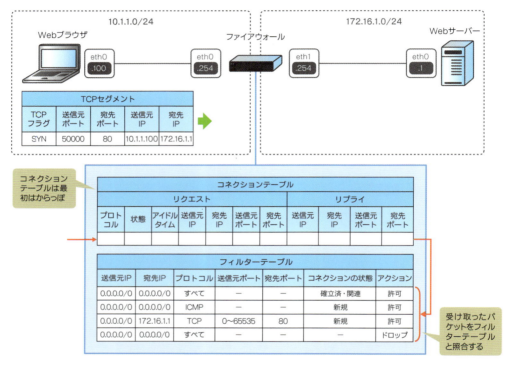

図5.2.24 ● フィルターテーブルと照合する

②　フィルターテーブルでアクションが「**許可（ACCEPT）**」のファイアウォールルールにヒットした場合、コネクションテーブルに、受け取ったSYNパケットの情報（IPアドレスやポート番号、プロトコルやコネクションの状態など）と、これから受け取る予定のSYN/ACKパケットの情報を新規のコネクションエントリとして追加し、サーバーに転送します。

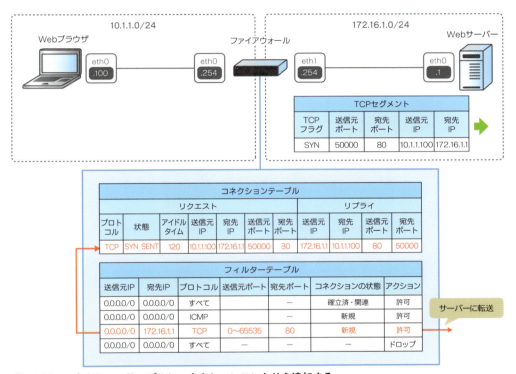

図5.2.25 ● コネクションテーブルにコネクションエントリを追加する

アクションが「**拒否（REJECT）**」のエントリにヒットした場合は、コネクションテーブルにコネクションエントリを追加せず、クライアントに対して RST パケットを返し、コネクションを強制的に切断します[*1]。

*1：iptables のデフォルトの REJECT の動作は ICMP（Port Unreachable）を返します。ここでは、一般的なファイアウォールの REJECT の動作にあわせて、ファイアウォールルールに「--reject-with tcp-reset オプション」を付けている前提で説明しています。ww

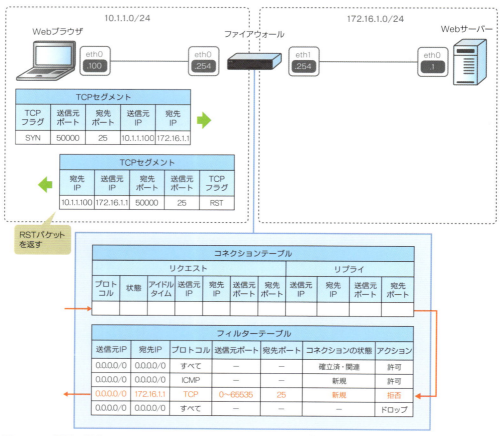

図5.2.26 ● 拒否の場合は、RSTパケットを返す

アクションが「**ドロップ（DROP）**」のファイアウォールルールにヒットした場合は、UDPと同じく、コネクションテーブルにコネクションエントリを追加せず、クライアントに対しても何もしません。TCPセグメントをこっそり破棄し、そこに何もないかのように振る舞います。

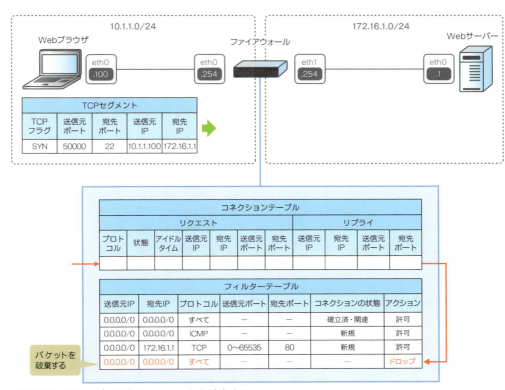

図5.2.27 ● ドロップの場合は、パケットを破棄する

③ アクションが「**許可（ACCEPT）**」のファイアウォールルールにヒットした場合は、サーバーから SYN/ACK パケットが返ってきます。サーバーからの SYN/ACK パケットは、SYN パケットの送信元 IP アドレス・ポート番号と宛先 IP アドレス・ポート番号を入れ替えたものです。

ファイアウォールは、サーバー側のインターフェース（eth1）で SYN/ACK パケットを受け取ると、コネクションテーブルを見て、対応するコネクションエントリがないかを確認します。すると、SYN パケットによって作成されたコネクションエントリがあります。そのコネクションエントリの状態やアイドルアイムアウト値[*1]を更新し、確立済みコネクションとして、フィルターテーブルと照合します[*2]。確立済みのコネクションは許可されているので、クライアントに転送します。

[*1]: iptables では、TCP の状態ごとにアイドルタイムアウト値が定義されています。
[*2]: 厳密には、フィルターテーブルと照合する前にルーティングの処理が入ります。ここでは、ステートフルインスペクションにフォーカスを当てるため、その処理を省略しています。

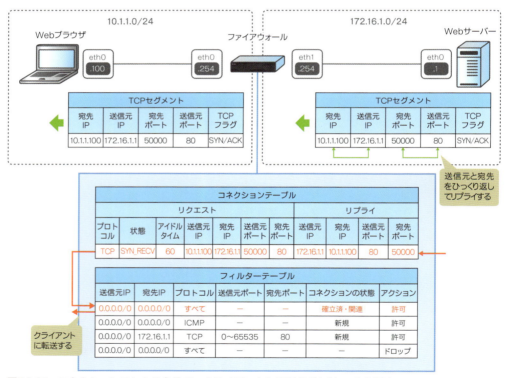

図5.2.28 ● コネクションエントリを見て、クライアントにSYN/ACKパケットを返す

④ SYN/ACK パケットを受け取ったクライアントは、3 ウェイハンドシェイクを終わらせるために、ACK を送信します。それを受け取ったファイアウォールはコネクションテーブルを見て、対応するコネクションエントリがあるかどうかを確認します。すると、SYN パケットによって作成されたコネクションエントリがあるので、そのエントリの状態やアイドルタイムアウト値を更新し、確立済みのコネクションとして、フィルターテーブルと照合します[*1]。フィルターテーブルを見ると、確立済みのコネクションは許可されているので、サーバーに転送します。

*1：厳密には、フィルターテーブルと照合する前にルーティングの処理が入ります。ここでは、ステートフルインスペクションにフォーカスを当てるため、その処理を省略しています。

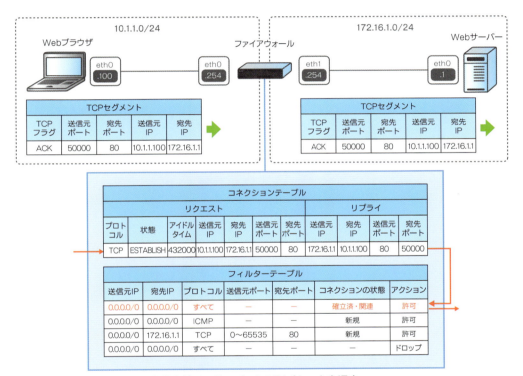

図5.2.29 ● コネクションエントリを見て、サーバーにACKパケットを返す

⑤ アプリケーションデータを送り終えたら、クライアントとサーバーの間でクローズ処理が実行されます。ファイアウォールはそのやりとりを見て、コネクションエントリの状態やアイドルタイムアウト値を更新し、最終的には削除します。

アプリケーション層

アプリケーション層は、ネットワーク上でアプリケーションが動作できるように、いろいろな機能を提供している階層です。物理層、データリンク層、ネットワーク層によって転送され、トランスポート層によって選別されたパケットは、いよいよアプリケーション層によって処理されます。

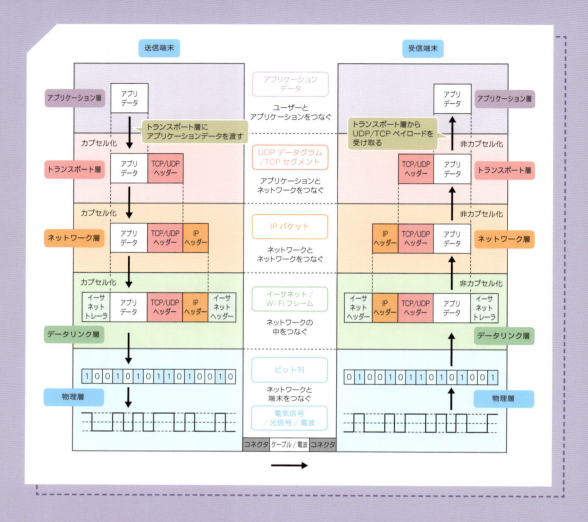

　アプリケーション層は、アプリケーションとしての処理を行い、ユーザーとアプリケーションをつなぐ階層です。トランスポート層は、転送制御を行い、アプリケーションごとにパケットを選別するところまでが仕事です。それ以上のことはしてくれません。パケットを受け取ったアプリケーションは、それぞれのアプリケーションに応じた処理を行います。たとえば、Webブラウザで Webサーバーにアクセスした場合、パケットは物理層、データリンク層、ネットワーク層のプロトコルによってWebサーバーまで転送され、トランスポート層のプロトコルでHTTPサーバーアプリケーションに選別され、アプリケーション層のプロトコルでHTTPサーバーアプリケーションによって処理されます。

　アプリケーション層のプロトコルは、セッション層（第5層、L5）、プレゼンテーション層（第6層、L6）、アプリケーション層（第7層、L7）をまとめて、ひとつのアプリケーションプロトコルとして標準化されています。本書は、数あるアプリケーションプロトコルのうち、ユーザープロトコルの定番である「HTTP」「SSL/TLS」「DNS」を説明した後、運用管理プロトコルや冗長化プロトコルなど、ネットワークの構築現場で重要なプロトコルをカテゴリ別にピックアップして説明していきます。

chapter

6-1 HTTP

アプリケーション層で動作するアプリケーションプロトコルの中で、最もなじみ深く、かつよく話題に上がるものが「**HTTP**（Hypertext Transfer Protocol）」でしょう。皆さんも Web ブラウザで「http://…」と URL を入力した経験がありませんか。Web ブラウザは、最初の「http」の部分で「HTTP でアクセスしますよー」と Web サーバーに宣言しつつ、リクエスト（要求）を送信しています。対する Web サーバーは、処理結果をレスポンス（応答）として返します。

HTTP はもともと、テキストファイルをダウンロードするだけの簡素なプロトコルでした。しかし、今はその枠組みを大きく超えて、ファイルの送受信からリアルタイムなメッセージ交換、動画配信から Web 会議システムに至るまで、ありとあらゆる用途で使用されています。インターネットは、HTTP とともに進化を遂げ、HTTP とともに爆発的に普及したといっても過言ではありません。

6.1.1 HTTP のバージョン

HTTP は、1991 年に登場して以来、「HTTP/0.9」→「HTTP/1.0」→「HTTP/1.1」→「HTTP/2」→「HTTP/3」と、4 度のバージョンアップが行われています。どのバージョンで接続するかは、Web ブラウザと Web サーバーの設定次第です。お互いの設定や対応状況が異なる場合は、やりとりの中で適切なプロトコルバージョンを選択します。

1991
HTTP/0.9
- テキストファイルのダウンロードだけ
- ヘッダーやボディなどメッセージフォーマットの規定も存在しない
- 現在は使用されていない

1997
HTTP/1.1
- もともとRFC2068で標準化、その後RFC2616、RFC7230 〜 RFC7235、RFC9112で改訂
- HTTP/1.0のパワーアップ版
- パイプラインやキープアライブなどの機能追加

2022
HTTP/3
- RFC9114で標準化
- UDP上で動作するQUICの使用
- HTTP/2の機能改善
- QUICによる信頼性とセキュリティの確保

- RFC1945で標準化
- メッセージフォーマット策定
- いろいろなファイルを転送可能
- ダウンロードしたり、アップロードしたりも可能
- 現在はほとんど使用されていない
HTTP/1.0
1996

- もともとRFC7540 〜 RFC7541で標準化、その後RFC9113で改訂
- バイナリフレーム、マルチプレキシング・HPACKなどの機能追加
- 2024年現在、最も使用されている
HTTP/2
2015

図6.1.1 ● HTTPバージョンの変遷

■ HTTP/0.9

HTTP/0.9 は、HTML（Hypertext Markup Language）で記述されたテキストファイル

299

（HTMLファイル）をサーバーからダウンロードするだけのシンプルなものです。今さら好き好んで使用する理由はありませんが、このシンプルさこそが、その後の爆発的な普及をもたらす要因になったことは間違いありません。

図6.1.2 ● HTTP/0.9はテキストファイルのダウンロードだけ

■ HTTP/1.0

　HTTP/1.0は、1996年にRFC1945「Hypertext Transfer Protocol -- HTTP/1.0」で標準化されました。HTTP/1.0ではテキストファイル以外にもいろいろなファイルを扱えるようになったり、ダウンロードだけでなくアップロードや削除もできるようになったりして、プロトコルとしての幅が大きく広がっています。メッセージ（データ）のフォーマットやリクエストとレスポンスの基本的な仕様もこの時点で確立していて、現在まで続くHTTPの土台になっています。

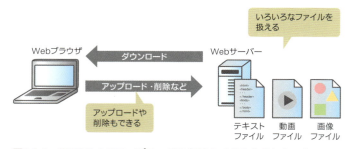

図6.1.3 ● HTTP/1.0でアップロードや削除もできるようになった

　HTTP/0.9とHTTP/1.0は、1リクエストごとにTCPコネクションを作っては壊すという手順を繰り返します。たとえば、3個のコンテンツ（ファイル）で構成されているWebサイトを、HTTP/0.9、あるいはHTTP/1.0で閲覧した場合、TCPコネクションをオープンし、コンテンツをダウンロードし終わったらクローズするという手順を3回繰り返します。

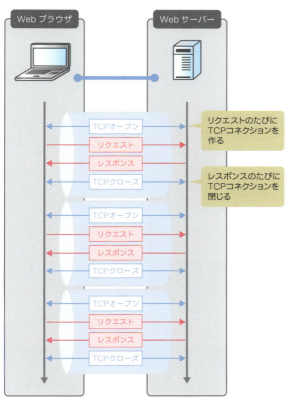

図6.1.4 ● HTTP/1.0は都度コネクションを作る

　この処理は、クライアントが1台しかいなかったら特に負荷にはならないでしょう。しかし、クライアントが10,000台となれば話は別です。塵も積もれば山となり、サーバーに多大な負荷をかけます。新規コネクションの処理は、SSLハンドシェイク（p.367）と並んで、負荷になりやすい処理のひとつです。

　ちなみにWebブラウザでは、ひとつのWebサーバーに対して同時にオープンできるTCPコネクションの数（最大コネクション数、最大接続数）が決められていて、最近のデフォルト値は「6」です。Webブラウザはひとつのwebサーバーに対して最大で6本のTCPコネクションを同時に作り、レスポンスを受け取るたびに、次から次へと新しいTCPコネクションを作っていきます。

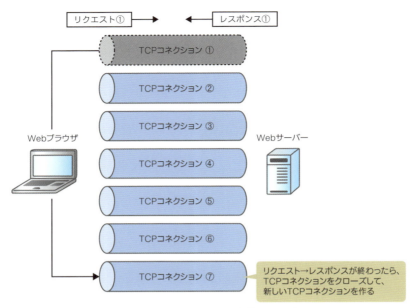

図6.1.5 ● HTTP/1.0はどんどんTCPコネクションを作っていく

HTTP/1.1

　HTTP/1.1 は、1997 年に RFC2068「Hypertext Transfer Protocol -- HTTP/1.1」で標準化され、1999 年に RFC2616、2014 年に RFC7230 ～ RFC7235、2022 年に RFC9110「HTTP Semantics」、RFC9111「HTTP Caching」、RFC9112「HTTP/1.1」で改訂されています[※1]。HTTP/1.1 には、**「キープアライブ（持続的接続）」**や**「パイプライン」**など、TCP レベルにおけるパフォーマンス向上を図る機能が盛り込まれています。

※ 1：RFC9110 と RFC9111 は、HTTP/1.1 だけでなく、HTTP/2 や HTTP/3 にも共通して使用できる、HTTP としての基本的な用語や仕様を定義しています。

■ キープアライブ（持続的接続）

　キープアライブは、一度作った TCP コネクションを使い回す機能です。HTTP/1.0 では拡張機能でしたが、HTTP/1.1 では標準機能になりました。最初に TCP コネクションを作っておいて、その上で複数の HTTP リクエストを送信します。HTTP/1.0 までコンテンツごとに行っていた「TCP オープン→ HTTP リクエスト→ HTTP レスポンス→ TCP クローズ」のうち TCP に関する処理が少なくなるため、新規コネクション数が減り、システム全体の処理負荷が大きく軽減します。また、TCP ハンドシェイク分のパケットの往復時間（RTT、Round-Trip Time）も少なくなるため、スループットが向上します。

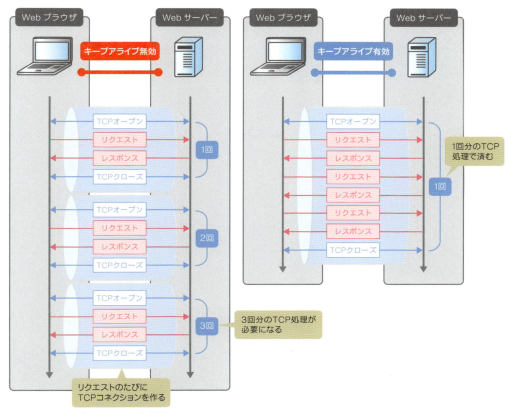

図6.1.6 ● キープアライブの有効性

■ パイプライン

　パイプラインは、リクエストに対するレスポンスを待たずに、次のリクエストを送信する機能です。HTTP/1.0には、リクエストを送信した後、そのレスポンスを待ってから次のリクエストを送信するという決まり事がありました。しかし、これではたくさんのコンテンツで構成されるWebサイトを見るとき、時間がかかって仕方がありません。パイプラインを利用すると、複数のリクエストをどんどん送信できるようになるため、コンテンツが表示されるまでの時間の短縮が期待できます（図6.1.7）。

　しかし、現実にはパイプラインは期待どおりの成果を上げていません。なぜならHTTP/1.1は、同じTCPコネクション内でリクエストとレスポンスのやりとりを並列処理できない仕様になっていて、Webサーバーはリクエストを受け取った順番でレスポンスを返さなくてはいけないためです。パイプラインは、この制限の影響をダイレクトに受けます。

　たとえば、WebブラウザがパイプラインでふたつのリクエストをWebサーバーが最初のリクエストの処理に時間がかかってレスポンスを返せないと、続くリクエストに対するレスポンスも止まってしまいます。また、サーバーのリソースも余計に消費してしまいます。この現象を「**HoL（Head of Lock）ブロッキング**」といいます。HoLブロッキングが原因で、ChromeもFirefoxもデフォルトでパイプラインが無効にされています。

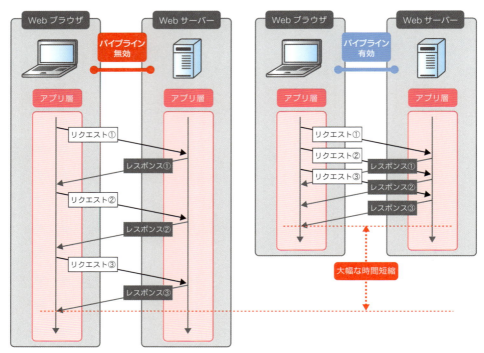

図6.1.7 ● パイプラインに期待される効果

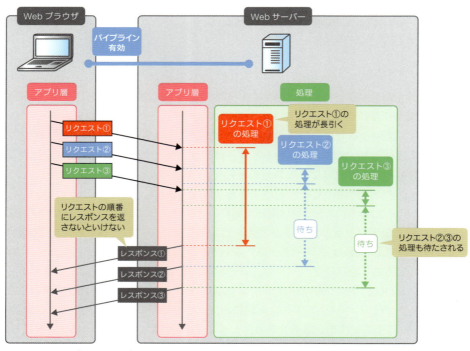

図6.1.8 ● HoLブロッキング

HTTP/2

　HTTP/2 は、Google 社が開発した SPDY(スピーディ) というプロトコルをベースとして、2015 年に RFC7540「Hypertext Transfer Protocol Version 2 (HTTP/2)」や RFC7541「HPACK: Header Compression for HTTP/2」で標準化され、その後 2022 年に RFC9113「HTTP/2」で改訂されています[*1]。HTTP/2 は、「**バイナリフレーム**」や「**マルチプレキシング**」、「**HPACK**(エイチパック)」や「**プライオリティ制御**」など、TCP レベルだけでなく、アプリケーションレベルにおいてもパフォーマンスを向上するための機能が盛り込まれています。

[*1]：HTTP/1.1 と共通する用語や仕様については、RFC9110「HTTP Semantics」と RFC9111「HTTP Caching」を参照します。

機能	説明
バイナリフレーム	HTTP メッセージをバイナリ形式のフレームに分割して送受信する機能
マルチプレキシング	1 本の TCP コネクションの中に複数のストリームを作り、複数のリクエストとレスポンスを同時に送受信する機能
HPACK	HTTP ヘッダーを圧縮する機能
サーバープッシュ	サーバーがクライアントからのリクエストを待たずに、関連するリソースを事前に送信する機能
プライオリティ制御	ストリームごとに優先度をつけ、重要なリソースを優先的に送受信する機能
フロー制御	TCP コネクション全体及びストリームごとの送受信量を調整する機能
エラーハンドリング	TCP コネクションやストリームで発生したエラーを適切に処理する機能

表6.1.1 ● HTTP/2の代表的な機能

　ここでは、その中でも特に重要なバイナリフレーム、マルチプレキシング、HPACK について説明します。

■ バイナリフレーム

　バイナリフレームとは、HTTP メッセージをバイナリ形式の「**フレーム**」に分割して送受信する機能です。バイナリ形式とは、コンピューターが直接処理することができる、「0」と「1」のビットで構成されるデータ形式のことです。HTTP は、HTTP/1.1 まで、ヘッダーが文字列で構成されたテキスト形式のメッセージ[*1]をやりとりしていました。テキスト形式のメッセージは、可読性が高いため、開発やデバッグには有用です。しかし、その半面、送信するときにはバイナリからテキストに変換し、受信するときにはその逆の変換が必要で、この処理がシステムの負荷や遅延の原因につながります。HTTP/2 は、バイナリ形式のままでメッセージをやりとりするため、その変換処理が必要なく、処理負荷の軽減と遅延の短縮を実現しています。

[*1]：HTTP ペイロードは、送信されるファイルの形式に応じてテキスト形式になったり、バイナリ形式になったりします。

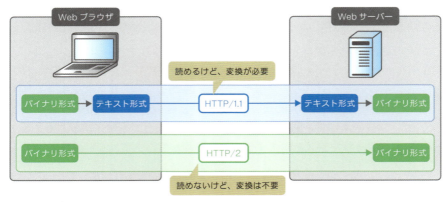

図6.1.9 ● バイナリフレーム

■ マルチプレキシング

　HTTP/1.1 のパイプラインは、大幅なパフォーマンス向上が見込まれていたものの、HoL ブロッキングの問題を抱えていたため、ほとんど使用されないままに終わりました。その教訓を生かして、パイプラインの代わりに追加された機能が HTTP/2 のマルチプレキシングです。

　マルチプレキシングは、1 本の TCP コネクションの中に「**ストリーム**」という名前の仮想チャネルを作り、ストリームごとにリクエストとレスポンスをやりとりすることによって、HoL ブロッキング問題を解消しています[1]。また、1 本の TCP コネクションで、パイ

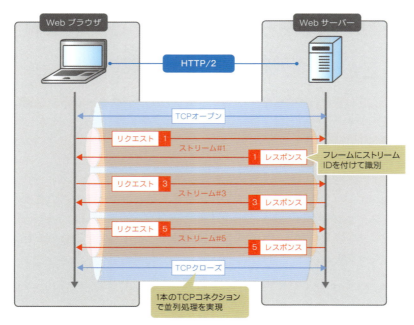

図6.1.10 ● マルチプレキシング

プラインのような並列処理を実現できるため、必要最小限の TCP 処理負荷で、最大のパフォーマンスを発揮することができます。

＊ 1 ：実際には、各フレームに「ストリーム ID」という識別子を付けることで、1 つの TCP コネクション内で複数のストリームが独立して処理される仕組みになっています。詳細は p.315 で説明します。

■ HPACK

HPACK は、HTTP ヘッダーを圧縮する機能です。HTTP/1.1 にも圧縮機能はあったものの、その対象は HTTP ペイロードのみに限られていました。そのため、同じ情報が繰り返し送受信されることが多い HTTP ヘッダーは圧縮されず、効率的とは言えませんでした。

HPACK は、よく使用する HTTP ヘッダー名やヘッダー値をあらかじめ静的に決められた数字に置き換えたり、一度送信した HTTP ヘッダーを動的に割り当てた数字に置き換えたりすることによって、ヘッダーを圧縮し、転送量の削減を図ります。

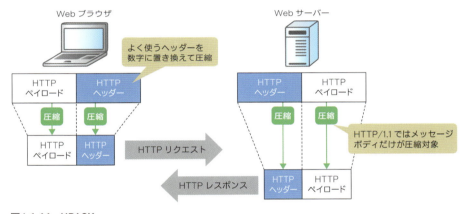

図6.1.11 ● HPACK

HTTP/2 は 2024 年現在、最も広く使用されているバージョンです。皆さんも Yahoo! や Amazon、X（旧 Twitter）や楽天市場など、大手の Web サイトにアクセスするときは、知らず知らずのうちに HTTP/2 を使用していることでしょう＊1。ちなみに、HTTP/2 は SSL/TLS による暗号化を必須にしているわけではありませんが、主要 4 ブラウザ（Chrome、Firefox、Safari、Edge）は、HTTP/2 over SSL/TLS にしか対応していません。

＊ 1 ：Chrome であれば、「HTTP Indicator」という拡張機能で、どのバージョンで接続しているかがわかります。

■ HTTP/3

HTTP/3 は、Google 社が開発した「QUIC(クイック)」というプロトコルの上で動作する HTTP で、2022 年に RFC9114「HTTP/3」で標準化されました。HTTP/3 は、HTTP/2 の機能を継承しつつ、HTTP データを送れない時間を徹底的に削ることによって、さらなるパフォーマンス向上が図られています。

■ UDP による遅延削減

　HTTP/3 で最も劇的に変化したところは、TCP ではなく、UDP 上で動作する QUIC を使用しているところです。これまで、HTTP といえば TCP を使用しているのが当たり前で、それがある種の固定観念になっていました。この固定概念を根本から覆したのが HTTP/3 です。

　p.277 で説明したとおり、TCP にはアプリケーションデータをやりとりする前に、3 ウェイハンドシェイクという事前準備が必要です。3 ウェイハンドシェイクは、信頼性を確保するために必要な処理であることには違いありません。しかし、その間アプリケーションデータをやりとりできないため、遅延の原因になります。HTTP/3 は、UDP 上で動作する QUIC を使用することによって、3 ウェイハンドシェイクにかかる時間を削減し、よりたくさんの HTTP データを送れるようにしています。

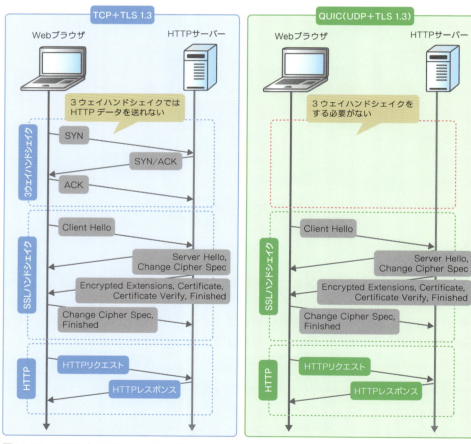

図6.1.12 ● UDPによるパフォーマンス向上

■ TLS 1.3 による遅延削減

　HTTP/3 で使用する QUIC には、UDP の上で信頼性を確保するために、TCP のような確認応答や再送制御の機能が組み込まれています。また、セキュリティを確保するために、**TLS 1.3**（Transport Layer Security Version 1.3）の認証・暗号化機能が組み込まれています。

　TLS は、認証したり、暗号化したりするために、「**SSL ハンドシェイク**」という事前準備を行います[*1]。SSL ハンドシェイクはセキュリティを確保するために必要な処理であることに違いありません。しかし、TCP の 3 ウェイハンドシェイクと同じく、その間はアプリケーションデータをやりとりできないため、遅延の原因になります。TLS 1.3 は、より少ないパケットのやりとり（往復）で、素早く認証・暗号化できるように、SSL ハンドシェイクの効率化が図られています。HTTP/3 は、QUIC に組み込まれている TLS 1.3 を利用して、SSL ハンドシェイクにかかる時間を削減し、よりたくさんの HTTP データを送れるようにしています。

*1：TLS や SSL ハンドシェイクについては、p.367 から説明します。

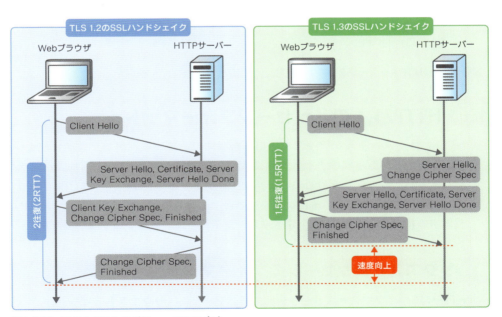

図6.1.13 ● TLS 1.3によるパフォーマンス向上

　HTTP/3 の歴史はまだ浅いものの、Chrome で Google 検索するときや、YouTube で動画を見るときなど、すでに身近なところで使用されています。主要なサーバーソフトウェアや CDN の対応も進んでいるので、今後大手 Web サイトから徐々に移行が進むことになるでしょう。なお、2024 年 12 月現在の日本における HTTP/3 の普及率を考慮し、本書ではこれ以上詳しく取り上げません。HTTP/1.1 と HTTP/2 をメインに取り上げます。

6.1.2 HTTPのメッセージフォーマット

HTTPでやりとりされるデータのことを「**HTTPメッセージ**」といいます。HTTPメッセージには、WebブラウザがWebサーバーに対して処理をお願いする「**リクエストメッセージ**」と、WebサーバーがWebブラウザに対して処理結果を返す「**レスポンスメッセージ**」の2種類があります。どちらのメッセージも「**制御データ**」「**ヘッダーセクション**」「**コンテンツ**」の3つで構成されています。制御データは、メッセージの主目的やその概要が格納されるフィールドです。ヘッダーセクションは、メッセージやコンテンツに関する付加情報（メタデータ）が格納されるフィールドです。制御データとヘッダーセクションがいわゆる「**HTTPヘッダー**」にあたります。コンテンツは、アプリケーションデータの本文が格納されるフィールドで、いわゆる「**HTTPペイロード**」にあたります。

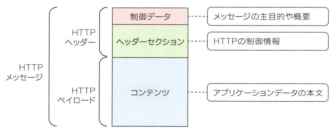

図6.1.14 • HTTPメッセージを構成する要素

6.1.3 HTTP/1.1のメッセージフォーマット

HTTPには、バージョンアップを重ねるたびに、いろいろな機能が追加されています。しかし、メッセージを構成する基本的な要素やその役割については、それほど大きな変化がありません。シンプルそのもののメッセージフォーマットが、現在進行形で進んでいるHTTPの進化をもたらしているといっても過言ではないでしょう。ここでは、HTTPにおける基礎中の基礎であるHTTP/1.1のメッセージフォーマットについて説明します。

■ リクエストメッセージのフォーマット

HTTP/1.1のリクエストメッセージは、制御データに「**リクエストライン**」が、ヘッダーセクションに1つ以上の「**ヘッダーフィールド（フィールド名＋フィールド値）**」が格納されています。リクエストラインとすべてのヘッダーフィールドはひとつひとつ改行コード（\r\n）によって区切られており、ヘッダーセクションが終わると、改行コードで空行を入れてから、コンテンツが始まります。

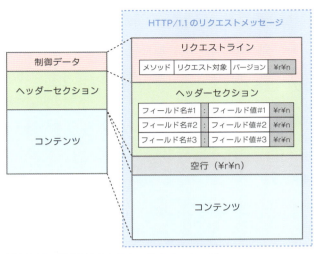

図6.1.15 ● HTTP/1.1のリクエストメッセージ

では、ひとつひとつの構成要素について、もう少し深く見ていきましょう。

■ リクエストライン

リクエストラインは、その名のとおり、WebブラウザがWebサーバーに「○○してください！」と処理を依頼するための行です。リクエストラインは、リクエストの種類を表す「**メソッド**」、リクエストの対象を表す「**リクエスト対象**（リクエストターゲット）」、HTTPのバージョンを表す「**HTTPバージョン**」の3つで構成されていて、半角スペースを挟んで1行につながっています。Webブラウザは、指定されたHTTPバージョンで、指定されたWebサーバー上のリソースに対して、指定されたメソッドの処理を依頼します。

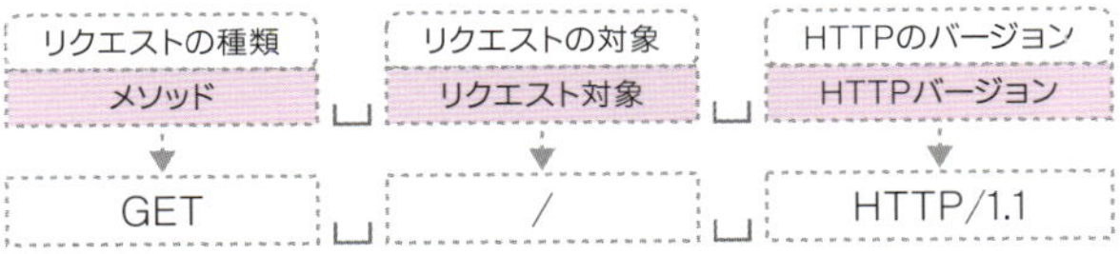

図6.1.16 ● リクエストラインの構成要素

メソッドは、WebブラウザがWebサーバーに対してお願いするリクエストの種類を表しています。RFC9110で定義されているのは、次表で示す8種類です。たとえば、Webサイトを閲覧するときはGETメソッドを利用して、Webサーバー上のファイルをダウンロードして表示しています。

メソッド	意味
GET	指定されたリソースのデータを取得する
HEAD	指定されたリソースのコンテンツ以外を取得する
POST	指定されたリソースにデータを送信する
PUT	指定されたリソースを置き換える
DELETE	指定されたリソースを削除する
CONNECT	プロキシサーバーに、指定されたリソースに対するトンネリングを要求する
OPTIONS	サーバーが対応しているメソッドやオプションを問い合わせる
TRACE	リクエストの内容をそのまま送り返す

表6.1.2 ● RFC9110で定義されているメソッド

　リクエスト対象は、Web ブラウザがリクエストを送信するリソース（ディレクトリやファイルなど）を表しています。

　Web サーバーのリソースには、それぞれ「**URI**（Uniform Resource Identifier）」という名前の識別子がついています。URI は、http や https などのプロトコルを表す「**スキーム**」、Web サーバーの IP アドレスや FQDN（Fully Qualified Domain Name、完全修飾ドメイン名、p.377）、ポート番号[*1]を表す「**オーソリティ**」、Web サーバー上のファイルやディレクトリを表す「**パス**」、追加のパラメーターを渡す「**クエリ**」、リソース内の特定の部分を表す「**フラグメント**」などで構成されています。このうちどれがリクエスト対象に格納されるかは、リクエストの内容によって異なります。たとえば、Web サイトを閲覧するときは、パスだけがリクエスト対象に格納されます。また、何かを検索したりするときは、パスとクエリ文字列がリクエスト対象に格納されます。

[*1]：ポート番号が省略されている場合、スキーム名によって定義されているプロトコルのデフォルトのポート番号（http であれば 80、https であれば 443）が使用されます。

図6.1.17 ● リクエスト対象

■ ヘッダーセクション

　ヘッダーセクションは、1つ以上のヘッダーフィールド（以下、ヘッダー）によって構成されています。各ヘッダーは「**フィールド名**」と「**フィールド値**」のペアで構成されており、「Host: www.example.com」のように、「:」（コロン）と半角スペースで区切られています。

図6.1.18 ● ヘッダーフィールドの構成要素

　ヘッダーセクションがどのヘッダーで構成されているかは、Web ブラウザによって異なります。なお、ヘッダーの詳細については p.319 から説明します。

■ **コンテンツ**

　HTML データや画像ファイル、動画ファイルなど、実際に送りたいアプリケーションデータが格納されるフィールドが「**コンテンツ**」です。コンテンツはオプション扱いなので、メソッドによって、あったりなかったりします。たとえば、ファイルをダウンロードするときに使用する GET メソッドにはコンテンツがありません。

■ レスポンスメッセージのフォーマット

　HTTP/1.1 のレスポンスメッセージは、制御データに「**ステータスライン**」が、ヘッダーセクションに 1 つ以上のヘッダーが格納されています。ステータスラインとすべてのヘッダーはひとつひとつ改行コード（¥r¥n）によって区切られており、ヘッダーセクションが終わると、改行コードで空行を入れてから、コンテンツが始まります。

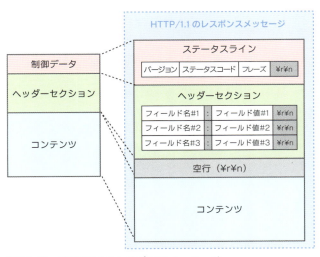

図6.1.19 ● HTTP/1.1のレスポンスメッセージ

　では、ひとつひとつの構成要素について、もう少し深く見ていきましょう。

■ **ステータスライン**

ステータスラインは、Web サーバーが Web ブラウザに対して処理結果の概要を返す行です。HTTP のバージョンを表す「**HTTP バージョン**」、処理結果の概要を 3 桁の数字で表す「**ステータスコード**」、その理由を表す「**リーズンフレーズ**」で構成されています。

図6.1.20 • **ステータスラインの構成要素**

ステータスコードとリーズンフレーズは一意に紐づいていて、代表的なものは次表のとおりです。たとえば、Web ブラウザで Web サイトに HTTP/1.1 でアクセスして画面が表示された場合、ステータスラインには「HTTP/1.1 200 OK」がセットされます。

クラス		ステータスコード	リーズンフレーズ	説明
1xx	Informational	100	Continue	クライアントはリクエストを継続できる
		101	Switching Protocols	Upgrade ヘッダーを使用して、プロトコル、あるいはバージョンを変更する
2xx	Success	200	OK	正常に処理が完了した
3xx	Redirection	301	Moved Permanently	Location ヘッダーを使用して、別の URI にリダイレクト（転送）する。恒久対応
		302	Found	Location ヘッダーを使用して、別の URI にリダイレクト（転送）する。暫定対応
		304	Not Modified	リソースが更新されていない
4xx	Client Error	400	Bad Request	リクエストの構文に誤りがある
		401	Unauthorized	認証に失敗した
		403	Forbidden	そのリソースに対してアクセスが拒否された
		404	Not Found	そのリソースが存在しない
		405	Method Not Found	そのメソッドは許可されていない
		406	Not Acceptable	対応している種類のファイルがない
		412	Precondition Failed	前提条件を満たしていない
5xx	Server Error	503	Service Unavailable	Web サーバーアプリケーションに障害発生

表6.1.3 • **代表的なステータスコードとリーズンフレーズ**

■ **ヘッダーセクション**

レスポンスメッセージのヘッダーセクションは、構成されるヘッダーが異なるものの、基本的な形式はリクエストメッセージと同じです。「**フィールド名**」と「**フィールド値**」のペアからなる複数のヘッダーで構成されていて、どのヘッダーで構成されるかは Web サーバー（Web サーバーアプリケーション）によって異なります。なお、ヘッダーの詳細については、p.319 から説明します。

■ コンテンツ

リクエストメッセージと同じく、HTML データや画像ファイル、動画ファイルなど、実際に送りたいアプリケーションデータが格納されるフィールドが「**コンテンツ**」です。コンテンツはオプション扱いなので、あったりなかったりします。

6.1.4 HTTP/2 のメッセージフォーマット

HTTP/1.1 は、HTTP ヘッダー（制御データ＋ヘッダーセクション）と HTTP ペイロード（コンテンツ）を改行コード（¥r¥n）で区切った、テキスト形式の HTTP メッセージを TCP コネクションに流します。一方、HTTP/2 は、HTTP ヘッダーを「**HEADERS フレーム**」に、HTTP ペイロードを「**DATA フレーム**」にそれぞれ分割して格納し、バイナリ形式のフレーム単位でストリームに流します。各フレームの最初には、9 バイト（72 ビット）の固定長のヘッダーが付いていて、その中にフレームの種類を表す「**タイプ**」やストリームを識別する「**ストリーム ID**」が含まれています。これらのフィールドを利用して、どのストリームのどのようなフレームなのかを識別します。

	0ビット	8ビット	16ビット	24ビット
0バイト		長さ		タイプ
4バイト	フラグ	R	ストリームID	
8バイト				
可変		フレームペイロード		

図6.1.21 ● HTTP/2フレームのフレームフォーマット

番号	タイプ	内容
0	DATA	コンテンツを格納する
1	HEADERS	制御データとヘッダーセクションを格納する
2	PRIORITY	ストリームの優先度を変更する
3	RST_STREAM	ストリームのキャンセルが要求されたり、ストリームにエラーが発生したときに、ストリームをすぐに終了する
4	SETTINGS	同時ストリーム数やサーバープッシュの無効化など、コネクションに関する接続設定を変更する
5	PUSH_PROMISE	サーバーからデータをプッシュするストリームを予約する
6	PING	コネクションを維持したり、往復遅延時間（RTT）を測定したりする
7	GOAWAY	送信するデータがないか、重要なエラーが発生したときに、コネクションを切断する
8	WINDOW_UPDATE	フロー制御のために、ウィンドウサイズを変更する
9	CONTINUATION	ひとつのフレームに収まりきらない HEADERS フレームや PUSH_PROMISE の続きを送信する

表6.1.4 ● RFC9113で定義されているフレームの種類

バイナリ形式への変更に加えて、制御データやヘッダーセクションにもいくつか変更が加えられています。中でも大きく変更されている点は、リクエストラインとステータスラインです。HTTP/2 では、HTTP/1.1 におけるリクエストラインとステータスラインの構成要素を「**疑似ヘッダー**」という名前のヘッダーのひとつとして扱います。

■ リクエストメッセージのフォーマット

HTTP/2 のリクエストメッセージは、制御データとヘッダーセクションが HEADERS フレームに、コンテンツが DATA フレームに格納されています。

制御データは、リクエストラインと同じ役割を持つ、複数の疑似ヘッダーで構成されています。疑似ヘッダーは、「:method: GET」のように、一般的なヘッダー形式の先頭に「:」（コロン）がくっつきます。制御データには、HTTP/1.1 のリクエストラインにあったメソッドが「**:method ヘッダー**」として、リクエスト対象が「**:path ヘッダー**」として格納されています。また、それ以外にも、リクエストで使用されているプロトコルが「**:scheme ヘッダー**」として、HTTP/1.1 のリクエストメッセージで必須のヘッダーだった Host ヘッダー（p.320）が「**:authority ヘッダー**」として格納されています。

制御データの後には、HTTP/1.1 と同じように、「＜フィールド名＞:＜フィールド値＞」のペアからなる複数のヘッダーが続きます。各ヘッダーが持つ基本的な役割については、大きな違いはありません。

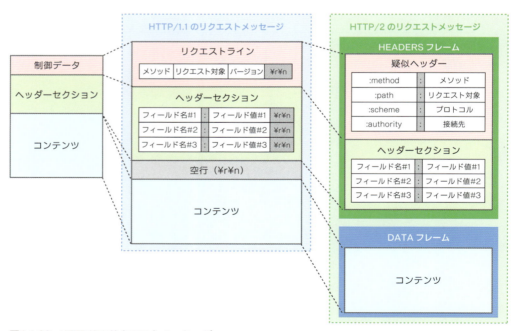

図6.1.22 ● HTTP/2のリクエストメッセージ

レスポンスメッセージのフォーマット

　HTTP/2のレスポンスメッセージは、制御データとヘッダーセクションがHEADERSフレームに、コンテンツがDATAフレームに格納されています。

　制御データには、ステータスラインと同じ役割を持つ「**:statusヘッダー**」という疑似ヘッダーが格納されています。なお、リーズンフレーズは、ステータスコードから一意に導き出せるということで、廃止されました。

　制御データのあとには、HTTP/1.1と同じように、「＜フィールド名＞:＜フィールド値＞」のペアからなる複数のヘッダーが続きます。各ヘッダーが持つ基本的な役割については、大きな違いはありません。

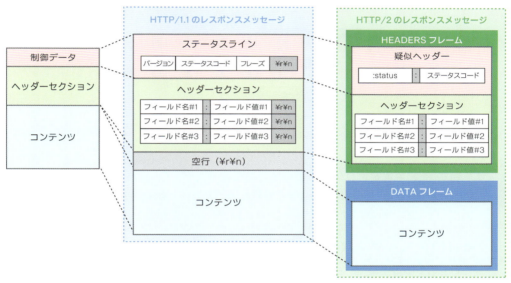

図6.1.23 ● HTTP/2のレスポンスメッセージ

HTTP/2の接続パターン

　HTTP/1.1とHTTP/2は、基本的な構成要素やその役割に大差はないものの、異なる形式でやりとりされるため互換性はありません。そこで、HTTP/2で接続するためには、接続状況に応じて、いくつかの手順を踏む必要があります。ここでは、接続手順を「**SSLハンドシェイクパターン**」「**HTTPヘッダーパターン**」「**ダイレクト接続パターン**」の3つに分けて説明します。

■ SSL ハンドシェイクパターン

「**SSL ハンドシェイク**」とは、SSL/TLS で暗号化通信する前に行う事前準備のことです。SSL ハンドシェイクの具体的な処理については p.367 から詳しく説明しますが、ざっくりいうと、セキュリティを確保するために、暗号化方式や認証方式を決めたり、お互いを認証したり、暗号化に使用する共通鍵（暗号鍵）を交換したり、といったことをします。HTTP/2 で接続するときは、SSL ハンドシェイクの「**ALPN**（Application-Layer Protocol Negotiation）」という拡張機能を使用します。ALPN を使用して、お互いが HTTP/2 に対応していることを伝えあい、HTTP/2 で接続します。

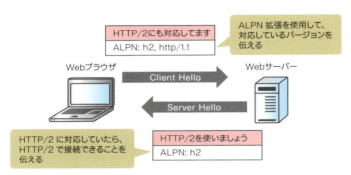

図6.1.24 ● SSLハンドシェイクパターン

特に RFC で規定されているわけではありませんが、Chrome や Firefox など最近人気の Web ブラウザは、SSL/TLS で暗号化された HTTP/2 にしか対応していません。したがって、実際の HTTP/2 接続にはこのパターンが採用されることがほとんどでしょう。

■ HTTP ヘッダーパターン

SSL/TLS で暗号化通信しない場合は、SSL ハンドシェイクの ALPN を使用できません。そこで、その代わりに HTTP ヘッダーを使用します。Web ブラウザは、最初に HTTP/1.1 で Web サーバーにアクセスするとき、Upgrade ヘッダーを付けて[*1]、「HTTP/2 にも対応していますよ」と伝えます。Web サーバーが HTTP/2 に対応していたら、同じく Upgrade ヘッダーを付けて、「101 Switching Protocols」のステータスコードを返し、HTTP/2 に移行します。もし、Web サーバーが HTTP/2 に対応していなかったら、何事もなかったかのように、そのまま HTTP/1.1 で接続します。

[*1]：厳密には、接続制御オプションを指定する「Connection ヘッダー」(p.332) と、HTTP/2 の設定を通知する「HTTP2-Settings ヘッダー」も付きます。

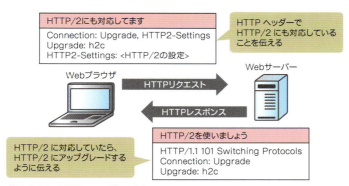

図6.1.25 ● HTTPヘッダーパターン

　このパターンにはもうひとつ、WebサーバーからHTTP/2への移行を提案する場合もあります。WebサーバーはHTTP/1.1のレスポンスにUpgradeヘッダーを付けて、「HTTP/2にも対応していますよ」と、Webブラウザに伝えます。Webブラウザは、この情報を見て、Upgradeヘッダーを含むHTTP/1.1のリクエストを送信します。それに対して、Webサーバーは「101 Switching Protocols」のHTTPレスポンスを返し、HTTP/2に移行します。

■ ダイレクト接続パターン

　あらかじめWebサーバーがHTTP/2に対応しているとわかっていたら、余計な下準備は必要ありません。いきなりHTTP/2で接続可能です。このパターンは、あらかじめWebブラウザ/WebサーバーともにHTTP/2で接続できることがわかっている環境でのみ使用します。

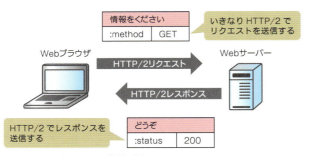

図6.1.26 ● ダイレクト接続パターン

6.1.5　いろいろなHTTPヘッダー

　ヘッダーを構成するフィールド名は、パブリックIPv4アドレスやポート番号と同じように、IANAによって管理されており[*1]、「https://www.iana.org/assignments/http-fields/http-fields.xhtml」で公開されています。たくさんの種類があるため、本書では一般的なネットワーク環境でよく見る代表的なヘッダーを**「一般的なヘッダー」「コンテンツに関す**

るヘッダー」「キャッシュに関するヘッダー」「通信制御に関するヘッダー」「認証・認可に
関するヘッダー」の5つのカテゴリに分類し、その制御範囲や使用用途について説明します。

＊1：一部、IANA が管理するフィールド名に登録されていませんが、一般的に使用されていたりするものもあります。

■ 一般的なヘッダー

このヘッダーカテゴリは、HTTP メッセージ全体の基本的な情報を通知するために使用
されます。たとえば、Web ブラウザが「いつ」「誰が」「どこに」アクセスしているかを通
知したり、Web サーバーが使用しているサーバーアプリケーションの種類を通知したりす
るときに使用されます。Web サイトの管理者は、このヘッダーで得た情報をもとに、
Web サイトのアクセス傾向を分析したり、パフォーマンスの最適化を検討したりします。

ヘッダー名	意味
Date	HTTP メッセージが生成された日時
Host	Web ブラウザがリクエストする Web サーバーのドメイン名（FQDN）
Location	リダイレクトするときのリダイレクト先
Referer	直前にリンクされていた URL
Server	Web サーバーで使用しているサーバーソフトウェアの名前やバージョン、オプション
User-Agent	Web ブラウザや OS などのユーザー情報

表6.1.5 ● 一般的なヘッダー

本書では、この中から、代表的なヘッダーをピックアップして説明します。

■ Host ヘッダー

「**Host ヘッダー**」は、HTTP/1.1 のリクエストメッセージで唯一必須とされているヘッダー
です。Web ブラウザがリクエストする Web サーバーのドメイン名（FQDN）とポート番
号がセットされます。たとえば、Web ブラウザのアドレスバーに「http://www.example.
com:8080/html/hoge.txt」と入力して Web サーバーにアクセスした場合、Host ヘッダー
には「www.example.com:8080」がセットされます。

Host ヘッダーは、ひとつの IP アドレスで複数のドメインを運用する「**Virtual Host**」
という機能を使用するときに、その力を大いに発揮してくれます。Virtual Host を有効に
している Web サーバーは、Host ヘッダーにセットされている FQDN を見て、対象となる
Virtual Host にリクエストを振り分け、それに応じたコンテンツをレスポンスします。

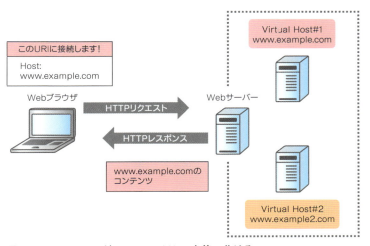

図6.1.27 ● HostヘッダーでVirtual Hostを使い分ける

■ Location ヘッダー

「**Location ヘッダー**」は、リダイレクト先を通知するために使用されるヘッダーです。リダイレクトを表す 300 番台のステータスコードとあわせて使用されます。Location ヘッダーには、リダイレクト先の URI がセットされます。ほとんどの Web ブラウザは、Location ヘッダーを含むレスポンスを受け取ると、自動的に Location ヘッダーが示すリダイレクト先へとアクセスするようになっています。

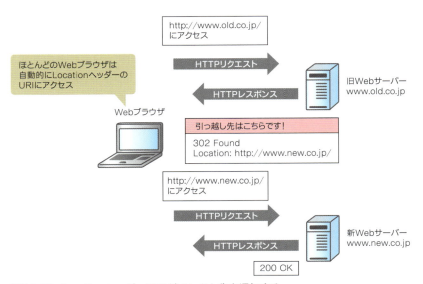

図6.1.28 ● Locationヘッダーでリダイレクト先を通知する

■ Referer ヘッダー

「**Referer ヘッダー**」は、直前のリンク元の URI を示すヘッダーです。たとえば、何かの検索キーワードを Google で検索し、検索結果をクリックして、見たい Web サイトにアクセスした場合、Referer ヘッダーに「https://www.google.com」がセットされます。

自分が運用している Web サイトへのアクセスがどこから来ているのか。これは、セールスプロモーションを打つうえで、とても重要な情報になります。Web サイトの管理者は、Referer ヘッダーの情報を Web サーバーのアクセスログに記録・分析し、マーケティング部門に展開します。マーケティング部門はその情報をもとに、どこにセールスプロモーションを重点的に打つべきか、戦略を練っていきます。

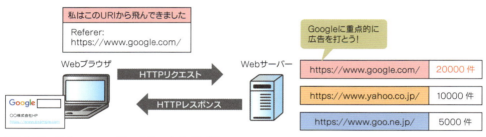

図6.1.29 ● Refererヘッダーでリンク元を取得

■ Server ヘッダー

「**Server ヘッダー**」は、Web サーバーの情報がセットされるヘッダーです。具体的には、Web サーバーで使用している Web サーバーアプリケーションの名前やそのバージョン、稼働している OS や有効になっているモジュールなどがセットされます。Server ヘッダーは、サーバーの情報をそのまま世の中にさらすことになり、セキュリティ上の問題があります。たとえば、悪意あるユーザーが Server ヘッダーを見て、「nginx の 1.18.0 を使用している」と知ったら、それが持つ脆弱性に攻撃を仕掛けるのが必然でしょう。余計な脆弱性を生まないよう、Web サーバーの設定で Server ヘッダーを無効にしておきます。

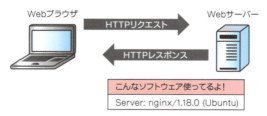

図6.1.30 ● ServerヘッダーでWebサーバーの情報を伝える

■ User-Agent ヘッダー

「**User-Agent ヘッダー**」は、Web ブラウザや OS など、ユーザーの環境を表すヘッダーです。ユーザーがどの Web ブラウザのどのバージョンを使用し、どの OS のどのバージョンを使用しているのか。これは Web サイトの管理者にとって、アクセス解析するうえで必要不可欠な情報です。この情報をもとに、Web サイトのコンテンツをユーザーのアクセス環境にあわせてデザインし直したり、内容を最適化したりします。

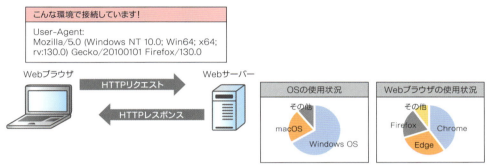

図6.1.31 ● User-Agentヘッダーでユーザー環境を伝える

User-Agent ヘッダーの内容には統一されたフォーマットがなく、Web ブラウザごとに異なっています。特に、ここ最近は、Microsoft Edge なのに「Chrome」や「Safari」の文字列が入っていたり、Chrome なのに「Safari」の文字列が入っていたりと、やりたい放題です。したがって、どの OS のどのブラウザを表しているのかは、ヘッダー全体を見て判断する必要があるでしょう。たとえば、Windows 10 の Firefox の場合、次図の文字列要素で構成されています。

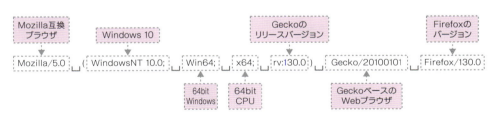

図6.1.32 ● User-Agentヘッダーのフォーマット（Windows 10のFirefoxの場合）

さて、ユーザーのアクセス環境を簡単に把握できて、便利な User-Agent ヘッダーですが、すべてのデータをそのまま鵜呑みにするのは危険です。User-Agent ヘッダーは、Fiddler などのデバッギングツールや、「User-Agent Switcher」などの Web ブラウザの拡張機能で簡単に改変可能です。あくまで参考程度に留めておくのが賢明でしょう。

■ コンテンツに関するヘッダー

このヘッダーカテゴリは、コンテンツに関する詳細な情報を通知するために使用されます。たとえば、Web ブラウザが受け入れ可能なコンテンツの種類（テキスト、画像、動画など）や言語、圧縮形式を通知したり、Web サーバーが実際に送信するコンテンツの種類やサイズを通知したりするときに使用されます。Web ブラウザと Web サーバーは、このヘッダーで得た情報をもとに適切にコンテンツを処理します。また、特定の条件下でのみコンテンツをリクエストできるため、不要なデータ転送を減らし、通信を効率化することができます。

ヘッダー名	意味
Accept	テキストファイルや画像ファイルなど、Web ブラウザが受け入れることができるメディアのタイプ
Accept-Charset	Unicode や ISO など、Web ブラウザが処理できる文字セット
Accept-Encoding	gzip や compress など、Web ブラウザが処理できるコンテンツの圧縮（コンテンツエンコーディング）のタイプ
Accept-Language	日本語や英語など、Web ブラウザが処理できる言語セット
Accept-Ranges	Web サーバーが部分的なダウンロードに対応していることを通知する
Content-Encoding	サーバーが実行したコンテンツの圧縮（コンテンツエンコーディング）のタイプ
Content-Language	日本語や英語など、コンテンツで使用されている言語セット
Content-Length	コンテンツのサイズ。バイト単位で記述
Content-Range	レンジリクエストに対するレスポンスで使用
Content-Type	テキストファイルや画像ファイルなど、コンテンツのメディアのタイプ
Expect	送信するリクエストのコンテンツが大きいとき、サーバーが受けとれるか確認する
From	ユーザーのメールアドレス。連絡先を伝えるために使用される
If-Match	条件付きリクエスト。サーバーはリクエストに含まれる ETag（エンティティタグ）ヘッダーの値が、サーバー上の特定リソースに紐づく ETag の値と一致したら、レスポンスを返す
If-Modified-Since	条件付きリクエスト。サーバーは、この日付以降に更新されたリソースに対するリクエストだったらレスポンスを返す
If-None-Match	条件付きリクエスト。サーバーはリクエストに含まれる ETag ヘッダーの値が、サーバー上の特定リソースに紐づく ETag の値と一致しなかったら、レスポンスを返す
If-Range	条件付きリクエスト。値として ETag が入り、Range ヘッダーとあわせて使用する。サーバーは、ETag か更新日時が一致したら、Range ヘッダーを処理する
If-Unmodified-Since	条件付きリクエスト。サーバーは、この日付以降に行使されていないリソースに対するリクエストだったらレスポンスを返す
Max-Forwards	TRACE、あるいは OPTIONS メソッドにおいて、転送してよいサーバーの最大数
Range	リソースの一部を取得するレンジリクエストのときに使用される
TE	Web ブラウザが受け入れることができる転送エンコーディングのタイプ
Transfer-Encoding	実際に適用されたコンテンツの転送エンコーディングのタイプ
Trailer	コンテンツに記述するトレーラーフィールドを通知。チャンク転送エンコーディングを使用しているときに使用可能

表6.1.6 ● コンテンツに関するヘッダー

本書では、この中から、代表的なヘッダーをピックアップして説明します。

■ Accept ヘッダー

「**Accept ヘッダー**」は、**Web ブラウザが処理できるファイルの種類（MIME タイプ、メディアタイプ）と、その相対的な優先度を、Web サーバーに伝えるために使用されるヘッダーです。**Web ブラウザは Accept ヘッダーを使用して、「○○のファイルだったら処理できます！」と Web サーバーに伝えます。Web サーバーはその情報をもとに、Web ブラウザが処理できるファイルを返します。対応するファイルがない場合は、Web サーバーは「406 Not Acceptable」を返します。

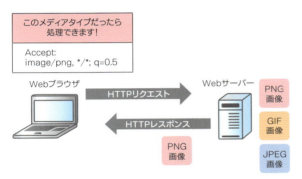

図6.1.33 ● Acceptヘッダーで処理できるファイルの種類を伝える

　Accept ヘッダーに使用する MIME（Multipurpose Internet Mail Extensions）タイプは、HTML 形式のテキストファイルだったら「text/html」、PNG 形式の画像ファイルだったら「image/png」のように、「タイプ/サブタイプ」のフォーマットで表記します。また、「*」（アスタリスク）は「すべて」を表します。たとえば、「*/*」はすべてのファイルを表し、「image/*」はすべての画像ファイルを表します。

　代表的な MIME タイプと対応する拡張子には、次表のようなものがあります。

ファイルの種類		MIMEタイプ	対応する拡張子
テキストファイル	HTML ファイル	text/html	.html、.htm
	CSS ファイル	text/css	.css
	JavaScript ファイル	text/javascript	.js
	プレーンテキストファイル	text/plain	.txt
画像ファイル	JPEG 画像ファイル	image/jpeg	.jpg、.jpeg
	PNG 画像ファイル	image/png	.png
	GIF 画像ファイル	image/gif	.gif
動画ファイル	MPEG 動画ファイル	video/mpeg	.mpeg、.mpe
	QuickTime 動画ファイル	video/quicktime	.mov、.qt
アプリケーションファイル	XML ファイル、XHTML ファイル	application/xhtml+xml	.xml、.xhtml、.xht
	汎用的なバイナリファイル	application/octet-stream	.exe、.bin、.iso など
	Microsoft Word ファイル	application/msword	.doc
	PDF ファイル	application/pdf	.pdf
	ZIP ファイル	application/zip	.zip
すべてのファイル		*/*	すべての拡張子

表6.1.7 ● 代表的なMIMEタイプと拡張子

　ちなみに、複数の MIME タイプを指定する場合は、「,」（カンマ）でつなげていきます。たとえば、GIF 画像ファイルに対応していない場合は「image/png,image/jpeg」として、対応している画像ファイルを指定します。

　複数の MIME タイプを処理できて、それに優先度を付けたい場合は、「qvalue（品質係数）」を使用します。qvalue は MIME タイプの後ろに「;」（セミコロン）を付けて、「q=○○」と定義します。0 〜 1 までの値が指定でき、1 が最優先（定義されていないときのデフォルト値）です。たとえば、PNG 画像ファイルを最優先で返してもらいたい場合は「image/png,image/*;q=0.5」と指定します。これで image/png には q=1 が指定されていることになり、最優先されます。

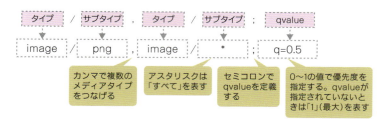

図6.1.34 ● MIMEタイプと優先度の指定例

　Accept ヘッダーと同じような役割を持つヘッダーとして他にも、後述する「**Accept-Encoding ヘッダー**」や「**Accept-Language ヘッダー**」など、「Accept」から始まるリクエストヘッダーがいくつか存在します。これらはすべて Web ブラウザが処理できるも

のと、その相対的な優先度をサーバーに伝えるために使用されます。たとえば、Accept-Charset は UTF-8 や Shift-JIS など Web ブラウザが処理できる文字セットを、Accept-Language は日本語や英語など Web ブラウザが処理できる言語セットを伝えられます。フィールド値は異なるものの、カンマとセミコロンで構成されるフォーマット自体は変わりません。

図6.1.35 ● その他のAcceptヘッダー

■ Accept-Encoding ヘッダー /Content-Encoding ヘッダー

「**Accept-Encoding ヘッダー**」と「**Content-Encoding ヘッダー**」は、Web ブラウザが処理できるコンテンツの圧縮方式（コンテンツエンコーディング）を指定するヘッダーです。最近の Web サーバー、Web ブラウザで、よく使用されているコンテンツエンコーディング形式は、「gzip（GNU zip）」「deflate（DEFLATE）」「br（Brotli）」「zstd（Zstandard）」の 4 種類です。

　Web ブラウザは、自分が対応している（受け入れることができる）コンテンツエンコーディング形式を Accept-Encoding ヘッダーにセットして、リクエストします。対する Web サーバーは、Accept-Encoding ヘッダーの中から選択したコンテンツエンコーディング形式で HTTP メッセージを圧縮し、その方式を Content-Encoding ヘッダーにセットしたうえで、Web ブラウザにレスポンスします。

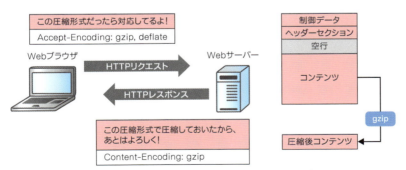

図6.1.36 ● コンテンツの圧縮方式（コンテンツエンコーディング）を伝える

■ Content-Length ヘッダー

　HTTP/1.0 ではコンテンツ単位で「TCP オープン→ HTTP リクエスト→ HTTP レスポンス→ TCP クローズ」されていたため、コンテンツの長さを意識する必要は特にありませんでした。しかし HTTP/1.1 では、キープアライブ（持続的接続）によってひとつのコネクションを使い回すことがあるため、必ずしも TCP コネクションがクローズされるとはかぎりません。そこで、「**Content-Length ヘッダー**」を使用して、コンテンツの境界を TCP に伝え、適切に TCP コネクションがクローズされるようにします。

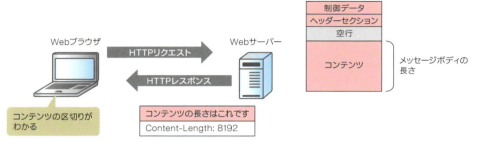

図6.1.37 ● Content-Lengthでコンテンツの長さを伝える

■ キャッシュに関するヘッダー

　このヘッダーカテゴリは、コンテンツのキャッシュを制御するために使用されます。たとえば、Web ブラウザがキャッシュの有効性を確認したり、Web サーバーがキャッシュの可否や有効期限を指定したりするときに使用されます。Web ブラウザは、このヘッダーで得た情報をもとにコンテンツをキャッシュし、再利用することによって、Web ページの読み込み速度の向上を図ります。また、Web サーバーは、不要なデータ転送を減らすことによって、リソースの効率的な利用と応答時間の短縮を図ります。

ヘッダー名	意味
Age	オリジンサーバーのリソースがプロキシサーバーにキャッシュされてからの時間。単位は秒
Cache-Control	Web ブラウザやプロキシサーバーなどに一時的に保持されるキャッシュの制御。キャッシュさせない、あるいはキャッシュする時間を設定可能
ETag	エンティティタグ。ファイルなどのリソースを一意に特定する文字列。リソースが更新されると ETag も更新される
Expires	リソースの有効期限の日時
Last-Modified	リソースが最後に更新された日時
Vary	オリジンサーバーからプロキシサーバーに対するキャッシュの管理情報。Vary ヘッダーで指定した HTTP ヘッダーのリクエストにだけキャッシュを使用する

表6.1.8 ● キャッシュに関するヘッダー

本書では、この中から、代表的なヘッダーをピックアップして説明します。

■ Cache-Control ヘッダー

「**Cache-Control ヘッダー**」は、Web ブラウザやプロキシサーバーのキャッシュを制御するために使用するヘッダーです。キャッシュとは、一度アクセスした Web ページのデータを特定のディレクトリに保持する機能です。キャッシュを利用すると、一度アクセスした Web ページの画面をすぐに表示できるようになったり、Web サーバーに対するリクエストの数を減らせたりと、いろいろなメリットがあります。

キャッシュには「**プライベートキャッシュ**」と「**共有キャッシュ**」の 2 種類があります。プライベートキャッシュは、主に Web ブラウザに保持されるキャッシュです。Web ブラウザは最初のリクエストに対するレスポンスデータをプライベートキャッシュとして保持し、同じ URL に対する 2 回目以降のレスポンスに使用します。共有キャッシュは、プロキシサーバーや CDN のエッジサーバーに保持されるキャッシュです。これらのサーバーは、1 人目のレスポンスデータを共有キャッシュとして保持し、2 人目以降全員のレスポンスに使用します。

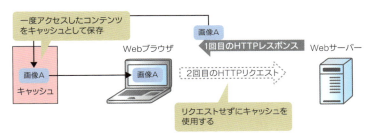

図6.1.38 ● プライベートキャッシュ

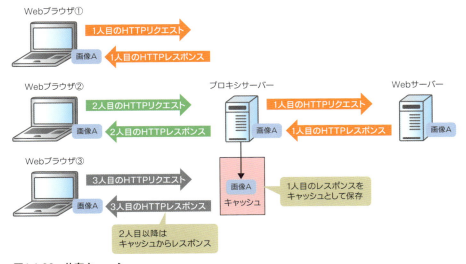

図6.1.39 ● 共有キャッシュ

Cache-Controlヘッダーは、「**ディレクティブ**」というコマンドをフィールド値に格納することによって、キャッシュの可否や有効期限、キャッシュされる場所などを制御します。ディレクティブには、リクエストヘッダーに使用される「**リクエストディレクティブ**」と、レスポンスヘッダーに使用される「**レスポンスディレクティブ**」の2種類があり、それぞれ次表のものが定義されています。

ディレクティブ		内容
リクエスト ディレクティブ	no-cache	キャッシュを使用する前に必ず有効性を確認する
	no-store	プライベートキャッシュ、共有キャッシュにかかわらず、キャッシュさせない
	max-age=[秒]	キャッシュの有効期間を指定する
レスポンス ディレクティブ	public	共有キャッシュにキャッシュさせる
	private	プライベートキャッシュにのみキャッシュさせる
	no-cache	キャッシュを使用する前に必ず有効性を確認する
	no-store	プライベートキャッシュ、共有キャッシュにかかわらず、キャッシュさせない
	must-revalidate	キャッシュの有効期限が切れた場合、必ず有効性を確認してから使用する
	max-age=[秒]	キャッシュの有効期間を指定する
	s-max-age=[秒]	共有キャッシュにおいてmax-ageよりも優先される有効期間を指定する
	immutable	有効性を確認せずに、キャッシュを使用させる

表6.1.9 ● 代表的なディレクティブ

■ ETagヘッダー

「**ETagヘッダー**」は、Webサーバーの持つファイルなどのリソースを一意に識別するためのヘッダーです。Webサーバーは自分自身が持っているリソースに対して、「**エンティティタグ**」という一意の文字列を割り当てています。この値を判断基準としてレスポンスします。エンティティタグは、リソースを更新するたびに変更されます。その仕組みを利用して、「**If-Matchヘッダー**」「**If-None-Matchヘッダー**」などのリクエストヘッダーと組み合わせて使用されます。

If-Matchヘッダーは、値にETagを入れて使用します。Webサーバー上のリソースが、指定したETagと一致した場合にのみリクエストを受け付けるよう依頼するヘッダーです。ETagが一致していた場合は、リクエストに応じたレスポンスを返します。ETagが異なっていた場合は、前提条件を満たしていないとして、「412 Precondition Failed」を返します。

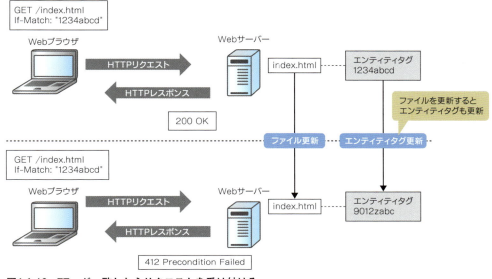

図6.1.40 ● ETagが一致したらリクエストを受け付ける

　If-None-Match ヘッダーは、If-Match ヘッダーと条件が逆になります。Web サーバー上のリソースが、指定した ETag と一致しなかった場合にのみ、リクエストを受け付けるよう依頼するヘッダーです。ETag が一致しない場合は、リソースが更新されていること、あるいは前提条件を満たしていることになるので、リクエストに応じたレスポンスを返します。逆に、ETag が一致した場合は、リソースが更新されていないこと、あるいは前提条件を満たしていないことになるので、「304 Not Modified」（GET、POST の場合）か「412 Precondition Failed」（それ以外のメソッドの場合）を返します。

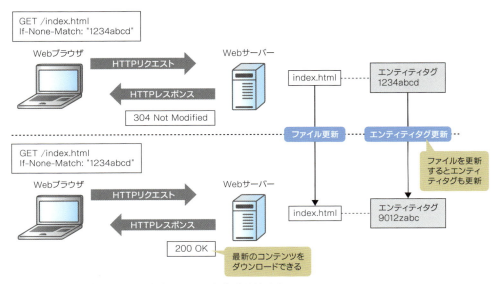

図6.1.41 ● ETagが異なっていたらリクエストを受け付ける

■ 通信制御に関するヘッダー

このヘッダーカテゴリは、HTTP の通信制御を行うために使用されます。たとえば、キープアライブ（持続的接続）によってできた TCP コネクションを維持・管理したり、プロトコルやバージョンを切り替えたりするときに使用されます。Web ブラウザと Web サーバーは、このヘッダーで得た情報をもとに、TCP コネクションをクローズしたり、適切なプロトコルに切り替えたりすることによって、お互いにとって最適な通信環境を整え、パフォーマンスの最適化やセキュリティの強化を図ります。

ヘッダー名	意味
Allow	「405 Method Not Allowed」のときに、対応しているメソッドを通知
Connection	接続制御オプション（キープアライブやクローズ、アップグレードなど）を通知
Forwarded	「X-Forwarded-For」や「X-Forwarded-Proto」の RFC バージョン
Keep-Alive	キープアライブの仕様（タイムアウトや最大リクエスト数）を通知
Upgrade	他のプロトコル、あるいは他の HTTP バージョンに切り替える
Via	経由したプロキシサーバーを追記。ループ回避や経路追跡の目的で使用
X-Forwarded-For	NAPT されている環境やプロキシサーバーのある環境で、接続元の IP アドレスを格納
X-Forwarded-Proto	プロトコルオフロードされている環境で、オフロード前のプロトコルを格納

表6.1.10 ● 通信制御に関するヘッダー

本書では、この中から、代表的なヘッダーをピックアップして説明します。

■ Connection ヘッダー /Keep-Alive ヘッダー

「**Connection ヘッダー**」は、接続制御のオプションを提示するヘッダーです。いろいろなオプションがありますが、ここではその中でも一般的に使用されているキープアライブについて説明します。キープアライブの機能を使用する場合、Web ブラウザは、Connection ヘッダーに「keep-alive」をセットして、「キープアライブに対応しているよ」と Web サーバーに伝えます。それに対して、Web サーバーも同じように、Connection ヘッダーに「keep-alive」をセットしてレスポンスします。また、あわせて「**Keep-Alive ヘッダー**」を使用して、次のリクエストがこないときに TCP コネクションを切断するまでの時間（timeout ディレクティブ）や、その TCP コネクションにおける最大リクエスト数（max ディレクティブ）など、キープアライブの仕様を伝えます。ちなみに、Connection ヘッダーに「close」がセットされたら、TCP コネクションがクローズされます。

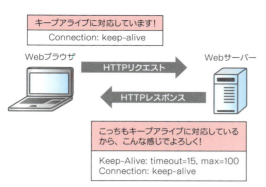

図6.1.42 ● Connectionヘッダーでキープアライブ対応を伝えあう

■ X-Forwarded-For ヘッダー

「X-Forwarded-For（XFF）ヘッダー」は、負荷分散装置などで送信元IPアドレスが変換されるときに、変換前の送信元IPアドレスを格納するためのヘッダーです。負荷分散装置を導入する場合、ネットワークの設計によっては、送信元IPアドレスをNAPTしないと、サーバーの負荷分散処理が正常に動作しないことがあります。しかし、NAPTすると、複数のWebブラウザのIPアドレスが負荷分散装置のIPアドレスに変換されてしまうため、サーバー側でWebブラウザのIPアドレスを特定することができません。このような状況で、X-Forwarded-Forヘッダーを使用して、もともとどのIPアドレスからアクセスされていたのかを特定します。

たとえば、AWS（Amazon Web Service）の負荷分散機能である「ALB（Application Load Balancer）」は、Webサーバーに負荷分散するときに、送信元IPアドレスをALBのIPアドレスにNAPTします。したがって、Webサーバー側で送信元IPアドレスだけを見ても、WebブラウザのIPアドレスを特定することができません。そこで、X-Forwarded-Forヘッダーの値を確認して[1]、そのIPアドレスを特定します。

*1：ALBはHTTPリクエストに対してX-Forwarded-ForヘッダーやX-Forwarded-Protoヘッダーを自動的に追加します。

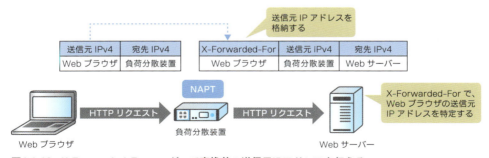

図6.1.43 ● X-Forwarded-Forヘッダーで変換前の送信元IPアドレスを伝える

■ X-Forwarded-Proto ヘッダー

「**X-Forwarded-Proto ヘッダー**」は、X-Forwarded-For ヘッダーのプロトコル版です。負荷分散装置でプロトコル変換されるような環境において、変換前のプロトコルを格納します。負荷分散装置には、処理負荷になりがちな SSL の処理を Web サーバーから肩代わりする「**SSL オフロード**」という機能があります（p.374）。SSL オフロードすると、負荷分散装置が HTTPS を復号し、HTTP に変換するため、Web サーバー（HTTP サーバー）側で Web ブラウザがリクエストに使用した元のプロトコルがわからなくなります。そこで、X-Forwarded-Proto ヘッダーを使用して、元のプロトコルを特定できるようにします。

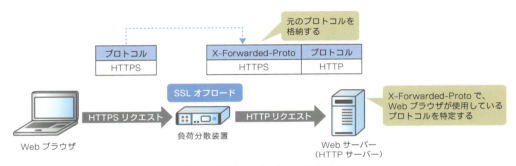

図6.1.44 ● X-Forwarded-Protoヘッダーで変換前のプロトコルを伝える

■ 認証・認可に関するヘッダー

このヘッダーカテゴリは、コンテンツに対するユーザー認証やアクセス権限の管理を行うために使用されます。たとえば、認証情報を送信したり、HTTP アプリケーションのセッションを管理する Cookie を送信したりするときに使用されます。Web ブラウザと Web サーバーは、このヘッダーで得た情報をもとに、適切な認証方式を選択したり、認証状態を維持したりすることによって、セキュアなユーザー認証とアクセス制御を実現し、認証されたユーザーのみが適切なリソースにアクセスできるようにします。これにより、情報の不正アクセスを防止し、Web アプリケーションのセキュリティを強化します。

ヘッダー名	意味
Authorization	ユーザーの認証情報。サーバーの WWW-Authenticate ヘッダーに応答する形で使用される
Cookie	Web ブラウザが Set-Cookie によって与えられた Cookie の情報をサーバーに送信
Proxy-Authenticate	プロキシサーバーから Web ブラウザに対する認証要求を通知
Proxy-Authorization	プロキシサーバーから認証要求を受け取ったときに、認証に必要な情報を Web ブラウザから伝える
Set-Cookie	サーバーがセッション管理に使用するセッション ID や、ユーザー個別の設定などを Web ブラウザに送信
WWW-Authenticate	Web サーバーが Web ブラウザに対して認証方式や認証範囲を通知

表6.1.11 ● 認証・認可に関するヘッダー

本書では、この中から、代表的なヘッダーをピックアップして説明します。

■ Set-Cookie ヘッダー /Cookie ヘッダー

<mark>Cookie とは、Web サーバーとの通信で特定の情報をブラウザに保持させる仕組み、または保持したファイルのことです。</mark>Cookie は Web ブラウザ上で FQDN（Fully Qualified Domain Name、完全修飾ドメイン名、p.377）ごとに管理されています。ショッピングサイトや SNS サイトなどで、ユーザー名とパスワードを入力していないのに、なぜかログインしていることはありませんか。これは Cookie のおかげです。Web ブラウザがユーザー名とパスワードで一度ログインに成功すると、サーバーはセッション ID を発行し、「**Set-Cookie ヘッダー**」にセットして、レスポンスします。その後のリクエストは「**Cookie ヘッダー**」にセッション ID をセットして行われるため、自動的にログインが実行されます。

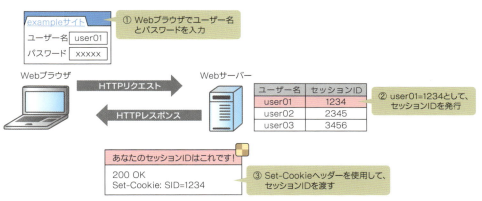

図6.1.45 ● Set-Cookieヘッダーで発行したセッションIDを返す

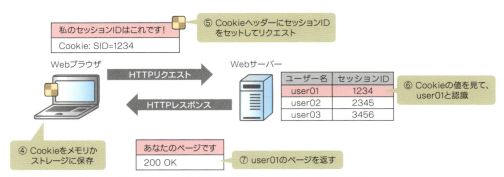

図6.1.46 ● CookieヘッダーでセッションIDを通知する（手順は前の図の続き）

6.1.6 負荷分散装置の動作

負荷分散装置は、IPアドレスやポート番号、メッセージの情報を利用して、複数のサーバーにパケットを振り分ける機器です。負荷分散装置上に設定した仮想的なサーバー「**仮想サーバー**」で受け取ったパケットを、決められたルールに従って、「この通信はサーバー①に、この通信はサーバー②に」のような感じで割り振り、処理負荷を複数のサーバーに分散します。

■ 宛先 NAT

サーバー負荷分散技術の基本は「**宛先 NAT**」です。宛先 NAT は NAT の一種で、パケットの宛先 IP アドレスを変換する技術のことです。負荷分散装置は、クライアントからパケットを受け取ると、サーバーの生死状態やコネクション数などを確認し、最適なサーバーの IP アドレスに宛先 IP アドレスを変換します。

負荷分散装置の宛先 NAT は、「**コネクションテーブル**」と呼ばれるメモリ内のテーブル（表）の情報をもとに行われます。負荷分散装置は、受け取ったパケットの「送信元 IP アドレス：ポート番号」「仮想 IP アドレス（変換前宛先 IP アドレス）：ポート番号」「サーバー

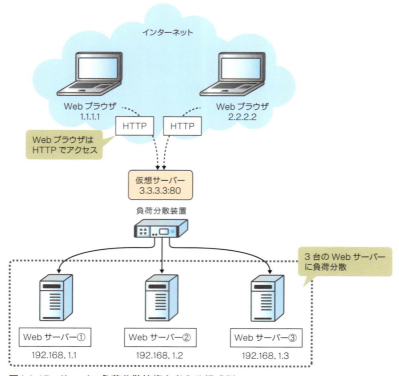

図6.1.47 ● サーバー負荷分散技術を考える構成例

IPアドレス（変換後宛先IPアドレス）：ポート番号」「プロトコル」などの情報をコネクションテーブルで管理し、どのパケットをどのIPアドレスに宛先NATしているかを把握しています。

では、コネクションテーブルを使用して、どのように負荷分散技術が働くかを説明していきます。ここでは、Webブラウザが仮想サーバーにHTTPでアクセスし、3台のWebサーバーに負荷分散するという、前ページの図のような環境を想定します。

(1) 負荷分散装置は、仮想サーバー（3.3.3.3:80）でHTTPリクエストを受け取ります。このときの宛先IPアドレスは仮想サーバーのIPアドレス「仮想IPアドレス(3.3.3.3)」です。受け取ったHTTPリクエストのTCPコネクションは、コネクションテーブルによって管理されます。

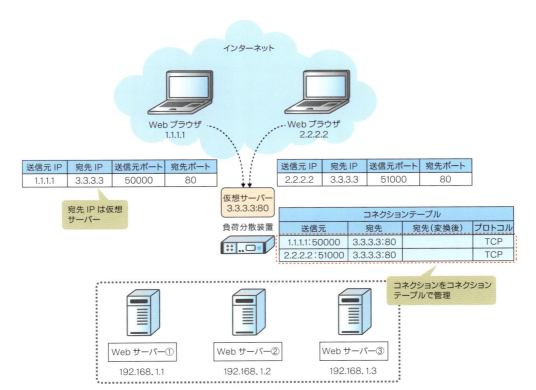

図6.1.48 ● クライアントは仮想サーバーにアクセスする

② 負荷分散装置は、宛先 IP アドレスをそれに関連付けられている負荷分散対象 Web サーバーの IP アドレス（192.168.1.1、192.168.1.2、192.168.1.3）に変換（宛先 NAT）します。このとき変換する IP アドレスを Web サーバーの生死状態やコネクション数など、いろいろな状態によって動的に変えることで、HTTP リクエストを振り分けます。変換した IP アドレスもコネクションテーブルによって管理されます。

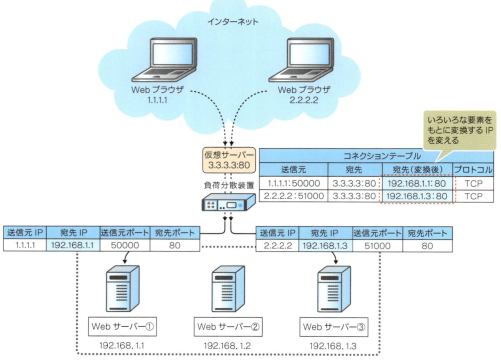

図6.1.49 ● 負荷分散装置が宛先IPアドレスを変換する

③ 負荷分散装置からHTTPリクエストを受け取ったWebサーバーは、アプリケーションの処理をすると、デフォルトゲートウェイになっている負荷分散装置にHTTPレスポンスを返します。負荷分散装置は、コネクションテーブルの情報をもとに、送信元IPアドレスをWebサーバーから仮想IPアドレスに変換し、Webブラウザに転送します。

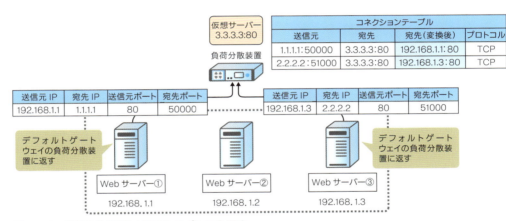

図6.1.50 ● 負荷分散装置にHTTPレスポンスを返す

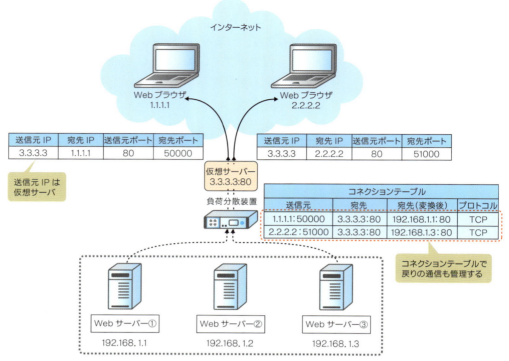

図6.1.51 ● Webブラウザにレスポンスを返す

ヘルスチェック

「**ヘルスチェック**」は、負荷分散対象のサーバーの状態を監視する機能です。ダウンしているサーバーにパケットを割り振っても意味がありません。応答しないだけです。負荷分散装置は、サーバーに対して定期的に監視パケットを送ることで稼働しているかを監視し、ダウンと判断したら、そのサーバーを負荷分散対象から切り離します。メーカーによって「ヘルスモニター」や「プローブ」などと呼ばれることもありますが、どれも同じです。ヘルスチェックは、「**L3 チェック**」「**L4 チェック**」「**L7 チェック**」の3種類に大別できます。

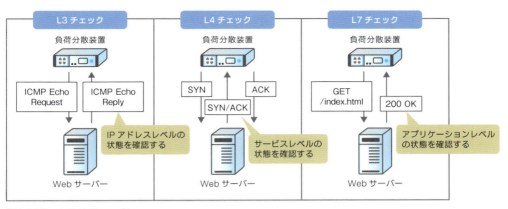

図6.1.52 ● ヘルスチェック

> **NOTE ヘルスチェックにどれを選ぶか**
>
> 　3種類のヘルスチェックのうち、実務の現場でよく使用されるのが、「L3チェック + L4チェック」か「L3チェック + L7チェック」のどちらかの合わせ技です。階層の異なる2種類のヘルスチェックを使用することで、障害が起きた場合にどの階層まで生きているか、切り分けを容易にします。
>
> 　どちらの合わせ技を使用するかは、サーバーの負荷状況次第です。L3チェックは大した負荷になりませんが、L7チェックはアプリケーションレベルの情報を確認するため、L4チェックと比較してサーバーの負荷になります。ヘルスチェックがサービスに影響を与えるようでは元も子もありません。サーバーのリソースにゆとりがあれば「L3チェック + L7チェック」、ゆとりがなければ「L3チェック + L4チェック」を選択します。

■ 負荷分散方式

　「どの情報を使って、どのサーバーに割り振るか」、これが負荷分散方式です。負荷分散方式によって、宛先NATで書き換える宛先IPアドレスが変わります。負荷分散方式は大きく、「**静的**」と「**動的**」に分けられます。

　静的な負荷分散方式は、サーバーの状況は関係なしに、あらかじめ定義された設定に基づいて割り振るサーバーを決める方式です。順番に割り振る「**ラウンドロビン**」や、あらかじめ決めた比率に基づいて割り振る「**比率**」などがあります。

　動的な負荷分散方式は、サーバーの状況に応じて割り振るサーバーを決める方式です。コネクション数に応じて割り振る「**最小コネクション数**」や、応答時間に応じて割り振る「**最短応答時間**」などがあります。

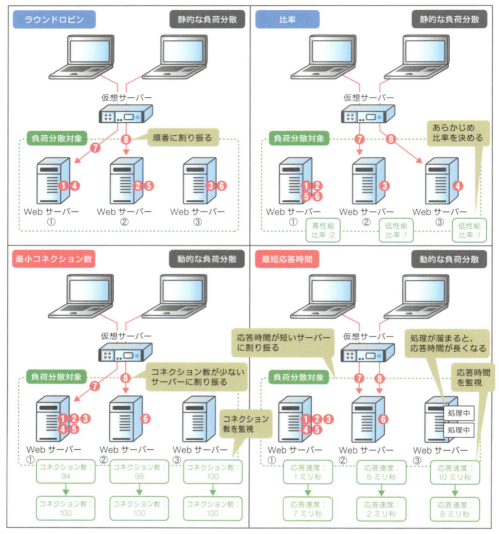

図6.1.53 ● 負荷分散方式

> **NOTE**
>
> ### 負荷分散方式にどれを選ぶか
>
> 　4種類の負荷分散方式のうち、負荷分散対象のサーバーのスペックが同じであれば、ラウンドロビンか最小コネクション数がよく使用されます。サーバーのスペックが違えば、比率か、比率＋最小コネクション数の合わせ技がよく使用されます。最短応答時間は、サーバースペックが向上したことによって応答時間に差が出づらくなり、うまく負荷分散されなくなったため、最近はあまり使用されていません。

■ オプション機能

　負荷分散装置は、以前はネットワーク層やトランスポート層での動作が中心でしたが、最近はその活躍の幅をアプリケーション層にまで広げ、今では「**アプリケーションデリバリーコントローラー（ADC）**」とも呼ばれるようになっています。それを支えているのが膨大なオプション機能です。ここでは、負荷分散装置の持つ豊富なオプション機能の中から、HTTPに特に関わりの深い「**パーシステンス**」「**アプリケーションスイッチング**」「**HTTP/2 オフロード**」について説明します。

■ パーシステンス

　パーシステンスは、アプリケーションの同じセッションを、同じサーバーに割り振り続ける機能です。負荷分散技術なのに同じサーバーに割り振り続けるなんて、ある種の矛盾を感じるかもしれませんが、セッションごとに異なるサーバーに割り振られるので、大局的に見ると負荷分散していることになります。

　アプリケーションによっては、一連の処理を同じサーバーで行わなければ、その処理の整合性が取れないものがあります。ショッピングサイトがよい例でしょう。ショッピングサイトは「カートに入れる」→「購入」という一連の処理を同じサーバーで行う必要があります。サーバー①のカートに入ったのに、サーバー②で購入処理をするといったことはできません。サーバー①のカートに入ったら、サーバー①で購入処理をしなくてはいけません。そこで、パーシステンスを使用します。「カートに入れる」→「購入」という一連の処理を同じサーバーで行うことができるように、特定の情報をもとに同じサーバーに割り振り続けます。パーシステンスには、どの情報をもとにパーシステンスするかによって、次表のようにいくつかの方式があります。

パーシステンス方式	どの情報をもとにパーシステンスするか
送信元 IP アドレスパーシステンス	クライアントの送信元 IP アドレス
Microsoft Remote Desktop Protocol パーシステンス	Microsoft のリモートデスクトップセッション
宛先 IP アドレスパーシステンス	クライアントの宛先 IP アドレス
SIP パーシステンス	任意の SIP ヘッダー
SSL パーシステンス	SSL のセッション ID
ユニバーサルパーシステンス	任意のフィールド
ハッシュパーシステンス	任意のフィールドをハッシュ化
Cookie パーシステンス	クライアントの Cookie 情報
Host パーシステンス	HTTP の Host ヘッダー

表6.1.12 ● 代表的なパーシステンス方式（F5社のBIG-IPの場合）

　この中でよく使用される方式が「**送信元 IP アドレスパーシステンス**」と「**Cookie パーシステンス**」です。

　送信元 IP アドレスパーシステンスは、クライアントの IP アドレスをもとに同じサーバー

に割り振り続ける方式です。NAPT環境やプロキシ環境など、複数のクライアントが送信元IPアドレスを共有するような環境では同じサーバーにセッションが集中してしまいますが、動作がシンプルでわかりやすいため、送信元IPアドレスが個別になりやすいインターネットサーバーなどで多く使用されています。

Cookieパーシステンスは、Cookieの情報をもとに同じサーバーに割り振り続ける方式です。負荷分散装置は、最初のリクエストに対するレスポンスに、サーバーの情報を含めたCookieを挿入します。次回以降のリクエストには、そのCookieが含まれるため、負荷分散装置はその情報をもとに割り振るサーバーを固定することができます。Cookieを使用するので、対象プロトコルがHTTPに限られますが[*1]、送信元IPアドレスが同じになるNAPT環境やプロキシ環境などでも、より柔軟に負荷分散できます。

*1：負荷分散装置でSSLオフロード（p.374）されているHTTPも含みます。SSLオフロード環境では、最初のレスポンスをHTTPからHTTPSに暗号化する前に、Cookieを挿入します。また、次回以降のリクエストをHTTPSからHTTPに復号した後にCookieの情報を確認します。

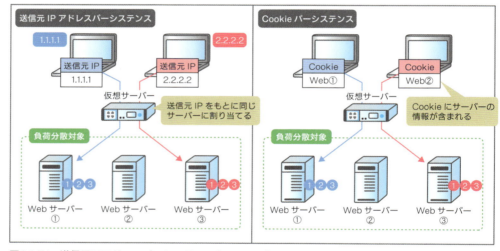

図6.1.54 ● 送信元IPアドレスパーシステンスとCookieパーシステンス

■ アプリケーションスイッチング

これまで説明してきた負荷分散機能は、クライアントから受け取ったパケットを、ヘルスチェックと負荷分散方式によってサーバーに割り振るだけの、とてもシンプルなものでした。アプリケーションスイッチング機能は、このシンプルな負荷分散機能に加えて、リクエストURI（p.312）やWebブラウザの種類など、アプリケーションデータに含まれるいろいろな情報をもとに、よりきめ細かく、かつ幅広い負荷分散を行います。この機能を使用すると、たとえば画像ファイルだけを特定のサーバーだけで負荷分散したり、スマホからのアクセスだったらスマホ用のWebサーバーで負荷分散したり、いろいろなことができるようになります。

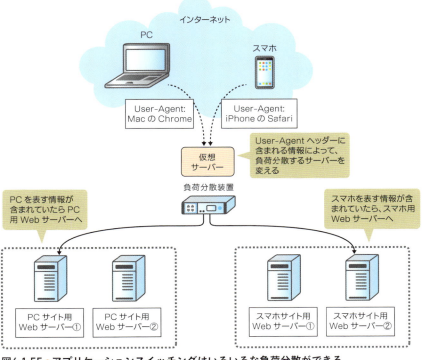

図6.1.55 ● アプリケーションスイッチングはいろいろな負荷分散ができる

■ HTTP/2 オフロード

　オフロードは、サーバーの行う処理を「肩代わり」する機能のことです。HTTP/2 オフロードは、HTTP/2 の処理を肩代わりします。時代にあわせて Web サーバーを HTTP/2 に対応させたいと思っても、サーバー OS のアップデートが必要になったり、Web サーバーアプリケーションのモジュール追加が必要になったりと、大掛かりな作業が必要になります。HTTP/2 オフロードを使用すれば、サーバーは HTTP/1.1 のまま、システムを HTTP/2 に対応することができ、実装までの時間を節約できます。

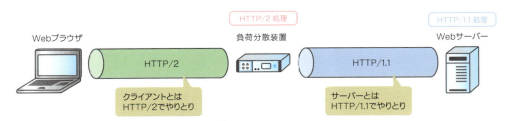

図6.1.56 ● 負荷分散装置でHTTP/2の処理を肩代わり

6-2 SSL/TLS

　SSL (Secure Socket Layer) /TLS (Transport Layer Security)[1] は、アプリケーションデータを暗号化するプロトコルです。今や日常生活の一部になったインターネットですが、いつ何時も見えない脅威と隣り合わせにいることを忘れてはいけません。世界中のありとあらゆる人たち、モノたちが論理的にひとつにつながっているインターネットでは、いつ誰がデータをのぞき見たり、書き換えたりするかわかりません。SSL/TLS は、データを暗号化したり、通信相手を認証したりすることによって、大切なデータを守ります[2]。

* 1：TLS は SSL をバージョンアップしたものです。ここからは文章の読みやすさのために、「SSL/TLS」を表すところを「SSL」と記載しますが、明示的に区別しないかぎり、同時に「TLS」も含まれると考えてください。
* 2：厳密には、SSL/TLS は、トランスポート層上位からアプリケーション層下位にまたがるプロトコルです。本書では、SSL/TLS が HTTP の暗号化プロトコルとして広く利用されているという背景から、アプリケーション層のプロトコルとして扱っています。

図6.2.1 ● SSLで情報を守る

　Microsoft Edge で Web サイトにアクセスすると、アドレスバーに錠前マークが表示されませんか？　このマークは、通信が SSL で暗号化されていて、データが安全に保護されていることを表しています。最近では、ほとんどの Web サイトが HTTP を SSL で暗号化した「**HTTPS**（HyperText Transfer Protocol Secure）」を使用しており、暗号化していない HTTP の Web サイトはほぼ見かけなくなりました。HTTP の Web サイトにアクセスすると、アドレスバーにセキュリティ警告が表示されます。

図6.2.2 ● HTTPSのWebサイトにアクセスしたとき

＊ Edge では HTTP でアクセスすると、自動的にスキーム（http://）が省略されます。

図6.2.3 ● HTTPのWebサイトにアクセスしたとき

6.2.1　SSLが使用している技術

　SSLは、実際にデータを暗号化するまでの処理がポイントで、そこにほぼすべてが詰まっているといっても過言ではありません。しかし、その処理を理解するためには、たくさんの前提知識が必要です。そこで、まずは SSL を使用する目的や、SSLを構成するいろいろな技術から説明していきます。

■ SSLで防ぐことができる脅威

　SSLは、インターネットに存在する数あるセキュリティ上の脅威のうち、「**盗聴**」「**改ざん**」「**なりすまし**」という3つの脅威に対抗しています。ここでは、それぞれの脅威に対してSSLがどのように対抗しているかをざっくり説明します。

■ 暗号化で盗聴を防ぐ

　暗号化は、決められたルール（暗号化アルゴリズム）に基づいてデータを変換する技術です。暗号化によって、第三者がデータを盗み見る「**盗聴**」を防止します。重要なデータがそのままの状態で流れていたら、ついつい見たくなってしまうのが人の性でしょう。SSLはデータを暗号化することによって、たとえ盗聴されても内容がわからないようにします。

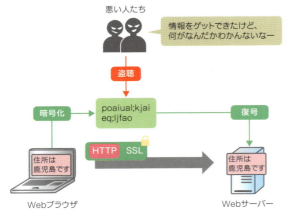

図6.2.4 ● 暗号化で盗聴を防ぐ

■ ハッシュ化で改ざんを防ぐ

　ハッシュ化は、不定長のデータから、決められた計算（ハッシュアルゴリズム）に基づいて固定長のデータ（ハッシュ値）を生成する技術です。データが変わると、ハッシュ値も変わります。これを利用して、第三者がデータを書き換える「**改ざん**」を検知できます。SSLでは、データが改ざんされていないかどうかを確認するために、データとハッシュ値をあわせて送信します。それを受け取った端末は、データから計算して得たハッシュ値と、添付されているハッシュ値を比較します。同じデータに対して同じ計算をするので、ハッシュ値が同じだったらデータが改ざんされていないことになります。

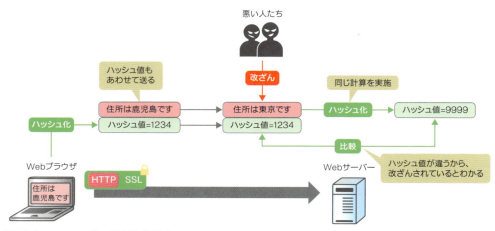

図6.2.5 ● ハッシュ化で改ざんを防ぐ

■ デジタル証明書でなりすましを防ぐ

　デジタル証明書は、インターネット上にいる他の端末に対して「私は本物です！」と証明するためのファイルです。デジタル証明書に含まれる情報をもとに、通信相手の身元を確認することができ、「**なりすまし**」を防止できます。SSLでは、アプリケーションデータを送受信するのに先立って、「あなたの情報をください」とお願いします。受け取ったデジタル証明書をもとに、認証局によって認められた信頼できる相手かを確認します。
　デジタル証明書が本物かどうかは、「**認証局（CA、Certification Authority）**」と呼ばれる信頼できる第三者の「**デジタル署名**」によって判断します。デジタル署名は、簡単にいうと、デジタル証明書に対するお墨付きのようなものです。デジタル証明書は、デジサート社やセコムトラストシステムズ社などの認証局からデジタル署名というお墨付きをもらって初めて、世の中に本物と認められます。

348

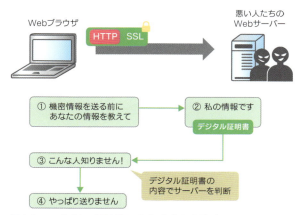

図6.2.6 ● デジタル証明書でなりすましを防ぐ

SSLを支える技術

続いて、SSLで使用されている具体的な技術について、もう少し詳しく説明します。SSLは、通信を暗号化する「**暗号化アルゴリズム**」、暗号化のために必要な鍵を共有する「**鍵交換アルゴリズム**」、通信相手を認証する「**デジタル署名アルゴリズム**」、通信データを認証する「**メッセージ認証アルゴリズム**」という4つの技術を組み合わせて使用することにより、セキュリティの向上を図っています。それぞれ説明しましょう。

暗号化アルゴリズム

SSLの暗号化技術には、データを暗号化するための「**暗号化鍵**」と、暗号化を解く（復号する）ための「**復号鍵**」が必要になります。SSLは、この暗号化鍵と復号鍵に同じ鍵（共通鍵）を使用する「**共通鍵暗号方式**」を使用して、アプリケーションデータを保護しています。

共通鍵暗号方式には「**ストリーム暗号方式**」と「**ブロック暗号方式**」の2種類があります。ストリーム暗号方式は、1ビットごと、あるいは1バイトごとに暗号化処理を行います。代表的なストリーム暗号化アルゴリズムには、「ChaCha20-Poly1305」があります。ブロック暗号方式は、一定のビット数ごと（ブロック）に区切って、ブロックごとに暗号化処理を行います。代表的なブロック暗号化アルゴリズムには、「AES-CBC（Advanced Encryption Standard-Cipher Block Chaining）」や「AES-GCM（Advanced Encryption Standard-Galois/Counter Mode）」、「AES-CCM（Advanced Encryption Standard-Counter with CBC-MAC）」などがあります。

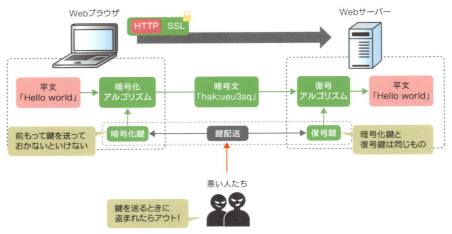

図6.2.7 ● 共通鍵暗号方式では暗号化と復号に同じ鍵を使用する

　共通鍵暗号方式は仕組みが単純明快なので、暗号化処理も復号処理も高速で、大きな処理負荷もかかりません。しかし、暗号化と復号に使用する共通鍵を、何らかの形で共有する必要があるという致命的な弱点を抱えています。また、暗号化鍵と復号鍵が同じものなので、その鍵を誰かに入手されてしまったら、その時点でアウトです。お互いで共有する鍵をどうやって相手に渡す（配送する）のか。この「**鍵配送問題**」を別の仕組みでクリアする必要があります。

■ 鍵交換アルゴリズム

　前述のとおり、鍵配送問題は、共通鍵暗号方式を使用する限り、避けては通ることのできないセキュリティ上の課題です。そこで、SSLでは共通鍵を生成するために、「**DHE**（Diffie-Hellman Ephemeral[1]）」や「**ECDHE**（Elliptic Curve Diffie–Hellman Ephemeral[1]）」という鍵交換アルゴリズムを使用します。

　これらの鍵交換アルゴリズムを支えているのが「**公開鍵**」と「**秘密鍵**」です。公開鍵は、その名のとおり、みんなに公開してよい鍵で、秘密鍵はみんなに秘密にしておかないといけない鍵です。この2つの鍵は「**鍵ペア**」と呼ばれ、ペアで存在します。鍵ペアは数学的な関係で成り立っていて、公開鍵から秘密鍵を導き出すことはできません。鍵交換アルゴリズムは、事前に共有した「DHパラメーター[2]」、交換したお互いの公開鍵、自分の秘密鍵を使用して、共通鍵を生成します。

[1]：「Ephemeral」は「一時的な」という意味です。DHEはDHを使用して、またECDHEはECDHを使用して、接続ごとに一時的な共通鍵を生成します。
[2]：数学的な関係で成り立つ2つの数値のこと。DHEの場合、大きな素数（p）と生成元（g）で構成されています。

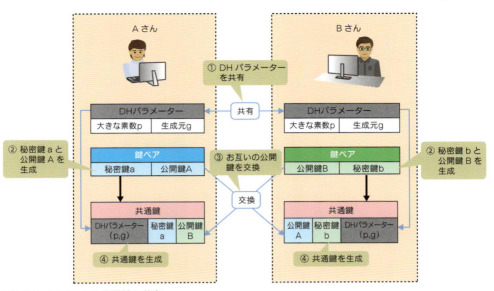

図6.2.8 ● DHEによる共通鍵の共有

　さて、DHEやECDHEなどの鍵交換アルゴリズムは、あくまで共通鍵を共有するためのものであって、通信相手を認証したり、改ざんを検知したりするものではありません。通信相手が悪意のある第三者になりすまされていたり、途中で改ざんされていたりしたら、その時点でアウトです。通信相手が本物か。この認証問題を別の仕組みでクリアする必要があります。

■ デジタル署名アルゴリズム

　p.348で述べたとおり、SSLでは、通信相手が第三者的に信頼できる相手かどうかを、デジタル証明書に含まれるデジタル署名によって判断しています。このデジタル署名は「**RSA署名**」というデジタル署名アルゴリズムによって生成されています[1]。RSA署名は、「**ハッシュ化**」と「**公開鍵暗号方式**」を組み合わせた技術です。それぞれどのような技術なのか説明しましょう。

[1]: そのほかにも「DSA署名」や「ECDSA署名」などがありますが、あまり使用されていないため、本書ではRSA署名のみを説明します。

▍ハッシュ化

　まず、ハッシュ化についてです。ハッシュ化は「**ハッシュアルゴリズム**」を利用して、不定長のデータを細切れにして、固定長の「**ハッシュ値**」にギュッとまとめる技術です。代表的なハッシュアルゴリズムに「SHA-256」や「SHA-384」などがあります。ハッシュアルゴリズムは、同じデータを与えると、必ず同じハッシュ値を生成します。逆に、1ビットでも違うデータを与えると、まったく異なるハッシュ値を生成します。つまりデータそのものを比較しなくても、ハッシュ値を比較さえすれば、データが改ざんされていないか

をチェックできます。また、ハッシュ値から元のデータを逆算することはできないため、たとえハッシュ値を盗聴されたとしても、元のデータは守られます。これらの性質をデジタル署名に利用します[*1]。

*1：その他にも後述する「PRF（Pseudo Random Function、擬似乱数関数）」でもハッシュアルゴリズムを使用します。

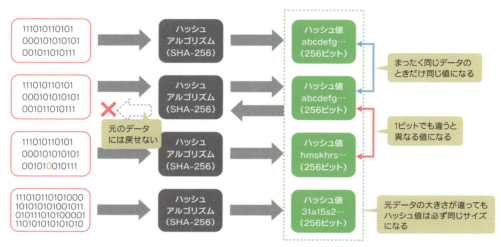

図6.2.9 ● ハッシュ化

公開鍵暗号方式

続いて、公開鍵暗号方式についてです。公開鍵暗号方式は、暗号化鍵と復号鍵に異なる鍵を使用する暗号方式です。代表的な公開鍵暗号方式に「RSA暗号」や「ElGamal暗号」などがあります。

ここでは、RSA署名に関連するRSA暗号について説明します。データの受信者は、あらかじめみんなに秘密にしておかないといけない「**RSA秘密鍵**」と、みんなに公開していい「**RSA公開鍵**」の鍵ペアを作り、RSA公開鍵だけを世の中に公開しておきます。送信者はそのRSA公開鍵を暗号化鍵にして、データを暗号化し、送信します。それを受け取った受信者は、RSA秘密鍵を復号鍵にして復号し、元データを取り出します。RSA公開鍵で暗号化されたデータは、ペアとなるRSA秘密鍵でしか復号できません。

さて、ここまでがRSA暗号の説明です。RSA暗号に使用されるRSAアルゴリズムは、RSA秘密鍵で暗号化したデータをRSA公開鍵で復号できる、つまり秘密鍵と公開鍵を逆にしても成立するという、数学的に特異な性質を持っています。RSA署名はこの性質を利用します。送信者はRSA秘密鍵を「**署名鍵**」にして、データの署名を生成し、送信します。「署名を生成」というと、少し不思議な感じがするかもしれませんが、実際には暗号化と同様の処理を行っています。それを受け取った受信者はRSA公開鍵を「**検証鍵**」として、署名を検証します。「署名を検証」というと、これまた少し不思議な感じがするかもしれませんが、実際には復号と同様の処理を行っています。署名鍵で署名されたデータは、ペアとなる検証鍵でしか検証できません。この性質をデジタル署名に利用します。

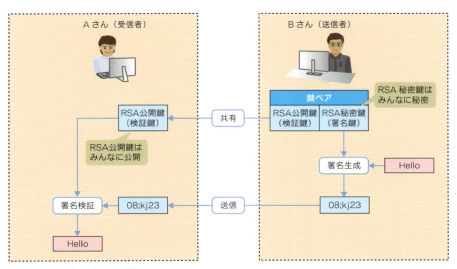

図6.2.10 ● 署名の生成と検証

　では、RSA署名がどのようにデジタル署名を生成し、どのように通信相手を認証するのか、順を追って説明します。

(1) 送信者（次図のBさん）は、ハッシュアルゴリズムを利用して、データのハッシュ値を計算します。

(2) 送信者は、(1)で計算したハッシュ値やRSA秘密鍵（署名鍵）を使用して、デジタル署名を生成し、データとともに送信します。

(3) 受信者（次図のAさん）は、デジタル署名をRSA公開鍵（検証鍵）で検証して、ハッシュ値を取り出します。RSA公開鍵で検証できるデータは、RSA秘密鍵で署名されたデータだけです。つまり、RSA公開鍵で検証できたら、そのデータがRSA秘密鍵の持ち主によって送信されたものであることがわかります。

(4) 受信者は、ハッシュアルゴリズムを利用してデータのハッシュ値を計算し、(3)で取り出したハッシュ値と比較します。ハッシュ値が同じだったら、データが途中で改ざんされていないことがわかります。

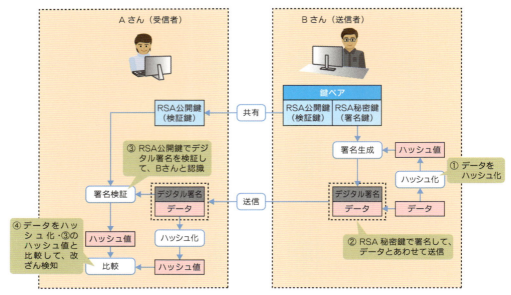

図6.2.11 ● RSA署名

■ メッセージ認証アルゴリズム

　SSLにおいて、前述のデジタル署名アルゴリズムは、あくまで通信相手を認証するものであって、その後やりとりされるアプリケーションデータ（メッセージ）を認証するものではありません。そこで、メッセージ認証アルゴリズムを利用して、「**MAC値（メッセージ認証コード）**」を生成し、やりとりされるアプリケーションデータが改ざんされていないデータであることを確認します。メッセージ認証アルゴリズムは、アプリケーションデータと共通鍵（MAC鍵）[1]をごちゃ混ぜにして、ハッシュ化することによって、MAC値を計算します。

* 1：共通鍵を使用するということは、同時に鍵配送問題が存在することを忘れてはいけません。SSLでは、ここでの鍵配送問題も共通鍵暗号方式と同じく鍵交換アルゴリズムによって解決しています。

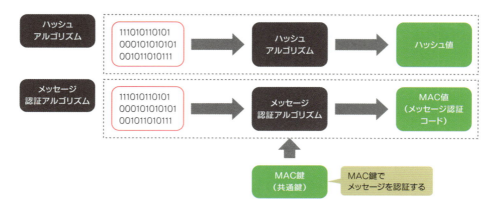

図6.2.12 ● ハッシュアルゴリズムとメッセージ認証アルゴリズムの違い

送信者（次図の A さん）は、データと共通鍵を使用して MAC 値を計算し、データとともに送信します。受信者（次図の B さん）は、受け取ったデータと共通鍵を使用して MAC 値を計算し、受け取った MAC 値と比較します。同じだったら、そのデータが途中で改ざんされていないことがわかります。つまりメッセージ認証完了です。

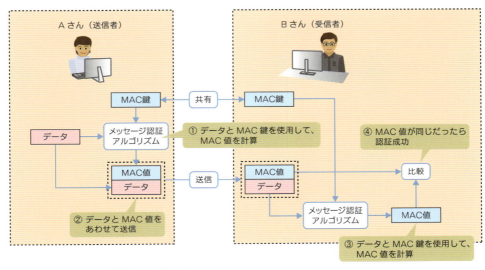

図6.2.13 ● メッセージ認証アルゴリズム

さて、ここまで説明してきたメッセージ認証アルゴリズムですが、そのためだけに共通鍵（MAC 鍵）を作って共有しないといけなかったり、メッセージごとに MAC 値を計算しないといけなかったり、いろいろ非効率な部分がある感は否めません。そこで、最近は、メッセージ認証の機能自体が共通鍵暗号方式の一機能として統合されています。メッセージ認証の機能を持つ暗号方式のことを「**AEAD**（Authenticated Encryption with Associated Data、認証付き暗号）」といいます。p.349 で説明したストリーム暗号の ChaCha20-Poly1305 や、ブロック暗号の中でも「AES-GCM」や「AES-CCM」は、AEAD にあたり、暗号化とメッセージ認証をまとめて行います。

送信者（次図の A さん）は、平文データ（暗号化されていないデータ）やナンス（一意な乱数）、関連データ（暗号化は必要ないけれど改ざんされてはいけないデータ。ヘッダーなど）を共通鍵で認証付き暗号化し、暗号化データとメッセージ認証に使用する「**認証タグ**」を生成します。そして、暗号化データ、認証タグ、ナンス、関連データをまとめて送信します。受信者（次図の B さん）は、受け取った暗号化データ、ナンス、関連データ、そして共通鍵で認証タグを生成し、受け取った認証タグと比較します。認証タグが同じだったら、そのデータが途中で改ざんされていないことがわかります。つまりメッセージ認証完了です。メッセージ認証に成功したら、共通鍵で平文データに復号します。

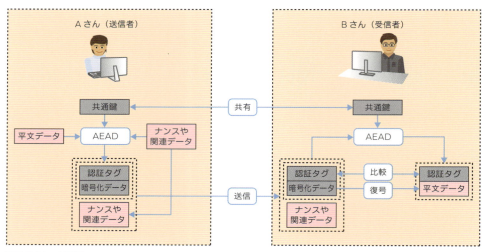

図6.2.14 ● AEAD

■ SSLで使用する技術のまとめ

　ここまでSSLで使用するいろいろな技術について説明してきました。これまでに出てきた技術を次表に整理しておきます。

フェーズ	技術	役割	最近使用されている種類
事前準備	鍵交換アルゴリズム	暗号化に必要な鍵を共有する	RSA、DHE、ECDHE
	デジタル署名アルゴリズム	通信相手を認証する	RSA、DSA、ECDSA
暗号化データ通信	暗号化アルゴリズム	通信データを暗号化する	AES-CBC、AES-GCM、AES-CCM、ChaCha20-Poly1305
	メッセージ認証アルゴリズム	通信データを認証する	SHA-256、SHA-384

表6.2.1 ● SSLで使用する技術のまとめ

6.2.2　SSLのバージョン

　SSLのバージョンの歴史は、そのまま脆弱性との戦いの歴史でもあります。致命的な脆弱性が見つかるたびに、「SSL 2.0」→「SSL 3.0」→「TLS 1.0」→「TLS 1.1」→「TLS 1.2」→「TLS 1.3」と5度のバージョンアップを重ね、今現在も脆弱性を探す攻撃者・専門家とのいたちごっこを続けています。

　どのバージョンで接続するかは、WebブラウザとWebサーバーの対応状況と設定次第です。どのバージョンを使用するかは、暗号化通信に先立って公開鍵方式で行われる「**SSLハンドシェイク**」によって決定されます。

```
1994                        1999                        2008
SSL 1.0, SSL 2.0            TLS 1.0                     TLS 1.2
● SSLの基礎を作ったバージョン  ● RFC2246で標準化           ● RFC5246で標準化
● Netscape Communications   ● 基本的な仕様はSSL 3.0と   ● TLS 1.1からのセキュリティ強化
  が作成                      そこまで大きく変わらない     ● SHA-2、AEAD対応
● どちらのバージョンも脆弱性が  ● 暗号化アルゴリズムやハッシュ ● MD5、SHA-1廃止
  見つかり、最近は使用されていない アルゴリズムが一部変更

    ● SSL 2.0の脆弱性問題を解決したバージョン      ● RFC4346で標準化            ● RFC8446で標準化
    ● Netscape Communicationsが作成              ● TLS 1.0からのセキュリティ強化 ● 安全性の高い鍵交換・
    ● SSLの王道として長く使われてきたが、          ● 「BEAST攻撃」対策に伴う      暗号化アルゴリズムのみ
      「POODLE攻撃」という脆弱性が見つかり、         CBCブロック暗号の仕様変更      に対応
      最近は使用されていない                      ● 輸出グレード暗号スイート    ● SSLハンドシェイクの
                                                  使用禁止                      シンプル化
    SSL 3.0                                      TLS 1.1                      TLS 1.3
    1995                                         2006                         2018
```

図6.2.15 ● SSL／TLSのバージョンの変遷

SSL 2.0

　いきなり「2.0」から始まるので違和感を覚えるかもしれませんが、「SSL 1.0」はリリース前に致命的な脆弱性が見つかり、日の目を見ずに終わりました。そのため、事実上、SSL 2.0 が SSL の最初のバージョンになります。

　SSL 2.0 は、Web ブラウザの開発ベンダーだった Netscape Communications 社が SSL 1.0 の脆弱性を修正し、1994 年にリリースしたバージョンです。しかし、「ダウングレード攻撃[*1]」や「バージョンロールバック攻撃[*2]」など、致命的な脆弱性が見つかり、今や対応しているソフトウェアを見つけること自体困難です。IETF も RFC6176「Prohibiting Secure Sockets Layer (SSL) Version 2.0」で、SSL 2.0 の使用を禁止しました。

[*1]：最も強度の弱い暗号化方式を強制的に使用させることによって、解読しやすい暗号化通信を行わせる攻撃。
[*2]：本来利用できるバージョンよりも低いバージョンを強制的に使用させることによって、解読しやすい暗号化通信を行わせる攻撃。

SSL 3.0

　SSL 3.0 は、Netscape Communications 社が SSL 2.0 のセキュリティ向上、および機能拡張を目的として、1995 年にリリースしたバージョンです。もともと RFC で標準化はされていませんでしたが、2011 年に歴史的文書という位置づけで RFC6101「The Secure Sockets Layer (SSL) Protocol Version 3.0」で公開されました。SSL 3.0 は長期間にわたって SSL の王道として君臨してきましたが、「POODLE（Padding Oracle On Downgraded Legacy Encryption）攻撃[*1]」が発見されたことをきっかけとして、その役目を終えました。RFC7568「Deprecating Secure Sockets Layer Version 3.0」でも廃止を促されており、最近の Chrome や Firefox は対応していません。

[*1]：ブロック暗号の CBC（Cipher Block Chaining）モードの脆弱性を突く攻撃で、パディングを悪用して暗号化通信を解読します。

TLS 1.0

TLS 1.0 は、1999 年に RFC2246「The TLS Protocol Version 1.0」で標準化されました。基本的な機能は、SSL 3.0 から大きく変化していません。SSL 3.0 のアキレス腱だった POODLE 攻撃に対応できていたり、AES のような強力な暗号化アルゴリズムに対応したりすることによって、安全性の向上を図っています。TLS 1.0 は、20 年以上にわたって使用され続けてきましたが、対応する暗号化アルゴリズムや鍵交換アルゴリズムが危殆化してきたということもあって、最近の OS やブラウザではデフォルトで無効化されています。

TLS 1.1

TLS 1.1 は、2006 年に RFC4346「The Transport Layer Security（TLS）Protocol Version 1.1」で標準化されました。TLS 1.1 は、TLS 1.0 で脆弱性を指摘されていた「BEAST（Browser Exploit Against SSL/TLS）攻撃[1]」に対応できていたり、「FREAK（Factoring RSA Export Keys）攻撃[2]」の原因になっていた輸出グレード暗号スイート[3] の使用を禁止したりすることによって、安全性の向上を図っています。TLS 1.1 も TLS 1.0 と同じく、対応する暗号化アルゴリズムや鍵交換アルゴリズムの危殆化に伴い、最近の OS やブラウザではデフォルトで無効化されています。

＊1：ブロック暗号の CBC（Cipher Block Chaining）モードの脆弱性を突く攻撃で、Web ブラウザ内の Cookie を不正に入手する。
＊2：二者通信の間に不正に割り込む中間者攻撃と、安全性の低い暗号スイートに変更するダウングレード攻撃を組み合わせて、暗号データを解読する攻撃。
＊3：アメリカの輸出規制に対応するために、解読しやすく設計された暗号スイート。

TLS 1.2

TLS 1.2 は、2008 年に RFC5246「The Transport Layer Security（TLS）Protocol Version 1.2」で標準化されました。TLS 1.2 は、SHA-2（SHA-256、SHA-384）のハッシュアルゴリズムに対応したり、AEAD（Authenticated Encryption with Associated Data、認証付き暗号）に対応したりすることによって、さらなる安全性の向上を図っています。2024 年現在、後述する TLS 1.3 への移行が進んでいる真っ最中ですが、サーバー側の TLS 1.3 対応が落ち着くまでは、TLS 1.2 で接続することが多くなるでしょう。本書でも TLS 1.2 をメインに扱います。

TLS 1.3

TLS 1.3 は、2018 年に RFC8446「The Transport Layer Security（TLS）Protocol Version 1.3」で標準化されました。TLS 1.3 は、前方秘匿性（Forward Security）[1] のない鍵交換アルゴリズム（RSA）を廃止したり、AEAD の暗号化アルゴリズムのみに対応したりすることによって、安全性の向上を図っています。また、SSL ハンドシェイクのプロセスをシ

ンプル化することによって、パフォーマンスの向上も図っています。p.307 で説明した QUIC の暗号化機能としても含まれており、2024 年現在、TLS 1.2 からの移行が進められています。

＊1：現在使用している秘密鍵が漏洩しても、過去の暗号通信は解読できない、鍵交換アルゴリズムの性質のこと。

6.2.3　SSL のレコードフォーマット

　SSL によって運ばれるメッセージのことを、「**SSL レコード**」といいます。SSL レコードは、SSL の制御情報を扱う「**SSL ヘッダー**」と、その後に続く「**SSL ペイロード**」で構成されています。また、SSL ヘッダーは「**コンテンツタイプ**」「**プロトコルバージョン**」「**SSL ペイロード長**」という 3 つのフィールドで構成されています。それぞれについて説明しましょう。

	0ビット	8ビット	16ビット	24ビット
0バイト	コンテンツタイプ	プロトコルバージョン		SSLペイロード長
可変	SSLペイロード長	SSLペイロード		

図6.2.16 ● SSLレコードフォーマット

■ コンテンツタイプ

　コンテンツタイプは、SSL レコードの種類を表す 1 バイト（8 ビット）のフィールドです。 SSL は、レコードを「**ハンドシェイクレコード**」「**暗号仕様変更レコード**」「**アラートレコード**」「**アプリケーションデータレコード**」の 4 つに分類し、それぞれ次表のようにタイプコードを割り当てています。

コンテンツタイプ	タイプコード	意味
ハンドシェイクレコード	22	暗号化通信に先立って行われる SSL ハンドシェイクで使用するレコード
暗号仕様変更レコード	20	暗号化やハッシュ化に関する仕様を確定したり、変更したりするために使用するレコード
アラートレコード	21	相手に対してエラーを通知するために使用するレコード
アプリケーションデータレコード	23	アプリケーションデータを表すレコード

表6.2.2 ● コンテンツタイプ

　以下に、各コンテンツタイプについて説明します。

■ ハンドシェイクレコード

ハンドシェイクレコードは、アプリケーションデータの暗号化通信に先立って行われるSSL ハンドシェイクで使用するレコードです。ハンドシェイクレコードでは、さらに次表で示す 10 種類のハンドシェイクタイプが定義されています。

ハンドシェイクタイプ	タイプコード	意味
Hello Request	0	Client Hello を要求するレコード。これを受け取ったクライアントは Client Hello を送信する
Client Hello	1	クライアントが対応している暗号化アルゴリズムや鍵交換アルゴリズム、拡張機能などをサーバーに通知するレコード
Server Hello	2	サーバーが対応していて、確定した暗号化アルゴリズムや鍵交換アルゴリズム、拡張機能などをクライアントに通知するレコード
Certificate	11	デジタル証明書を送信するレコード
Server Key Exchange	12	サーバーが鍵交換に必要な情報を送信するレコード
Certificate Request	13	クライアント認証において、クライアント証明書を要求するレコード
Server Hello Done	14	サーバーからクライアントに対して、すべての情報を送りきったことを表すレコード
Certificate Verify	15	クライアント認証において、ここまでやりとりした SSL ハンドシェイクの情報をハッシュ化して送信するレコード
Client Key Exchange	16	クライアントが鍵交換に必要な情報を送信するレコード
Finished	20	SSL ハンドシェイクが完了したことを表すレコード

表6.2.3 ● ハンドシェイクタイプ

■ 暗号仕様変更レコード（Change Cipher Spec レコード）

暗号仕様変更レコードは、SSL ハンドシェイクによって決まったいろいろな仕様（暗号化アルゴリズムや鍵交換アルゴリズムなど）を確定したり、変更したりするために使用します。このレコード以降の通信は、すべて暗号化されます。

■ アラートレコード

アラートレコードは、通信相手に対して、SSL に関係するエラーがあったことを伝えるレコードです。このレコードを見ることによって、エラーの概要を知ることができます。アラートレコードは、アラートの深刻度を表す「Alert Level」と、その内容を表す「Alert Description」のふたつのフィールドで構成されています。Alert Level には「Fatal（致命的）」と「Warning（警告）」の 2 種類があり、Fatal だと直ちにコネクションが切断されます。Alert Description の中には Alert Level が定義されていないものもあり、定義されていないものに関しては送信者の裁量で Alert Level かを決めることができます。

360

6-2 SSL/TLS

Alert Description	コード	Alert Level	意味
close_notify	0	Warning	SSL セッションを閉じるときに使用するレコード
unexpected_message	10	Fatal	予期できない不適当なレコードを受信したことを表すレコード
bad_record_mac	20	Fatal	正しくない MAC（Message Authentication Code）値を受信したことを表すレコード
decryption_failed	21	Fatal	復号に失敗したことを表すレコード
record_overflow	22	Fatal	SSL レコードのサイズの上限を超えたレコードを受信したことを表すレコード
decompression_failure	30	Fatal	解凍処理に失敗したことを表すレコード
handshake_failure	40	Fatal	一致する暗号化方式などがなく、SSL ハンドシェイクに失敗したことを表すレコード
no_certificate	41	どちらも可	クライアント認証において、適切なクライアント証明書がないことを表すレコード
bad_certificate	42	どちらも可	デジタル証明書が壊れていたり、検証できないデジタル署名が含まれていることを表すレコード
unsupported_certificate	43	どちらも可	デジタル証明書がサポートされていないことを表すレコード
certificate_revoked	44	どちらも可	デジタル証明書が管理者によって失効処理されていることを表すレコード
certificate_expired	45	どちらも可	デジタル証明書が期限切れになっていることを表すレコード
certificate_unknown	46	どちらも可	デジタル証明書がなんらかの問題によって受け入れられなかったことを表すレコード
illegal_parameter	47	Fatal	SSL ハンドシェイク中のパラメータが範囲外、または他フィールドと矛盾していて、不正であることを表すレコード
unknown_ca	48	Fatal	有効な CA 証明書がなかったり、一致する CA 証明書がないことを表すレコード
access_denied	49	Fatal	有効なデジタル証明書を受け取ったが、アクセスコントロールによって、ハンドシェイクが中止されたことを表すレコード
decode_error	50	Fatal	フィールドの値が範囲外だったり、メッセージの長さに異常があって、メッセージをデコードできないことを表すレコード
decrypt_error	51	Fatal	SSL ハンドシェイクの暗号化処理に失敗したことを表すレコード
export_restriction	60	Fatal	法令上の輸出制限に従っていないネゴシエーション
protocol_version	70	Fatal	SSL ハンドシェイクにおいて、対応するプロトコルバージョンがなかったことを表すレコード
insufficient_security	71	Fatal	クライアントが要求した暗号化方式が、サーバーが認める暗号化強度レベルに達していないことを表すレコード
internal_error	80	Fatal	SSL ハンドシェイクに関係ない内部的なエラーによって、SSL ハンドシェイクが失敗したことを表すレコード
user_canceled	90	どちらも可	ユーザーによって SSL ハンドシェイクがキャンセルされたことを表すレコード
no_renegotiation	100	Warning	再ネゴシエーションにおいて、セキュリティに関するパラメータが変更できなかったことを表すレコード
unsupported_extention	110	Fatal	サポートしていない拡張機能（Extention）を受け取ったことを表すレコード

表6.2.4 ● Alert Description

■ アプリケーションデータレコード

アプリケーションデータレコードは、その名のとおり、実際のアプリケーションデータ（メッセージ）が含まれるレコードです。SSL ハンドシェイクによって確定した共通鍵を使用して、暗号化されます。

プロトコルバージョン

プロトコルバージョンは、SSL レコードのバージョンを表す 2 バイト（16 ビット）のフィールドです。上位 1 バイト（8 ビット）がメジャーバージョン、下位 1 バイト（8 ビット）がマイナーバージョンを表していて、それぞれ次表のように定義されています。ちなみに、バージョンフィールドにおいて、TLS は SSL 3.0 のマイナーバージョンアップ的な扱いになっています。

プロトコルバージョン	メジャーバージョン（上位1バイト）	マイナーバージョン（下位1バイト）
SSL 2.0	2 (00000010)	0 (00000000)
SSL 3.0	3 (00000011)	0 (00000000)
TLS 1.0	3 (00000011)	1 (00000001)
TLS 1.1	3 (00000011)	2 (00000010)
TLS 1.2	3 (00000011)	3 (00000011)
TLS 1.3	3 (00000011)	3 (00000011) *

＊：TLS 1.3 は、下位互換性を考慮して TLS 1.2 と同じプロトコルバージョンを使用します。TLS 1.3 の識別には、Client Hello と Server Hello に含まれる「supported_versions」を使用します。

表6.2.5 ● プロトコルバージョン

SSL ペイロード長

SSL ペイロード長は、SSL ペイロードの長さをバイト単位で定義する 2 バイト（16 ビット）のフィールドです。理論上、最大で $2^{16} - 1$（65,535）バイトのレコードを扱うことができますが、TLS 1.2 を定義している RFC5246「The Transport Layer Security (TLS) Protocol Version 1.2」では、2^{14}（16,384）バイト以下になるように定義されています。ちなみに、アプリケーション層から受けとったデータが 16,384 バイトを超える場合は、2^{14}（16,384）バイトに分割（フラグメント）されて暗号化されます。

6.2.4　SSL の接続から切断までの流れ

ここまで、SSL がどのような技術を駆使し、どのようなフォーマットのレコードをやりとりするかを見てきました。ひとつひとつの技術が濃く、いろいろな SSL レコードもあって、すでにお腹一杯かもしれません。逆に言うと、これほど多くのことをしないと、いろいろなヒト、モノが 1 つにつながるインターネットでセキュリティを保てないとも言える

6-2 SSL/TLS

でしょう。

では、SSL がこれらの技術を組み合わせるために、どのようなパケットをやりとりするのか、接続から切断まで、全体的な流れを見ていきましょう。ここでは、Web ブラウザが、インターネットに公開されている Web サーバーに対して HTTPS でアクセスしたときの流れを、「**事前準備フェーズ**」「**SSL ハンドシェイクフェーズ**」「**メッセージ認証・暗号化フェーズ**」「**クローズフェーズ**」に分けて説明します。ちなみに、流れの中で、認証局の RSA 鍵や、Web サーバーの RSA 鍵、DH 鍵など、いろいろな種類の鍵が登場します。読んでいる途中で、頭の中が混乱する可能性があるため、誰がどのフェーズでどの鍵をどのようにしているか、ひとつひとつ整理しながら読み進めましょう。

■ 事前準備フェーズ

HTTPS の Web サーバーをインターネットに公開するとなったとき、Web サーバーを起動して、「はい、公開！！」というわけにはいきません。RSA 秘密鍵を作ったり、認証局からデジタル証明書を発行してもらったり、いろいろな事前準備が必要です。

① サーバー管理者は Web サーバーで RSA 秘密鍵と、それに対応する RSA 公開鍵を含む「**CSR（Certificate Signing Request）**」というファイルを作成します。RSA 秘密鍵は、「-----BEGIN RSA PRIVATE KEY-----」で始まり、「-----END RSA PRIVATE KEY-----」で終わるテキストファイルです。これまで何度も説明してきたとおり、RSA 秘密鍵は機密情報なので、大切に保管しなくてはなりません。

```
-----BEGIN RSA PRIVATE KEY-----
MIIEpAIBAAKCAQEA0TTHJRzkqYhalCHeBrqdoCTyxbRpG4Hq4zKolTovqoOCRF5z
MhHSYyKp13eJsh/HjWOUn0SH6oSugLUBWlZhFc6lUoiGck+aSEkJqAu1nzhd7bdO
Jk76zGpUI//LuilcHXvAfgKfMRbXi8NPHq+U6ZRAhUvRayLQrBb/qNyxKkOAe0fB
t0nioSM0UG3le0gLe92nBwf3ZEZym3YVjbRYLrB6Mf7y5hXtOloACBRUL1w4j8y1

euzr4fA9zNwaVS0EvxgdhQilULZZ+AcqeYvSl4UPmyfgq9A4ZrhD+r5qJazSfBUj
PyQsYKMCgYBJsONrPTk6Aejop9zyqI7QQKW4NVBdVctB0PMD9Plm/49F5+3Yfmbq
htGMDFqgoPVdiPHnD5Papa4Bfht6qsGcFGwKi2J9kQjtTFQ6q1Cq5JOAV1AQe9ab
MmZ1ckuF2e4TtONZ7o9P59o/05a5rtTuyJDHUjIbKzFRIEvN52S02Q==
-----END RSA PRIVATE KEY-----
```

図6.2.17 ● RSA秘密鍵

CSR は、認証局にデジタル署名をお願いするための申請書のようなものです。CSR を作成するときには、「**ディスティングイッシュネーム**」と呼ばれる Web サーバーの管理情報もあわせて入力します。ディスティングイッシュネームには、次表のような項目があります。

chapter 6

アプリケーション層

363

項目	情報	例
コモンネーム /SANs	Web サイトの URL（FQDN）	www.example.com
組織名（Organization）	Web サイトを運営する組織名	Example G.K.
部門名（Organizational Unit）	Web サイトを運営する部門・部署名	IT
市区町村郡名（Locality）	Web サイトを運営する組織の市区町村所在地	Kirishima-shi
都道府県名（State or Province）	Web サイトを運営する組織の都道府県所在地	Kagoshima
国名（Country）	Web サイトを運営する組織の国コード	JP

表6.2.6 ● ディスティングイッシュネーム

CSR は「-----BEGIN CERTIFICATE REQUEST-----」で始まり、「-----END CERTIFICATE REQUEST-----」で終わるテキストファイルです。CSR ができたら、そのテキストをコピーして、認証局の申請フォームの指定された部分にペーストして、申請します。

```
-----BEGIN CERTIFICATE REQUEST-----
MIICtjCCAZ4CAQAwcTELMAkGA1UEBhMCSIAxETAPBgNVBAgMCFRva3IvLXRvMRIw
EAYDVQQHDAINaW5hdG8ta3UxITAfBgNVBAoMGEIudGVybmV0IFdpZGdpdHMgUHR5
IEx0ZDEYMBYGA1UEAwwPd3d3LndIYjAxLmxvY2FsMIIBIjANBgkqhkiG9w0BAQEF
AAOCAQ8AMIIBCgKCAQEA0TTHJRzkqYhaICHeBrqdoCTyxbRpG4Hq4zKoITovqoOC
```

```
N7tP8jUbBcY59CdfSoCh4q1GErvC14aXA3u8jddH/r9b1KoA7L1v4q2xnffe7mKm
BWGYbBS/S1estKUW7PKMIJQIgQjSVpKwNVmXMB7LTH2NKLYYNGf4YPzdvdaFYILb
P93UAX9S3BHqMUiVo9uyNA2fsWX/VM4aRMCJUmIS3+d0Ng4X16nZHmMx5WN7bAMq
wIj7zeVeu1RAwDLpATJoYlBK7nLinHPu7HA=
-----END CERTIFICATE REQUEST-----
```

図6.2.18 ● CSR（Certificate Signing Request）

(2) 認証局が申請元の身元を審査します。確認する内容は、申請する認証局やデジタル証明書の種類[1] にもよりますが、具体的には、ドメインの管理者にメールしてドメイン名の使用状況を確認したり、直接管理者に電話をして実在性を確認したりします。いくつかの確認ステップを経ると、晴れてデジタル署名が付与されたデジタル証明書が「**サーバー証明書**」として発行されます。サーバー証明書は「-----BEGIN CERTIFICATE-----」で始まり、「-----END CERTIFICATE-----」で終わるテキストファイルです。

[1]：サーバー証明書には、ドメイン認証を行う「DV 証明書」、ドメイン認証＋企業認証を行う「OV 証明書」、ドメイン認証＋企業認証に加えて、さらに踏み込んだ認証を行う「EV 証明書」があります。

```
-----BEGIN CERTIFICATE-----
MIIFKjCCBBKgAwIBAgIQZe7XJ1acMbhu6KtWUZreaTANBgkqhkiG9w0BAQsFADCBvDELMAkGA1UE
BhMCSIAxHTAbBgNVBAoTFFN5bWFudGVjIEphcGFuLCBJbmMuMS8wLQYDVQQLEyZGb3IgVGVzdCBQ
dXJwb3NlcyBPbmx5LiBObyBhc3N1cmFuY2VzLjE7MDkGA1UECxMyVGVybXMgb2YgdXNlIGF0IGh0
dHBzOi8vd3d3LnN5bWF1dGguY29tL3Nwcy90ZXN0Y2ExDAeBgNVBAMTF1RyaWFsIFNTTCBKYXBh
…
M0Qk7HS+Pcg5kFq992971F7vjYT0lDqxSL1Ar3YbepYoTMO6alfa7jBf3VkiLLKGcRPSJUCRzlSu
/vf8E4GsCR2kWozN5ApOmD26gu6Qd5hSwcDvc5D2cMF7z6SB/r7zX1ujAavNo7QIhoeBXPyqyapt
4Xeq0lrWSEZ4e8rP5fq68g3mCwjjGrFQYvrHg82rM31TYCJTU75O3ZAzKbWUQxszkQnWEraz11Sx
lKFeV+4nfZdeUut2wMac9v/LCDrhHSekuyXSweKOjlS9/3xHMof0BmVUUjWDYsFsLT9d7L44+CPi
w4U3Po2NTSSuMN0jH9ts
-----END CERTIFICATE-------
```

図6.2.19 ● サーバー証明書

③ ①で作成した RSA 秘密鍵と、②で発行されたサーバー証明書を Web サーバーにインストールします。また、あわせて、「**中間証明書（中間 CA 証明書、チェーン証明書）**」という、サーバー証明書を発行した認証局の証明書をインストールします。ここで、中間証明書についても軽く触れておきましょう。

認証局はたくさんのデジタル証明書を管理するために、「**ルート認証局**」と「**中間認証局**」という 2 種類の認証局で構成された階層構造になっています。

ルート認証局は、階層構造の最上位に位置する認証局で、「**ルート証明書（ルート CA 証明書）**」を発行している認証局です。ルート証明書は、OS や Web ブラウザにバンドルされていて、たとえば、Windows 11 の場合、証明書マネージャーツール（certmgr.msc）の「信頼されたルート証明機関」-「証明書」をクリックすると確認できます。ルート証明書は、ルート認証局自身の秘密鍵でデジタル署名されています。つまり自分で自分を認証しています。

図6.2.20 ● Windows 11にバンドルされているルート証明書

中間認証局は、ルート認証局の下位に位置する認証局で、サーバーにインストールするサーバー証明書を発行する認証局です。 つまり、これまで説明してきた認証局は、この中間認証局を意味します。中間認証局は、ルート認証局と違って、上位のルート

認証局から認証を受ける必要があります。中間認証局が上位認証局の秘密鍵でデジタル署名を受け、発行してもらったデジタル証明書が中間証明書です。Web サーバーにサーバー証明書と中間証明書をインストールすることによって、ルート証明書とサーバー証明書の信頼の連鎖をつなぐことができ、Web ブラウザはそれをもとに証明書の階層を正しく辿ることができます。

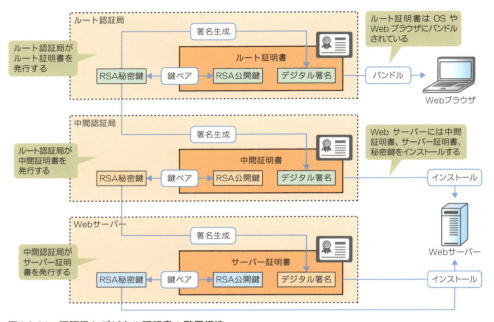

図6.2.21 ● 認証局とデジタル証明書の階層構造

たとえば、X（旧 Twitter）のサーバー証明書は、Google Chrome の証明書ビューアで見ると、次図のような階層構造になっていることがわかります。

図6.2.22 ● X（旧Twitter）のサーバー証明書階層

366

■SSLハンドシェイクフェーズ

　RSA秘密鍵とデジタル証明書（サーバー証明書、中間証明書）のインストールが終わったら、いよいよWebブラウザからSSL接続を受け付けることができます。SSLは、いきなりアプリケーションデータ（メッセージ）を暗号化して送りつけるわけではありません。SSLには、アプリケーションデータを暗号化する前に、サーバーを認証したり、鍵交換したりする「**SSLハンドシェイク**」という処理があります。

　ハンドシェイクといえば、TCPにも接続に使用する3ウェイハンドシェイク（SYN→SYN/ACK→ACK）と、切断に使用する4ウェイハンドシェイク（FIN/ACK→ACK→FIN/ACK→ACK）、3ウェイハンドシェイク（FIN/ACK→FIN/ACK→ACK）がありましたが、それとはまったく別物です。SSLは、TCPの3ウェイハンドシェイクでTCPコネクションをオープンしたあと、ハンドシェイクレコードを利用してSSLハンドシェイクを行い、そこで決めた情報をもとにメッセージを暗号化します。

　では、SSLハンドシェイクでやりとりされるパケットを見ていきましょう。やりとりされるパケットは、使用されるアルゴリズムによって若干異なります。そこで、ここからは、暗号化アルゴリズムに「AES-GCM」、鍵交換アルゴリズムに「DHE」、デジタル署名アルゴリズムに「RSA署名」、メッセージ認証は「AEAD（AES-GCM）」が使用される場合を例に説明します。

(1) 　WebブラウザはTCPコネクションをオープンしたあと、自分が対応している機能やそれに関する仕様を「**Client Hello**」に格納して、送信します。一言で「認証する」「暗号化する」といっても、いろいろな種類のアルゴリズムがあります。そこで、Webブラウザは自分が対応している暗号化アルゴリズム、鍵交換アルゴリズム、デジタル署名アルゴリズム、メッセージ認証アルゴリズムの組み合わせ（暗号スイート）をリストとして提示します。また、ほかにも「client random」と呼ばれるランダムな文字列や、対応しているSSLやHTTPのバージョンなど、Webサーバーと合わせておかないといけない設定や拡張機能（次表参照）を伝えます。

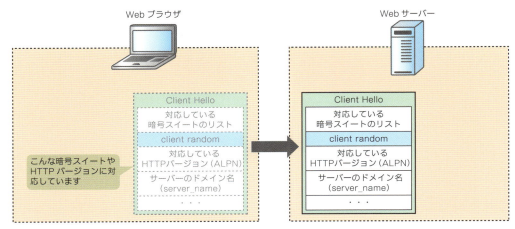

図6.2.23 ● Client Hello

タイプコード	拡張機能	意味
0	server_name	サーバーのドメイン名（FQDN）を格納する。1つのIPアドレスで、複数のHTTPSサーバーを運用するときに、この値を見て、処理すべきHTTPSサーバーを識別する
16	application_layer_protocol_negotiation	対応しているアプリケーション層プロトコルの一覧を格納する。p.318で説明したHTTP/2接続のSSLハンドシェイクパターンで使用する
23	extended_master_secret	拡張マスターシークレット（RFC7627）に対応していることを示す
43	supported_versions	TLS 1.3において、対応しているTLSバージョンの一覧を格納する

表6.2.7 ● 代表的な拡張機能フィールド

(2) Webサーバーは、Client Helloに含まれる情報と自身の設定を突き合わせ、確定した（使うことになった）情報を「Server Hello」に格納して送信します。

Webブラウザがどんなにいろいろな暗号スイートに対応していたとしても、使用できるのは1つだけです。WebサーバーはClient Helloに含まれている暗号スイートのリストと自身に設定されている暗号スイートのリストを突き合わせ、マッチした暗号スイートの中で最も優先度が高い（リストの最上位にある）暗号スイートを選択します。また、SSLやHTTPのバージョンについても同じように、自身の設定と突き合わせ、適切なバージョンを選択します。そして、それら選択結果を「**server random**」と呼ばれるランダムな文字列や、そのほかのWebブラウザと合わせておかないといけない拡張機能とともに伝えて、以降に使用する機能や仕様を確定させます。

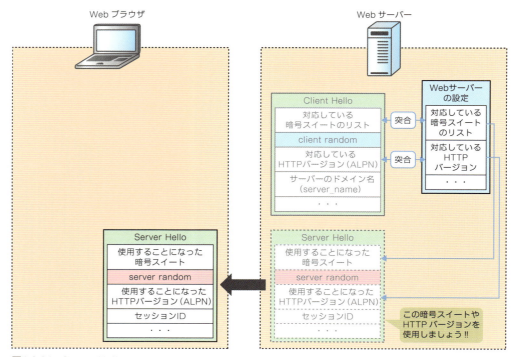

図6.2.24 ● Server Hello

③ Webサーバーは、インストールされているサーバー証明書と中間証明書を「**Certificate**」に格納して送信します。

　Webブラウザは、サーバー証明書のデジタル署名を中間証明書に含まれるRSA公開鍵で、中間証明書のデジタル署名をルート証明書に含まれるRSA公開鍵で検証することによって、デジタル証明書の階層構造を辿り、「サーバー証明書と中間証明書が途中で改ざんされていないこと」や、「Webサーバーが認証局によって信頼されたサーバーであること」を確認します。また、アクセス先のドメイン名がサーバー証明書に含まれるドメイン名と一致していることを確認します。

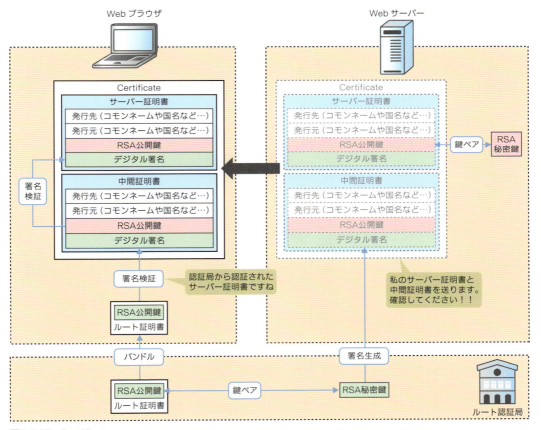

図6.2.25 ● Certificate

④ Webサーバーは、DHEで使用する素数や生成元、DH公開鍵、そしてWebサーバーのRSA秘密鍵によって署名されたDH公開鍵のデジタル署名を「**Server Key Exchange**」に格納して送信します。

⑤ Webサーバーは「**Server Hello Done**」で自分の情報を送り終わったことを伝えます。

⑥ Server Key Exchange を受け取った Web ブラウザは、Certificate に含まれていた RSA 公開鍵でデジタル署名を検証し、「DH 公開鍵が改ざんされていないこと」や「ペアとなる RSA 秘密鍵を持っている相手であること」を確認します。また、Server Key Exchange に含まれていた素数、生成元、Web サーバーの DH 公開鍵、自分の DH 秘密鍵から「**プリマスターシークレット**」という名前の共通鍵を作ります。

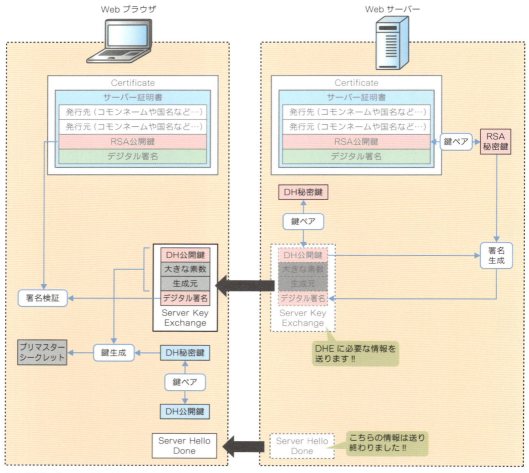

図6.2.26 ● Server Key Exchange ～ Server Hello Done

⑦ Web ブラウザは、自分の DH 公開鍵を「Client Key Exchange」に格納して送信します。

⑧ Client Key Exchange を受け取った Web サーバーは、素数、生成元、Web ブラウザの DH 公開鍵、自分の DH 秘密鍵から同じくプリマスターシークレットを作ります。これで同じプリマスターシークレットを共有することができました。ただ、SSL ではこのプリマスターシークレットをそのまま使用するわけではありません。

まず、これまでやりとりした SSL ハンドシェイクメッセージのハッシュ値（セッションハッシュ）とあわせて、「**PRF**（Pseudo Random Function、擬似乱数関数）」というハッシュアルゴリズムをベースにした特殊な計算を施すことによって「**マスターシークレット**」を作ります[*1]。そして、そこからさらに Client Hello に含まれている client random や Server Hello に含まれている server random とあわせて、PRF で計算し、アプリケーションデータの暗号化・復号に使用する複数の共通鍵（セッションキー）を作ります[*2]。

[*1]：拡張マスターシークレットが有効な場合を例に説明しています。
[*2]：使用する暗号化アルゴリズムが AEAD ではない場合は、MAC 鍵もあわせて作ります。

⑨ 最後に、お互いに「**Change Cipher Spec**」と「**Finished**」を交換しあって、SSL ハンドシェイクを終了します。

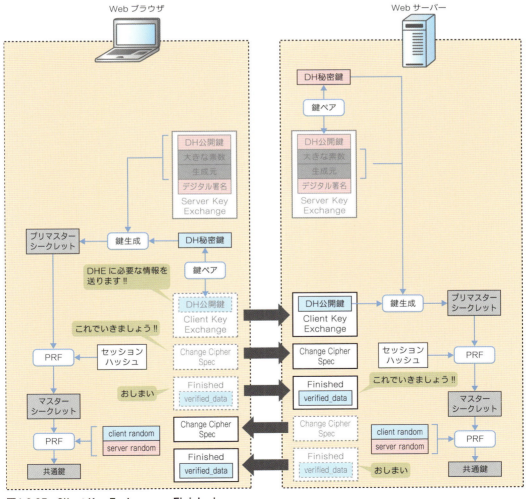

図6.2.27 ● Client Key Exchange ～ Finished

Change Cipher Spec は、ここまでの SSL ハンドシェイクで決めた内容を確定するメッセージです。「よし、じゃあ、これでいきましょう！！」的な感じです。この次のメッセージから、つまり Finished から暗号化通信が始まります。
Finished は、SSL ハンドシェイクの終わりを表すメッセージです。これまでやりとりしたメッセージをハッシュ化し、「verified_data」に格納します。このやりとりが終了すると「**SSL セッション**」ができあがり、アプリケーションデータの暗号化通信のための下地づくりができます。

■ メッセージ認証・交換フェーズ

SSL ハンドシェイクが終わったら、いよいよアプリケーションデータの暗号化通信の始まりです。AES-GCM は AEAD なので、そのときメッセージ認証もあわせて行います。

(1) Web ブラウザは、平文データ（暗号化されていないデータ）やナンス（一意な乱数）、関連データ（暗号化は必要ないけれど改ざんされてはいけないデータ。ヘッダーなど）を、SSL ハンドシェイクで作った共通鍵で認証付き暗号化し、暗号化データとメッセージ認証に使用する認証タグを生成します。そして、暗号化データ、認証タグ、ナンス、関連データをまとめて送信します。

(2) Web サーバーは、受け取った暗号化データ、ナンス、関連データ、そして共通鍵で認証タグを生成し、受け取った認証タグと比較します。認証タグが同じだったら、そのデータが途中で改ざんされていないことがわかります。つまりメッセージ認証完了です。メッセージ認証に成功したら、SSL ハンドシェイクで作った共通鍵で平文データに復号します。

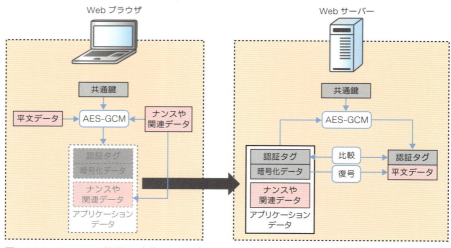

図6.2.28 ● メッセージ認証・交換フェーズ

■ **SSL セッション再利用**

これまで見てきたとおり、SSL ハンドシェイクは、サーバー証明書を送ったり、公開鍵を送ったりと、処理にやたらと時間がかかります。そこで、SSL には、初回の SSL ハンドシェイクで生成したセッション情報をキャッシュし、2 回目以降に使い回す「**SSL セッション再利用**（SSL セッションリザンプション）」という機能があります。SSL セッション再利用を使用すると、Certificate や Client Key Exchange など、一部の処理が省略されるため、SSL ハンドシェイクにかかる時間を大幅に削減できます。また、あわせてそれにかかる処理負荷も軽減できます。

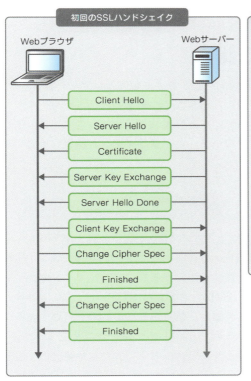
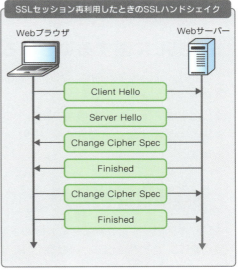

図6.2.29 ● SSLセッション再利用

■ **クローズフェーズ**

アプリケーションデータをやりとりし終わったら、オープンしたSSLセッションをクローズします。クローズするときは、Web ブラウザかサーバーかを問わず、クローズしたい側が「**close_notify**」を送出します。そのあと、TCP コネクションをクローズします。

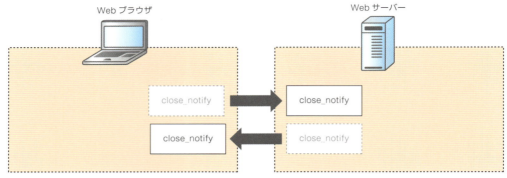

図6.2.30 • SSLセッションのクローズ

6.2.5　SSLに関するいろいろな機能

　SSLは、通信相手を認証したり、通信を暗号化したりする技術として広く普及しており、その重要性はより一層増しています。こうした背景から、単なる認証・暗号化のプロトコルにとどまらず、多彩な機能を持つプロトコルへと発展しています。ここでは、その中でも実務の現場でよく見聞きする「**SSLオフロード**」と「**クライアント認証**」について説明します。

■ SSLオフロード

　SSLオフロードは、負荷分散装置のオプション機能のひとつで、これまでサーバーで行っていたSSLの処理を負荷分散装置で行う機能です。これまで説明してきたとおり、SSLは認証したり、暗号化したり、サーバーに処理負荷がかかるプロトコルです。その処理を負荷分散装置が肩代わりします。クライアントはいつもどおりHTTPSでリクエストを行います。そのリクエストを受け取った負荷分散装置は、自身がSSLの処理を行い、負荷分散対象サーバーにはHTTPとして渡します。サーバーはSSLの処理をしなくてよくなるため、処理負荷が劇的に軽減します。結果として、システムレベルで大きな負荷分散を図ることができます。

図6.2.32 • SSLオフロード機能

■ クライアント認証

　SSLには、クライアント（Webブラウザ）がサーバー（Webサーバー）を認証する**「サーバー認証」**と、サーバーがクライアントを認証する**「クライアント認証」**という、2種類の認証の仕組みが用意されています。サーバー認証はこれまで説明してきたとおりです。クライアントは、サーバー証明書を利用して、サーバーを認証します。それに対して、クライアント認証は、サーバーがクライアントにインストールされている**「クライアント証明書」**を利用して、クライアントを認証します。

　クライアント認証のSSLハンドシェイクは、これまで説明してきたサーバー認証のSSLハンドシェイクに、クライアント証明書を要求する「**Certificate Request**」、クライアント証明書を送信する「**Certificate**（Client Certificate）」、ここまでのSSLハンドシェイクが改ざんされていないかを検証する「**Certificate Verify**」という3つのステップが追加されています。

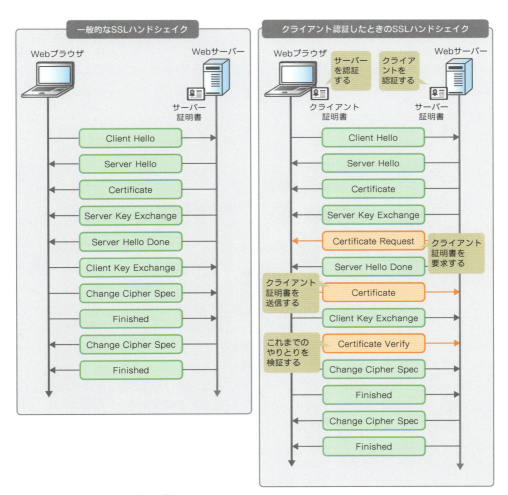

図6.2.31 ● クライアント認証の流れ

6-3 DNS

　DNS（Domain Name System）は、IP アドレスとドメイン名を相互に変換するプロトコルです。インターネットでは、端末を識別するために IP アドレスを使用しています。しかし、IP アドレスは数字の羅列なので、それだけを見ても、いったい何に使われているのか、何を表しているのか、わかりようがありません。そこで、DNS は IP アドレスに「**ドメイン名**」という名前を付けて、人間にとってわかりやすい形で通信を行えるようにしています。たとえば、皆さんが普段利用している Google の Web サーバーには「172.217.175.4[*1]」というパブリック IPv4 アドレスが割り当てられています。しかし、このアドレスが Google の Web サーバーのものだと記憶して、間違えずに使うことはまず無理でしょう。そこで、DNS では、この IPv4 アドレスに「www.google.com」というドメイン名を付けています。この文字列を見れば、Google という会社の Web サーバー（World Wide Web サーバー）であることがわかります。

　実際に Web ブラウザで Google の Web サイトにアクセスするときには、まず Web ブラウザが DNS サーバーに対して、www.google.com に割り当てられている IP アドレスを問い合わせ、回答された IP アドレスに対して HTTPS でアクセスしています。

[*1]：他にも「216.58.220.132」や「172.217.31.132」など複数のグローバル IPv4 アドレスが割り当てられています。ここでは、話をわかりやすくするために、そのうちのひとつを記載しています。

図6.3.1 ● DNS でドメイン名に紐づく IP アドレスを調べる

　DNS は、RFC1034「DOMAIN NAMES - CONCEPTS AND FACILITIES」と RFC1035「DOMAIN NAMES - IMPLEMENTATION AND SPECIFICATION」で標準化されています[*1]。RFC1034 では基本的な構成要素やその役割など、DNS の概念と機能をざっくり定義されています。RFC1035 ではドメイン名に関するいろいろなルールやメッセージフォーマットなど、実装と仕様を細かく定義されています。

[*1]：RFC1034 と RFC1035 は、あくまで DNS の基本となる部分を定めたものです。DNS はその後、たくさんの RFC によって何度もアップデートされています。

6.3.1 ドメイン名

ドメイン名は、「www.example.co.jp」のようにドットで区切られた文字列で構成されています。この一つひとつの文字列のことを「**ラベル**」といいます。ドメイン名は別名「**FQDN**（Fully Qualified Domain Name、完全修飾ドメイン名）」と呼ばれ、「**ホスト部**」と「**ドメイン部**」で構成されています。ホスト部は FQDN の最も左側にあるラベルで、コンピューターそのものを表します。ドメイン部は右から順に「ルート」「トップレベルドメイン（TLD、Top Level Domain）」「第 2 レベルドメイン（2LD、2nd Level Domain）」「第 3 レベルドメイン（3LD、3rd Level Domain）」……で構成されていて、国や組織、企業などを表します。また、右端のルートは「.（ドット）」で表され、通常は省略されます。

トップレベルドメインには、地域ごとに割り当てられている「**ccTLD**（country code Top Level Domain、国別コードトップレベルドメイン）」と、特定の領域・分野に割り当てられている「**gTLD**（generic Top Level Domain、分野別トップレベルドメイン）」の 2 種類があります。たとえば、一般的に見聞きすることが多い「jp」は日本を表す ccTLD です。また、「com」は商用サイトを表す gTLD です。以降、第 2 レベルドメイン、第 3 レベルドメイン……と左に向かって、各ドメインの配下で管理されるドメイン（サブドメイン）であることを表します。つまり、第 2 レベルドメインはトップレベルドメインのサブドメインであり、第 3 レベルドメインは第 2 レベルドメインのサブドメインとなります。

ドメイン名はルートを頂点として、トップレベルドメイン、第 2 レベルドメイン、第 3 レベルドメイン……と枝分かれするツリー状の階層構造になっていて、右から順にラベルを追っていくと、最終的に対象となるサーバーまでたどり着けるようになっています。このドメイン名によって構成されるツリー状の階層構造のことを「**ドメインツリー**」といいます。

ドメインの種類	ドメイン	用途
ccTLD （国別コードトップレベルドメイン）	jp	日本を意味するドメイン
	us	アメリカを意味するドメイン
	uk	イギリスを意味するドメイン
	fr	フランスを意味するドメイン
	de	ドイツを意味するドメイン
	au	オーストラリアを意味するドメイン
gTLD （分野別コードトップレベルドメイン）	com	商用サイト・商用組織向けのドメイン
	net	ネットワークに関するサービス・組織向けのドメイン
	org	非営利組織向けのドメイン
	app	アプリケーションに関するサービス向けのドメイン
	cloud	クラウドに関するサービス向けのドメイン
	blog	ブログに関するサービス向けのドメイン

表6.3.1 ● 代表的なTLD

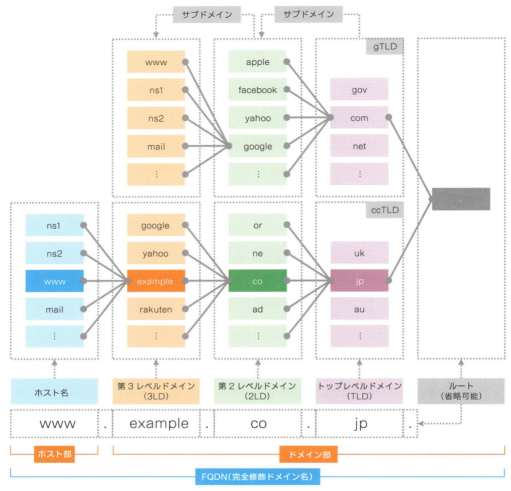

図6.3.2 ● ドメインツリー

6.3.2 名前解決

　　　　ドメイン名とIPアドレスを相互に変換する処理のことを「**名前解決**」といいます。名前解決は「**hosts ファイル**」「**DNS キャッシュ**」「**DNS サーバー**」を使用して行われます。名前解決の具体的な処理の流れは、使用するOSやWebブラウザによって微妙に異なります。たとえば、Windows OSの場合、まずhostsファイルに設定した内容がDNSキャッシュに書き込まれます。そして、名前解決するときは、先にDNSキャッシュを参照し、目的の情報がなければ、DNSサーバーに問い合わせます。問い合わせた結果は、DNSキャッシュに格納されて、同じFQDNにアクセスするときに再利用します。

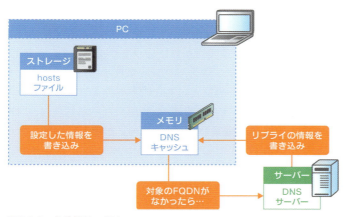

図6.3.3 ● 名前解決の流れ

hosts ファイル

　hosts ファイルとは、IP アドレスとドメイン名の組み合わせが記載されているテキストファイルのことです。Windows OS であれば「C:\Windows\System32\drivers\etc\hosts」、macOS や Linux OS であれば「/etc/hosts」にあります。管理者権限でこのファイルにドメイン名と IP アドレスを追記し、DNS キャッシュを消去すると、DNS サーバーに問い合わせすることなく、目的のサーバーにアクセスできるようになります。hosts ファイルは、開発環境にアクセスするとき[1]や DNS サーバーのトラブルシューティング[2]などに使用します。

[1]：開発環境のドメイン名と IP アドレスを設定しておくと、DNS サーバーを使用することなく、開発環境にアクセスできます。
[2]：名前解決に失敗しているときに、特定のドメイン名と IP アドレスを設定して、DNS サーバーに原因があるかどうかを見極めます。

DNS キャッシュ

　DNS キャッシュとは、DNS サーバーから受け取った情報を一時的に保持する仕組み、あるいはメモリ上の領域のことです。名前解決は、HTTP や HTTPS のリクエストに先立って行われる重要な処理です。この処理が早く終われば終わるほど、後続の処理に早く進むことができ、その分だけユーザーの待ち時間が短縮されます。OS、あるいは Web ブラウザは、DNS サーバーから情報を受け取ると、その情報を一時的に保持（キャッシュ）し、次に同じドメインに対するリクエストするときに再利用します。これにより、名前解決の高速化や DNS トラフィックの抑制を図ることができます。
　DNS キャッシュは、Windows OS の場合、ターミナルやコマンドプロンプトで「ipconfig /displaydns」と入力すると見ることができ、「ipconfig /flushdns」と入力すると消去（フラッシュ）できます。また、Firefox[1]の場合、URL バーに「about:networking#dns」を入力すると見ることができ、「DNS キャッシュを消去」をクリックすると消去できます。

[1]：バージョン 129.0.2 で確認。

■ DNS サーバー

　もともと名前解決には、hosts ファイルを使用した方法しかありませんでした。しかし、この方法は、インターネットに接続する端末が増えたり減ったりするたびに hosts ファイルを更新する必要があり、インターネットの発展とともに限界を迎えました。そこで、新たに生まれた仕組みが DNS による名前解決です。DNS を使用した名前解決は、「**DNS クライアント**」「**キャッシュ DNS サーバー**」「**権威 DNS サーバー**」が相互に連携し合うことによって成り立っています。

■ DNS クライアント（別名：スタブリゾルバー）

　DNS クライアントは、DNS サーバーに名前解決を要求する端末やソフトウェアのことです。Web ブラウザやメールソフト、Windows OS の「nslookup コマンド」、Linux OS/macOS の「dig コマンド」などのような名前解決コマンドがこれに当たります。
DNS クライアントは、キャッシュ DNS サーバーに DNS リクエスト[1]（**再帰クエリ**）を送信し、名前解決を要求します。また、キャッシュ DNS サーバーから受け取ったレスポンス（DNS リプライ）の結果を一定時間[2]キャッシュしておき、同じドメイン名に対する名前解決があったときに再利用します。

＊1：DNS リクエストのことを「DNS クエリ」とも言います。
＊2：キャッシュ時間は、リソースレコード（p.382）に含まれる TTL の値によって異なります。TTL の時間が経過すると、該当するリソースレコードが消去されます。

■ キャッシュ DNS サーバー（別名：フルサービスリゾルバー、参照サーバー）

　キャッシュ DNS サーバーは、DNS クライアントからの再帰クエリを受け付け、インターネット上にある権威 DNS サーバーに DNS リクエスト（**反復クエリ**）を送信する DNS サーバーです。DNS クライアントがインターネット上に公開されているサーバーにアクセスするときに使用します。
　キャッシュ DNS サーバーも DNS クライアントと同じように、権威 DNS サーバーから受け取ったレスポンス（DNS リプライ）の結果を一定時間[1]キャッシュしておき、同じドメイン名に対する名前解決があったときに再利用します。

＊1：キャッシュ時間は、リソースレコード（p.382）に含まれる TTL の値によって異なります。TTL の時間が経過すると、該当するリソースレコードが消去されます。

■ 権威 DNS サーバー（別名：コンテンツサーバー、ゾーンサーバー）

　権威 DNS サーバーは、自分が管理するドメインに関して、キャッシュ DNS サーバーからの反復クエリを受け付ける DNS サーバーです。自分が管理するドメインの範囲（ゾーン）に関する各種情報（ドメイン名や IP アドレス、制御情報など）を「**ゾーンファイル**」というデータベースに、「**リソースレコード**」という形で保持しています。

インターネット上の権威 DNS サーバーは、「**ルートサーバー**」と呼ばれる親分サーバーを頂点としたツリー状の階層構造になっています。ルートサーバーは、トップレベルドメインのゾーンの管理を、トップレベルドメインの権威 DNS サーバーに委任します（任せます）。また、トップレベルドメインの権威サーバーは、第 2 レベルドメインのゾーンの管理を、第 2 レベルドメインの権威サーバーに委任します。以降、第 3 レベルドメイン、第 4 レベルドメイン、……と委任関係は続きます。

DNS クライアントから再帰クエリを受け付けたキャッシュ DNS サーバーは、受け取ったドメイン名を右のラベルから順に検索していき、そのゾーンを管理する権威 DNS サーバーにどんどん反復クエリを実行していきます。最後までたどり着いたら、その権威 DNS サーバーにドメイン名に対応する IP アドレスを教えてもらいます。

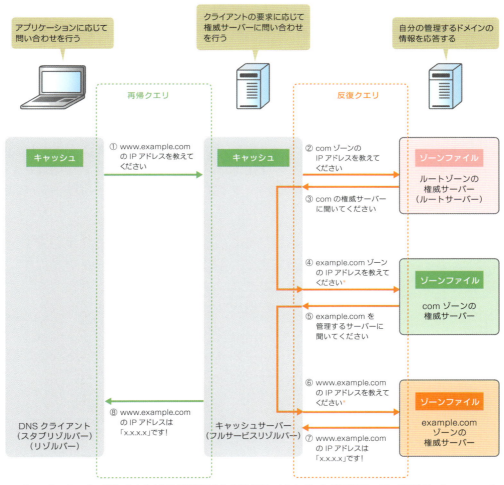

＊：キャッシュサーバーで問い合わせ内容を最低限にする「QNAME minimisation」が無効になっている場合は、「www.example.com」の IP アドレスを問い合わせます。

図6.3.4 ● 再帰クエリと反復クエリ

> **NOTE**
>
> ## DNSサーバー
>
> 「DNSサーバー」という言葉は、キャッシュDNSサーバーを指す場合もあれば、権威DNSサーバーを指す場合もありますし、両方をまとめて指すこともあります。文脈によって意味が異なるため、どの意味で使われているかを注意して読み取ることが大切です。また、本文にも記載したとおり、キャッシュDNSサーバーや権威DNSサーバーには別名がいくつもあり、人によって呼び方が異なります。会話するときは、そのあたりを意識しながら理解すると、スムーズにコミュニケーションを取ることができるでしょう。

■ ゾーンファイルとリソースレコード

権威サーバーは、自分が管理するドメイン名の範囲（ゾーン）に関する情報を「ゾーンファイル」という名前のデータベース（ファイル）で管理しています。 ゾーンファイルには、管理的な情報を表すSOAレコードや、ドメイン名とIPv4アドレスを関連づけるAレコードなど、数タイプのリソースレコードが格納されていて、権威サーバーはその情報をもとに応答します。

各リソースレコードは対象となるドメイン名を表す「**ドメイン名**」、レコードの生存時間（キャッシュされる時間）を表す「**TTL**（Time To Live）」、ネットワークの種類を表す「**クラス**」、リソースレコードの種類を表す「**タイプ**」、リソースレコードのデータが格納される「**データ**」で構成されています。

図6.3.5 ● ゾーンファイルの例

構成要素	例	説明
ドメイン名	www	対象となるドメイン名。「.」で終わっていない場合は、「$ORIGIN」で指定されたドメイン名によって補完される。「@」の場合は、「$ORIGIN」そのもの（通常はゾーンの名前）を表す。省略されている場合は、直前の行のドメイン名を引き継ぐ
TTL		リソースレコードの生存時間（キャッシュされる時間）。省略されている場合は、「$TTL」で指定された値が適用される
クラス	IN	ネットワークの種類。インターネットを表す「IN」が格納される
タイプ	A	リソースレコードの種類。次表参照
データ	10.1.3.12	リソースレコードのデータ。格納される情報はタイプによって異なる。

表6.3.2 ● リソースレコードの構成要素

リソースレコード	内容
SOA レコード	ゾーンの管理的な情報が記述されたタイプ。最初のリソースレコードとして記述される
A レコード	ドメイン名に対応する IPv4 アドレスが記述されたリソースレコード
AAAA レコード	ドメイン名に対応する IPv6 アドレスが記述されたリソースレコード
NS レコード	ドメインを管理している DNS サーバー、あるいは管理を委任している DNS サーバーが記述されたリソースレコード
PTR レコード	IPv4/IPv6 アドレスに対応するドメイン名が記述されたリソースレコード
MX レコード	メールの届け先となるメールサーバーが記述されたリソースレコード
CNAME レコード	ホスト名の別名が記述されたリソースレコード
DS レコード	そのゾーンで使用される公開鍵のダイジェスト値が記述されたレコード。DNSSEC で使用
NSEC3 レコード	リソースレコードを整列するために使用するレコード。DNSSEC で使用
RRSIG レコード	リソースレコードに対する署名が記述されたレコード。DNSSEC で使用
TXT レコード	コメントが記述されたリソースレコード
HTTPS レコード	HTTPS で通信するときに必要な情報が記述されたレコード

表6.3.3 ● 代表的なリソースレコード

■ DNS サーバーの冗長化

　DNS による名前解決は、Web アクセスやメール送信に先立って行われる重要な処理です。名前解決に失敗してしまったら、目的の Web サイトにアクセスすることができませんし、メールを送ることもできません。そこで、DNS サーバーは 1 台で運用するのではなく、複数台で運用することが多いでしょう。

　キャッシュ DNS サーバーと権威 DNS サーバーで冗長化の仕組みが大きく異なりますので、それぞれ説明します。

■ キャッシュ DNS サーバーの冗長化

　p.380 で説明したとおり、キャッシュ DNS サーバーは、権威 DNS サーバーから受け取った名前解決の情報をキャッシュしています。この情報はあくまで一時的に保持するキャッシュでしかないので、サーバー間で同期する必要はありません。そのため、キャッシュ

DNSサーバーの冗長化は、キャッシュDNSサーバー側で何か設定するわけではなく、DNSクライアントに「優先DNSサーバー」と「代替DNSサーバー」を設定しておきます。はじめに優先DNSサーバーに再帰クエリを投げ、応答がなかったら代替DNSサーバーに投げます。

■ 権威サーバーの冗長化

　権威DNSサーバーは、自分が管理するドメイン（ゾーン）に関する情報をゾーンファイルとし保持している重要なサーバーです。大本のゾーンファイルを持つ「**プライマリー権威DNSサーバー**」と、そのコピーを受け取る「**セカンダリー権威DNSサーバー**」で運用し、絶えず同じゾーンファイルを保持する必要があります。同じゾーンファイルを保持するために、プライマリーDNSサーバーからセカンダリーDNSサーバーに対して、ゾーンファイルをコピーする処理のことを「**ゾーン転送**」といいます。ゾーン転送は、定期的に、あるいは任意のタイミングで実行されます。

　プライマリー権威DNSサーバーとセカンダリー権威DNSサーバーの配置は、インフラ設計によりますが、最近はプライマリー権威DNSサーバーをインターネットから隠す「**Hidden Primary構成**」にすることが多いでしょう。プライマリー権威DNSサーバーは、LANに配置し、インターネットに公開しません。反復クエリを受け付けず、ゾーンの管理に徹します。それに対して、セカンダリー権威DNSサーバーは、DMZに複数台配置し、反復クエリを受け付けます。

　ちなみに、上位のDNSサーバーには、すべてのセカンダリー権威DNSサーバーの情報

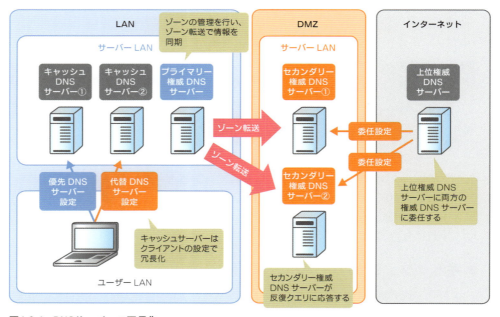

図6.3.6 ● DNSサーバーの冗長化

を登録し、委任の設定を行います。この設定により、すべてのセカンダリー権威 DNS サーバーに反復クエリが飛んできますが、結果として同じ情報が返ります。たとえ 1 台のセカンダリー権威 DNS サーバーが応答しなくなったとしても、他のセカンダリー権威 DNS サーバーが応答することによって、冗長性を確保します。

6.3.3 DNS のメッセージフォーマット

　DNS は、名前解決とゾーン転送とで異なるレイヤー 4 プロトコルを使用します。
　名前解決は、Web アクセスやメール送信など、アプリケーション通信に先立って行われます。この処理で時間がかかってしまうと、その後のアプリケーション通信もずるずる遅れてしまいます。そこで、名前解決は UDP の 53 番を使用して、処理速度を優先します[*1]。一方、ゾーン転送は自ドメインのすべてを管理するゾーンファイルをやりとりします。このファイルが欠けたり、なくなったりしたら、ドメイン全体を管理できなくなり、サービスに大きな影響が出ます。そこで、ゾーン転送は TCP の 53 番を使用して、信頼性を優先します。
　DNS メッセージは「**Header セクション**」「**Question セクション**」「**Answer セクション**」「**Authority セクション**」「**Additional セクション**」という 5 つのセクションで構成されています。このうち、Answer セクション、Authority セクション、Additional セクションは、メッセージの内容によって、あったりなかったりします。

[*1]：名前解決でも、メッセージサイズが大きいときは TCP を使用します。本書は入門書ということで、最も一般的な使われ方について説明しています。

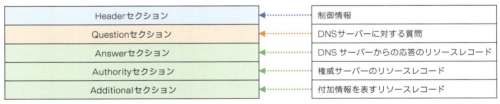

図6.3.7 ● DNSのメッセージフォーマット

6.3.4 DNS を利用した機能

　これまで説明してきたとおり、DNS は HTTP パケットや HTTPS パケット、メールパケットの行き先を決定する、非常な重要な役割を担っています。ここでは、それを応用した拡張技術をいくつか紹介します。

DNS ラウンドロビン

DNS ラウンドロビンは、DNS を利用したサーバー負荷分散技術です。権威サーバーで、ひとつのドメイン名（FQDN）に複数の IP アドレスを登録しておくと、DNS クエリ（反復クエリ）を受け取るたびに、順番に異なる IP アドレスを返します。これにより、クライアントは同じドメイン名で異なるサーバーに接続することになり、サーバーの負荷が分散されます。

DNS ラウンドロビンは、負荷分散装置を用意しなくても、権威サーバーのゾーンファイルの設定だけで、お手軽にサーバーの負荷分散を実現できます。しかし、サーバーの状態やアプリケーションの挙動に関係なく、順番に IP アドレスを返してしまうため、耐障害性や柔軟性に乏しいという欠点があります。

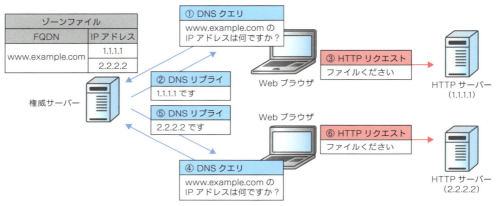

図6.3.8 ● DNSラウンドロビン

広域負荷分散

地理的に離れたサイト（場所）にあるサーバーに通信を振り分け、負荷分散する技術を「**広域負荷分散**（GSLB、Global Server Load Balancing）」といいます。先述の DNS ラウンドロビンでも、物理的に異なるサイトの IP アドレスを複数登録しておけば、異なるサイトのサーバーに通信を振り分けることができます。しかし、DNS ラウンドロビンは、サーバーの障害を検知できなかったり、通信を均等に振り分けることしかできなかったりと、負荷分散という観点から考えるといろいろな点で問題がありました。そこで、その問題を解決して、パワーアップさせたものが広域負荷分散技術です。広域負荷分散技術は、オンプレミス（自社運用）では負荷分散装置の一機能として提供されています[*1]。また、クラウドでは DNS サービスの一機能として提供されています。

広域負荷分散技術は、負荷分散装置やクラウドサービスの広域負荷分散機能が権威サーバーとなって、IP アドレスを返します。また、各サイトの状態（サービス稼働状態やネットワークの使用率など）を監視し、その結果に応じて返答する IP アドレスを変えることに

よって、柔軟な負荷分散を実現します。広域負荷分散技術は負荷分散としての目的よりも、災害が発生したときに、別のサイトでサービスを提供し続ける災害対策の目的として使用されることが多くなっています。

＊1：広域負荷分散機能を使用するためには、別途ソフトウェアライセンスが必要になる場合があります。

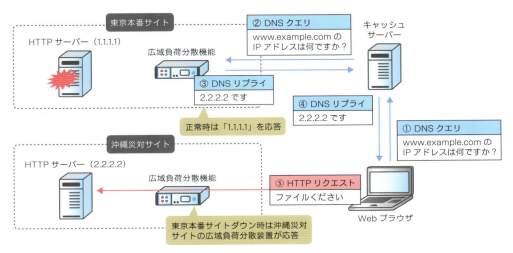

図6.3.9 ● 広域負荷分散技術

■ CDN

CDN（Content Delivery Network）は、Webコンテンツを大量配信するために最適化されたインターネット上のサーバーネットワークのことです。オリジナルコンテンツを持つオリジンサーバーと、そのキャッシュを持つエッジサーバーで構成されています。CDN自体は、DNSに特化した機能というわけではありません。ユーザーをより物理的に近いエッジサーバーに誘導するためにDNSを使用します。

具体的な処理の流れを説明しましょう。権威サーバーのゾーンファイルには、CDNの権威サーバーのFQDN（完全修飾ドメイン名）をCNAMEレコード（別名）として登録しておきます。権威サーバーは、クライアントのDNSクエリを受け付けると、CNAMEのFQDN、つまりCDNの権威サーバーのFQDNを返します。DNSリプライを受け取ったクライアントは、CDNの権威サーバーにDNSクエリを送信し、CDNの権威サーバーは、クライアントのIPアドレスを見て、最寄りのエッジサーバーのIPアドレスを返します。

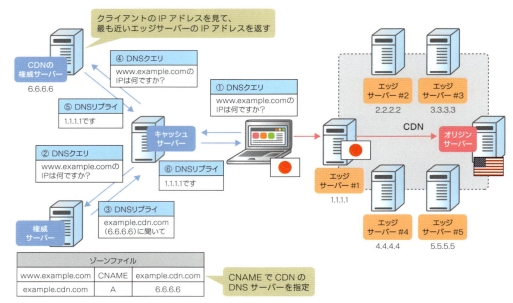

図6.3.10 • CDNにおけるDNSの動き

chapter 6-4 メール系プロトコル

インターネットにおいて、WWW（World Wide Web）の次に思い浮かぶサービスといえば、メール（電子メール）ではないでしょうか。メールもインターネットを代表するサービスのひとつです。最近は LINE や Slack などのインスタントメッセージングツールを使用して、会話的に案件やプロジェクトを進めることも多くなっていますが、メールはエビデンス（証拠）を残すためにも有効なツールであることに今も昔も変わりありません。<mark>メールは、送信と受信に別々のプロトコルを使用します。</mark>

6.4.1 メール送信プロトコル

<mark>メールの送信には「**SMTP**（Simple Mail Transfer Protocol）」を使用します。</mark>SMTP は、クライアントのリクエストに対してサーバーがレスポンスを返す、典型的なクライアントサーバー型プロトコルです。名前に「シンプル」が含まれていることからも推測できるとおり、とてもシンプルなプロトコルです。しかし、その分セキュリティ的に問題を抱えており、今やそのままの状態で使用していることはありません。認証したり、暗号化したりと、いろいろな形で拡張して使用しています。ここでは、最初にベースとなるオリジナルの SMTP を説明した後、各種の拡張機能について説明します。

■ SMTP

SMTP は、RFC5321「Simple Mail Transfer Protocol」で標準化されているプロトコルで、TCP の 25 番を使用して通信を行います。メールソフト（SMTP クライアント）は、メールサーバー（SMTP サーバー）に対してメールを送るとき、SMTP を使用します。また、メールサーバーが相手先のメールサーバーにメールを転送するときにも、SMTP を使用します。

では、メールを送信するときの大まかな流れを見ていきましょう。メールサーバーはメールソフトからメールを受け取ると、宛先メールアドレスのアットマーク（@）より後ろに記述されている FQDN（Fully Qualified Domain Name、完全修飾ドメイン名）を見て、DNS サーバーに MX レコード（SMTP サーバーの IP アドレス）を問い合わせます。DNS サーバーによって、相手のメールサーバーの IP アドレスがわかったら、その IP アドレスに対してメールを送信します。ここでのメールサーバーは、郵便ポストをイメージするとわかりやすいかもしれません。SMTP サーバーという郵便ポストに手紙を投函すると、あとはネットワークという郵便局が郵送してくれます。

メールを受け取った宛先側のメールサーバーは、宛先メールアドレスのアットマーク（@）より前に記述されているユーザー名を見て、ユーザーごとに用意されているストレージ領域「**メールボックス**」にメールを振り分け、格納します。メールボックスは最寄りの郵便

局の私書箱をイメージするとわかりやすいかもしれません。ここまでがSMTP、そしてSMTPサーバーのお仕事です。この時点では、まだ相手に対してメールが届いているわけではありません。

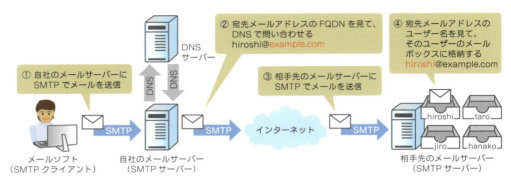

図6.4.1 ● SMTP

さて、RFCで標準化されているオリジナルのSMTPは、認証機能や暗号化機能を持っていません。誰かになりすましてメールサーバーにメールを送りつけられますし、経路の途中でメールを盗聴・改ざんしようと思えばできてしまいます。そこで、SMTPを使用するときには、いろいろな拡張機能を利用して、認証機能や暗号化機能を持たせ、セキュリティレベルの向上を図ります。

■ 認証機能

認証に関する拡張機能には、「**SMTP認証**（SMTP-AUTH）」と「**POP before SMTP**」の2種類があります。

SMTP認証

SMTP認証は、RFC4954「SMTP Service Extension for Authentication」で標準化されているユーザー認証機能で、TCPの587番を使用します。SMTP認証の仕組みはとてもシンプルです。メールサーバーはメールを送信する前に、ユーザー名とパスワードでユーザーをチェックします。認証に成功したらメールを受け入れます。

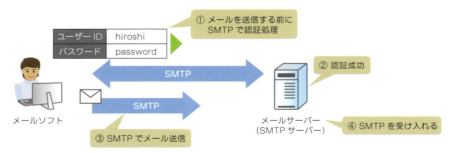

図6.4.2 ● SMTP認証

POP before SMTP

　POP before SMTPは、POP3（ポップスリー）を利用したユーザー認証機能です。POP3はメールを受信するときに使用するプロトコルです。POP3はメールを受信する前に、ユーザー認証を行います。その認証機能を応用します。メールソフトは、メールを送信する前に、POP3で認証を行います。メールサーバーは、認証に成功したら、一定時間だけそのIPアドレスからのメールを受け入れます。

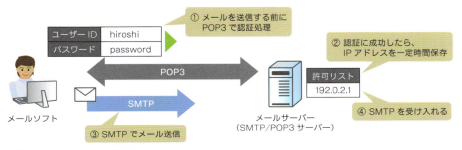

図6.4.3 ● POP before SMTP

> **NOTE**
> ### 現在はSMTP認証が利用されている
> 　ふたつの認証機能のうち、実際の現場でどちらを使用することが多いかといえば、圧倒的にSMTP認証です。POP before SMTPは、SMTP認証が世に普及するまでのつなぎの意味合いが強く、SMTP認証が普及しきった現在はほとんど使用されていません。こんな機能もあったんだな、という感じで、頭の片隅に置いておいてください。

■ 暗号化機能

　SMTPの暗号化にも、HTTPと同じくSSL/TLSを使用しますが、暗号化するまでの手順がHTTPとは若干異なります。HTTPの場合は、いきなりSSLハンドシェイクを仕掛け、暗号化処理に移ります。それに対して、SMTPの場合は、はじめに「**STARTTLS**」（スタートティーエルエス）という拡張機能を使用して、お互いがSSL/TLSによる暗号化に対応しているかを確認しあいます。対応していることがわかると、SSLハンドシェイクで認証や鍵交換を行い、暗号化処理に移ります。

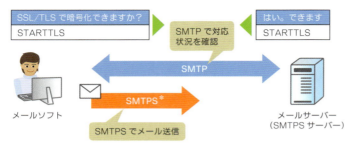

＊：SMTPS（SMTP over SSL/TLS）は、厳密には STARTTLS を使用せず、通信開始時から SSL/TLS で暗号化された SMTP を指します。ここでは、SSL/TLS で暗号化された SMTP という広義の観点から、SMTPS と表記しています。

図6.4.4 ● STARTTLS

6.4.2　メール受信プロトコル

　SMTP によって転送されたメールは、メールサーバーの「メールボックス」という名の私書箱に格納されます。ユーザーはその私書箱から「**POP3**（Post Office Protocol version 3)」や「**IMAP**（Internet Message Access Protocol）」というプロトコルを使用して、自分のメールを取り出します。

■ POP3

　POP3 は RFC1939「Post Office Protocol - Version 3」で標準化されているプロトコルで、TCP の 110 番を使用して通信を行います。メールソフト（POP クライアント）は、メールサーバー（POP3 サーバー）からメールを取り出すときに POP3 を使用します。

　メールの仕組みの中で、最後の受信に POP3 を使用するのには、もちろん理由があります。SMTP は、データを送信したいときに送信する「プッシュ型」のプロトコルです。プッシュ型のプロトコルは、電源がずっとオンになっているサーバーに対する通信や、サーバー間の通信であれば、リアルタイムにデータを送信できて、便利なことこの上なしです。しかし、メールソフトを動かすパソコンの電源がずっとオンになっているかといえば、必ずしもそうとはかぎりません。むしろ電源がオフになっている場合が多かったりするでしょう。そこで、電源がオンになっていて、かつ欲しいときにだけメールボックスのメールデータをダウンロードできるように、最後の受信だけ「プル型」のプロトコルである POP3 を使用しています。

　メールソフト（POP クライアント）は手動、あるいは定期的に、メールサーバー（POP3 サーバー）に「私のメールをください」とリクエストします。POP3 サーバーは、メールソフトから受け取ったユーザー名とパスワードを認証します。そして、認証に成功したら、メールボックスからメールを取り出し、メールデータを転送します。

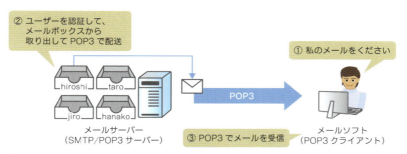

図6.4.5 ● POP3

■ 暗号化機能

RFC で標準化されているオリジナルの POP3 は、認証機能は持っているものの、暗号化機能を持っていないため、途中の経路で盗聴できてしまいます。そこで、SMTP と同じように、拡張機能を利用して暗号化を図ります。暗号化に関する拡張機能には「**APOP**（Authenticated Post Office Protocol）」と「**POP3S**（POP3 over SSL/TLS）」の 2 種類があります。

APOP はハッシュアルゴリズムを用いてパスワードを暗号化する機能です。メール本文が暗号化されるわけではないですが、「ないよりまし」くらいの一定のセキュリティ効果はあります。また、POP3S は POP3 を SSL/TLS で暗号化する機能です。TCP の 995 番を使用して通信します。TCP の 995 番を 3 ウェイハンドシェイクでオープンし、SSL ハンドシェイクで認証や鍵交換を行った後、POP3 でメールデータをやりとりします。パスワードだけではなく、メール本文も含めて暗号化するため、セキュリティレベルが向上します。

プロトコル	ポート番号	セキュリティレベル	特徴
APOP	TCP/110	低い	ハッシュ関数を使用して、パスワードを暗号化。メール本文は暗号化されない
POP3S	TCP/995	高い	SSL/TLS を使用して、パスワードとメール本文を暗号化

表6.4.1 ● POP3の暗号化機能

■ IMAP4

IMAP4 は、RFC9051「INTERNET MESSAGE ACCESS PROTOCOL - VERSION 4rev2」で標準化されているプロトコルで、TCP の 143 番を使用して通信を行います。IMAP4 は「メールをメールボックスから取り出す」という点においては、POP3 と大きく変わりません。「メールをメールサーバーに残す」という点が大きく異なります。

POP3 は、メールをメールサーバーからダウンロードして、メールソフトで保存・管理します。基本的にメールサーバーのメールは削除されます[*1]。それに対して、IMAP4 はメールをメールサーバーに残したまま、メールソフトで閲覧します[*2]。IMAP4 は端末にメールを保存する必要がないため、端末のストレージを節約できます。また、メールサー

バーでメールを一元的に管理するので、PC やタブレット、スマホなど、複数の端末で同じようにメールを管理できます。

＊1：設定によっては、メールを削除しないようにすることも可能です。
＊2：設定によっては、メールをメールソフト上にキャッシュ（一時的に保存）することも可能です。

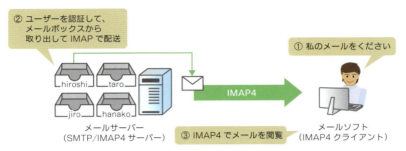

図6.4.6 ● IMAP4

■ 暗号化機能

RFC で標準化されているオリジナルの IMAP4 も、認証機能は持っているものの、暗号化機能を持っていません。そこで、POP3 と同じように、IMAP4 を SSL/TLS で暗号化した「**IMAP4S**（IMAP4 over SSL/TLS）」で拡張します。IMAP4S は TCP の 993 番を使用して通信します。TCP の 993 番を 3 ウェイハンドシェイクでオープンし、SSL ハンドシェイクで認証や鍵交換を行った後、IMAPS でメールデータをやりとりします。

さて、POP3 と IMAP4 のどちらを使用するかは利用環境によりけりです。両方の特徴やメリット・デメリットを理解したうえで、どちらを使用するか判断しましょう。

プロトコル	POP3	IMAP4
ポート番号	TCP/110	TCP/143
暗号化機能	POP3S	IMAP4S
暗号時機能使用時のポート番号	TCP/995	TCP/993
メールの置き場所（管理場所）	各端末のメールソフト	メールサーバー
メリット	サーバーのストレージ領域を節約できる オフライン状態でもメールを管理できる	端末のストレージ領域を節約できる 複数の端末でメールを一元的に管理できる
デメリット	端末のストレージ領域を圧迫する 複数の端末でメールを一元的に管理できない	サーバーのストレージ領域を圧迫する オフライン状態ではメールを管理できない
最適な利用環境	1 台の端末でメールを利用するユーザー	複数の端末でメールを利用するユーザー

表6.4.2 ● POP3とIMAPの比較

6.4.3 Web メール

「**Web メール**」は Web ブラウザを使用して、メールを送受信したり、編集したりできるサービスのことです。Gmail や Yahoo! メールをイメージするとわかりやすいかもしれません。Web メールは、インターネットに接続できる環境さえあればメールをチェックできるため、爆発的に普及し、世の中に定着しました。Web メールの場合は、Web ブラウザがメールソフトの役割を担い、メールサーバーとのやりとりが HTTPS になります。

メールを送信するときは、Web ブラウザが Web メールサーバーに HTTPS でメールを POST します。メールを確認するときは、Web ブラウザが Web メールサーバーから HTTPS でメールを GET します[*1]。

*1：Web メールの処理がわかりやすくなるように、送信側も受信側も Web メールを使用している前提にしています。

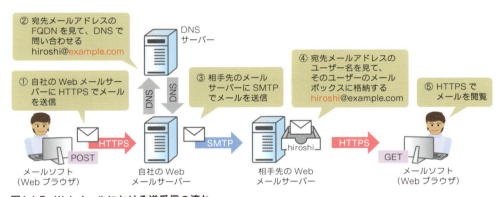

図6.4.7 ● Webメールにおける送受信の流れ

6-5 管理アクセスプロトコル

「管理アクセスプロトコル」は、遠隔（リモート）からネットワーク機器の情報を見たり、設定したりするときに使用するプロトコルです。 管理アクセスのユーザーインターフェース（操作画面）には、グラフィックベースの「**GUI**（Graphical User Interface）」と、テキストベースの「**CLI**（Command Line Interface）」との2種類があります。

GUIは、画面上のアイコンやボタンをマウスで操作するユーザーインターフェースです。グラフィカルな分だけリソース（CPUやメモリなど）を消費しやすい傾向にありますが、直感的に操作でき、グラフで時間・期間的な値の変化を確認するときなどに便利です。CLIは、コマンドラインを利用して、キーボードで操作するユーザーインターフェースです。文字だけなので見た目にはわかりづらいですが、同じような設定を一気に流し込んだり、必要最低限の情報をさっと確認したりするときなどに便利です。

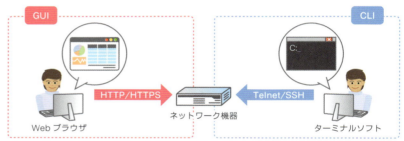

比較項目	GUI（Graphical User Interface）	CLI（Command Line Interface）
概要	グラフィックベース	テキストベース
操作方法	マウスとキーボード	キーボード
使用するソフトウェア	Webブラウザ	ターミナルソフト
メリット	直感的でわかりやすい グラフなどで時間的な変化を確認できる いろいろな情報を網羅的に確認できる	同じような設定をする場合に、とても楽 必要最低限の情報を確認できる リソース（CPUやメモリなど）を消費しない
デメリット	同じような設定をする場合、いちいち面倒くさい 不必要な情報もあわせて表示される リソース（CPUやメモリなど）を消費しやすい	ぱっと見わかりづらい 基本的にその瞬間の情報しか取得できない[*] 必要最低限の情報しか確認できない
非暗号化プロトコル	HTTP	Telnet
暗号化プロトコル	HTTPS	SSH（Secure SHell）

＊：コマンドによっては、テキストベースでグラフを作ったりするものもあります。

図6.5.1 ● CLIとGUI

最近は、ほとんどのネットワーク機器がGUIにもCLIにも対応していて[*1]、それぞれ使

用するプロトコルが異なります。GUIではHTTPかHTTPS、CLIでは「**Telnet**」か「**SSH**(Secure SHell)」を使用します。HTTPとHTTPSについては、これまでに説明したとおりです。ネットワーク機器上で管理用Webサーバーが起動していて、Webブラウザからそこにアクセスします。以前はHTTPを使用することが多かったですが、最近はどのネットワークもセキュリティ的に信用しない「**ゼロトラストネットワーク**」の流れもあって、HTTPSを使用することが多いでしょう。

前置きが長くなりましたが、ここでは、CLIで使用するTelnetとSSHについて、踏み込んで説明します。ふたつの違いはざっくり、暗号化しているかどうかです。Telnetは暗号化しないのに対し、SSHは暗号化します。GUIにおけるHTTPSと同様に、最近はSSHを使用することが多いでしょう。

> *1：どちらを使用するかは、時と場合によりけりです。また、メーカーや機種によっても得手不得手があるので、実際に触りながら、いつどんなときにどちらを使用するか見極めたほうがよいでしょう。

6.5.1 Telnet

TelnetはRFC854「TELNET PROTOCOL SPECIFICATION」で標準化されている管理アクセスプロトコルです。数あるアプリケーションプロトコルの中でも、最も原始的、かつシンプルなプロトコルで、アプリケーションヘッダー（L7ヘッダー）がなく、アプリケーションペイロード（L7ペイロード）に、ユーザーが入力したコマンドやテキストデータをそのまま格納します。

Telnetクライアント（ターミナルソフト）は、Telnetサーバー（管理対象のネットワーク機器）にアクセスすると、3ウェイハンドシェイクでTCPコネクションをオープンします。ユーザー名とパスワードで認証し、認証に成功すると、アプリケーションデータを受け入れます。TelnetはデフォルトでTCPの23番を使用しますが、ポート番号を変更することによって、HTTP/1.1やSMTP、POP、IMAPなどのようなテキストデータをやりとりするアプリケーションのコマンド処理（たとえば、HTTPのGETやPOSTなど）を実行するなど、いろいろな使い方ができます。しかし、パスワードを含む、すべてのデータが暗号化されずに平文（プレーンテキスト）でやりとりされるため、途中の経路で盗聴できてしまうと

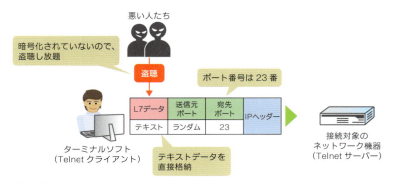

図6.5.2 ● Telnet

==いうセキュリティ上の問題を抱えています。==

　以前は、CLI で使用するプロトコルといえば Telnet という感じでした。しかし、最近は先述のゼロトラストネットワークの流れもあって、暗号化機能を備えている SSH に置き換えられる傾向にあります。最近では、管理アクセスというより、トランスポート層レベルのトラブルシューティングで使用されることのほうが多いでしょう。

■ Telnet を使用したトラブルシューティング

　p.234 で説明したとおり、ネットワークの現場のトラブルシューティングのほとんどが ping から始まり、それに応答があると、トランスポート層レベルの疎通確認に移ります。そこで、==ポート番号を変更して Telnet 接続を試みることによって、3 ウェイハンドシェイクができるかどうか、TCP レベルの疎通確認を行うことができます。== また、暗号化を伴わないテキスト系アプリケーションであれば、そこからさらにコマンドを入力して、アプリケーションレベルの疎通確認を行うことができます。

階層	レイヤー名	主な確認項目	主なツール	結果	
第 5 層〜 第 7 層	アプリケーション層	アプリケーション ヘッダー アプリケーション データ	アプリケーション コマンド	疎通確認	
第 4 層	トランスポート層	ポート番号 コネクションテーブル フィルターテーブル NAT テーブル	telnet	疎通確認	上位に向かって 疎通確認
第 3 層	ネットワーク層	IP アドレス ルーティングテーブル フィルターテーブル NAT テーブル	ping traceroute	問題なし	
第 2 層	データリンク層	MAC アドレス MAC アドレステーブル ARP テーブル	arp	問題なし	pingが通るなら、 下位は問題なし
第 1 層	物理層	ケーブル 電波	ケーブルテスター Wi-Fi アナライザ	問題なし	

表6.5.1 ● トラブルシューティングの流れ

　Telnet は、Windows OS の場合、コントロールパネルの「プログラムと機能」→「Windows 機能の有効化または無効化」で「Telnet クライアント」を有効化した後、コマンドプロンプトで「telnet [IP アドレス] [ポート番号]」と入力すると使用できます。もちろん、TeraTerm や Putty などのサードパーティ製ターミナルソフトでも使用できます。

398

6.5.2 SSH

SSH（Secure SHell）は RFC4253「The Secure Shell (SSH) Transport Layer Protocol」で標準化されている管理アクセスプロトコルです。デフォルトで TCP の 22 番を使用します。前項で説明したとおり、Telnet はテキストデータを暗号化しないまま送受信するため、セキュリティに難がありました。そこで、Telnet に暗号化や公開鍵認証、メッセージ認証などの機能を加えて、パワーアップさせたのが SSH です。SSH を使用すれば、途中の経路で盗聴の心配もありませんし、総当たり攻撃（ブルートフォース攻撃）されても、秘密鍵が漏えいしないかぎりログインできません。安心、かつ安全に接続できます。

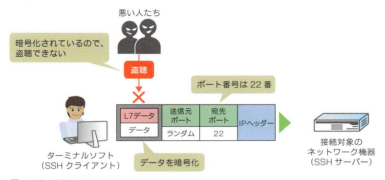

図6.5.3 ● SSH

SSH クライアント（ターミナルソフト）は、SSH サーバー（管理対象のネットワーク機器）にアクセスすると、3 ウェイハンドシェイクで TCP コネクションをオープンします。その後、以下の 4 ステップで処理を行います。

① パラメータの交換

このステップでは、対応しているバージョンや暗号化方式、認証方式など、安全に通信するために合わせておかないといけない各種パラメータをリストで交換します。SSH には、SSHv1 と SSHv2 があって、互換性はありません。SSHv2 のほうがセキュリティレベルが高いため、現在は SSHv1 を選択することはないでしょう。

② 鍵共有

このステップでは、鍵交換アルゴリズム（p.350）で公開鍵を交換し、データの暗号化に使用する共通鍵を共有します。これで暗号化通信の準備が完了し、暗号化通信路が出来上がります。

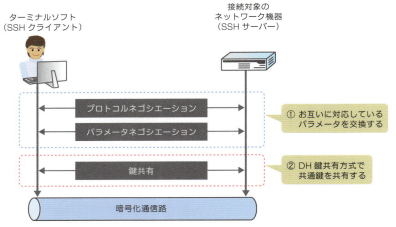

図6.5.4 ● 鍵交換アルゴリズムで共通鍵を共有

(3) **ユーザー認証**

このステップでは、接続してきているのが本当に正しいユーザーであるかを、サーバーが確認します。ユーザー認証には、「**パスワード認証**」と「**公開鍵認証**」があります。パスワード認証は、Telnet と同じです。サーバーは、ユーザー名とパスワードでユーザーを認証します。Telnet と違い、どちらも暗号化されるので、第三者に盗聴される心配はありません。

図6.5.5 ● パスワード認証

公開鍵認証は、その名のとおり、公開鍵を使用したユーザー認証です。あらかじめ、クライアントは秘密鍵と公開鍵のペア、サーバーはそのユーザーの公開鍵を持っています（次図の①②）。サーバーはクライアントから接続要求を受け取ると、乱数を生成し、公開鍵で暗号化して送信します（次図の③④）。クライアントは、それを秘密鍵で復号し、乱数を取り出し、ハッシュ値にして返信します（次図の⑤⑥）。ハッシュ値を受け取ったサーバーは、自分でも乱数からハッシュ値を計算し、同じ値だったら認証成功と判断します（次図の⑦⑧）。

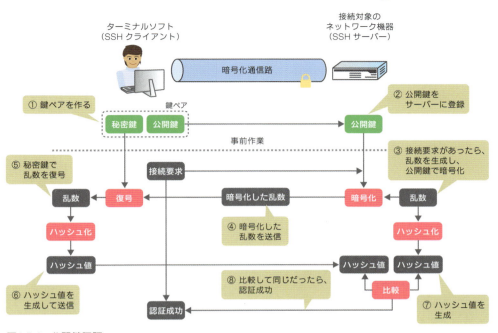

図6.5.6 ● 公開鍵認証

ユーザー認証にどちらの方式を使用するかはもちろん要件次第ですが、傾向として、インターネットを経由するときは公開鍵認証、しないときはパスワード認証を選択することが多いでしょう[*1]。

> [*1]：「インターネットを経由するとき」と言っても、IPsecであらかじめ暗号化しているような環境では、パスワード認証を選択することが多いでしょう。

④ ログイン

ユーザー認証が終わるとログイン完了です。Telnetと同様にコマンドを実行できるようになりますが、すべて暗号化されているため、第三者が盗聴することはできません。

さて、ここまでSSHを管理アクセスプロトコルとしての側面から説明してきました。SSHには、それ以外にもいろいろな使い道があって、システム構築現場の至るところで活躍します。ここでは、その中でも特に知っておくと便利な「**ファイル転送**」と「**ポートフォワーディング**」について説明しましょう。

■ ファイル転送

SSHを利用したファイル転送機能には、「**SCP**（Secure CoPy）」と「**SFTP**（SSH File Transfer Protocol）」の2種類があります。どちらもSSHで作った暗号化通信路を使用してファイルを転送するという点においては同じです。次表で示すように、細かな違いはたくさんあ

りますが、シンプルで軽快なSCP、いろいろな機能を持ったSFTP、とざっくり理解しておくとよいでしょう。

　実務の現場では、ネットワーク機器のソフトウェアバージョンアップ時のアップロードや、トラブルシューティング時のログファイルやパケットキャプチャファイルのダウンロードなどで大活躍します。

比較項目	SCP（Secure Copy Protocol）	SFTP（SSH File Transfer Protocol）
プロトコル	TCP	TCP
ポート番号	22番	22番
ざっくりとした特徴	シンプル	多機能
コマンド	scp	sftp
類似しているコマンド	cp コマンド	ftp コマンド
対話形式	非対話型	対話型
ローカル端末からリモート端末へのファイル転送	○	○
リモート端末からローカル端末へのファイル転送	○	○
リモート端末からリモート端末へのファイル転送	○	△
ディレクトリ転送	○	○
ファイル削除	×	○
ディレクトリ削除	×	○
ファイルリスト閲覧	×	○
レジューム（再開）	×	○

表6.5.2 ● SCPとSFTP

■ ポートフォワーディング

　ポートフォワーディングは、指定したIPアドレス・ポート番号宛ての通信を、SSHで暗号化されたコネクションを使用して、目的の端末に転送する機能です。ポートフォワーディングには、次表の3種類があります。

方式	内容
ローカルポートフォワーディング	SSH クライアントが受け取った通信を、SSH サーバー経由で特定のリモート端末に転送する
リモートポートフォワーディング	SSH サーバーが受け取った通信を、SSH クライアント経由で特定のローカル端末に転送する
ダイナミックポートフォワーディング	SSH クライアントが SOCKS プロキシ* として動作し、SSH サーバー経由で任意のリモート端末に転送する

＊：SOCKS プロキシは、TCP/UDP パケットを中継するサーバーのことです。

表6.5.3 ● ポートフォワーディング

　このうち実務の現場で最も使用されるのが、「**ローカルポートフォワーディング**」です。ローカルポートフォワーディングは、CLI 環境しか提供していない踏み台サーバー（ジャ

ンプサーバー）経由で、目的のサーバーやネットワーク機器に GUI でログインしたいようなときに一般的に使用します。踏み台サーバーとは、その名のとおり、サーバーやネットワーク機器にログインするために踏み台となって、パケットを中継する SSH サーバーのことです。踏み台サーバーがあると、ログイン経路を一本化できるため、管理アクセスにおけるセキュリティレベルや運用管理レベルの向上を図ることができます。先述のとおり、CLI と GUI にはそれぞれ得手不得手があって、時と場合によって使い分けることがほとんどです。そこで、ローカルポートフォワーディングを利用して、GUI アクセスを実現します。

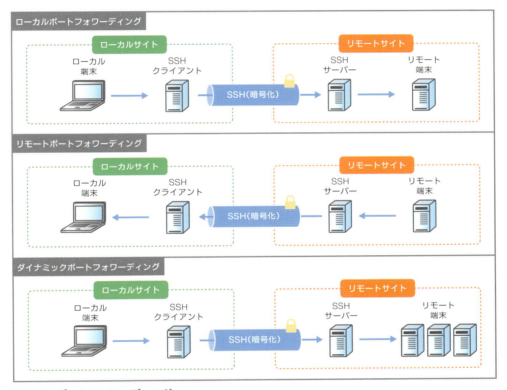

図6.5.7 ● ポートフォワーディング

具体的な流れについて次ページの図を例に説明しましょう。ユーザーは、SSH クライアントソフトウェア（10.1.1.1:50000）から踏み台サーバー（203.0.113.1:22）に接続した後、「localhost:10443 宛てのパケットを、172.16.1.1:443 に転送する」ように、ローカルポートフォワーディングを設定します。すると、localhost:10043 宛てのパケットが SSH で暗号化されたコネクションを通って、踏み台サーバーから 172.16.1.1:443 に転送されるようになります。この状態で、ユーザーが Web ブラウザで「https://localhost:10443」にアクセスすると、SSH コネクション経由でネットワーク機器内の管理用 Web サーバーに GUI（HTTPS）でアクセスできるようになります。

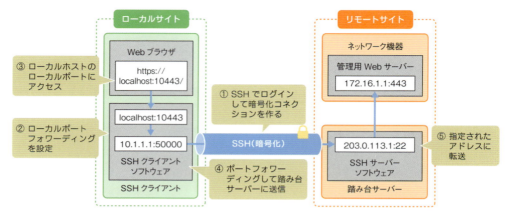

図6.5.8 ● 一般的なローカルポートフォワーディングの例

6-6 運用管理プロトコル

「**運用管理プロトコル**」は、ネットワークやサーバーをより円滑に運用・管理していくためのプロトコルです。ネットワークは設計・構築したら、それで終了ではありません。むしろそこからがスタートです。運用管理プロトコルを使用して、この先起こりうるいろいろなトラブルに対して、より迅速に、より効率良く対応できるようにします。ここでは、数ある運用管理プロトコルの中でも、一般的に使用することが多いものをいくつかピックアップして説明します。

6.6.1 NTP

「**NTP（Network Time Protocol）**」は、ネットワーク機器やサーバーの時刻を合わせるために使用するプロトコルです。RFC7822「Network Time Protocol Version 4 (NTPv4) Extension Fields」で標準化されています。「え？時間を合わせて意味があるの？」、そう思う方もいるかもしれませんが、その重要性はトラブルが起こったときに実感することができます。複数のネットワーク機器が絡み合うトラブルの原因を突き止め、解決していくには、「時系列に整理すること」が最も重要なポイントです。どの機器で、何時何分何秒に何が起きたのか。その流れを整理するのに時刻要素は欠かせません。

NTPの動きはとてもシンプルです。NTPクライアントが「今、何時ですかー？」とUDPの123番[*1]で問い合わせ（NTPクエリ）、NTPサーバーが「〇〇時〇〇分〇〇秒ですよー！」と返します（NTPリプライ）。

[*1]：NTPは、宛先ポート番号だけでなく送信元ポート番号も123番です。

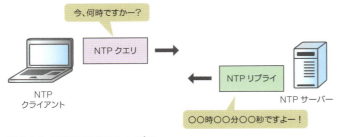

図6.6.1 ● NTPの動きはシンプル

■ NTPの階層構造

NTPは「**Stratum**（ストレイタム）」という値を用いた階層構造になっています。Stratumは最上位の時刻生成源からどれだけの階層を経ているかを表しています。最上位の時刻生成源は原子時

計やGPS時計など、高精度の正確な時刻を保持していて、Stratumの値は「0」です。そこからNTPサーバーを経由するたびにStratumが増えていきます。Stratum「0」以外のNTPサーバーは、上位のNTPサーバーに対するNTPクライアントであり、下位NTPクライアントに対するNTPサーバーでもあります。そして、上位のNTPサーバーと時刻同期できないかぎり、下位に時刻を配信しようとはしません。

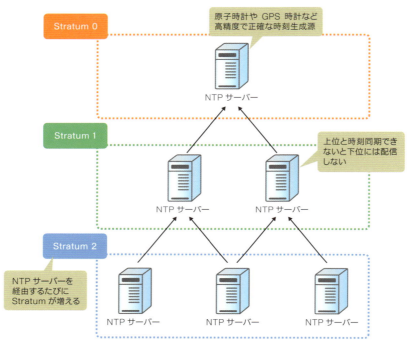

図6.6.2 ● NTPはStratumを使用した階層構造をとっている

6.6.2 SNMP

「**SNMP**（Simple Network Management Protocol）」は、ネットワーク機器やサーバーの性能監視や障害監視で使用するプロトコルです。ITシステムにおいて「障害の兆候を見逃さないこと」、これはとても重要です。SNMPを使用して、CPU使用率やメモリ使用率、トラフィック量、パケット量など、ありとあらゆる管理対象機器の情報を定期的に収集、継続的に監視し、障害の兆候をいち早く検知します。

■ SNMPのバージョン

SNMPには、「**v1**」「**v2c**」「**v3**」という3つのバージョンがあります。ざっくり言うと、v1がベースで、v2cで機能追加、v3でセキュリティ強化された感じです。2024年現在、最も普及しているバージョンはv2cです。しかし、v2cは暗号化機能を持っていないため、

今後ゼロトラストネットワークの潮流に乗って、v3に移行が進むことになるでしょう。

バージョン	認証機能	暗号化機能
v1	コミュニティ名による平文認証	なし
v2c	コミュニティ名による平文認証	なし
v3	ユーザー名によるパスワード認証	あり

表6.6.1 ● SNMPのバージョンごとの特徴

SNMPマネージャーとSNMPエージェント

　SNMPの構成要素は、管理する「**SNMPマネージャー**」と、管理される「**SNMPエージェント**」のふたつです[1]。これらふたつの構成要素の間でいくつかのメッセージを組み合わせてやりとりし、マネージャーがエージェントの状態を把握できるようにしています。

　SNMPマネージャーは、SNMPエージェントが持っている管理情報を収集・監視するアプリケーションです。有名な製品として、「Zabbix」や「TWSNMPマネージャー」などがあります。どのアプリケーションも収集した情報を加工して、Web GUIベースで見える化し、わかりやすくしてくれます。

　SNMPエージェントは、SNMPマネージャーの要求を受け入れたり、障害を通知したりするプログラムです。ほとんどのネットワーク機器やサーバーに実装されています。SNMPエージェントは、「**OID**（Object Identifier）」という数値で識別されるオブジェクトを「**MIB**（Management Information Base）」というツリー状のデータベースで保持しています。SNMPエージェントはSNMPマネージャーの要求に含まれるOIDを見て、それに関連する値を返したり、OIDの値の変化を見て障害を通知したりします。

[1]: SNMPv3では「SNMPマネージャー」と「SNMPエージェント」という表現がなくなり、どちらも「SNMPエンティティ」と表現されるようになりました。SNMPエンティティはSNMPv3の各種アプリケーションで構成されており、各端末はその中から必要な機能を組み合わせることによって、マネージャーとエージェントと同等の機能を実現します。

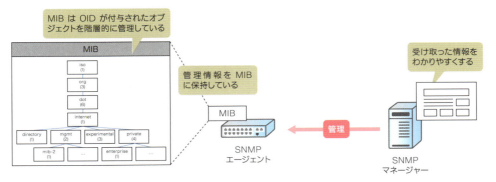

図6.6.3 ● SNMPマネージャーがSNMPエージェントを管理する

3つの動作

SNMPはUDPを使用していて、動きはシンプル、かつわかりやすいものです。「**GetRequest**」「**GetNextRequest**」「**SetRequest**」「**GetResponse**」「**Trap**」という5種類のメッセージを組み合わせ、「**SNMP Get**」「**SNMP Set**」「**SNMP Trap**」という3種類の動作を実現しています。いずれも「**コミュニティ名**」という合言葉が一致して、初めて通信が成り立ちます。では、それぞれの動作を見ていきましょう。

■ SNMP Get

SNMP Get は、機器の情報を取得する動作です。SNMPマネージャーがUDPの161番で「○○の情報をください」と問い合わせると、SNMPエージェントが「○○です」と応答します。SNMP Getには「**GetRequest**」と「**GetNextRequest**」という2つのリクエストタイプがあり、それぞれ目的と動作が異なります。

GetRequestは、そのものズバリのOIDの値を取得するときに使用します。SNMPマネージャーはSNMPエージェントに欲しい情報のOIDを指定して、GetRequestを送信します。すると、SNMPエージェントは指定したOIDの値をGetResponseで返します。

GetNextRequestは、MIBの階層を順番にたどりながら情報を取得するときに使用します。SNMPマネージャーはSNMPエージェントにOIDを指定したGetNextRequestを送信します。すると、SNMPエージェントは指定したOIDの次に位置するOIDの値をGetResponseで返します。この動作を繰り返すことによって、MIB内のOIDを順次探索し、幅広い情報を効率的に取得することができます。。

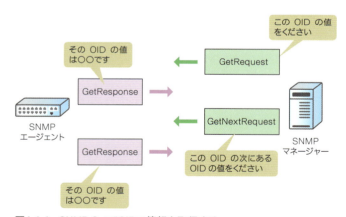

図6.6.4 • SNMP GetでOIDの情報を取得する

■ SNMP Set

SNMP Set は、機器の情報を更新する動作です。SNMPマネージャーがUDPの161番で「○○の情報を更新してください」と要求すると、SNMPエージェントが「できました！」と応答します。SNMP Setの使用例として、ネットワーク機器やサーバーのポートのシャッ

トダウンがあります。エージェントは、ポートの状態を OID の値として保持しています。この値を更新することで、ポートをシャットダウンすることができます。

動作は SNMP Get とそれほど大きく変わりません。使用するメッセージが違うだけです。SNMP マネージャーは SNMP エージェントに更新したい情報の OID の値を指定して、SetRequest を送信します。すると、SNMP エージェントが更新した値を GetResponse で返します。

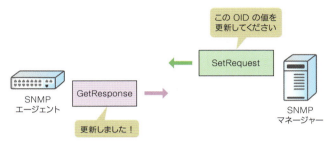

図6.6.5 ● SNMP SetでOIDの値を更新する

■ SNMP Trap

SNMP Trap は、障害を通知する動作です。SNMP エージェントは障害が起きると、SNMP マネージャーに「○○に障害が発生しました！」と UDP の 162 番で SNMP Trap を送信します。SNMP Get も SNMP Set も、SNMP マネージャー発の通信でしたが、SNMP Trap だけはエージェント発の通信です。

SNMP エージェントは、OID の値に特定の変化があると、それを障害として判断し、SNMP Trap を送信します。

図6.6.6 ● SNMP Trapで障害を検知する

6.6.3 Syslog

「**Syslog**」は、ネットワーク機器やサーバーのログを転送するために使用されるプロトコルです。RFC3164「The BSD syslog Protocol」、および RFC5424「The Syslog Protocol」で標準化されています。ネットワーク機器やサーバーは、いろいろなイベントをログ（記録）として機器内部のメモリやハードディスクに一定期間保持しています。Syslog はこのログを Syslog サーバーに対して転送し、ログの一元化を図ります。

図6.6.7 ● Syslogでログを転送する

Syslog の動きはシンプル、かつわかりやすいものです。何かのイベントが発生したら、それを自身のメモリやディスクに保存すると同時に、Syslog サーバーへ転送するだけです。転送はユニキャストで行われ、L4 プロトコルとしては UDP、TCP どちらにも対応していますが、TCP はほとんど使用されていません。UDP を使用することがほとんどでしょう。ポート番号は 514 番です。Syslog メッセージは、「**PRI（Priority）**」「**ヘッダー**」「**メッセージ**」の 3 つのフィールドで構成されていて、それぞれ次表のような意味を持ちます。

フィールド	意味
PRI	ログの種類を表す「Facility」と、その緊急度を表す「Severity」が格納される
ヘッダー	タイムスタンプや端末のホスト名、あるいは IP アドレスなどが格納される
メッセージ	ログメッセージそのものがテキストメッセージとして格納される

表6.6.2 ● Syslogの構成要素

このうち、最も重要な要素が PRI です。PRI は「**Facility**（ファシリティ）」と「**Severity**（シヴェリティ）」で構成されています。それぞれ説明しましょう。

■ Facility

Facility は、ログメッセージの種類を表しています。24 種類の Facility で構成されていて、次表のように指標が示されています。なお、ネットワーク機器によっては Facility を変更できないものもあります。

Facility	コード	説明
kern	0	カーネルメッセージ
user	1	任意のユーザのメッセージ
mail	2	メールシステム（sendmail、qmailなど）のメッセージ
daemon	3	システムデーモンプロセス（ftpd、namedなど）のメッセージ
auth	4	セキュリティ/認可（login、suなど）のメッセージ
syslog	5	Syslogデーモンのメッセージ
lpr	6	ラインプリンタサブシステムのメッセージ
news	7	ネットワークニュースサブシステムのメッセージ
uucp	8	UUCPサブシステムのメッセージ
cron	9	クロックデーモン（cronとat）のメッセージ
auth-priv	10	セキュリティ/認可のメッセージ
ftp	11	FTPデーモンのメッセージ
ntp	12	NTPサブシステムのメッセージ
—	13	ログ監査のメッセージ
—	14	ログ警告のメッセージ
—	15	クロックデーモンのメッセージ
local0	16	任意の用途
local1	17	任意の用途
local2	18	任意の用途
local3	19	任意の用途
local4	20	任意の用途
local5	21	任意の用途
local6	22	任意の用途
local7	23	任意の用途

表6.6.3 ● Facilityはログメッセージの種類を表す

Severity

Severityは、ログメッセージの重要度を表す値です。0～7の8段階で構成されていて、値が小さいほど重要度が高くなります。ログの運用設計をするときは、「どのSeverity以上のメッセージをSyslogサーバーに送信するか」「どのSeverity以上のメッセージをどれくらい（サイズ、あるいは期間）まで保持するか」を定義します。たとえば、「warning以上をSyslogサーバーに送信し、informational以上を40,960バイトまでバッファに保持する」といった感じで定義していきます[1]。

[1] ログを出力することは処理負荷となるため、機器によっては負担になります。処理負荷をかけすぎず、必要なログが取得できるように設計します。

名称	説明	Severity	重要度
Emergency	システムが不安定になるエラー	0	高い
Alert	緊急に対処すべきエラー	1	↕
Critical	致命的なエラー	2	
Error	エラー	3	
Warning	警告	4	
Notice	通知	5	
Informational	情報	6	
Debug	デバッグ	7	低い

表6.6.4 ● Severityはログメッセージの緊急度を表す

6.6.4 隣接機器発見プロトコル

ネットワークで発生するトラブルの多くは、ケーブルの切断や物理ポートの不良など、物理層に起因するものです。したがって、「どの物理ポートに、どのような機器が、どのように接続されているか」は、ネットワークを運用管理していくうえで、とても重要な情報になります。この情報をやりとりするプロトコルのことを、「**隣接機器発見プロトコル**」といいます[*1]。ネットワーク機器やサーバーは、隣接する機器に対して、ソフトウェアバージョンや接続している物理ポートの番号、ホスト名やIPアドレスなど、さまざまな管理情報を詰め込んだパケットを定期的に送信し、受信した情報をキャッシュとしてメモリに保持します。

隣接機器発見プロトコルには「**CDP**（Cisco Discovery Protocol）」と「**LLDP**（Link Layer Discovery Protocol）」の2種類があり、それぞれに互換性はありません。Cisco社製の機器で統一されたネットワーク環境であればCDP、それ以外の環境であればLLDPを使用することが多いでしょう。

*1：隣接機器発見プロトコルは、データリンク層で動作します。本書では、運用管理プロトコルの側面を重要視して、アプリケーション層の中で取り扱っています。

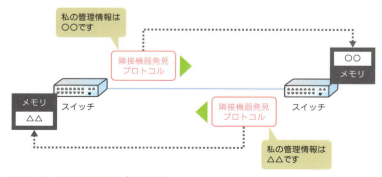

図6.6.8 ● 隣接機器発見プロトコル

6-7 冗長化プロトコル

「冗長化プロトコル」 は、その名のとおり、ネットワーク機器の冗長化を図るためのプロトコルです。どんなにネットワーク機器やサーバーが高性能になったとしても、故障しないということは絶対にありません。いつの日か、必ずどこかが故障します。そこで、たとえいつどこにどのような障害が発生しても、即座に別経路を確保し、継続してサービスを提供できるように、すべての階層のすべてのポイントで、くまなく冗長化を図ります。本書では、各階層における冗長化技術を説明しつつ、関連する冗長化プロトコルについて説明します。

6.7.1 物理層の冗長化技術

物理層の冗長化技術は、複数の物理要素を、ひとつの論理要素にまとめる形で実現されます。こう聞くと、なんだか難しそうな気がしますが、それほど難しく考える必要はありません。今のところは、物理的にたくさんあるものを、ひとつとして扱う技術だと思っておけばよいでしょう。本書では、「**リンク**[*1]」「**NIC**」「**筐体**」という、3つの物理要素における冗長化技術を説明します。

*1：インターフェース同士をケーブルで接続することによってできる通信経路のこと。

■ リンクアグリゲーション（リンクの冗長化）

複数の物理リンクをひとつの論理リンクとして束ねる技術を「**リンクアグリゲーション (LAG)**」といいます。ベンダーによっては「イーサチャネル」や「トランク」と呼ぶこと

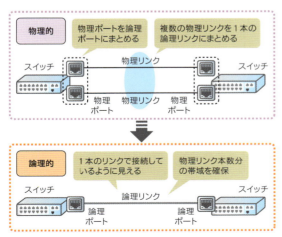

図6.7.1 ● 複数の物理リンクを1本の論理リンクにまとめる

413

もありますが、同じものと考えてかまいません。リンクアグリゲーションは、リンクの帯域拡張と冗長化を同時に実現する技術として、一般的に使用されています。

リンクアグリゲーションは、複数の物理ポートをひとつの論理ポートとしてグループ化し、隣接スイッチの論理ポートと接続することによって論理リンクを作ります。どんなにイーサネットが高速になったといっても、ひとつの物理リンクで転送できる帯域には限度があります。リンクアグリゲーションを使用すると、通常時は論理リンクに含まれるすべての物理リンクでパケットの送受信を行い、物理リンク本数分の帯域を確保できます。また、リンク障害[*1]が発生したときには、即座に障害リンクを切り離し、縮退しながらパケットを送受信できます。障害によって発生するダウンタイムは、pingレベルで1秒程度です。アプリケーションレベルで見ると、影響がないと考えてよいでしょう。たとえば、ふたつの10GBASE-Tポートをリンクアグリゲーションで束ねた場合、通常時は20Gbpsの帯域幅を確保することができます。物理リンクがダウンしても、10Gbpsの帯域幅を確保しながら、パケットを転送し続けることができます。

[*1]：具体的には、LANケーブルが断線したり、物理ポートが故障したりすると、リンク障害になります。

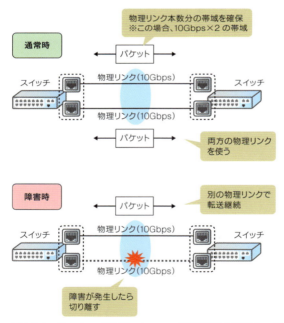

図6.7.2 ● リンクアグリゲーションで帯域拡張と冗長化の両方を実現する

リンクアグリゲーションにおける帯域拡張の原理は、複数の物理リンクに対する負荷分散です。パケットを送信するときに、MACアドレスやIPアドレスを見て[*1]、物理リンクを選び、広い意味での帯域拡張を図っています。

[*1]：スイッチでは、「送信元MACアドレス＋宛先MACアドレス」や「送信元IPアドレス＋宛先IPアドレス」など、いくつかの負荷分散方式が提供されており、その中から1つを選択して設定します。

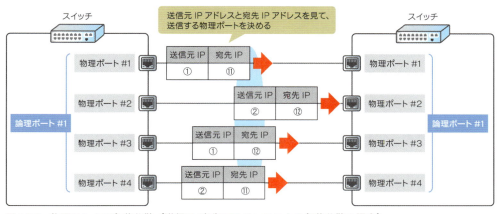

図6.7.3 ● 物理リンクに負荷分散（送信元/宛先IPアドレスによる負荷分散の場合）

■ MC-LAG

　リンクアグリゲーションの中でも、スイッチをまたいで行うリンクアグリゲーションのことを「MC-LAG（Multi Chassis Link Aggregation）」といいます。もともとリンクアグリゲーションは、ひとつのスイッチ内の物理ポートを束ねることしかできなかったため、そのスイッチ自体が故障してしまうとどうしようもないという、致命的な弱点を抱えていました。この弱点を克服すべく、新しく開発された技術がMC-LAGです。MC-LAGは、接続した2台のスイッチが制御情報をやりとりし、協調的に動作することによって実現されます。通常時は両方のスイッチがパケットを処理し、片方のスイッチに障害が発生したら、もう片方のスイッチだけで処理します。また、リンク障害が発生したら、スイッチ間リンクを迂回経路にして、通信を継続します。

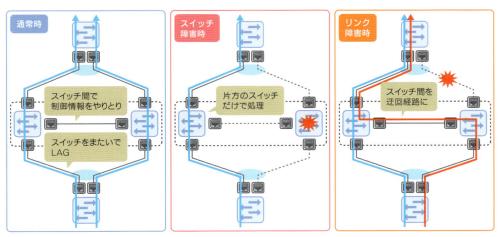

図6.7.4 ● MC-LAG

なお、MC-LAG の技術は、IEEE や RFC で標準化されているわけではなく、ベンダーごとに独自実装されています。たとえば、Cisco 社の Nexus シリーズでは「vPC（Virtual Port Channel）」、Arista 社では「MLAG（Multi-Chassis Link Aggregation）」、Juniper 社では「E-LAG（Ethernet Link Aggregation Group）」として実装されています。異なるベンダーのスイッチ同士で MC-LAG を組むことはできません。

■ チーミング（NIC の冗長化）

複数の物理 NIC をひとつの論理 NIC にまとめる技術を、「**チーミング**」といいます。Linux OS では「ボンディング」と言ったりしますが、同じものと考えてよいでしょう。チーミングは、サーバーの NIC の帯域を拡張したり、冗長化したりする技術として、一般的に使用されています。本書では、実際のネットワーク環境において、特に使用することが多いチーミングの方式について、物理環境、仮想化環境に分けて説明します。

■ 物理環境におけるチーミング

物理環境におけるチーミングは、OS の標準機能で実装します。チーミングを設定すると、ひとつの論理 NIC が新しく作られるので、その論理 NIC に設定を施していきます。また、そのときにチーミングの方式も含めて設定していきます。

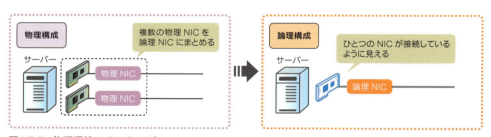

図6.7.5 ● 物理環境のチーミング

物理環境で使用できるチーミングの方式は、OS ごとにいろいろと用意されていますが、その中でも一般的に使用することが多いのは「**フォールトトレランス**」「**ロードバランシング**」「**リンクアグリゲーション**」の 3 種類です。このうちのどれを使用するかは要件次第ですが、筆者の経験では、通信経路がわかりやすく、管理しやすいフォールトトレランスが多い気がします。

6-7 冗長化プロトコル

カテゴリー	フォールトトレランス	ロードバランシング	リンクアグリゲーション
概要	アクティブ/スタンバイに構成する	アクティブ/アクティブに構成する	リンクアグリゲーションを構成する
運用管理性	○ パケットがどの NIC を使用しているかわかりやすく、管理しやすい	△ パケットがどの NIC を使用しているかわからず、管理しづらい	△ パケットがどの NIC を使用しているかわからず、管理しづらい
帯域幅	△ アクティブ NIC しか使用しないため、本来の帯域幅より落ちる	○ すべての NIC を使用するため、本来の帯域幅をフルに使用できる	○ すべての NIC を使用するため、本来の帯域幅をフルに使用できる
スイッチの設定	不要	不要	必要 スイッチにもリンクアグリゲーションの設定が必要

表6.7.1 ● 3種類のチーミング

■ 仮想化環境におけるチーミング

仮想化されたサーバーやネットワーク機器（仮想マシン）は、仮想化ソフトウェア上で動作する仮想スイッチに接続し、それに紐づく物理 NIC 経由でネットワークに接続します。仮想化環境のチーミングは、通信を複数の物理 NIC に分散することによって実現しています。

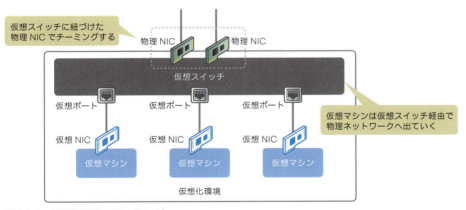

図6.7.6 ● 仮想化環境のチーミング

　仮想化環境のチーミングにもいくつかの方式があり、たとえば VMware 社の仮想化ソフトウェア vSphere 6.7 の仮想スイッチであれば、「明示的なフェイルオーバー順序を使用」「送信元ポート ID に基づいたルート」「送信元 MAC ハッシュに基づいたルート」「IP ハッシュに基づいたルート」の4種類があります。

　このうち最もよく使用される方式がポート ID です。仮想化ソフトウェアは、仮想スイッチに仮想マシンが接続されると、仮想ポートにポート ID という識別子を割り当てます。このポート ID ごとに使用する物理 NIC を選択し、割り当てた物理 NIC 数分の帯域拡張を図ります。

417

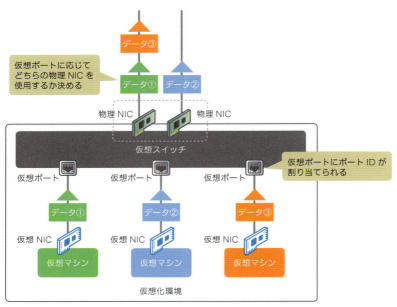

図6.7.7 ● ポートIDによる負荷分散

方式	説明
明示的なフェイルオーバー順序を使用	アクティブ / スタンバイに構成する
送信元ポート ID に基づいたルート	仮想ポートの ID をもとに使用する物理 NIC を決める
発信元 MAC ハッシュに基づいたルート	パケットの送信元 MAC アドレスをもとに使用する物理 NIC を決める
IP ハッシュに基づいたルート	パケットの送信元 IP アドレスと宛先 IP アドレスをもとに使用する物理 NIC を決める

表6.7.2 ● チーミング方式（VMware社のvSphereの場合）

■ バーチャルシャーシ（筐体の冗長化）

　複数の物理スイッチをひとつの論理スイッチにまとめる技術を、**「バーチャルシャーシ」**といいます。バーチャルシャーシを使用すると、複数の物理スイッチの設定情報がひとつになるため、スイッチごとに設定を投入したり、確認したりする必要がなくなります。また、MC-LAG と同じように、物理スイッチをまたいでリンクアグリゲーションできるため、帯域拡張しながら、筐体の冗長性を確保することができます。

　バーチャルシャーシは、IEEE や RFC で標準化されているわけではなく、ベンダーごとに独自実装されています。たとえば、Cisco 社の Catalyst 9300 シリーズでは「StackWize テクノロジー」、アライドテレシス社では「バーチャルシャーシスタック」として実装されています。

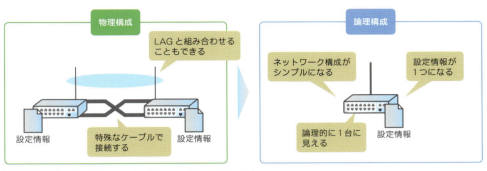

図6.7.8 ● バーチャルシャーシ（Catalyst 3850の場合）

6.7.2 データリンク層の冗長化技術

データリンク層の冗長化技術は、「**STP**（Spanning-Tree Protocol）」という冗長化プロトコルを使用することによって実現します。STP は、物理的にループしているネットワークのどこかのポートをブロックして、論理的なツリー構成を作るプロトコルです。STP は隣接スイッチ間で「**BPDU**（Bridge Protocol Data Unit）」という特殊なイーサネットフレームをやりとりしあって、ツリー構成の根っことなる「**ルートブリッジ**」と、パケットを流さない「**ブロッキングポート**」を決定します。パケットが流れる経路のどこかで障害が発生すると、ブロッキングポートを解放し、迂回経路を確保します。

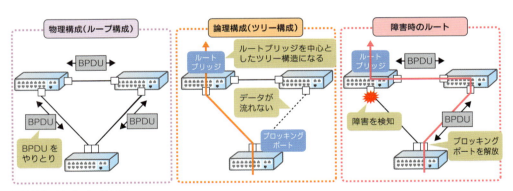

図6.7.9 ● スパニングツリー

STP は、「**STP**」「**RSTP**（Rapid STP）」「**MSTP**（Multiple STP）」の 3 種類に分類できます。STP は IEEE802.1d で標準化されているプロトコルで、STP の原点です。STP は、障害が発生したとき「n 秒待ったら○をして、m 秒待ったら△をする」といった感じで処理を行うため、迂回経路を確保するまでに時間がかかります。そこで、この弱点を補う形で策定されたプロトコルが RSTP です。IEEE802.11w で標準化されています。RSTP は「○が起きたら□をして、□をしたら△をする」といった感じで、途中で待つことなくどんどん処理を行うため、即座に迂回経路を確保できます。しかし、片方の経路にトラフィックが偏っ

てしまうため、効率が良いとは言えません。そこで、この弱点を補う形で策定されたプロトコルが MSTP です。IEEE802.1s で標準化されています。MSTP は、VLAN を「**インスタンス**」というグループにまとめ、インスタンスごとにルートブリッジとブロッキングポートを作ることによって、経路の負荷分散を図ることができます。

STPの種類	STP	RSTP	MSTP
プロトコル	IEEE802.1d	IEEE802.1w	IEEE802.1s
収束時間	遅い	速い	速い
収束方式	タイマーベース	イベントベース	イベントベース
BPDU の単位	VLAN	VLAN	インスタンス
ルートブリッジの単位	VLAN	VLAN	インスタンス
ブロッキングポートの単位	VLAN	VLAN	インスタンス
負荷分散	不可[*1]	不可[*2]	インスタンス単位で可能

[*1]：Cisco 社製のスイッチの場合、STP を独自に拡張した「PVST+」を使用できます。PVST+ は VLAN ごとにルートブリッジとブロッキングポートを決めて、トラフィックを負荷分散できます。
[*2]：Cisco 社製のスイッチの場合、RSTP を独自に拡張した「PVRST+」を使用できます。PVRST+ も VLAN ごとにルートブリッジとブロッキングポートを決めて、トラフィックを負荷分散できます。

表6.7.3 ● STPの種類

■ ループ防止プロトコル

　ここまで、STP がどのように経路を冗長しているか説明してきました。しかし、実際のところ、最近は MC-LAG やバーチャルシャーシを駆使したネットワーク構成が隆盛を極めていて、冗長化プロトコルとしての STP はもはや過去のものになりつつあります。最近は STP を冗長化プロトコルとしてではなく、「**ブリッジングループ**」を防止するループ防止プロトコルとして使用することのほうが多くなってきています。

■ ブリッジングループ

　ブリッジングループは、イーサネットフレームが経路上をぐるぐる回る現象です。人によって「L2 ループ」や、単に「ループ」と言ったりしますが、意味はすべて同じです。ブリッジングループは、ネットワークの物理的、あるいは論理的なループ構成が原因で発生します。L2 スイッチは、ブロードキャストをフラッディングするようにできています。したがって、ループするような経路があると、ブロードキャストがぐるっと一周し、またフラッディングするという動作を延々と繰り返します。この動作によって、最終的に通信不能の状態に陥ります。

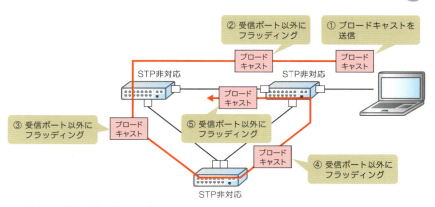

図6.7.10 ● ブリッジングループ

■ BPDU ガード

<mark>ブリッジングループは、IP ヘッダーにあるような TTL（Time To Live）の概念がないイーサネットを使用しているかぎり、避けては通れない大きな問題です。</mark>うまく予防し、付き合っていくしかありません。その予防策のひとつが「**BPDU ガード**」です。

　STP を有効にしているスイッチのポートは、ツリー構成を作る計算を行うため、パケットを転送できるようになるまでに通常 50 秒くらい時間がかかります。しかし、PC やサーバーが接続されるポートでは、その計算をする必要がないため、接続と同時にパケットを転送できるように「**PortFast**」という設定を行います。BPDU ガードは、PortFast を設定しているポートで BPDU を受け取ったときに、そのポートを強制的にダウンさせる機能です。ネットワークがループしていると、意図しない BPDU が PortFast を設定したポートに飛んできます。それを BPDU ガードで捕捉し、シャットダウンします。シャットダウンさえしておけば、ループ構成にはならず、ブリッジングループの心配はありません。

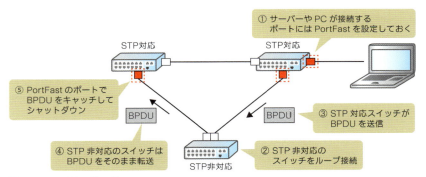

図6.7.11 ● BPDUガード

　BPDU ガードの他には、次表のようなブリッジングループ防止機能があります。これらの機能を併用したり、使用しないポートはシャットダウンしたりして、ブリッジングループの防止を図っていきます。

L2ループ防止機能	各機能の概要
ストームコントロール	インターフェース上を流れるパケットの量がしきい値を超えたら、超えた分のパケットを破棄する
UDLD（単一方向リンク検出）	リンクアップ / リンクダウンを判別する L2 プロトコル。フレームを送信できるが受信できないという「単一方向リンク障害」を検出すると、ポートを即座にシャットダウンする
ループガード	STP で冗長化している構成において、ブロッキングポートで BPDU を受信できなくなったときに、フォワーディング状態にするのではなく、不整合ブロッキング状態へ移行する

表6.7.4 ● ブリッジングループ防止機能

> **NOTE**
>
> ### ループの原因のほとんどは配線ミス
>
> ブリッジングループの原因のほとんどがユーザーによる人為的な配線ミスです。「ポートが空いてるから、家で余ってるスイッチつないじゃおうかな」「お、2 ポート空いてるな。なんか速くなりそうだから、2 ポートともつないじゃえ」「えいっ！」、そんな感じの軽いノリです。そして、そういう機器に限って、BPDU を破棄してしまい、BPDU ガードが機能しません。その結果、あっという間にパケットがループして、LAN 全体が通信不能に陥ります。始末書です。

6.7.3 ネットワーク層の冗長化技術

　ネットワーク層の冗長化技術は、「**FHRP**（First Hop Redundancy Protocol）」を使用することによって実現します。FHRP は、PC やサーバーにとってのファーストホップ、つまりルーターを冗長化するときに使用するプロトコルです。

　FHRP は、同じ IP ネットワークにいる複数のルーターのインターフェースを、「**FHRP グループ**」というグループに入れて、ひとつの仮想的なルーターのように動作させる技術です。FHRP グループに入ったインターフェースは、それぞれが持つ IP アドレス（実 IP アドレス）/MAC アドレス（実 MAC アドレス）とは別に、グループみんなで共有する IP アドレス（仮想 IP アドレス）/MAC アドレス（仮想 MAC アドレス）を持ち、定期的に送信する生死監視パケットでお互いの状態を監視します。また、それに含まれるプライオリティ（優先度）を比較して、最も大きいルーターを「**アクティブルーター**（マスタールーター）」、それ以外のルーターを「**スタンバイルーター**（バックアップルーター）」にします。

　FHRP は、アクティブルーターだけが仮想 IP アドレスへの ARP Request に仮想 MAC アドレスを ARP Reply することによって、通信経路を制御します。PC やサーバーのデフォルトゲートウェイを仮想 IP アドレスに設定すると、アクティブルーターだけがデフォルトゲートウェイに対する ARP Request に対して、仮想 MAC アドレスを ARP Reply し、ユーザーパケットを処理します。

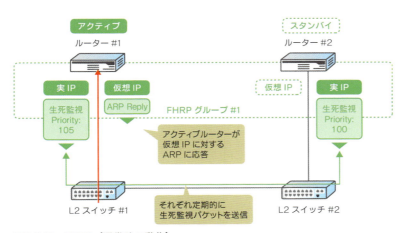

図6.7.12 ● FHRP（通常時の動作）

　スタンバイルーターは、生死監視パケットを受け取れなくなったり、プライオリティの低い生死監視パケットを受け取ったりすると、GARPを送信して、自分がアクティブルーターに昇格したことを同じネットワークにいる端末に通知します。このアクティブルーターが切り替わる動作のことを「**フェイルオーバー**」といいます。新アクティブルーターは、旧アクティブルーターと同じように、仮想IPアドレスに対するARP Requestに対して仮想MACアドレスをARP Replyし、ユーザーパケットを処理します。

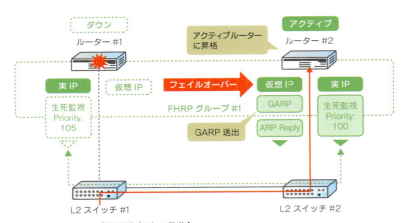

図6.7.13 ● FHRP（機器障害時の動作）

　現場で使用するFHRPには、大きく「**HSRP**（Hot Standby Router Protocol）」と「**VRRP**（Virtual Router Redundancy Protocol）」の2種類があります。両者にそこまで大きな違いはありませんが、次表のように、デフォルト値や呼び名が微妙に異なります。Cisco社製のルーターやL3スイッチを使用している環境であればHSRP、それ以外の環境であればVRRPを使用することが多いでしょう。

FHRPの種類	HSRP	VRRP
関連する RFC	RFC2281	RFC5798
グループの名称	HSRP グループ	VRRP グループ
グループ ID（識別子）の名称	グループ ID	バーチャルルーター ID
グループを構成する機器の名称	アクティブルーター スタンバイルーター	マスタールーター バックアップルーター
生死監視パケットの名称	Hello パケット	Advertisement パケット
生死監視パケットで使用するマルチキャストアドレス	224.0.0.2（HSRPv1） 224.0.0.102（HSRPv2） ff02::66（HSRPv2）	224.0.0.18 ff02::12
生死監視パケットの送信間隔	3 秒	1 秒
生死監視パケットのタイムアウト	10 秒	3 秒
仮想 IP アドレス	実 IP アドレスとは別で設定	実 IP アドレスと同じ IP アドレスを設定可能
仮想 MAC アドレス	00:00:0c:07:ac:xx（HSRPv1） 00:00:0c:9f:fx:xx（HSRPv2）[*1]	00:00:5e:00:01:xx（IPv4） 00:00:5e:00:02:xx（IPv6）[*2]
自動フェイルバック機能 （Preempt 機能）	デフォルト無効	デフォルト有効
認証機能	あり	あり

＊1：xx はグループ ID を 16 進数に変更した値
＊2：xx はバーチャル ID を 16 進数に変更した値

表6.7.5 ● HSRPとVRRP

■ トラッキング

アクティブルーターとスタンバイルーターは、生死監視パケットに含まれるプライオリティによって決まります。この仕組みは一見するとシンプルでわかりやすいですが、ネットワーク構成によってはルーター自体が完全にダウンしないと、入口と出口の FHRP グループのアクティブルーターに不整合が発生し、通信経路を確保できない場合があります。そこで、このような状況を回避するために、FHRP にはインターフェースの状態や ping の応答結果などを監視し、プライオリティを制御する「**トラッキング**」という機能があります。トラッキングは、英語で「追跡」という意味です。FHRP のトラッキングは、監視オブジェクトの状態を追跡して、プライオリティを制御することによって、フェイルオーバーを促し、通信経路を確保します。

言葉だけだとイメージが湧きづらいと思いますので、次図のようなネットワーク構成を例に、トラッキングがどのように働くかを見ていきましょう。このネットワーク構成は、トラッキングを設定しないと、WAN 側インターフェースにリンク障害が発生しても、LAN 側インターフェースの FHRP グループにフェイルオーバーが発生しないため、通信経路を確保できません。WAN 側インターフェースのリンク状態をトラッキングしておくと、WAN 側インターフェースのリンク障害とともに、LAN 側 FHRP グループのプライオリティが下がり、フェイルオーバーが発生するようになるため、通信経路を確保することができます。

6-7 冗長化プロトコル

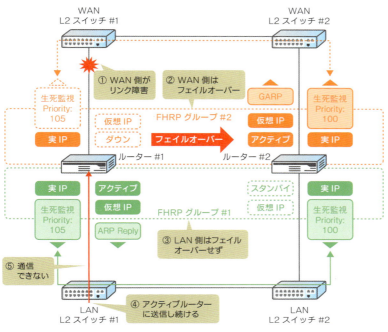

図6.7.14 ● トラッキングなし（リンク障害時の動作）

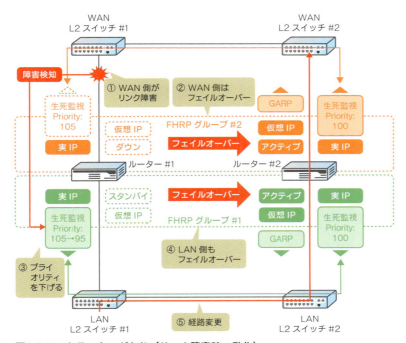

図6.7.15 ● トラッキングあり（リンク障害時の動作）

■ ファイアウォールの冗長化技術

　ファイアウォールの冗長化技術の基本的な動作は、FHRPとそこまで大きくは変わりません。通常時はアクティブファイアウォールが仮想IPアドレスに対するARP Requestに対して、仮想MACアドレスでARP Replyし[1]、アクティブファイアウォールのみがパケットを処理します。また、アクティブファイアウォールに障害が発生すると、スタンバイファイアウォールがアクティブファイアウォールに昇格し、パケットを処理するようになります。FHRPとの違いは「**同期技術**」と「**フェイルオーバートリガー**」です。

> [1]：ファイアウォールの機種によっては、実IPアドレスを仮想IPアドレスとして使用したり、仮想MACアドレスを手動でしないといけなかったりします

■ 同期技術

　FHRPは、生死監視パケットでお互いの状態を監視しているものの、基本的には独立して動作し、設定も別々のものを持ちます。一方、ファイアウォールの冗長化技術は、アクティブファイアウォールが処理したコネクション情報をスタンバイファイアウォールに同期します。これにより、アクティブファイアウォールに障害が発生したとしても、スタンバイファイアウォールですぐにパケットを処理し続けられるようになっています。また、仮想IPアドレスやフィルターテーブルなど、共有しておく必要がある設定を同期し、両機器の設定に不整合が発生しないようになっています。

　さて、ファイアウォールの同期パケットは、お互いの生死状態だけではなく、コネクション情報や設定情報など、たくさんの情報をリアルタイムにやりとりするため、FHRPの生死監視パケットよりも帯域を消費しやすい傾向にあります。そこで、ほとんどの場合、両機器を直接接続したり、同期パケット専用のスイッチに接続したりして、ユーザーのパケットとは別の経路を設けることが多いでしょう。また、ファイアウォールの同期パケットは、そのやりとりによっては、リソースを消費しやすい傾向にあります。最近のアプリケーションは接続できなかったら、すぐにリトライするような機構を備えていたりするため、必ずしもすべての同期技術が有効とは限りません。アプリケーションの挙動やリソースの負荷状況のバランスを考慮しつつ、使用するかどうかを見極める必要があるでしょう。

■ フェイルオーバートリガー

　どの情報をもってフェイルオーバーを発動するか。これがフェイルオーバートリガーです。FHRPは、トラッキングで一定の監視オブジェクトを定義できるようにはなっているものの、柔軟性に欠けていたり、設定が複雑だったり、必ずしも使い勝手がよいとはいえませんでした。ファイアウォールは、インターフェースの状態だけでなく、サービスの状態やハードウェアの状態など、いろいろな情報をもとにフェイルオーバーを発動することができ、使い勝手が大幅に向上しています。

6-7 冗長化プロトコル

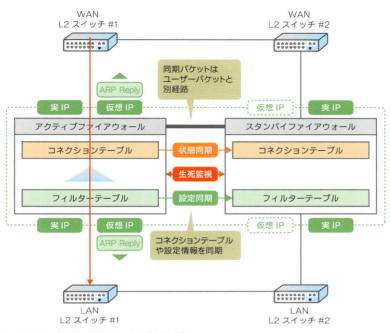

図6.7.16 ● 状態や設定を同期（通常時）

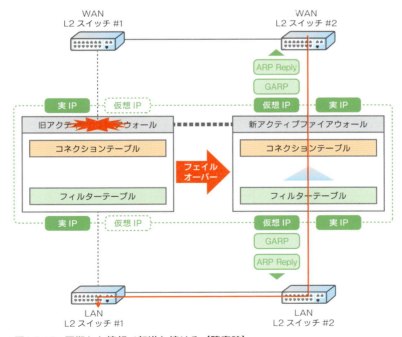

図6.7.17 ● 同期した情報で転送し続ける（障害時）

■ 負荷分散装置の冗長化技術

　負荷分散装置の冗長化技術は、ファイアウォールの冗長化機能にアプリケーションレベルの同期技術を加えることにより、より高次元の冗長化を実現しています。基本的な動作はファイアウォールとそこまで大きくは変わりません。異なるのは同期の範囲だけです。負荷分散装置は、やりとりされているパケットのコピーやパーシステンスの情報などをスタンバイ負荷分散装置に同期することによって、たとえフェイルオーバーが発生しても、アプリケーションとしての整合性を保てるようにします。

　さて、負荷分散装置の同期パケットは、お互いの生死監視やコネクション情報、設定情報に加えて、やりとりされているパケットのコピーをそのままスタンバイ負荷分散装置に転送するため、ファイアウォールの同期パケットよりもさらに帯域を消費しやすい傾向にあります。そこで、ほとんどの場合、ファイアウォールと同じように、両機器を直接接続したり、同期パケット専用のスイッチに接続したりして、ユーザーパケットとは別の経路を設けることが多いでしょう。また、負荷分散装置の同期パケットは、そのやりとりによっては、ファイアウォールの同期パケットよりもさらにリソースを消費しやすい傾向にあります。最近のアプリケーションは接続できなかったら、すぐにリトライするような機構を備えていたりするため、必ずしもすべての同期技術が有効とはかぎりません。アプリケーションの挙動やリソースの負荷状況のバランスを考慮しつつ、使用するかどうかを見極める必要があるでしょう。

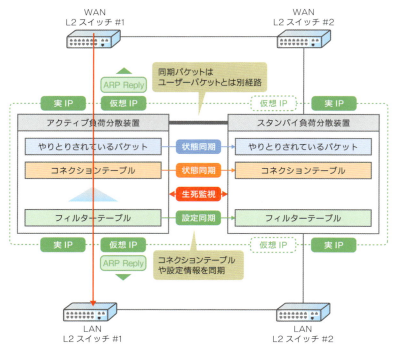

図6.7.18 ● 状態や設定を同期（通常時）

6-7 冗長化プロトコル

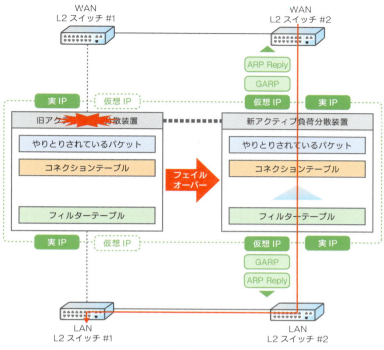

図6.7.19 ● 同期した情報で転送し続ける（障害時）

chapter 6-8 ALG プロトコル

　ほとんどのアプリケーションは、たとえば SSH であれば TCP の 22 番、HTTPS であれば TCP の 443 番という具合に、同じ宛先ポート番号を使い続けて通信します。しかし、すべてのアプリケーションが同じように、素直に通信しているかといえば、必ずしもそうではありません。いくつかのプロトコルは、最初にアプリケーションレベルで使用するポート番号を動的に決定し、途中からポート番号を切り替えて通信します。このような特殊なプロトコルのことを「**ALG プロトコル**」といいます。ALG プロトコルの「ALG」とは、Application Level Gateway[1] の略で、アプリケーションレベルの情報をもとに通信を制御する、ファイアウォールや負荷分散装置の機能のことです。通信途中でポート番号が変わってしまうようなプロトコルをファイアウォールや負荷分散装置で処理するには、ALGの機能が必要です。

＊1：Application Layer Gateway と言う人もいますが、同じ機能を表していると考えて問題ありません。

ALGプロトコル	最初のポート番号	説明
FTP（File Transfer Protocol）	TCP/21	TCP でファイル転送を行うプロトコル。コントロールコネクションとデータコネクションを作る
TFTP（Trivial File Transfer Protocol）	UDP/69	UDP でファイル転送を行うプロトコル。Cisco 社製の機器の OS をアップロードしたりする、PXE（p.432）によるネットワークインストールのときに、よく使用する
SIP（Session Initiation Protocol）	TCP/5060、UDP/5060	IP 電話の呼制御を行うプロトコル。あくまで呼制御のみを行い、電話の音声は RTP（Real-time Transport Protocol）など、別のプロトコルを使用して転送する
RTSP（Real Time Streaming Protocol）	TCP/554	音声や動画をストリーミングするときに使用するプロトコル。古いプロトコルなので、最近はあまり使用されていない
PPTP（Point-to-Point Tunneling Protocol）	TCP/1723	リモートアクセス VPN で使用するプロトコル。データ転送は「GRE（Generic Routing Encapsulation）」という別プロトコルを使用して行う。データが暗号化されていないため、最近は IPsec に置き換えられ気味。macOS での対応も打ち切られた

表6.8.1 ● **代表的なALGプロトコル**

6.8.1　FTP

　「**FTP（File Transfer Protocol）**」は、その名のとおり、ファイル転送用のアプリケーションプロトコルです。もともと RFC959「FILE TRANSFER PROTOCOL (FTP)」で標準化され、その後いろいろな機能が追加されています。暗号化機能を備えていないため[1] セキュリティ上の問題がありますが、古くからある伝統的なプロトコルということもあって、いろいろな OS で安定的に使用できるため、意外とまだまだ現役で活躍しています。

　FTP は、「**コントロールコネクション**」と「**データコネクション**」というふたつのコネク

430

ションを組み合わせて使用します。コントロールコネクションは、アプリケーション制御に使用するTCPの21番のコネクションです。このコネクションを使用して、コマンドを送信したり、その結果を返したりします。データコネクションは、実際のデータ転送に使用するコネクションです。コントロールコネクション上で送られたコマンドごとにデータコネクションを作り、その上でデータを送受信します。

＊1：FTPをSSL/TLSで暗号化する「FTPS（FTP over SSL/TLS）」もありますが、使い勝手がよいとは言えず、実務の現場ではあまり使用されていません。FTPSを使用するよりも、むしろSFTP（p.401）を使用することのほうが多いでしょう。SFTPはSSHのファイル転送機能をFTPに似せて作ったものです。FTPとはプロトコルとして直接的な関係はありません。

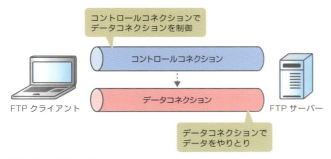

図6.8.1 ● FTPはふたつのコネクションを使用する

FTPには「**アクティブモード**」と「**パッシブモード**」というふたつの転送モードがあり、データコネクションの作り方や使用するポート番号が異なります。

アクティブモードは、サーバーからクライアントに対してデータコネクションを作ります。アクティブモードのデータコネクションは、送信元ポート番号にTCPの20番、宛先ポート番号にコントロールコネクションでクライアントから通知されたものを使用します。

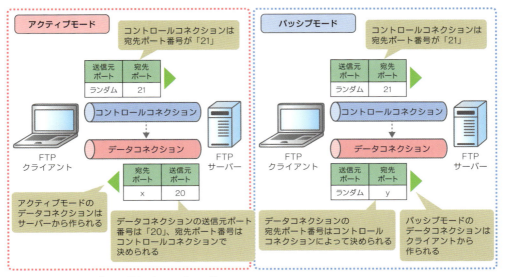

図6.8.2 ● アクティブモードとパッシブモード

一方、パッシブモードは、クライアントからサーバーに対してデータコネクションを作ります。パッシブモードのデータコネクションは、送信元ポート番号にランダムな番号、宛先ポート番号にコントロールコネクションでサーバーから通知されたものを使用します。

6.8.2　TFTP

　「**TFTP**（Trivial File Transfer Protocol）」は、UDPでファイルを転送するためのプロトコルです。RFC1350「THE TFTP PROTOCOL (REVISION 2)」で標準化されています。TFTPは、認証機能も暗号化機能も持っていないため、インターネット環境で使用するようなことはほぼありません。TFTPが活躍するところといえば、ネットワーク機器のファームウェアのバージョンアップや、PXE（Preboot eXecution Environment）[1]によるOSのネットワークインストールでしょう。プログラムコード自体が小さく、動作が軽いため、少ないリソースでTFTPソフトウェアを立ち上げることができ、特定用途で重宝します。

＊1：サーバーからOSイメージを読み込んで、ネットワーク経由でOSをインストールする機能。DHCPでIPアドレスを取得した後、TFTPを利用してイメージをダウンロードし、インストールを実行します。

図6.8.3 ● TFTP

　TFTPは、最初のリクエストの宛先ポート番号はUDPの69番に固定されていますが、その後の処理のポート番号が動的に変わるため、途中にファイアウォールや負荷分散装置がいる場合はALGの処理が必要になります。

① TFTPクライアントがTFTPサーバーにリクエストを実行します。送信元ポート番号はランダム、宛先ポート番号はUDPの69番です。

② TFTPサーバーは指定されたファイルを転送します。送信元ポート番号はランダム、宛先ポート番号は①の送信元ポート番号です。

③ TFTPクライアントはUDPで確認応答パケット（ACK）を返します。

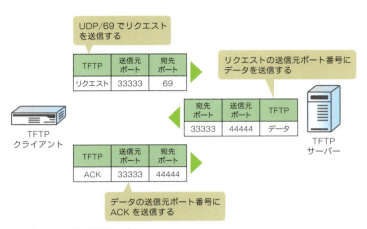

図6.8.4 • TFTPの処理の流れ

6.8.3 SIP

「**SIP**（Session Initiation Protocol）」は、IP 電話の呼制御を行うプロトコルです。「呼制御」とは、電話をかけたり、切ったりするための処理のことです。IP 電話は SIP で SIP サーバーに電話をかけ、「**RTP**（Real-time Transport Protocol）」という別のプロトコルで相手と直接（ピアツーピアで）音声や動画をやりとりします。

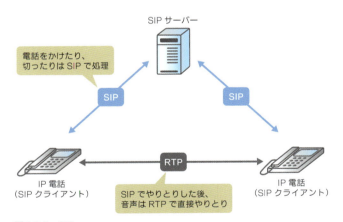

図6.8.5 • SIP

SIP は、RFC3261「SIP: Session Initiation Protocol」で標準化されているプロトコルです。TCP と UDP のどちらも使用することができますが、ほとんどの場合 UDP を使用します。SIP のメッセージは、HTTP/1.1 ととてもよく似ているテキスト形式で、IP 電話の IP アドレスやポート番号が格納されています。では、IP 電話 A から IP 電話 B に電話をかけた場合を例に、SIP から RTP に移行するまでの流れを見ていきましょう。

① IP 電話は起動すると同時に、SIP サーバーに自分自身の IP アドレスや電話番号を登録しにいきます。

② SIP サーバーはその情報をデータベースに登録します。

③ IP 電話 A が IP 電話 B に電話をかけます。すると、SIP サーバーに発信メッセージが送信されます。

④ SIP サーバーはデータベースを検索し、IP 電話 B の IP アドレスに発信メッセージを転送します。

⑤ IP 電話 B が電話を取ります。すると SIP サーバーに応答メッセージが送信されます。

⑥ SIP サーバーは応答メッセージを IP 電話 A に転送します。

⑦ お互いの IP アドレスを知ることができたので、RTP で直接やりとりします。

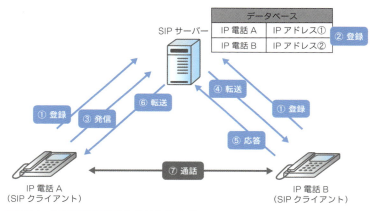

図6.8.6 ● IP電話で話せるようになるまで

　ファイアウォールや負荷分散装置の ALG は、SIP メッセージに含まれる IP アドレスやポート番号を見て、RTP の経路を開きます。

INDEX

記号・数字

::/0	184
::/128	184
::1/128	184
::ffff:0:0/96	184
:authority ヘッダー	316
:method ヘッダー	316
:path ヘッダー	316
:scheme ヘッダー	316
:status ヘッダー	317
0.0.0.0/0	170, 188, 207
1:1 NAT	217
100.64.0.0/10	168
10 進数表記	164
127.0.0.1/8	171
2.4GHz 帯	76
2000::/3	182
2001:db8::/32	184
255.255.255.255/32	171
3 ウェイハンドシェイク	277, 287
4 ウェイハンドシェイク	285
5GHz 帯	78
64:ff9b::/96	184
6GHz 帯	79

A・B・C

AAAA レコード	383
Accept-Charset ヘッダー	324
Accept-Encoding ヘッダー	324, 327
Accept-Language ヘッダー	324, 326
Accept-Ranges ヘッダー	324
Accept ヘッダー	324, 325
ACK（Acknowledge）番号	271
ACK フラグ	273
ACK フレーム	109
AD（Administrative Distance）値	207
AEAD（Authenticated Encryption with Associated Data）	355
AES（Advanced Encryption Standard）	129
AES-256	130
Age ヘッダー	328
AH（Authentication Header）	251
Alert Description	361
Allow ヘッダー	332
ALPN（Application-Layer Protocol Negotiation）	318
APOP（Authenticated Post Office Protocol）	393
ARP Reply	139
ARP Request	139
ARP（Address Resolution Protocol）	136
〜のキャッシュ機能	142
〜のフレームフォーマット	137
ARP テーブル	139
AS（Autonomous System）	196
AS 番号	47, 201
Authorization ヘッダー	334
Auto MDI/MDI-X 機能	63
A レコード	383
BGP（Border Gateway Protocol）	201
Bluetooth	86
BPDU ガード	421
CA（Certification Authority）	348
Cache-Control ヘッダー	328, 329
ccTLD（country code Top Level Domain）	377
CDN（Content Delivery Network）	52, 387
CDP（Cisco Discovery Protocol）	412
Certificate	360, 369
Certificate Request	360
Certificate Verify	360
CGNAT（Carrier Grade NAT）	219
Change Cipher Spec レコード	360, 371
CHAP（Challenge Handshake Authentication Protocol）	148
Child SA	251
CIDR（Classless Inter-Domain Routing）	166
CIDR 表記	164
CLI（Command Line Interface）	396
Client Hello	360, 367
Client Key Exchange	360, 370
client random	367
CNAME レコード	383
CNSA（Commercial National Security Algorithm）	130
Connection ヘッダー	332
CONNECT メソッド	312
Content-Encoding ヘッダー	324, 327
Content-Language ヘッダー	324
Content-Length ヘッダー	324, 328
Content-Range ヘッダー	324
Content-Type ヘッダー	324
Cookie パーシステンス	344
Cookie ヘッダー	334, 335
CSMA/CA（Carrier Sense Multiple Access/Collision Avoidance）	114
〜の RTS/CTS モード	116
〜の基本モード	114
CSMA/CD（Carrier Sense Multiple Access with Collision Detection）	71
CSR（Certificate Signing Request）	363, 364
CTS（Clear To Send）フレーム	116
CUBIC	284
CWR フラグ	273

435

D・E・F

DAD (Duplicate Address Detection) ……………… 240
DATA フレーム ……………………………………… 315
Date ヘッダー ……………………………………… 320
Deauth 攻撃 ………………………………………… 130
DELETE メソッド …………………………………… 312
Destination Unreachable (ICMPv4) ……… 233, 235
Destination Unreachable (ICMPv6) …………… 240
DF (Don't Fragment) ビット ……………………… 159
DFS (Dynamic Frequency Selection) 機能 …… 78
DHCPv4 (Dynamic Host Configuration Protocol version 4)
…………………………………………………………… 213
DHCPv6 (Dynamic Host Configuration Protocol version 6)
…………………………………………………………… 214
DHCP リレーエージェント ………………………… 216
DHE (Diffie-Hellman Ephemeral) ……………… 350
DH パラメーター …………………………………… 350
DIFS (DCF Interframe Space) …………………… 115
DL (Down Link) MU-MIMO ……………………… 119
DMZ (DeMilitarized Zone) ………………………… 49
DNS (Domain Name System) …………………… 376
　　　～のメッセージフォーマット ……………… 385
DNS64/NAT64 ……………………………………… 228
DNS キャッシュ …………………………………… 379
DNS クライアント ………………………………… 380
DNS サーバー ……………………………………… 380
DNS ラウンドロビン ……………………………… 386
DSCP (Differentiated Services Code Point) … 158
DS-Lite (Dual-Stack Lite) ………………………… 230
DS レコード ………………………………………… 383
Duration/ID ………………………………………… 109
Dynamic Ports …………………………………… 261
EAP (Extensible Authentication Protocol) …… 126
EAPoL (EAP over LAN) …………………………… 126
EAP-SIM/AKA ……………………………………… 127
EAP-TLS …………………………………………… 127
Early Retransmit …………………………………… 288
ECDHE (Elliptic Curve Diffie-Hellman Ephemeral) …… 350
ECE フラグ ………………………………………… 273
Echo Reply (ICMPv4) …………………… 233, 234
Echo Reply (ICMPv6) …………………………… 240
Echo Request (ICMPv4) ………………… 233, 234
Echo Request (ICMPv6) ………………………… 240
ECMP (Equal Cost Multi Path) ………………… 199
ECN (Explicit Congestion Notification) ……… 158
EGP (Exterior Gateway Protocol) ……………… 196
EIF (Endpoint Independent Filter) …………… 222
EIGRP (Enhanced Interior Gateway Routing Protocol)
…………………………………………………………… 200
EIGRP for IPv6 …………………………………… 200
EIM (Endpoint Independent Mapping) ……… 222
ESP (Encapsulating Security Payload) …… 153, 251
ETag ヘッダー ………………………………… 328, 330
Expect ヘッダー …………………………………… 324
Expires ヘッダー …………………………………… 328
Facility ……………………………………………… 410

fc00::/7 ……………………………………………… 182
FCS (Frame Check Sequence) ……………… 94, 113
fe80::/10 …………………………………………… 183
ff:ff:ff:ff:ff:ff ……………………………………… 98
ff00::/8 ……………………………………………… 185
FHRP (First Hop Redundancy Protocol) ……… 422
Finished …………………………………… 360, 371
FIN フラグ ………………………………………… 273
Forwarded ヘッダー ……………………………… 332
FQDN (Fully Qualified Domain Name) ……… 377
From ヘッダー ……………………………………… 324
FTP (File Transfer Protocol) …………………… 430

G・H・I

GARP (Gratuitous ARP) ………………………… 144
GET メソッド ……………………………………… 312
GRE (Generic Routing Encapsulation) ……… 151
gTLD (generic Top Level Domain) …………… 377
GUI (Graphical User Interface) ………………… 396
HEADERS フレーム ……………………………… 315
HEAD メソッド …………………………………… 312
Hello Request ……………………………………… 360
Hidden Primary 構成 …………………………… 384
HoL (Head of Lock) ブロッキング …………… 303
hosts ファイル …………………………………… 379
Host ヘッダー ……………………………………… 320
HPACK ……………………………………………… 307
HSRP (Hot Standby Router Protocol) ………… 423
HTTP (Hypertext Transfer Protocol) ………… 299
　　　～のバージョン …………………………… 299
　　　～のメッセージフォーマット ……………… 310
HTTP/0.9 …………………………………………… 299
HTTP/1.0 …………………………………………… 300
HTTP/1.1 …………………………………………… 302
　　　～のステータスコード ……………………… 314
　　　～のメッセージフォーマット ……………… 310
　　　～のリーズンフレーズ ……………………… 314
HTTP/2 ……………………………………………… 305
　　　～の接続パターン ………………………… 317
　　　～のフレームの種類 ……………………… 315
　　　～のメッセージフォーマット ……………… 315
HTTP/2 オフロード ……………………………… 345
HTTP/3 ……………………………………………… 307
HTTPS (HyperText Transfer Protocol Secure) ……… 346
HTTPS レコード …………………………………… 383
HTTP バージョン ……………………………… 311, 314
HTTP ペイロード ………………………………… 310
HTTP ヘッダー ………………………………… 310, 319
HTTP ヘッダーパターン ………………………… 318
HTTP メッセージ ………………………………… 310
I/G ビット ………………………………………… 95
IANA (Internet Assigned Numbers Authority)
…………………………………………… 161, 168, 259
ICMP (Internet Control Message Protocol) …… 232
ICMPv4 のパケットフォーマット ……………… 232
ICMPv6 ……………………………………………… 238

● INDEX ●

〜のパケットフォーマット ･････････････ 238	
IEEE 802.11 ･･････････････････････ 75, 107	
IEEE 802.11a ･･･････････････････････････ 75	
IEEE 802.11ac ･･････････････････････････ 75	
IEEE 802.11ax ･･････････････････････････ 75	
IEEE 802.11g ･･･････････････････････････ 75	
IEEE 802.11n ･･･････････････････････････ 75	
IEEE 802.1q のフレームフォーマット ･････ 105	
IEEE 802.1x ･･･････････････････････････ 126	
IEEE 802.3 ･･･････････････････････････ 57, 91	
IEEE 802 委員会 ････････････････････････ 23	
IEEE（Institute of Electrical and Electronics Engineers） 23	
IETF（Internet Engineering Task Force）･･ 24	
If-Match ヘッダー ･････････････････ 324, 330	
If-Modified-Since ヘッダー ･･･････････ 324	
If-None-Match ヘッダー ･････････････ 324, 330	
If-Range ヘッダー ･･････････････････････ 324	
If-Unmodified-Since ヘッダー ･･････････ 324	
IGP（Interior Gateway Protocol）･･･････ 196	
IKE（Internet Key Exchange）･････････ 246	
IKE SA ････････････････････････････････ 251	
IKEv1 ･･････････････････････････････････ 247	
IKEv2 ･･････････････････････････････････ 249	
IMAP4（Internet Message Access Protocol version 4）393	
IMAP4S（IMAP4 over SSL/TLS）･･･････ 394	
IPoE（Internet Protocol over Ethernet）･･ 151, 230	
IPsec〔Security Architecture for Internet Protocol〕･･ 245	
IPsec SA ･･･････････････････････････････ 248	
IPv4（Internet Protocol version 4）････ 157	
〜のパケットフォーマット ･････････････ 157	
IPv4-IPv6 変換アドレス ･･････････････ 184	
IPv4 over IPv6 ･･･････････････････････ 229	
IPv4 アドレス ･････････････････････ 163, 165	
〜の重複検知 ･････････････････････ 144	
IPv4 射影アドレス ････････････････････ 184	
IPv4 マルチキャストの宛先 MAC アドレス ･･ 99	
IPv6（Internet Protocol version 6）････ 172	
〜のパケットフォーマット ･････････････ 172	
IPv6 over IPv4 ･･･････････････････････ 229	
IPv6 アドレス ･････････････････････ 175, 181	
〜の推奨表記 ･････････････････････ 177	
〜の重複検知 ･････････････････････ 240	
IPv6 マルチキャストの宛先 MAC アドレス ･･ 100	
IP アドレスとポート番号の表記方法 ･････ 261	
IP アドレスの割り当て方法 ･････････････ 211	
IP アドレスプール ････････････････････ 220	
IP フラグメンテーション ･･･････････････ 159	
IP ペイロード ･････････････････････････ 157	
IP ヘッダー ･･･････････････････････････ 157	
IP ルーティング ･･･････････････････････ 187	
ISAKMP SA（Internet Security Association and Key Management Protocol Security Association）････････ 247	
ISM バンド ････････････････････････････ 76	
ISN（Initial Sequence Number）･･･････ 270	

J・K・L

JPNIC（Japan Network Information Center）･･･････ 168
Keep-Alive ヘッダー ･･････････････････ 332
KRACK（Key Reinstallation AttaCK）････ 130
L2TP over IPsec ･････････････････････ 153
L2TP（Layer2 Tunneling Protocol）････ 152
L2 スイッチ ･･･････････････････････ 34, 100
L2 スイッチング ･･････････････････････ 100
L3 スイッチ ･･･････････････････････････ 37
L7 スイッチ ･･･････････････････････････ 41
LAN（Local Area Network）･････････････ 45
Last-Modified ヘッダー ･･･････････････ 328
LC コネクタ ･･･････････････････････････ 69
LLC（Logical Link Control）ヘッダー ･･･ 113
LLDP（Link Layer Discovery Protocol）･･ 412
Location ヘッダー ･･･････････････ 320, 321

M・N・O

MAC アドレス〔イーサネット〕 ･･･････････ 95
MAC アドレス〔Wi-Fi〕 ･････････････････ 110
MAC アドレステーブル ･････････････････ 100
MAC アドレスフィルタリング ･･････････ 134
MAC 鍵 ･･･････････････････････････････ 354
MAC 値 ･･･････････････････････････････ 354
MAP-E（Mapping of Addresses and Ports with Encapsulation）･･････････････････････ 230
Max-Forwards ヘッダー ･･････････････ 324
MC-LAG（Multi Chassis Link Aggregation）･･････ 415
MDI ポート ････････････････････････････ 62
MDI-X ポート ･･････････････････････････ 62
MF（More Fragments）ビット ･････････ 159
MIB（Management Information Base）････ 407
MIME（Multipurpose Internet Mail Extensions）タイプ
･････････････････････････････････････ 325
MIMO（Multi-Input Multi-Output）･･････ 84, 117
MPO（Multi-fiber Push On）ケーブル ････ 68
MPO コネクタ ････････････････････････ 70
MPTCP ･････････････････････････････ 288
MSS（Maximum Segment Size）･･･････ 274
MSTP（Multiple STP）････････････････ 419
MTU（Maximum Transmission Unit）･･ 93, 274
MU-MIMO ･･････････････････････････ 119
MX レコード ･･･････････････････････････ 383
NA（Neighbor Advertisement）パケット ･･ 240
Nagle アルゴリズム ･･････････････････ 288
NAPT（Network Address Port Translation）･･ 218
NAT（Network Address Translation）･･ 217
NAT テーブル ･･･････････････････････ 217
NAT トラバーサル ･･････････････････ 224, 253
NAV（Network Allocation Vector）･･ 109, 117
NDP（Neighbor Discovery Protocol）･･ 240, 243
NDP テーブル ･･･････････････････････ 243
NFV（Network Function Virtualization）･･ 44
NIC（Network Interface Card）･･･････････ 30
〜の冗長化 ･･･････････････････････ 416
NS（Neighbor Solicitation）パケット ･･････ 240

437

NSEC3 レコード	383
NS レコード	383
NTE（Network Termination Equipment）	150
NTP（Network Time Protocol）	405
OID（Object Identifier）	407
ONU（Optical Network Unit）	33
OpenFlow	51
OPTIONS メソッド	312
OSI 参照モデル	20
OSPF（Open Shortest Path Fast）	199
OSPFv2	199
OSPFv3	199
OUI（Organizationally Unique Identifier）	96

P・Q・R

P2P	222
PAP（Password Authentication Protocol）	148
PBA（Port Block Allocation）	221
PDU（Protocol Data Unit）	22
PEAP	127
PoE（Power over Ethernet）	105
PoE+	106
PoE++	106
POP before SMTP	391
POP3（Post Office Protocol version 3）	392
POP3S（POP3 over SSL/TLS）	393
POST メソッド	312
PPP（Point to Point Protocol）	146
PPPoE（Point to Point Protocol over Ethernet）	150
PPTP（Point to Point Tunneling Protocol）	151, 430
Private Ports	261
Proxy-Authenticate ヘッダー	334
Proxy-Authorization ヘッダー	334
PSH フラグ	273
PTR レコード	383
PUT メソッド	312
PXE（Preboot eXecution Environment）	432
QoS 制御	113
QUIC	307
qvalue	326
RA（Router Advertisement）	214, 241
RADIUS（Remote Authentication Dial In User Service）	126, 149
Range ヘッダー	324
RD（Route Distinguisher）	208
Redirect	233
Referer ヘッダー	320, 322
Registered Ports	260
RFC（Request For Comments）	24
RIP（Routing Information Protocol）	198
RIPng	198
RIPv2	198
RJ-45	60
RRSIG レコード	383
RS（Router Solicitation）	214, 241

RSA 暗号	352
RSA 公開鍵	352
RSA 署名	351
RSA 秘密鍵	352, 363
RSTP（Rapid STP）	419
RST フラグ	273
RTS（Request To Send）フレーム	116
RTSP（Real Time Streaming Protocol）	430

S・T・U

SACK（Selective Acknowledgment）	275
SCP（Secure CoPy）	401
SC コネクタ	69
SDN（Software Defined Network）	50
Server Hello	360, 368
Server Hello Done	360, 369
Server Key Exchange	360, 369
server random	368
Server ヘッダー	320, 322
Set-Cookie ヘッダー	334, 335
Severity	411
SFP+ モジュール	69
SFTP（SSH File Transfer Protocol）	401
SHA-256	351
SHA-384	351
SIFS（Short Interframe Space）	115
Silent Discard	266
SIP（Session Initiation Protocol）	430, 433
SLAAC（Stateless Address Auto Configuration）	214, 241
SMTP（Simple Mail Transfer Protocol）	389
SMTPS（SMTP over SSL/TLS）	392
SMTP 認証	390
SNMP（Simple Network Management Protocol）	406
SNMP Get	408
SNMP Set	408
SNMP Trap	409
SNMP エージェント	407
SNMP マネージャー	407
SOA レコード	383
SRv6（Segment Routing over IPv6）	174
SSH（Secure SHell）	399
SSID（Service Set IDentifier）	113, 124
SSL（Secure Socket Layer）	346
〜のバージョン	356
〜のレコードフォーマット	359
SSL 2.0	357
SSL 3.0	357
SSL オフロード	334, 374
SSL セッション	372
〜再利用	373
SSL ハンドシェイク	367
SSL ハンドシェイクパターン	318
SSL ペイロード	359
SSL ペイロード長	362
SSL ヘッダー	359

INDEX

SSL レコード	359
STARTTLS	391
STP（Spanning-Tree Protocol）	419
STP（Shielded Twisted Pair）ケーブル	60
Stratum	405
STUN（Session Traversal Utilities for NATs）	225
SU-MIMO	117
SYN フラグ	273
Syslog	410
System Ports	259
Tail Loss Probe	288
TCP（Transmission Control Protocol）	269
〜の状態遷移	277
〜のパケットフォーマット	269
TCP Fast Open	288
TCP Segmentation Offload	288
TCP/IP	7
TCP/IP 参照モデル	19
TCP コネクション	269
TCP セグメンテーション	275
TCP セグメント	269
TCP ペイロード	269
TCP ヘッダー	269
Telnet	397
TE ヘッダー	324
TFTP（Trivial File Transfer Protocol）	430, 432
Time Exceeded	233
Time-to-live exceeded	235
TKIP（Temporal Key Integrity Protocol）	129
TLS（Transport Layer Security）	346
TLS 1.0	358
TLS 1.1	358
TLS 1.2	358
TLS 1.3	309, 358
ToS（Type of Service）	158
traceroute コマンド	237
tracert コマンド	237
TRACE メソッド	312
Trailer ヘッダー	324
Transfer-Encoding ヘッダー	324
TTL（Time To Live）（IPv4）	160, 235
TTL（Time To Live）（DNS）	382
TURN（Traversal Using Relay around NAT）	226
TXT レコード	383
U/L ビット	96
UAA（Universally Administered Address）	97
UDP（User Datagram Protocol）	257
〜のパケットフォーマット	257
UDP データグラム	257
UDP データグラム長	258
UDP ペイロード	257
UDP ヘッダー	257
UL（Up Link）MU-MIMO	119
Upgrade ヘッダー	318, 332
UPnP（Universal Plug and Play）	225

URG フラグ	273
URI（Uniform Resource Identifier）	312
User Ports	260
User-Agent ヘッダー	320, 323
UTP（Unshielded Twisted Pair）ケーブル	59

V・W・X・Z

Vary ヘッダー	328
Via ヘッダー	332
Virtual Host	320
VLAN（Virtual LAN）	103
VLAN ID	103
VLAN タグ	104
VNE（Virtual Network Enabler）	151
VRF（Virtual Routing and Forwarding）	208
VRRP（Virtual Router Redundancy Protocol）	423
VXLAN	51
WAF（Web Application Firewall）	40
WAN（Wide Area Network）	47
WDS（Wireless Distribution System）モード	111
Web 認証	134
Web メール	395
Well Known Ports	259
WEP（Wired Equivalent Privacy）	129
Wi-Fi	75, 107
〜のフレームフォーマット	107
〜のプロトコル	75
Wi-Fi 4	75
Wi-Fi 5	75
Wi-Fi 6/6E	75
Wi-Fi ペイロード	113
WPA（Wi-Fi Protected Access）	129
WPA2	129
WPA3	130
WWW-Authenticate ヘッダー	334
X-Forwarded-For ヘッダー	332
	333
X-Forwarded-Proto ヘッダー	332, 334
Zigbee	86

あ行

アクセスポイント	33
〜の配置	80
アクティブオープン	278
アクティブクローズ	285
アクティブモード	431
アソシエーション	109, 123
アソシエーションフェーズ	122
宛先 IPv4 アドレス	161
宛先 IPv6 アドレス	175
宛先 MAC アドレス	93
宛先 NAT	336
宛先ネットワーク	187
宛先ポート番号〔TCP〕	270
宛先ポート番号〔UDP〕	258

439

アドホックモード	110
アトリビュート	202
アドレス解決〔ARP〕	136
アドレス解決〔ICMPv6〕	243
アドレスクラス	165
アプリケーションスイッチング	344
アプリケーション層	19, 21, 39
アプリケーションデータレコード	359, 362
網終端装置	150
アラートレコード	359, 360
暗号化	347
暗号化アルゴリズム	349
暗号化鍵	349
暗号化通信フェーズ	128
暗号仕様変更レコード	359, 360
イーサネット	57, 91
〜のフレームフォーマット	91
〜のプロトコル	57
イーサネット㈲規格	91
イーサネットトレーラー	91
イーサネットフレーム	91
イーサネットペイロード	93
イーサネットヘッダー	91
一次変調	81
インターネット	8, 47
インターネットサービスプロバイダー	47
インターネット層	19
インターフェース ID	177
インフラモード	110
ウィンドウサイズ	273
ウェルノウンポート	259
エニーキャストアドレス	185
エラーハンドリング	305
エリア	199
エンタープライズモード	126
エンティティタグ	330
オーソリティ	312
オートネゴシエーション	72
オーバーレイ型	51
オープン	277
オープンシステム認証	123
オクテット	163
オプション〔IPv4〕	162
オプション〔TCP〕	274
オペレーションコード	138

か行

ガードインターバル	82
改ざん	348
回線交換方式	4
鍵交換アルゴリズム	350
鍵配送問題	350
鍵ペア	350
拡張ヘッダー	173
確認応答番号	271

隠れ端末問題	116
仮想アプライアンス	43
仮想的キャリアセンス	117
カテゴリー	64
カプセル化	25
完全修飾ドメイン名	377
管理フレーム	109
〜の MAC アドレス	111
キープアライブ	302
疑似ヘッダー	316
キャッシュ DNS サーバー	380
〜の冗長化	383
共通鍵暗号方式	349
共有鍵生成フェーズ	128
共有鍵認証	123
共有キャッシュ	329
拠点間 IPsec VPN	245
緊急ポインタ	273
空間ストリーム	84
クエリ	312
クライアント / サーバーシステム	7
クライアント認証	375
クラウド管理型	132
クラウドコントローラー	132
クラス	382
クラス A	165, 168
クラス B	165, 168
クラス C	165, 168
クラス D	165
クラス E	165
クラスフルアドレッシング	165
クラスレスアドレッシング	166
クローズ	284
グローバル AS 番号	201
グローバルユニキャストアドレス	182
グローバルルーティングプレフィックス	182
クロスケーブル	60
ゲストネットワーク	133
権威 DNS サーバー	380
〜の冗長化	384
検証鍵	352
広域負荷分散	386
公開鍵	350
公開鍵暗号方式	352
高速再送	281
コード〔ICMPv4〕	233
コード〔ICMPv6〕	239
コスト	199
コネクション型	27
コネクションテーブル	263
コネクションリミット	223
コネクションレス型	27
コンテンツ〔HTTP〕	310
コンテンツ〔HTTP/1.1〕	313, 315
コンテンツサーバー	380

● INDEX ●

コンテンツタイプ	359
コントロールビット	272

さ行

サーバー証明書	364
サーバー認証	375
サーバープッシュ	305
再帰クエリ	380, 381
最小コネクション数	341
再送制御	280
再送タイムアウト	282
最短応答時間	341
再配送	204
サブネッティング	166
サブネット ID	182
サブネット部	166
サブネットプレフィックス	177
サブネットマスク	163
参照サーバー	380
シーケンス制御	112
シーケンス番号	270
識別子	159
次世代ファイアウォール	39
ジャンボフレーム	93
収束時間	195
収束状態	195
集中管理型	132
周波数帯域	76
ショートガードインターバル	82
初期シーケンス番号	270
署名鍵	352
シングルモード光ファイバーケーブル	66
スイッチ	34, 100
スキーム	312
スキャン	122
スタティックルーティング	192
スタブリゾルバー	380
ステータスコード	314
ステータスライン	314
ステートフルインスペクション	261, 289
〜の動作	263
ストリーム ID	315
ストリーム暗号方式	349
ストレートケーブル	60
スライディングウィンドウ	280
制御データ	310
制御フレーム	109
〜の MAC アドレス	112
静的 NAT	217
静的ルーティング	192
静的割り当て〔CGNAT〕	220
静的割り当て〔IP アドレス〕	211
セカンダリー権威 DNS サーバー	384
セグメント	23
セッション層	21

接続開始フェーズ	277
接続確立フェーズ	279
接続終了フェーズ	284
全二重通信	72
送信元 IPv4 アドレス〔ARP〕	138
送信元 IPv4 アドレス〔IPv4〕	161
送信元 IPv6 アドレス	175
送信元 IP アドレスパーシステンス	343
送信元 MAC アドレス〔イーサネット〕	93
送信元 MAC アドレス〔ARP〕	138
送信元ポート番号〔TCP〕	270
送信元ポート番号〔UDP〕	258
ゾーンサーバー	380
ゾーン転送	384
ゾーンファイル	380, 382

た行

帯域幅	200
代替 DNS サーバー	384
ダイナミックルーティング	193
タイプ〔DNS〕	382
タイプ〔HTTP/2〕	315
タイプ〔ICMPv4〕	233
タイプ〔ICMPv6〕	239
タイプ〔イーサネット〕	93
ダイレクト接続パターン	319
タグ VLAN	104
チーミング	416
仮想化環境の〜	417
物理環境の〜	416
チェックサム〔TCP〕	273
チェックサム〔UDP〕	258
遅延	200
遅延 ACK	288
チャネル	76
チャネルボンディング	83
中間証明書	365
中間認証局	365
重複 ACK	280
ツイストペアケーブル	59
ディスタンスベクター型	197
ディスティングイッシュネーム	363
ディレクティブ	330
データ	382
データオフセット	272
データグラム	23
データフレーム	108
〜の MAC アドレス	110
データリンク層	21, 34
〜の冗長化	419
デジタル証明書	348
デジタル署名	348
デジタル署名アルゴリズム	351
デフォルトゲートウェイ	188, 207
デフォルトルート	207

441

デフォルトルートアドレス〔IPv4〕	170, 188
デフォルトルートアドレス〔IPv6〕	184
デュアルスタック	227
電波干渉	76
盗聴	347
動的ルーティング	193
動的割り当て〔CGNAT〕	221
動的割り当て〔IPアドレス〕	212
ドット付き10進記法	163
ドメインツリー	377
ドメイン名	377, 382
トラッキング	424
トラフィッククラス	174
トラブルシューティング	398
トランスポート層	19, 21, 38
トランスポートモード	252
トンネリング	229
トンネルモード	252

な行

名前解決	378
なりすまし	348
二次変調	81
認証	123
認証局	348
認証タグ	355
認証フェーズ	125
ネクストヘッダー	174
ネクストホップ	187
ネットワークアドレス	169
ネットワークインターフェース層	19
ネットワーク層	21, 36
〜の冗長化	422
ネットワーク部	163

は行

パーシステンス	343
バージョン〔IPv4〕	158
バージョン〔IPv6〕	174
パーソナルモード	125
バーチャルシャーシ	418
ハードウェアアドレスサイズ	137
ハードウェアタイプ	137
バイト	92
バイナリフレーム	305
パイプライン	303
パケット	6, 16, 23
パケットキャプチャ	31
パケット交換方式	6
パケット長	158
パス	312
パスベクター型	201
バックオフ	115
パッシブオープン	278
パッシブクローズ	285

パッシブモード	431
ハッシュアルゴリズム	351
ハッシュ化	348, 351
ハッシュ値	351
パディング	163
パブリックIPv4アドレス	167
ハンドシェイクタイプ	360
ハンドシェイクレコード	359, 360
バンドステアリング	135
半二重通信	71
反復クエリ	380, 381
ビーコン	109
ビームフォーミング	119
非カプセル化	26
光ファイバーケーブル	65
ビット	23, 92
秘密鍵	350
比率	341
ファイアウォール	38, 261, 289
〜の冗長化	426
ファイアウォールルール	262
フィルターテーブル	262
フェイルオーバー	423
フォーマット図	92
負荷分散装置	41, 336
〜の冗長化	428
負荷分散方式	341
復号鍵	349
輻輳ウィンドウ	283
輻輳制御	283
輻輳制御アルゴリズム	283
物理アプライアンス	43
物理層	21, 29
物理的キャリアセンス	115
プライオリティ制御	305
プライベートAS番号	201
プライベートIPv4アドレス	168
プライベートキャッシュ	329
プライマリー権威DNSサーバー	384
フラグ	159
フラグメント	312
フラグメントオフセット	159
フラッディング	101
プリアンブル〔Wi-Fi〕	108
プリアンブル〔イーサネット〕	92
ブリッジ	34
ブリッジンググループ	420
〜防止機能	422
プリマスターシークレット	370
フルコーンNAT	222
フルサービスリゾルバー	380
フルルート	201
フレーム	23
フレームアグリゲーション	120
フレーム制御	108

INDEX

プレゼンテーション層	21
フロー制御〔HTTP/2〕	305
フロー制御〔TCP〕	279
ブロードキャスト	97
ブロードキャストアドレス	170
プローブ応答	122
プローブ要求	122
フローラベル	174
ブロック ACK フレーム	109
ブロック暗号方式	349
プロトコル	13
プロトコルアドレスサイズ	137
プロトコルタイプ	137
プロトコルバージョン	362
プロトコル番号	161
分散管理型	131
文書記述用アドレス	184
ヘアピン NAT	223
閉域 VPN 網	48
ペイロード	22
ペイロード長	174
ベストパス選択アルゴリズム	202
ヘッダー	6, 16, 22
ヘッダーセクション〔HTTP〕	310
ヘッダーセクション〔HTTP/1.1〕	312, 314
ヘッダーチェックサム	161
ヘッダー長	158
ヘッダーフィールド	312
ヘルスチェック	340
変調	81
ポート番号	258
ポートフォワーディング〔NAT〕	224
ポートフォワーディング〔SSH〕	402
ポートベース VLAN	103
ホスト部	163
ホップ数	160, 198
ホップバイホップ型	51
ホップリミット	175
ポリシーベースルーティング	209

ま行

マスターシークレット	371
マルチキャスト	99
マルチキャストアドレス〔IPv6〕	184
マルチキャストアドレス〔イーサネット〕	95
マルチパス干渉	82
マルチプレキシング	306
マルチモード光ファイバーケーブル	66
未指定アドレス	184
ミラーポート	32
無線 LAN コントローラー	132
メールボックス	389
メソッド	311
メッセージ	23

メッセージ認証・交換フェーズ	372
メッセージ認証アルゴリズム	354
メッセージ認証コード	354
メディアコンバーター	32
メトリック	197
目標 IPv4 アドレス	138
目標 MAC アドレス	138

や行

優先 DNS サーバー	384
ユニークローカルアドレス	182
ユニキャスト	97
ユニキャストアドレス〔IPv6〕	181
ユニキャストアドレス〔イーサネット〕	95
ユニバーサルアドレス	96

ら行

ラウンドロビン	341
リーズンフレーズ	314
リクエスト対象	311
リクエストディレクティブ	330
リクエストメッセージ〔HTTP〕	310
リクエストメッセージ〔HTTP/1.1〕	310
リクエストメッセージ〔HTTP/2〕	316
リクエストライン	311
リソースレコード	380, 382
リピーター	30
リピーターハブ	31
リミテッドブロードキャストアドレス	171
リモートアクセス IPsec VPN	246
リンクアグリゲーション	413
リンクステート型	197
リンクステートデータベース	199
リンクローカルアドレス	183
隣接機器発見プロトコル	412
ルーター	36
ルーティング	187
ルーティングアルゴリズム	197
ルーティングテーブル	187, 191
〜のルール	205
ルーティングプロトコル	193, 196
ルーティングループ	235
ルートサーバー	381
ルート集約	206
ルート証明書	365
ルート認証局	365
ループバックアドレス〔IPv4〕	171
ループバックアドレス〔IPv6〕	184
レスポンスディレクティブ	330
レスポンスメッセージ〔HTTP〕	310
レスポンスメッセージ〔HTTP/1.1〕	313
レスポンスメッセージ〔HTTP/2〕	317
ローカルアドレス	96
ロンゲストマッチ	205

443

■本書のサポートページ

https://isbn2.sbcr.jp/27058/

本書をお読みいただいたご感想を上記URLからお寄せください。
本書に関するサポート情報やお問い合わせ受付フォームも掲載しておりますので、
あわせてご利用ください。

著者紹介

みやた ひろし

大学と大学院で地球環境科学の分野を研究した後、某システムインテグレーターにシステムエンジニアとして入社。その後、某ネットワーク機器ベンダーのコンサルタントに転身。設計から構築、運用に至るまで、ネットワークに関連する業務全般を行う。
CCIE (Cisco Certified Internetwork Expert)

著書に『サーバ負荷分散入門』『インフラ/ネットワークエンジニアのためのネットワーク技術&設計入門』『インフラ/ネットワークエンジニアのためのネットワーク・デザインパターン』『インフラ/ネットワークエンジニアのためのネットワーク「動作試験」入門』『パケットキャプチャの教科書』『体験しながら学ぶ ネットワーク技術入門』(以上、みやた ひろし名義)、『イラスト図解式 この一冊で全部わかるサーバーの基本』(きはし まさひろ名義)がある。

仕組み・動作が見てわかる
図解入門TCP/IP 第2版

2020年 12月28日	初版発行
2025年 1月 6日	第2版第1刷発行
2025年 3月26日	第2版第2刷発行

著　者	みやた ひろし
発行者	出井 貴完
発行所	SBクリエイティブ株式会社
	〒105-0001 東京都港区虎ノ門2-2-1
	https://www.sbcr.jp/
印　刷	株式会社シナノ

カバーデザイン	西垂水 敦・岸 恵里香(krran)
制　作	クニメディア株式会社
企画・編集	友保 健太

落丁本、乱丁本は小社営業部にてお取り替えいたします。
定価はカバーに記載されております。

Printed in Japan　ISBN978-4-8156-2705-8